美国纳米技术创新进展

张明龙　张琼妮　著

知识产权出版社
全国百佳图书出版单位

图书在版编目（CIP）数据

美国纳米技术创新进展/张明龙，张琼妮著—北京：知识产权出版社，2014.4
ISBN 978-7-5130-2672-7

Ⅰ．①美… Ⅱ．①张… ②张… Ⅲ．①纳米技术–研究–美国 Ⅳ．①TB383

中国版本图书馆 CIP 数据核字（2014）第 060088 号

内容提要

本书以新世纪美国纳米技术领域的创新活动为研究对象，从媒体报道和科技成果管理部门搜集和整理资料，博览与之相关的论著，在充分研究原始资料的基础上，抽绎出典型材料，细加考辨，取精用宏，实现同中求异、异中求同，精心设计成美国纳米技术创新进展的分析框架。本书分析了美国在纳米原理、纳米性质、纳米结构与功能、纳米制造及产品、纳米技术与设备等方面取得的创新成果，并分析了美国在电子信息、光学、材料、能源、生命健康、航空航天和环境保护等领域纳米技术的创新进展状况。本书内容深入浅出，通俗易懂，宜于雅俗共赏。

本书适合科技开发与管理人员、企业界人士、政府机关工作者和高校师生阅读。

责任编辑：王　辉　　　责任出版：刘译文

美国纳米技术创新进展

MEIGUO NAMI JISHU CHUANGXIN JINZHAN

张明龙　张琼妮　著

出版发行：**知识产权出版社** 有限责任公司	网　址：http://www.ipph.cn
	http://www.laichushu.com
电　话：010-82004826	
社　址：北京市海淀区马甸南村 1 号	邮　编：100088
责编电话：010-82000860 转 8381	责编邮箱：wanghui @ cnipr.com
发行电话：010-82000860 转 8101/8029	发行传真：010-82000893/82003279
印　刷：北京中献拓方科技发展有限公司	经　销：各大网上书店、新华书店及相关专业书店
开　本：720mm×960mm　1/16	印　张：27.5
版　次：2014 年 6 月第 1 版	印　次：2014 年 6 月第 1 次印刷
字　数：448 千字	定　价：89.00 元

ISBN 978-7-5130-2672-7

前　言

纳米技术表现为，采用单个原子或分子来制造物质产品的一种工艺方法。同时，它还研究产品结构大小，在 0.1 至 100 纳米范围内材料的性质和应用。纳米技术是现代科技的一项综合产物，它体现着混沌物理、介观物理、量子力学、分子生物学等现代科学思想，体现着计算机技术、微电子技术、光子扫描隧道显微镜技术、核分析技术等现代技术工艺。同时，它的发展，又会导致一系列新颖科技成果的诞生，并促使科学技术朝着纵深挺进，形成纳米物理学、纳米化学、纳米生物学、纳米电子学、纳米光子学、纳米计量学，以及纳米制造技术、纳米加工技术、纳米组装技术等新理论。

作为世界头号科技强国的美国，高度重视发展纳米技术，多年来，在纳米技术研究开发方面，占据资金投入和人才供给优势，从而使其拥有的纳米技术及物质成果，一直保持世界领先水平。

1999 年，美国在学术界、工业界和政府部门遴选 150 多位专家，专题讨论本国纳米技术发展问题，进而确定这项技术的研究和发展方向，在此基础上，制定美国国家纳米技术研发的长期发展规划，用以指导全国纳米技术及其相关产业的发展。到 2003 年 12 月，布什总统签署《21 世纪纳米研发法案》，掀起美国纳米技术发展的新高潮，使纳米话题在美国备受人们关注，成为基础科学研究和应用技术开发的新热点，纳米产业也成为风险投资的一道热门风景线。

为了保证纳米技术快速成长、优势发展，美国采用的一项重要措施，是加强纳米技术领域的资金投入。2001 年，美国国家纳米技术发展规划的预算为 4.65 亿美元，到 2004 年猛增到 9.61 亿美元，在短短 3 年时间内实现投入资金翻一番。在美国联邦政府大力扶持纳米技术发展的同时，各州地方政府也努力推进当地的纳米产业建设，有关资料显示，2004 年美国各州投入纳米技术研发的科研经费，已达 4 亿美元。此外，美国企业和其他私营部门在纳米技术领域的投资，更是十分可观，多年来，其资金量都超过联邦和地方政府的总和。

在高投入的刺激下，美国纳米技术新成果大量涌现，成为世界上申请有关纳米技术专利最多的国家，到2005年年初，美国已拥有近8000个纳米技术专利。这些专利主要集中在半导体材料及芯片、癌症诊断与治疗、光学新材料和生物分子追踪技术等方面。

近年来，在美国，纳米技术专利，推动纳米产品持续增长，并迅速进入生命周期的快速成长阶段，占据越来越大的消费市场份额。所谓纳米产品，是指在生产加工过程中，应用了纳米技术或纳米级原材料的制成品。目前，在美国市场上随处可见纳米产品，如纳米刀具、纳米玻璃、纳米布料、纳米染料、纳米黏合剂等。美国有个专门统计纳米技术产品的机构，2006年3月，开始建立全球首个在线纳米技术产品目录时，产品总数只有212种。到2008年4月28日，它发布的已登记纳米消费产品目录，已上升到609种。这段时间里，平均每周有三四种新纳米技术消费产品进入美国市场。

2010年以后，美国纳米技术向着更加广阔的纵深拓展，其中表现之一，是纳米产品原料来源更加丰富。此间，美国除了继续开发纳米级银微粒、碳纳米管、纳米级氧化锌、纳米级二氧化钛、纳米级硅、纳米级金微粒等纳米原料外，又动用大量科研力量和资金，集中研制典型纳米材料石墨烯，以及用它为原料生产的产品，并取得长足进展。就电子产品来说，2011年开发出石墨烯晶体管、石墨烯集成电路，2012年研制成超强功能石墨烯电容器，2013年制造出全石墨烯无缝集成电路架构。

本书密切跟踪美国纳米技术研发的前沿信息，所选材料限于本世纪以来的创新成果，其中98%以上集中在2004年至2013年的十年期间，少部分内容由于写作需要，适当向前面的年份延伸。本书披露了大量鲜为人知的纳米技术创新信息，可为遴选纳米技术研究开发项目和制定相关科技政策提供重要参考。

本书由9章内容组成，大体可以分为两个部分。构成第一部分的是第一章至第三章，主要从一般意义上阐述纳米技术领域的创新信息。第二部分，包括第四章至第九章，共有六章内容。先分章阐述电子信息、光学、新能源、新材料，以及生命健康领域纳米技术的新进展。最后一章，由于搜集到的材料有限，把航空航天和环境保护领域纳米技术的创新信息组合在一起。本书的内容梗概大体如下：

第一章纳米原理与功能研究的新进展。美国在纳米原理研究领域的新成果：破解碳纳米管形成的奥秘，揭开"纳米金刚石"的秘密，用计算机模型预测纳米管破裂机制。直接观察纳米尺度下磁性原子的相互作用，发现铁电体的"敏感"来自其材料内部的混乱，发现可提高光电效能的黄金纳米粒子微观通道。在纳米尺度上研究爆炸物的内在机制，运用纳米原理首次打破黑体辐射定律。

美国在纳米性质研究领域的新成果：发现纳米量子点能够互相通讯，发现纳米管可释放电子，发现"纳米管水"近绝对零度时也不结冰。发现圆柱形纳米颗粒在病人体内运输药物效果优异，发现核糖核酸递送纳米粒子系统能关闭特殊基因，发现纳米粒子可伪装成血细胞对抗细菌感染。发现铁电纳米盘和纳米棒记忆存储新特性，发现纳米催化剂电荷转移的证据，首次证实微生物纳米线具有导电性。

美国在纳米结构与功能研究领域的新成果：发现高分子纳米复合材料的三维分子结构，发现纳米材料结构塑性形变的新现象，发现氢可调控氧化石墨烯的化学结构和特性，发现珠母贝的纳米级复杂结构。发现金纳米粒子可作为微小的加热器，发现金纳米粒子层可改善太阳能电池转换效率，发现石墨烯可成为防金属腐蚀的理想涂层。发现纳米级铁镍合金磁盘可杀死癌细胞，发现磁性纳米粒子和交变磁场可"联手"治癌，发现纳米银微粒能抗艾滋病病毒。

第二章纳米制造及产品的新进展。美国在纳米粒子制造领域取得的新成果：用纳米刻蚀技术研制出能充分伸展的单晶硅，研制出能增强光线的双层纳米晶体。利用DNA分子装配纳米颗粒，用纳米粒子与DNA按照设计制造出全新晶体，开发出可关闭疾病相关蛋白质的编程纳米粒子，制成可传递药物直入大脑的磁电纳米粒子。用碳纳米微粒巴基球研制抗辐射药物，用纳米粒子制造出半导体气凝胶。

美国在纳米管制造领域取得的新成果：研制成高性能纳米管，研制出数百米超长碳纳米管，提高微型磁纳米管实际效用。合成杀死细菌的纳米管，用碳纳米管仿制骨胶原纤维，用碳纳米管研制可感知冷热的人造皮肤。用纳米管制成晶体管，研制出纳米管存储器，开发出第一款碳纳米管集成电路，建成世界第一台碳纳米管计算机。用碳纳米管制成可快速分离水与油的过滤网，用碳纳米管制成类似壁虎脚底的黏合材料，制造出以碳纳米管为基础的世界最小白炽灯。

美国在纳米产品制造领域取得的新成果：制作有助于测量机械张力的纳米图案，研制出世界第一辆单分子纳米汽车，给单分子纳米汽车装上发动机。制成运转速度最快的纳米级晶体管，制成世界上首个分子晶体管，研制出模拟生物生长的蛋白质纳米级电路，用纳米技术研制出可用于远程供电的微流体芯片，用纳米颗粒制造超级化学传感器，研制成功迄今频率最高的纳米振荡器。利用纳米微粒发明衣物自动清洁染料，发明使玻璃不起雾的纳米涂料，研制出钻石型分子结构的纳米级防护涂料，制造出世界上第一个纳米阀门，首次用纳米棒研制出能自愈聚合物凝胶。用纳米材料研制出超强的人造肌肉，开发出可快速检测高危血栓的纳米尿检试纸，研制出新的纳米银抗菌整理剂，发明能搭载细胞修复伤口的可降解纳米球。

第三章纳米技术与设备的新进展。美国在开发纳米技术领域的新成果：发明低温量子点纳米合成新技术，找到精确黏结纳米粒子的新方法，开发出控制药物载体纳米粒子形状的新方法，发明纳米粒子印刷组装技术，用 DNA 作为纳米粒子印刷模板的新技术。找到一种用活细菌制造纳米材料的技术，发明能控制纳米材料性质的合成技术，发明制造有序排列纳米纤维的技术，开发芯片生产中的自组装纳米技术。发明制造生物超材料的沾笔纳米光刻技术，开发生产碳纳米芯片的新技术，发明用纳米粒子在石墨样品上挖出世界最小隧道的技术。

美国在应用纳米技术领域的新成果：用纳米技术开发出"十字插锁"电子元件，利用纳米技术研制超导电线，用纳米技术开发出可制造微型机器人的"铁磁纸"，用纳米技术研制出量子密码分发系统样机。用金纳米微粒开发新的医学成像技术，用纳米技术研制癌症快速检测生物芯片，研究纳米管进入癌细胞的新技术，用碳纳米管与红外射线共同治疗癌症。用纳米技术开发新型锂离子电池，用纳米技术研制出超薄太阳能电池，用纳米技术开发体内微型生物燃料电池，利用纳米技术生产生物燃料。用纳米技术开发出乙烯低温制备新方法。

美国在研制纳米设备领域取得的新成果：研制出简单价廉的纳米控制器，研制破解粒子快速排列难题的"纳米钢笔"，研制出世界最小的超微纳米刷。发明用于电子设备的纳米液体散热装置，研制出快速制造多层纳米级导电薄膜的自旋喷射系统。发明能操控单个细胞或纳米粒子的多功能声学镊子，开发出可测量单个细胞的纳米温度计，研制出含有纳米微粒的体内肿瘤实时监控装置。

第四章电子信息领域纳米技术的新成果。美国微电子领域纳米技术的新进展：运用纳米技术开发出把光子和等离子体混合在一起的准粒子；研制出能诱捕、探测和操纵单个电子旋转的纳米量子设备，合成出捕获纳米离子的分子笼。研制成能自行重构电路的多维导控电流纳米材料，进一步完善铜纳米导线的制造方法。用纳米技术研制出首个高温电子自旋场效应晶体管，用纳米技术制成以单个苯分子为材料的分子晶体管，通过纳米技术研制出新型生物纳米电子晶体管。研制出世界首个纳米碳管电路开关，研制成以碳纳米管为基础的全晶片数字电路。研制出由单一碳纳米管构成的收音机，研制首例光能驱动的纳米发动机，研制成世界上首个单分子电动马达，发明为纳米设备充电的装置。

美国电子元器件领域纳米技术的新进展：把复合半导体纳米线成功整合在硅晶圆上，开发出纳米级砷化铟二维半导体量子膜，发明以纳米管为基础的固态超级电容器，研制出纳米级忆阻器芯片，研制出非硅基纳米级全门三维晶体管，研发有望突破摩尔定律限制的纳米级真空晶体管。用镍蒸汽制造可直接连接的纳米电子元件电路，用纳米技术开发出大规模集成电路低耗电化技术，拟用 DNA 纳米结构开发功能更强大的微处理芯片。

美国电子设备领域纳米技术的新进展：用纳米技术研制微型计算机，开发出提供巨大存储空间的纳米存储技术，推出可保存数据 10 亿年的存储芯片，推出世界首块可编程纳米处理器，用纳米技术研制新型非易失性铁电存储器。推出功耗最低的纳米功率运算放大器，试制新型"激声"放大器，研制出负折射率等离子纳米天线。

第五章光学领域纳米技术的新成果。美国光学研究与光学技术领域的纳米新成果：通过纳米技术用飞秒成像首次观察到等离子波运动，通过纳米技术首次证实二维半导体存在普适吸光规律。发明固体沉浸透镜纳米探针光刻技术，发明达到纳米级分辨率的光学显微成像技术，首次实现在纳米光缆中传输可见光，用纳米粒子发明可随意改变颜色的光电技术，用纳米技术提高光负折射率超材料性能。

美国光电子元器件领域纳米技术的新进展：用碳纳米管开发出光吸收率最高的材料，用纳米技术研制以光造激子为基础的电路，用纳米技术研制由光子电路元件组成的"超电子"电路。用纳米天线开发出发光真空管，利用纳米碳管成功研制出超亮发光二极管，开发纳米线紫外发光二极管，开发出超快纳米级发光二极管。

美国光学仪器设备领域纳米技术的新进展：研制出具有超高分辨率的超材料纳米镜头，研制出新型 X 光纳米显微镜。研制出可用于激光器的高反射率纳米镜子，制造出高效的无阈值纳米激光器。研制成有机发光二极管"纳米显示器"，用纳米技术研制出首个可见光隐身斗篷。发明可捕获多种粒子的纳米光学天线，研制出迄今最薄的纳米捕光器。研制出纳米激光热电探头，用多壁碳纳米管"最黑"材料制成高精度激光功率检测器。发明把光子变为机械能的纳米装置，用纳米技术开发出彩色等离子偏振器。

第六章材料领域纳米技术的新成果。美国无机材料领域纳米技术的新成果：合成用于硅晶片抛光的球形陶瓷纳米材料，用石墨研制下一代纳米电子设备的碳素新材料，利用纳米技术发明能自我清洁的玻璃，借助纳米技术研制出按需透光的智能玻璃。

美国有机材料领域纳米技术的新进展：开发出纳米苯乙烯与丙烯共聚物纤维材料，用纳米技术发明高科技"智能纺织面料"，利用纳米技术研制抗菌防臭纺织品。研制出多功能可自我清洁的纳米塑料，发明可加快生物降解的纳米改良塑料，开发出性能优异的纳米电光聚合物。开发能粘接难连接材料的纳米黏合剂，发明超黏超薄的新型纳米胶。

美国复合材料领域纳米技术的新成果：研制可导电的纳米柔软复合材料，用纳米技术开发出抗撕裂的纺织复合材料，用硅胶纳米颗粒研制液态性防弹服材料。研制出聚合物与纳米粘土相结合的复合塑料，研制成用于防护和阻燃的粘土纳米复合织物。研发超强的碳基纳米纸复合材料，用纳米技术研制出光控碳基水凝胶。

美国典型纳米材料石墨烯研制的新进展：发现在石墨烯表面能激发出等离子体振子；开发印证摩尔定律的石墨烯新技术；推进石墨烯纳米电路技术研究，生产形状尺寸可控石墨烯量子点的新方法，研制出开关频率提高千倍的石墨烯晶体管，研制出有望替代硅晶片的首款石墨烯集成电路，制造出全石墨烯无缝集成电路架构。用石墨烯解决半导体材料的散热问题，研制出廉价石墨烯海绵传感器，研制出超快高敏石墨烯光电探测器。开发出石墨烯太赫兹设备样机，创造石墨烯太阳能电池能量转化率纪录，发明用"石墨烯筛子"淡化海水的新方法。

第七章能源领域纳米技术的新成果。美国电池领域纳米技术的新进展：用纳米材料研制成轻薄柔韧的质纸锂电池，通过纳米新技术提高锂电池十倍的储电量和充电率，用碳纳米管制成可折叠纸基高密度锂离子电池。利用混合的纳米材料改进钠离子充电电池，采用纳米工艺制成可用甲醇的燃料电池。研制出成本低寿命长的"纸电池"，研制出采用三维纳米电极的新型电池。

美国太阳能开发利用领域纳米技术的新成果：研制出能捕获 90% 以上光能量的纳米太阳能薄片，研制出能让房屋外墙发电的纳米太阳能涂料。用纳米棒制成高质量新型管状太阳能电池，用硅纳米颗粒提升太阳能电池性能，用碳纳米管研制自我修复的太阳能电池，用纳米晶体制成可印刷的微型液体太阳能电池。发明可制造太阳能电池的纳米柱，研制出能降低硅太阳能电池成本的纳米锥。研制出增强纳米薄膜太阳能电池吸光技术，发明能大幅降低太阳能电池硅用量的纳米蚀刻技术。

美国氢能与其他能源领域纳米技术的新进展：用纳米管发明光电解水造氢新技术，用纳米粒子催化剂让制氢过程一氧化碳接近零排放，用纳米重力计发掘出新储氢材料。研制出可利用人体运动来发电的纳米纤维。制成碳纳米管增强型风电叶片。利用玉米棒芯制成纳米孔天然气储存装置。利用纳米技术使海藻细胞生产电流。试用纳米材料把放射线转换为电能。制成可把人体热量转换成电能的纳米"动力毡"热电装置。

第八章生命健康领域纳米技术的新进展。美国生命领域纳米技术的新成果：发明把 DNA 解链为纳米级有序结构的技术，纳米阵列技术使基因测序成本大幅度下降，研制出可测量单个 DNA 分子质量的纳米级设备，发明利用纳米通道精确检测 DNA 的新技术，发明纳米隧道电穿孔基因治疗技术。利用蛋白酶促使纳米微粒聚合，用纳米线研制出检测蛋白的新装置，利用纳米技术合成可修复皮肤疤痕的蛋白。发明能看清活细胞内活动的纳米成像技术，利用肌细胞与纳米技术相结合研制成功超微机器人，研发用于细胞疗法的可编程纳米机器人。研制出可称量病毒质量的纳米级超灵敏仪器，结合纳米和生物技术研制迅速检测隐秘细菌的检测装置，发明在纳米尺度上观察植物细胞壁的新方法。

美国癌症防治领域纳米技术的新进展：发明纳米导线检测癌症的新方法，发明快速检测癌症的纳米传感器，利用纳米粒子研制出体内肿瘤实时监测微型装置。利用纳米粒子运送基因治疗卵巢癌，开发让黄金纳米粒子在脑部肿瘤"安家"的新技术，发明纳米粒子与转铁蛋白结合的治癌新技术，利用红外线和纳米微粒组合治疗癌症，试用光纳米技术和生物分子联手治疗癌症。研究能穿越细胞膜的治癌纳米药物，研制出可杀癌细胞的纳米胶囊，制成定点"爆破"癌细胞的纳米"炸弹"，制成首个杀死癌症细胞的纳米机器人，研制出兼具双重抗癌功效的纳米药物递送系统。

美国其他疾病防治领域纳米技术的新进展：推出能提高心肌导电性的金纳米线心脏补丁。研制把纳米电缆接到大脑神经元的新技术，用碳纳米管制造出模拟大脑突触功能的电路。利用纳米技术使转基因蛋白质能够抑制流感病毒，用纳米粒子开发出大肠杆菌超灵敏快速检测方法，利用纳米技术发明以泪珠测试糖尿病的新装置，首次在碳纳米管上培育出骨细胞，用纳米粒子帮助治疗青光眼。

第九章其他领域纳米技术的新成果。美国航空航天领域纳米技术的新进展：加强谱段探测器阵列、芯片级光网络、用于空间的紧凑型能源等快速响应技术方面的研究。运用纳米技术提高航空器性能，如用纳米技术增强飞机外壳强度。发射只有面包块大小的纳米级人造卫星，着手研制接近光速的纳米飞船，用纳米技术研制铝冰火箭推进剂。

美国环境保护领域纳米技术的新进展：研制出有重大突破的饮用水纳米除砷技术，发明利用碳纳米管去除水中的高氯酸盐，用纳米材料制成可同步除盐的便携净水装置，用纳米粒子在废水中低成本提取"可再生"氢气。运用纳米原理研究以细菌清理铀废物，发明可加快生物降解的纳米杂交技术。发明可以清除水中油污的"纳米纸巾"，制成能清除有毒金属的纳米海绵，用碳纳米管合成可清除漏油的纳米亲油物质。提出要研究纳米材料废物对环境的潜在影响，研究纳米材料对环境和安全的影响，发明用蠕虫及癌细胞吸收碳纳米管的测量方法。

张明龙　张琼妮

2014 年 3 月 26 日

目　录

第一章　纳米原理与功能研究的新进展

　　本章阐述美国在纳米原理、纳米性质和纳米结构与功能方面的创新信息。21 世纪以来，美国在纳米原理领域的研究，主要集中在揭示纳米材料的形成原理，分析纳米材料的演化机制，直接观察纳米尺度下磁性原子的相互作用，运用纳米原理揭示铁电体"敏感"的原因，分析光电转换材料的内在机理，研究爆炸物的内在机制，并打破黑体辐射定律。美国在纳米性质领域的研究主要集中在纳米量子点性质、纳米管性质、纳米材料的医学性质、电子材料的纳米性质。美国在纳米结构与功能领域的研究主要集中在纳米材料结构、其他材料纳米结构，纳米粒子功能、碳纳米管和石墨烯功能，纳米材料的医学功能等。

第一节　纳米原理研究的新成果

一、纳米材料原理研究的新进展

1. 揭示纳米材料形成原埋的新成果

　　（1）破解碳纳米管形成的奥秘。2005 年 2 月 10 日，由美国佐治亚理工学院教授德黑尔领导，法国和巴西科学家参与的一个国际研究小组，在《科学》杂志上发表论文，称他们发现了碳纳米管，实际上是在玻璃态碳表层下形成的碳晶体。

　　由于碳纳米管具有一些出众的特性，它已成为纳米技术领域最重要的材料之一，但科学界一直对其形成过程不甚了解。该研究小组表示，最常见的碳纳米管生产方法是碳电弧法，也就是用碳电弧将封闭在氢气舱中的石墨加热到 5000℃，在一个电极上获得碳纳米管。研究人员曾发现，这样获得的碳纳米管表层有很多微小的碳珠子。

　　碳珠子是由液体状态的碳形成的，这让科学家提出疑问：为什么液体状态的碳，没能把内层的碳溶解呢？德黑尔指出，原因在于表层的这些碳急速冷却，碳原子没能来得及排列整齐形成晶体，却变成了玻璃态。进一步研究也证实这些微小的碳珠子具有玻璃态的特征，而其内层的碳纳米管具有晶体特征。

德黑尔等人在论文中说，用碳电弧法生产碳纳米管的时候，电弧把石墨加热成了液态碳，其表层的液态碳因为急剧冷却变成了玻璃态，而内部的碳因为冷却非常缓慢，而变成了超冷液态碳。当超冷液态碳冷却到某一临界温度时，便开始结晶成为碳纳米管，而碳纳米管结晶会逐渐伸长，刺破外面包裹的玻璃态碳，玻璃态碳就如同针上的水珠一样，黏附在碳纳米管纤维的表面。

研究人员说，他们在收集碳纳米管的时候，常常觉得它表面的碳珠子很麻烦，后来才认识到，这可能与碳纳米管的形成过程有关。他们认为，这一成果将有助于更好地理解碳纳米管的特性。

（2）揭开"纳米金刚石"的秘密。2005年9月，有关媒体报道，在新型纳米材料中，有一种是以金刚石作为表面涂层的纳米导管，它是未来世界最具发展潜力之一的新材料，将对未来科技发展产生巨大作用。近日，美国阿贡国家实验室研究员阿曼达·巴纳德领导的一个研究小组对这种新型材料进行了深入研究，并且深入分析了它的制备过程。

巴纳德一直从事纳米材料的研究。这种以金刚石为表面涂层的新型材料是由意大利罗马大学和罗马杜维嘉大学的研究人员在2004年共同发明的。目前，这两所大学的研究人员正与巴纳德一起，对这种新型材料进行深入研究，为将来大规模生产作准备。

这种纳米导管就像一块市面上常见的雪糕，表面包裹着20～100纳米厚的金刚石材料。它已引起社会各界的广泛关注。

这种材料的诱人之处，在于其表面覆盖的一层金刚石粉。它将给普通纳米导管带来许多令人惊讶的物理性质。一般的金属分子可以附着在这层金刚石涂料上面。这层金刚石还具有极好的光散发性能。金刚石是一种绝缘材料，但是它的表面又呈现出很强的负电性。纳米金刚石导管的表面由高纯度的金刚石组成，这就使得纳米金刚石导管及其上级电子元件之间产生导电性，它们之间可以有电流通过。加上纳米金刚石导管具有的良好光散发能力，以及它极低的电压要求，使得这种新型材料可以用来制作高科技平面节能电视。

巴纳德说道："这种新型材料具有良好的导电性和更有效的光散发能力，这些性质使它可生产更精密、更节能的设备。"目前，世界上许多研究人员都在寻求制造电子显示设备的更好材料，而这种新型材料具有很大的发展潜力，或许就是科学家们要找的材料。

意大利研究人员在研究过程中发现，在某种特定情况下，纳米导管会由于氢原子的作用而改变其表面上的碳原子化学结构，使之转变为一层金刚石。但是他们并不知道纳米导管的表面在特定情况下转变为金刚石涂层的机理。他们为了找出其中的机理，找到了巴纳德，期望纳米材料研究领域的专家巴纳德，能够带领他们更好地研究这种新型材料。

巴纳德在 2003 年 10 月发表了第一篇关于纳米金刚石导管的研究论文。她的理论得到意大利研究人员的认可，她于 2004 年 3 月受邀请与意大利研究人员共同进行研究。

巴纳德说："这些研究人员可以制造出这种新型材料，但他们并不清楚这种材料的具体制备过程，以及制备原理。"

巴纳德经过仔细实验，以及计算后得出结论：在通常情况下，氢原子在腐蚀碳纳米导管的过程中，会使导管表面的碳原子相互分散。但是，在某一特定的氢浓度条件时，这种腐蚀则会使得碳纳米导管表面产生金刚石结构。碳纳米导管表面的缺陷可使得金刚石分子之间相互紧密结合，并帮助导管不断延长。

2. 分析纳米材料的演化机制

（1）用计算机模型预测纳米管破裂机制。2006 年 3 月，由机械工程学、材料学，以及化学教授鲍里斯·雅科布森领导，由来自莱斯大学和明尼苏达大学材料科学研究人员组成的一个研究小组，在美国《国家科学院学报》网络版上发表论文称，他们使用计算机建模的方法，构建了一幅"强度图"，来模拟纳米管破裂的可能性和概率，了解到纳米管破裂是基于四个基本的变量。

从理论上说，碳纳米管的强度要比钢硬 100 倍。但在实际应用中，科学家们正努力使纳米管达到这一标准。部分原因是因为，目前人们对纳米管到底是如何破裂，以及在什么情况下才会破裂等一系列问题，还不是很清楚。由于纳米管属于单分子结构，约为人类头发丝的八万分之一大小。要使纳米管破裂涉及一系列问题，如对分子间联结、原子动力学，以及复杂量子现象等问题的研究。实际的情况是，纳米管的种类有数百种之多，通常各种纳米管之间的复杂性不同，而且其特性也有很大差异。

雅科布森说："纳米管破裂有两种形式：要么特别脆，可以一折就断；要么比较有韧性，受力后纳米管变形。这取决于纳米管分子的联结情况。我们发现，引起两种破裂形式的潜在机制，几乎在同时都展现了出来。甚至在个别测试中，任何一种破裂都可能发生，但通过概率统计，我们还是绘制出了其中的一种形式，这是所有的纳米种类在大部分情况下都可能发生的破裂情形的统计。"

碳纳米管属于单个纯碳原子结构。它们是一种长而狭窄的中空圆柱结构，厚度仅有一个原子大小。科学家估计，这种单层碳纳米管与钢材比起来，不仅强度硬100倍，而且重量也只有钢材的六分之一。而目前广泛用于防弹衣的凯夫拉尔纤维，与同等重量的钢相比，强度只比钢材硬5倍。

纳米管的精确直径可以从半纳米以下到3纳米以上。纳米管也可能由于卷曲的角度而有所不同。科学家称这种角位为手性角，一个很好的例子就是礼品包装纸的卷曲。如果将纸十分小心的卷成管状，使两个纸边正好重合，那就不存在突出部分了。然而，如果卷得多了，那么总有一边超出另一边，这一超出的角度就称为手性角。纳米管的手性角可以从0度（两边正好重合）到30度之间变化，于是使得不同手性和直径的纳米管，其本身的物理属性也有很大不同。例如有些是金属性，另一些则不是。

雅科布森研究小组为了改进对纳米管破裂形式的计算机模型，考虑了四种临界值：负荷水平、负荷持续时间、温度，以及手性。原莱斯大学的博士后研究员，现为明尼苏达大学机械工程学助理教授的特雷恩·多米特里加，他同时也是论文的合著者，他说："个别纳米管的破裂机制，很大程度上取决于其固有的卷曲属性，也就是其手性。然而，温度条件仍然对结果产生影响。我们在计算机模拟的'强度图'中概括了手性依赖的参数，这一方法为材料科学研究提供了一个很好的预测性模拟。"

（2）用动能学解释纳米晶体的"自净化"机制。2006年6月9日，美国得克萨斯大学的古斯塔沃·达尔平和杰姆斯·车里柯斯基在《物理评论快报》杂志上发表文章，声称他们用动能学原理揭示了纳米晶体的"自净化"机制。

半导体纳米晶体的掺杂，将很可能成为纳米技术广泛应用基础。但是微小的纳米晶体趋向于抵制杂质，所以，研究人员必须找到办法，克服纳米晶体的这种"自净化"机制，然后对它们掺杂。

达尔平说："人们通常认为，纳米晶体因其有限的大小，而具有较少的缺陷。纳米晶体具有很小的体积，且近乎都是表面，缺陷很容易被清除。杂质几次跳跃后，就会跑到纳米晶体的外面。"

2005年，欧文等提出，用晶体的拓扑学和杂质绑定在表面的难度来解释纳米晶体的掺杂很困难。他们发现纳米晶体越小，绑定能量越少，掺杂就越困难。

达尔平和车里柯斯基认为，研究半导体纳米晶体的掺杂，需要了解其动力学、热力学和动能学的特性。他们用纳米晶体中形成杂质所需的能量来解释纳米晶体的自我净化趋势，希望从而能够找到增强这种材料性能的新方法。

达尔平说："欧文证明了，在富含阴离子的溶液环境中，可以更多地向纳米晶体中掺杂。他们认为，晶体存在形变使杂质的绑定能量增强。我们认为，纳米晶体的掺杂难度也可以从动能学的角度解释：在富含阴离子的溶液环境中，缺陷的形成能减少了。"他继续说："在理论上，动能学的观点要好些，因为它更简单。在我们的模型中，假设体系处于热力学平衡中，我们只需要知道缺陷的形成能。"

当一个杂质进入纳米晶体的能量带隙中，会出现一条能级。能级和结构特性一同影响杂质的形成能。达尔平和车里柯斯基发现，缺陷的结构特性不受纳米晶体尺寸影响，而带隙中的能级却随着晶体的减小而降低。较小的纳米晶体含有更低的杂质能级，掺杂时需要更多的能量，从而使缺陷的数量更少。这种解释支持了认为自净化是纳米晶体的一种内在属性，但是也是可以克服的观点。

达尔平同样建议，样本应该在富含阴离子的溶液中生长。因为在富含阴离子的环境中，阳离子不足，杂质更容易占据阳离子的位置。

二、电子材料纳米原理研究的新成果

1. 微电子纳米原理研究的新进展

（1）直接观察纳米尺度下磁性原子的相互作用。2006年7月27日，美国爱荷华大学、伊利诺斯大学和普林斯顿大学组成的一个研究小组在《自然》杂志上发表论文称，他们直接观察到半导体芯片上间距小于一纳米的两个磁性原子间的磁相互作用。这项成果使研究人员离实现高级半导体芯片的目标又近了一步。这种芯片将利用电子的自旋性质来处理信息，也就是自旋电子学。

伊利诺斯大学物理与天文学系教授米纤尔·傅莱特说："根据自旋电子学，一块计算机芯片可以完成处理数据和长时间存储数据的任务，而不用 CPU 和硬盘来分别实现。而且数据处理过程可以更快，能耗更少。"

大约 20 年前，IBM 的研究人员们发现普通的半导体材料砷化铟，在掺入极少量磁性原子后在低温下显示出磁性。他们掺入的磁性原子是锰，那之后其他的磁性半导体迅速涌现。手机中使用的磁性半导体材料砷化镓掺入锰原子后呈磁性，但是也要在零下 88 度才有效。为了在未来的计算机芯片中得到应用，像砷化镓锰等磁性半导体材料必须在更高的温度下纯净地实现，而且阻抗要小。

傅莱特说："在纳米尺度下实现磁相互作用将有利于设计出更好的磁性半导体材料，以及它们在电子工业中的应用。"他与伊利诺斯大学助理研究员唐建明预言了磁相互作用可以通过扫描隧道显微镜成像。

傅莱特与唐建明预言，磁性相互作用强烈地依赖于半导体的晶格结构。一些位置相互作用很强，而另一些地方却很弱。锰原子掺入砷化镓后会出现在很多不同的晶格上。在统计上观察两个相隔不到一纳米的锰原子是很困难的。

傅莱特研究小组采取的是一种完全不同的方法来观察磁相互作用。他们一次只在纯净的砷化镓中掺入一个锰原子。普林斯顿大学物理教授阿里·雅兹达尼说："利用扫描隧道显微镜的探针，我们可以一次只在基底材料上移动一个原子，再用金属原子替代它的位置，这样基底材料就有磁性了。"这是科学家们首次对原子尺度的半导体材料进行操作。

扫描隧道显微镜与普通的光学显微镜不同，它有一个非常精确的点状探针。探针可以在材料表面扫描，通过电场的变化来探测材料表面结构。但是雅兹达尼的实验室发现带电探针可以用来提取单个镓原子，然后用锰原子替代它的位置。

通过掺入锰原子，研究人员们创造出一个原子尺度的实验室，它能对芯片中原子和电子相互作用进行精确成像。该研究小组利用他们的新技术，发现锰原子的最优化排布与傅莱特和唐建明的预言一致。

傅莱特指出，接下来需要把这项新研究的结果用于芯片技术中去，可是利用扫描隧道显微镜制造出大面积的高质量砷化镓锰却并不太现实。但是从锰原子的最优化排布中学到的经验，可以用于其他的磁性半导体材料的生长技术中去。

（2）首次拍下不到 1 纳米的电子材料单个分子照片。2009 年 8 月，《每日邮报》报道，由 IBM 公司项目首席科学家利奥·格罗斯领导，格哈德·梅耶等研究人员参与的研究小组，首次拍摄到电子材料单个分子的照片，而一个分子要比一粒沙小百万倍。借助原子力显微镜，研究人员把单个并五苯分子的照片呈现在人们面前。在照片中，并五苯分子看起来像蜂巢一般，呈栅格状。

格罗斯说："这是首次拍摄下一个分子内所有原子的全家福。"照片显示了并五苯分子的原子连接方式。并五苯常用于太阳能电池制造。它的分子结构呈矩形，是一种有机化合物，由 22 个碳原子和 14 个氢原子组成。

在科学家拍摄的并五苯分子照片中，5 个六边形碳环结构清晰可见，甚至环绕碳环的氢原子也能看到。事实上，并五苯碳环之间的间隙非常狭小，只有 0.14 纳米，是一粒沙子直径的百万分之一。

梅耶说："如同医生利用 X 射线为患者的内脏和骨骼拍照一样，我们通过原子力显微镜为原子结构拍照，这是组成单个分子的主干。"IBM 苏黎世研究中心的研究小组表示，这一科研成果具有重要意义，对纳米科技将会产生深远的影响。

对单个分子观测拍照，除了要用到最为先进的原子力显微镜外，还必须在零下 268℃ 的真空环境中进行。之所以这样做，是为了避免"来回游荡"的空气分子影响到测量和摄像的准确度。

梅耶说："我们从事这项研究的最终目的，就是希望能在分子电子学上取得突破。这样我们将来就能制造出尺寸超小、但是速度堪比超级计算机的芯片，甚至制造出能放在针尖上的芯片也不是没有可能。"

2. 以纳米原理研究铁电材料的新发现

运用纳米原理研究铁电材料，发现铁电体的"敏感"来自其材料内部的混乱。2008 年 5 月 11 日，由美国国立标准化与技术研究所（NIST）的彼得·格林牵头，美国布鲁克海文国家实验室徐光勇，以及约翰·霍普金斯大学的研究人员一起参与的一个研究小组，在《自然·材料学》网络版上发表的研究报告称，他们运用纳米原理，为弛豫铁电体材料对机械压力或电压的极度敏感性找到了相应的解释。

研究人员认为，对弛豫铁电体材料敏感度的控制和"裁剪"能力将有助于提升一大批工业设备的性能，比如医学超声波成像仪器、扩音器、声纳，以及计算机硬盘等。

弛豫材料是一类固体压电材料，它们会在端电压存在时改变形状，或者在受到挤压时产生电压。格林解释道："弛豫材料的敏感度高出其他任何已知的压电材料 10 倍"。它们可以实现机械能和电能的低损转换，因此极为有用。

格林研究小组利用美国国立标准化与技术研究所的中子散射设备，以纳米原理为基础，研究了弛豫铁电体材料系统内部的原子"声振动"，如何响应外部施加的电压。结果发现，内在混乱状态是造成弛豫材料特殊性质的显著因素。对此次研究而言，这种混乱是由三种带不同电荷的元素——锌、铌和钛的原子晶格，随机交替引起的。

固体中的原子通常都是以完美的晶格排列，它们在这些位置的附近振动并以声波的形式传播能量。在典型的压电材料中，这些声振动持续很长时间，就像石头投入湖中激起的层层波纹。而在弛豫铁电体材料中，情况大不相同：声振动很快就会消失。最新研究发现，弛豫铁电体中特有的极性纳米区（它对铁电体的介电性质起重要作用）会极大地影响材料自身的化学结构。极性纳米区与声子传播也有很强的相互作用。研究小组对比了声子在不同方向的传播形式，并观测到极性纳米区会导致弛豫材料晶格在外电压作用下表现出很大的非对称性。

格林说，"我们认识到，晶格的内在化学混乱影响着该材料的基本组织和行为。"它破坏了声振动，这造成材料结构的不稳定性，以及对压力和电压的极度敏感。

3. 光电转换材料纳米原理研究的新进展

（1）发现纳米水晶可以提高光电转换率。2006 年 6 月，有关媒体报道，美国洛斯阿拉莫斯国家实验室一个研究小组利用光束照射直径仅为几个纳米的量子点（也称纳米水晶或半导体微片），结果发现，一个光子能够在量子点中产生多个电子。

研究人员在最近完成的试验中采用直径为 8 纳米的硒化铅量子点取得迄今最好的成绩：在紫外线光波的照射下，每个光子能在硒化铅量子点中产生 7 个自由电子。

过去几十年中，研究人员发现，虽然许多光子具有足够的能量在半导体材料中产生多个自由电子，但在实际的光电转换中一个光子通常只能对应一个自由电子的产生。其原因在于，在光子作用下产生的自由电子往往会与其周围的原子发生碰撞，结果是导致原子发生振动，产生的热量消耗了电子多余的能量，而没有产生更多的自由电子。

（2）发现可提高光电效能的黄金纳米粒子微观通道。2012 年 2 月，美国莱斯大学化学和电气系副教授斯蒂芬·林克等人组成的研究小组，在《纳米快报》杂志上发表论文称，他们发现黄金纳米粒子的微观通道可通过暗等离子体振子传输电磁能量，或将大幅提升光电设备的效能。

研究小组开发出一种在玻璃上"打印"产生黄金纳米粒子细线的方式。这些纳米粒子线能从一个纳米粒子把信号传给几微米外的另一个纳米粒子。传输间距远高于此前的实验成果，效果与使用黄金纳米线进行传输大致相当。

研究人员利用电子束把微小的通道切割成玻璃基板上的聚合物，以让纳米粒子线成形。黄金纳米粒子通过毛细作用力沉积在通道内，当剩余的聚合物和杂散的纳米粒子被冲走后纳米粒子线形成，粒子则留在距离纳米线几纳米之外。这些粒子都聚集于拥挤不堪的线型链中，较小的粒子间距能产生强劲的电磁耦合，引发低损耗"亚辐射"等离子体振子的形成，这可促进能量传播的距离达数微米。

等离子体振子是一种可在金属表面移动的电子波，就像池塘中的水被干扰时一样。这种干扰可由光等外部的电磁源引起，相邻的纳米粒子将在电磁场互相作用的位置相互耦合，支持信号从一个粒子传输至下一个粒子。而暗等离子体振子没有纯粹的偶极矩，因此其无法与光结合。

为了验证究竟能传输多远，研究小组为 15 微米长的粒子线涂上了荧光染料，并利用光漂白的方法，来测量由激光所激发的等离子体振子的传输距离。结果显示，等离子体振子的传播能量随距离增加呈指数递减。在传输 4 微米后，所测的强度值仅为最初的 1/3。虽然这样的传输距离仍比传统的光波导短，但在微型电路内只需要覆盖较小的长度尺度。未来或可将放大器应用于系统之中，以增加传输距离。

林克表示，银纳米线具有比黄金更好的等离子体振子波运载功能，传输长度可达 15 微米。如果未来以银纳米粒子进行实验，则可应用于更复杂的结构，或是利用纳米粒子波导与其他纳米结构部件连接。

三、运用纳米原理拓展的新成果

1. 在纳米尺度上研究爆炸物的内在机制

2006 年 8 月 29 日，《纳米通信》网络版报道，由美国乔治亚工学院机械工程学院威廉·金、德克萨斯工学院化学工程系布兰登·威克斯等专家组成的一个研究小组，利用世界上最小的受控加热器，微原子力显微镜（AFM）悬臂研究纳米尺度的爆炸物内在机制。该技术为我们了解爆炸物在微小尺度上的熔化、蒸发、分解现象提供了新的信息。

爆炸材料广泛应用于建筑、采矿等多种商业领域。但由于其危险性，爆炸材料内在机制的物理属性研究一直是个难题。

威廉·金解释说："科学家往往想设计有特殊反应的高能材料，比如在特定温度下提供特定的燃烧率。在我们的测量技术出现前没人能在纳米尺度研究这些属性。利用我们的数据，就可以建立关于其性能的物理模型，不必再依赖于利用宏观尺度观察做出的推测。"

研究人员用硅制造悬臂并在上面安装了一个电子反射加热器，它能够产生最高 1000℃ 的高温，控制精度可以接近于 1℃。利用原子力显微镜的探针可以对直径只有几微米的圆形区域进行加热，因此研究人员可以对多晶高能材料［如泰胺（普通爆炸物）薄膜］进行纳米尺度的热力学分析。研究人员已经对 100 纳米到几微米的泰胺材料的熔化、蒸发和分解过程进行考察。由于研究的量很小，实验室没有爆炸的危险。威克斯表示，他们研究的用量只是最基本的爆炸所需用量的千分之一。

威克斯说："我们已经证明，可以在纳米尺度控制高能材料的形态，并且测量其纳米属性。我们的目标是通过对微量材料研究能以一种非常安全的方式测量出它的属性，并外推其更大量时的属性。目前，除了军事用途外，对高能材料的纳米属性研究非常少。"

高能材料晶体间距被认为在快速分解（爆炸）中扮演着重要角色。引爆时，这个间距是爆炸的关键，它会在温度、体积和压力上发生增长，进而发生爆炸。威克斯说，这个间距的形成并不直接受控于材料的合成。但在纳米尺度理解爆炸将使我们更好地控制合成过程，制出更好的爆炸材料。他说："我们想控制高能材料的纳米属性，从而理解其小尺度的物理行为，使材料更安全。也许我们可以设计泰胺等材料的特性，使它对特定刺激因素敏感。如果缺乏这个刺激因素，这个材料就不再表现为爆炸物。"

研究人员在实验室中利用原子力显微镜研究泰胺薄膜，通过调整悬臂的扫描位置可以把材料加热到不同温度，从而观测其熔化、蒸发和分解比率。

威廉·金说："通过控制探针扫描路径，我们能使材料由液态返回固态，这时它会具有不同的晶体结构。这使我们可以在纳米功能尺度上控制晶体结构。"高能材料的晶体结构会随时间发生改变，这会改变材料属性，降低爆炸效率。

研究人员表示，该技术还可用于高能材料之外的材料研究。威廉·金说："利用这一技术，我们能对以前不能测量的材料进行微尺度的热力学属性研究。如果我们在纳米尺度上了解这些材料，我们就能在更大的尺度上设计它。"

2. 运用纳米原理首次打破黑体辐射定律

2009年8月，美国麻省理工学院动力工程学华裔教授陈刚领导的一个研究小组，运用纳米科学原理首次打破"黑体辐射定律"的公式，证实物体在极度近距时的热力传导可以比定律公式所预测高一千倍。

德国物理学家普朗克在1900年所创的"黑体辐射定律"，是公认的物体间热力传导基本法则，虽然有物理学家怀疑此定律在两个物体极度接近时不能成立，但始终无法证明和提出实证。

普朗克的"黑体辐射定律"创定在不同温度下，此定律在绝大多数情况下都成立，但如何在极微小的距离中稳定控制物体，达成能量传导的测试有极高的困难度。百多年来，科学家始终无法突破。而普朗克也对此定律在微距物体间是否仍成立持保留态度。

陈刚是知名的纳米热电材料和流体学者。他的研究小组采用方位较易控制的小玻璃珠对着平面物体的方式，取代在纳米距离中根本不可能不碰触的两平行平面体；并采用双金属臂梁原子能动力显微镜去精准地测量两物体间的温度变化。

麻省理工学院发表公报说，陈刚研究小组的研究成果证实科学家所预言但无法证实的理论，已获得国际间同领域学者的喝彩。

此项发现让人们对基本物理有了进一步的了解，对改良计算机数据储存用的硬盘"记录头"，以及发展储聚能源的新设计等工业应用十分重要。

陈刚说，目前计算机使用的硬盘记录头与硬盘表面，有 5~6 纳米的距离，"记录头"容易发热，而研究人员一直在寻找控制热力的方法。热力传导和控制是磁力储存领域十分重要的一环，此类应用也将因陈刚研究小组的发现而迅速发展。

新的发现也能帮助开发新一代的能源转换装置。除了实际的应用，陈刚说，此研究还提供对基本物理进一步了解的有用工具。

第二节　纳米性质研究的新成果

一、纳米材料一般性质研究的新进展

1. 纳米量子点性质研究的新发现

发现纳米量子点能够互相通信。2006 年 2 月，由俄亥俄大学博士生艾哈迈迪与物理学教授塞尔吉奥·乌略亚共同完成的一项研究成果刊登在《应用物理学通信》上。他们认为，从本质上看，量子点也能互相交流。

量子点很小，直径不过 5 纳米。作为比较，生物细胞的平均直径约为 1000 纳米。研究人员相信量子点在开发纳米技术中的作用非常重要，因为它们具有通用性和一致性，这排除了材料可能的变化和瑕疵。

研究人员在最近的研究中，首次使用理论模型来展示如何使用光能照射量子点，并促使它们以连续方式传送能量。他们发现当量子点互相被间隔一定距离时，大于量子点半径在纳米晶体间传播的光波以一致方式进行。在先前的研究中，在能量交换期间，光的波长会发生变化或变得无规律，而导致在量子点中通信崩溃。

最近的实验结果表明，可以通过光波来传输信息，这是研制光量子电脑的基础。在这样的设备中，使用光来代替目前传统电脑中传输信息的电荷。艾哈迈迪表示："采用这种方法可以让电脑的处理芯片变得更快并更小。"

乌略亚称，新型量子点技术的运用领域还包括医疗成像。可以把量子点注入患者体内，再使用包含更多量子点的设备来显示皮肤下面量子点的位置。目前，这方面的研究已在老鼠身上获得了很大成功。量子点的副作用要小于 X 射线检查中所使用的化学药剂，最终甚至可能完全代替传统的药剂。

2. 纳米管性质研究的新发现

（1）发现纳米管可释放电子。2004 年 9 月，美国波士顿学院和佛罗里达国际大学的科学家观察到生长在粗糙碳布纤维表面的纳米管在低电场的条件下可以释放电子束，而利用此技术可制造出高效率的显示设备。

纳米管是一种由碳原子卷曲而成的管状结构，它的直径小于一个纳米。科学家们发现，当纳米管在粗糙的碳布纤维表面生长时，纳米管就会发生变形，形成很多断裂点，当处于低电场的条件下，电子束可从纳米管的断裂点被释放出来，形成电子流。目前科学家经过测定，在每微米只有 0.2 伏的条件下，纳米管就可以释放电子。

令科学家兴奋的是，这种破碎的纳米管释放电子的效率高于碳布纤维和纳米管本身的效率，如果采用这种技术让纳米管在粗糙的玻璃表面生长，未来可以制造出发光效率极高的显像设备。

（2）发现"纳米管水"近热力学零度时也不结冰。2005 年 6 月，由美国阿贡国家实验室亚历山大·科列斯尼科夫博士及其同事组成的一个研究小组，发现了水的一种新状态，在这种状态下，即使接近热力学零度时，它也不会结冰。

实验发现，纳米管内的水会形成像某种冰硬的结构，但是又能像液体一样流动，这种结构在性能上与普通的冰或液体不同。在外形上，该结构很像带有水分子与碳壁间隙为 0.32 纳米碳管内部的环形"垫片"。这种物质在比热力学零度高 8℃时仍保持液体的流动性，能沿纳米管流动。

同时查明，所谓的水分子坐标数减少，从正常的 3.8 减少到 1.86，也就是说，氢键的自由度明显减少，由邻近水分子形成不同空间结构的能力也减弱了。

研究人员把水的新状态称为"纳米管水"，对"纳米管水"的研究还将继续。科学家表示，"纳米管水"将在物理学和生物学中得到应用，因为在生物机体里，水也会进入特殊环境中，这时会沿毛细管流动或通过细胞膜。

（3）发现碳纳米管存在独特的"遥感焦耳热效应"。2012 年 4 月，有关媒体报道，由美国马里兰大学卡莫·巴洛奇主持的一个研究小组，发现了一种全新的只在纳米领域才有的"遥感焦耳热效应"：当碳纳米管通电时，其附近物体会发热，而纳米管本身却仍然是冷的。研究人员指出，理解这种现象有望带来一种全新的计算机处理器制造方法，它能以更快速度运行却不会过热。

焦耳效应已广为人知，给一根金属线通电时，其中的自由电子会在原子之间来回反射，使原子振动而发热。研究人员想看看给碳纳米管通电时的焦耳效应。他们利用该校材料科学与工程系副教授约翰·卡明斯实验室开发的电子热显微镜技术，绘制出纳米电设备产生热量的位置，观察碳纳米管的通电效果，看热量是怎样沿着碳纳米管传播到金属接头上去的。结果却发现，热量直接跳到碳纳米管下面的氮化硅底片上，将底片加热了。他们把这种现象称为"遥感焦耳热效应"。

巴洛奇说："这是我们观察到的一种全新现象，只在纳米尺度才有，完全与我们的直觉相悖。碳纳米管的电子不断地从某种东西上反射，这种东西不是它的原子，然后邻近的氮化硅底片上的原子就振动起来，获得了热量。"

研究人员解释道，这与用微波炉加热食物并不完全相同。他们只是给纳米管通电流，并没有故意产生微波场，这应该会让碳纳米管本身发热，而实际上却没有。碳纳米管的电子怎样从远处振动了底片材料的原子，其原因尚未明确。他们推测，还有一个"第三方"：电场。卡明斯解释说："我们认为，碳纳米管的电子由于通电而产生电场，底片原子是直接对这些电场起反应，能量的传递是通过中介电场发生的，并非由于碳纳米管电子对底片原子的反射。"

将来，这种"遥感焦耳热效应"能应用于计算机技术。研究人员下一步将确定该效应是否为碳纳米管所独有，如果其他材料也有，那么它们的共性是什么。卡明斯解释说："氮化硅能以这种方式从通电碳纳米管上吸收能量，我们还想测试其他材料，如半导体和其他绝缘体。真正理解了这种现象的原理，我们就能结合热量管理设计出新一代的纳米电子设备。"

二、纳米材料医学性质研究的新进展

1. 纳米材料形状医学特性研究的新发现

通过比较纳米颗粒的不同形状，发现圆柱形纳米颗粒在患者体内运输药物效果优异。

2007年4月，由宾夕法尼亚大学医学院和工程及应用科学学院迪斯凯尔教授等人组成的一个研究小组，发现了一种更好地把药物输送到肿瘤组织去的方法。他们能利用一种圆柱形的纳米颗粒将药物持续地输送到动物肺癌组织，而且持续时间是之前所用的球形颗粒的 10 倍。这些发现对药物输送有着重要意义，并且也能帮助科学家更好地了解柱形病毒，例如埃博拉，以及 H5N1 禽流感。

2. 研究纳米材料对基因影响的新成果

（1）实验证实二氧化钛纳米粒子具有可遗传毒性。2009 年 11 月，由美国加利福尼亚大学洛杉矶分校强森综合癌症研究中心，病理学、放射肿瘤学和环境卫生科学教授罗伯特·席斯特尔带领的一个研究小组，在《癌症研究》杂志上发表研究成果称，他们经过综合研究后得出结论，在日常生活中随处可见的二氧化钛纳米粒子会造成小鼠全身性遗传损伤。该发现再次引起人们对纳米粒子安全性的关注。

过去，二氧化钛纳米粒子被视为是无毒的，因为它们不会激起化学反应。但席斯特尔研究小组的研究表明，二氧化钛纳米粒子一旦进入体内会在不同器官中累积，导致单链和双链 DNA 断裂，并造成染色体损伤，以及炎症，从而增加患上癌症的风险。

研究人员给实验小鼠的饮用水中加入二氧化钛纳米粒子，在饮用这种水后的第五天，小鼠体内便呈现出遗传损伤。

席斯特尔指出，钛本身具有化学惰性，但当粒子变得越来越小后，反过来其表面相应会变得越来越大，粒子表面与环境间相互作用会引发氧化应激反应。这些粒子太小，可以到达身体的任何部位，甚至可以穿过细胞，并干扰亚细胞机制，而身体却没有办法来消除它们。

这是一种新型的毒性机制，亦是一种物理化学反应。席斯特尔说："可能某些自发性癌症就与暴露在这些粒子之中有关。对于这些纳米粒子，有些人会比其他人更敏感。我认为，人们对这些纳米粒子的毒性研究还不充分。"

席斯特尔称，研究首次显示了纳米粒子具有如此效果。他说："这是第一个关于二氧化钛纳米粒子引发的遗传毒性的全面研究。这种遗传毒性可能来自于发炎或氧化应激相关的次级机制。目前这些纳米颗粒的应用在逐渐扩大，此类发现引起对于其潜在健康危害的关注。"

接下来，席斯特尔研究小组将继续研究，分析有 DNA 修复缺陷的老鼠暴露在这种纳米粒子环境下的状况，希望能找到一种方法来预测哪些人会对这类纳米粒子特别敏感。

（2）发现核糖核酸递送纳米粒子系统能关闭特殊基因。2012年9月，由美国麻省理工大学卫生科学与技术教授桑吉塔·巴蒂雅与哈佛大学达纳·法伯研究所癌症基因组发现中心主任哈恩、布罗德研究所研究人员等一起组成的一个研究小组，在《科学·转化医学》网络版上发表研究报告称，他们利用核糖核酸（RNA）介入（RNAi）方法，开发出一种RNA递送纳米粒子系统，能大大加快筛选抗癌药物标靶进程。首个小鼠试验显示，一种以ID4蛋白为标靶的纳米粒子能缩小卵巢肿瘤。

通过对癌细胞基因组进行测序，研究人员发现了大量基因变异或被删除。这对寻找药物标靶来说是个福音，但对测试标靶来说，却几乎成了不可能的任务。巴蒂雅表示，这种纳米粒子系统克服了抗癌药物开发中的瓶颈问题。他说："我们所做的是努力建设一条管线，在这里你可以测试所有的标靶，然后通过小鼠模型筛选出重要标靶。你可以用RNA介入的方法确定想要进入临床试验的标靶的优先顺序，或者开发抵抗它们的药物。"

自20世纪90年代末发现RNA介入以来，科学家一直在研究怎样利用这一过程来治疗癌症。但要找到一种安全有效地瞄准肿瘤的方法，尤其是让RNA进入肿瘤还有很多困难。

在实验中，研究人员把目标集中在ID4蛋白，因为在约1/3的高侵略性卵巢肿瘤中，这种蛋白都被过度表达。该基因显示出与胚胎发育有关：它在生命早期已经关闭，不知什么原因在卵巢肿瘤中被重新激活。

他们设计了一种以ID4为标靶的RNA递送纳米粒子，能同时瞄准并进入肿瘤，这是以往的RNA介入方法做不到的。其表面标记有一种短链蛋白片断，这让它们能进入肿瘤细胞，这些蛋白片断会被拉向肿瘤细胞中一种特殊蛋白p32。研究人员还发现了许多这类片断，纳米粒子外面有一层膜，内部是RNA链与蛋白质的混合。粒子进入肿瘤细胞后，蛋白质-RNA混合物能穿过膜层进入细胞内部，开始破坏mRNA。经过对卵巢肿瘤小鼠的实验，研究人员发现，通过RNAi纳米粒子治疗能消除大部分的肿瘤。

在潜在标靶中，有许多蛋白无法与传统药物结合，而新粒子能递送RNA短链关闭特殊基因，使科学家能继续"追捕"这些"没有可能"的蛋白。哈恩说："如果这一方法能在人体内发挥作用，将再打开一类全新的药物标靶。"

该研究小组研究的目标是开发一种"混合与剂量"技术，通过混合不同的 RNA 递送粒子瞄准特殊基因。目前，研究人员正在用纳米粒子系统测试其他可能的卵巢癌标靶和包括胰腺癌在内的其他类型癌症，并在研究将 ID4-标靶粒子开发为一种卵巢癌疗法的可能性。

3. 研究纳米材料与蛋白关系的新发现

（1）发现可当医学传感器的纳米级蛋白分子开关。2004 年 11 月，由约翰·霍普金斯大学马克·奥斯特梅耶教授领导的一研究小组，在《化学与生物学》杂志上发表论文称，他们通过对一种早期的模型进行改进，发现了一种用两个不相关的蛋白创造出一个分子开关的新途径。这种分子开关是纳米级的"设备"，其中的一种生化成分控制着另外一个的活性。实验证明，这种新开关是早前模型效率的 10 倍，并且它是可重复利用的。

该研究小组在此前的一项研究中，证明创造出一种融合蛋白是有可能的，并且这种融合蛋白中的其中一个成分能够控制另外一个成分去执行任务。

他们在较早的实验中把两个通常不会反应的蛋白：β-内酰胺酶和麦芽糖结合蛋白连接在一起。因为每个蛋白都有自己明确的活性，因此很容易监测。研究人员通过一个"剪切与粘贴"过程把 β-内酰胺酶插入到麦芽糖结合蛋白的不同位点上。在改进的新方法中，研究组把 β-内酰胺酶链的两个天然末端连接起来创造出一个连续的分子环。然后，他们在 β-内酰胺酶插入麦芽糖结合蛋白之前，随机剪断这个带状物。这种称作随机环状排列的技术增加了两种将要融合的蛋白能够互相交流的可能性。因此，其中一种成分更有可能传递给另外的分子一个强大的信号。

新发表的文章显示，该研究小组用这种技术制造出大约 27000 个不同的融合蛋白。在这些蛋白中，他们分离出了一种分子开关。他们还证明这种开关能够被关闭。奥斯特梅耶相信，这种分子开关技术还能够用于制造检测癌细胞和给药的医学设备和传感器。研究小组正在尝试创造出一种荧光分子开关。

（2）发现使纳米粒子形成牙釉质的关键蛋白。2011 年 8 月，美国《国家科学院学报》网站发表了匹兹堡大学牙科医学院一项有关牙齿釉质研究的成果。文章称，牙齿釉质是生物体中含矿物质最多的组织，硬度高且再生能力强。研究人员正在探索牙齿釉质的形成过程，希望以此开发出功能更强的生物性纳米新材料。

研究人员指出，牙齿釉质通过生物矿化作用形成，它们具有高硬度和复原能力，这是因为它们拥有一种类似复杂的陶瓷微纤维的独特结构。研究者说，当牙齿生长成形后，釉质就开始生长，微小的矿物晶体悬浮着。他们实验中再现了釉质形成的早期阶段。在此过程中，有一种名为釉原蛋白的蛋白质发挥了关键作用。

研究小组发现，釉原蛋白分子的自行组装是逐级进行的，先形成一种较小的低聚材料，再由这些低聚材料组成更复杂的高级材料。它们先将微小的磷酸钙粒子稳定地连在一起，就像把一系列小点连成线，这个过程是牙齿和骨骼形成釉质的主要矿化阶段，然后再把线排成平行阵列，排列完毕后，纳米粒子就会融合在一起形成结晶，成为高度矿化的釉质结构。

研究人员指出，釉原蛋白的自行组装能力在指导纳米粒子点连接的过程中发挥了关键作用，纳米粒子点再连成复杂的高度有序化的结构。研究并模拟这一过程能帮助我们用生物分子构建纳米级的矿物材料，为牙科领域和其他应用带来新的纳米技术和生物纳米材料。

4. 研究纳米材料对细胞影响的新发现

（1）发现纳米二氧化钛可能损害脑细胞。2006 年 6 月，美国环境保护局的一个研究小组发现，颗粒极其微细的纳米二氧化钛粒子有可能使脑细胞产生有害的自由基。这意味着，人们必须深入研究纳米材料对生物组织的影响，评估其对环境和健康的威胁。

纳米二氧化钛有着抗菌、光催化、抗紫外线等特性，广泛用于制造抗菌材料和防晒化妆品等多种产品，但它对生物组织有何影响，此前人们还知之甚少。

研究人员把小鼠脑部的小胶质细胞浸在含有微量纳米二氧化钛的溶液里，小胶质细胞是保护脑部免受病毒或外来化学物质侵害的细胞。实验发现，小胶质细胞吸收了二氧化钛微粒，并连续两小时释放出含氧活性分子。这些分子并未损害小胶质细胞，但长期接触这类分子将使神经受损。

专家认为，这项结果提醒人们必须认真对待纳米材料可能带来的健康损害，进行更多的研究及防范。

（2）发现纳米粒子可伪装成血细胞对抗细菌感染。2013 年 4 月，由美国加利福尼亚大学圣地亚哥分校纳米工程教授张良方领导的一个研究小组，在《自然·纳米技术》上发表论文称，他们发现，包覆红细胞膜的纳米粒子可去除体内毒素，能够用于对抗细菌感染。

张良方指出，研究结果表明，这种纳米粒子可用以中和包括耐抗生素菌在内的许多细菌产生的毒素，并能消解毒蛇或毒蝎攻击中的毒液毒性。

这种"纳米海绵"以消除造孔毒素为目标。所谓造孔毒素，是指通过在细胞中挖孔来杀死细胞。它是自然界中最常见的一种蛋白质毒素，可由包括金黄色葡萄球菌在内的众多细菌分泌。耐甲氧西林金黄色葡萄球菌具有耐药性，每年在全世界范围造成数万人死亡。它们也出现在许多类型的动物毒液中。

现有的一系列治疗方法都以造孔毒素的分子结构为目标，使其失去杀死细胞的能力。但是该疗法必须根据不同的疾病和病情进行定制，而这些有害蛋白家族已知有80多个，每一个均有不同的结构，所以一个个消除困难很大。张良方研究小组采用新的纳米海绵疗法可中和每一种蛋白，而不用管其分子结构。

该研究小组把真实的红细胞膜包裹在生物相容性的聚合物纳米粒子周围。单个血红细胞可提供足够的膜材料，生产出超过3000个纳米海绵，每个直径大约为85纳米。因为血红细胞是造孔毒素的主要目标，纳米海绵一旦进入血液，将担任诱饵角色，吸收破坏性蛋白并中和其毒性。纳米海绵由于尺寸极小，它在系统中的数量将大大超过真正的血红细胞。这意味着，纳米海绵有更高的机会与毒素作用并吸收，从而将毒素带离其天然目标。

动物实验表明，在给小鼠注射致命剂量的最强造孔毒素后，新疗法可大大增加小鼠的存活率。注射后数天进行肝活检，结果显示没有发现损伤，这表明纳米海绵连同积累在肝脏中的毒素已被安全消化掉。

张良方表示，如果该药物能获得监管机构批准，将主要用以治疗细菌感染，尤其是耐抗生素细菌。中和细菌产生的毒素不仅可保护身体，还可削弱细菌对免疫系统的侵害，因为细菌将不再依赖毒素来保护自己。

三、电子材料纳米性质研究的新成果

1. 铁电材料纳米性质研究的新进展

（1）发现铁电纳米盘和纳米棒记忆存储新特性。2004年12月9日，由阿肯色大学物理学专家组成的一个研究小组，在《自然》杂志上发表论文称，他们发现微小的纳米盘和纳米棒存在一种新特性：具备增加1000多倍记忆存储能力的潜质。

研究人员说，这种状态的相关技术以前闻所未闻，它的成因可能是盘片的尺寸不允许顺序的错乱。他们研究的铁电物质属于纳米层级的，而且铁电物质天然就具有双极性，使得它们在医用超声波和海军声纳系统中可以呈现出图像，并且可以将信号转换为手机中的声音或其他音频形式。但铁电物质在纳米层级上有什么特性，一直以来不为人所知。

此次，研究人员得出了惊人的结论，当温度降低时，在纳米层级上这种双极性可以形成一种新的形态。研究人员使用计算机仿真技术模拟这种状态下纳米棒和纳米盘所具有的特性。结果发现，这种新的状态不再呈双极性。他们称为"环形运动"，呈现出类似于漩涡或龙卷风那样的环形转动的样式。在这种状态下，可以朝着某个方向或者相反的方向转动，形成一种双稳定的状态，可以像处在极性状态下那样存储信息。

但这种环形运动的排序有所不同，它区别于极性状态：可以存在于微小纳米粒子中，可以使每一个单独的粒子存储一个字节的信息，这有助于提高存储器的密度。同时，这种新状态下产生的漩涡并不会产生粒子之间强烈的相互影响。这意味着，它们可以被压缩在很小的空间内。

研究人员称，这一新发现的原理可以增加我们使用纳米粒子进行存储的能力，但现在还不知道要经过多长的时间才能把这项技术应用到实际中，但是它为我们指明了努力的方向。

（2）揭示铁电纳米材料亚原子结构及性质。2012年7月8日，由美国能源部布鲁克海文国家实验室物理学家朱毅梅、韩永建等研究人员与劳伦斯伯克利国家实验室等研究人员组成的研究小组，在《自然·材料》杂志上发表研究成果称，他们利用电子全息摄影技术拍下铁电纳米材料亚原子结构，并揭示了它的性质。研究人员指出，这是迄今拍下铁电亚原子结构的最小尺度，有助于理解铁电材料的性质，扩大其研发和应用，进而研发新一代先进电子设备。

这种电子全息摄影术能以皮米（10^{-12}）精确度，拍下材料原子位移所产生的电场图像。朱毅梅说："这是我们第一次看到原子的确切位置，并把它和纳米粒子的铁电现象联系起来。这种基础突破不仅是技术上的里程碑，也为工程应用带来了可能。"

铁磁材料日常生活中随处可见，这种材料本身有磁偶极矩，指向北极或南极。这些偶极矩自身趋向于排列整齐，由此产生了吸引和排斥的磁化作用。通过外加磁场翻转磁化作用，就能操控这些材料。

铁电材料与铁磁材料同族，它们在分子尺度也有偶极矩，但是正、负电极而不是磁极，通过外加电场也能翻转这种电极。这种关键特征来自材料内部业原子层面的不对称和排列现象。在新研究中，研究人员首次通过透射电子显微镜将这种现象拍摄下来。

目前的磁性存储设备，如大部分计算机中的硬盘，是通过翻转内部磁矩（对应于计算机二进制代码 1 或 0），将信息"写入"铁磁材料。而铁电存储是通过电场把材料的两种电极状态结合起来转化为代码，在计算机上写入和读出数据信息。而最终在效率上，铁电材料有望胜过铁磁材料。铁电材料把信息存储在更小的空间，几乎是从微米下降到纳米。在纳米级别每个粒子都是一个比特。但要扩展到应用设备上必须知道怎样压缩它们才不会牺牲内部电极，理论上这是非常困难的，研究人员解释说，实验所演示的电子全息摄影术能确定各种情况下的所需参数。

该研究揭示了单个铁电粒子能保持电极的稳定性，这意味着每个纳米粒子能作为一个数据比特。但由于它们存在边缘场，还需要一些活动空间（约 5 个纳米）才能有效操作，否则可能在扩展到计算机存储中时，不能保持代码完整性而破坏信息。韩永建说："铁电材料能提高存储密度，每平方英寸铁电材料制成的电子设备存储的信息达到兆兆字节，新技术让我们离设计制造这种设备更进一步。"

2. 其他电子材料纳米性质研究的新成果

（1）发现纳米催化剂电荷转移的证据。2005 年 1 月，由美国乔治亚科学院计算材料中心主任伍茨·兰德曼领导，曼屏科技大学研究人员参与的一个研究小组，在《科学》杂志发表论文称，他们通过对氧化镁表面纳米金层的研究，发现了在纳米催化剂作用下电荷转移的证据。这一发现将有利于提高化学反应的速度。

兰德曼说："大部分合成材料在制作时都需要使用催化剂来加速其反应过程。制造出对特定化学反应高效、高选择性和高特异性的催化剂，能大幅度削减制造成本。理解纳米催化剂的原理是开发高效催化剂的关键。"

研究人员表示，金块化学性质稳定不容易发生化学反应。但催化剂的关键不在于其成分而在于其原子和原子之间的构成方式。1999 年有学者发现，把金加工成 8～24 层原子的纳米金层后，金层将形成特殊的三维结构，变成非常高效的催化剂。计算机模拟的以 8 原子的纳米金作为催化剂，并用氧化镁作为催化剂基质来催化一氧化碳和氧分子化合为二氧化碳的反应过程。计算机模拟的预测结果为：当氧化镁基质有缺失氧原子的瑕疵时，以上反应得以进行；当氧化镁基质无瑕疵时，上述反应无法进行。这是因为金原子只能锚定在基质的缺陷部位获得电子而带负电荷。带负电荷的金原子把电子转移给进行反应的分子，削弱反应物化学键的稳定性。化学键被打断后就发生了化学反应。

兰德曼说："我们的实验证实了当氧化镁基质有瑕疵时，比之没有瑕疵时，一氧化碳分子振动频率有更大幅度的下降。我们的实验结果和以前的计算机预测结果非常吻合。在通常情况下，化学反应需要有催化剂存在并且需要高温高压环境，创造这些条件使制造成本上升。而我们的研究都是在常温下进行的，它证实了改变催化剂基质的特性可提高催化剂的催化效率，这有助于开发新型高效的常温催化剂。我们知道了催化剂的原子数目和催化剂基质的瑕疵非常重要，也了解了其中的机理。机理就是瑕疵导致电子移动。希望这能指导开发出新型纳米催化剂，使化学反应在常温常压下进行，减少加工成本。"

（2）证实纳米超导体线圈能经受住强磁场。2005年2月4日，由美国伊利诺依大学物理学教授别兹里亚金等人组成的一个研究小组，在《物理评论通信》上发表论文称，他们通过实验证实，纳米级的超导线圈能经受住强磁场，这为超导技术的应用开辟了广阔前景。

根据超导理论，超导体中自旋电子配对形成"库伯对"是超导性的来源。所谓"库伯对"，是指美国科学家库伯发现，在晶体中众多可以自由运动的电子总会有一些因适当的晶格形变而束缚在一起，形成相对稳定的一对电子。但科学家早就发现，当超导体放置于强磁场中时，电子"库伯对"会被磁场破坏，电子的自旋也受影响，超导性会被抑制甚至彻底消失。

该研究小组指出，当超导体的尺寸缩小时，磁场的破坏作用也随之变小，当超导体的尺寸达到纳米尺度时，磁场就已经不能破坏"库伯对"了。研究人员把单层碳纳米管安放在硅晶圆上蚀刻出来的约100纳米宽的"沟"里，然后在碳纳米管表面涂上一层钼-锗超导材料，将其温度降到临界温度以下，并观察这一纳米级超导材料在强磁场中的反应。结果发现，强磁场对纳米级超导材料的影响明显减弱。研究人员猜测，由于超导线的直径非常微小（只有10纳米左右），电子"库伯对"之间会互相影响，抵消了磁场对超导性的影响。

纳米级材料这一特性将使超导的应用前景更为广阔。比如，原先超导线圈不能输送强电流，因为电流产生的磁场可能削弱或破坏线圈的超导性，而如果在普通超导线圈中掺入纳米级的超导细丝，输送强电流就不是难题了。此外，纳米级的超导材料还可用于核磁共振成像等领域。

别兹里亚金声称，纳米级超导材料的尺寸也不能无限缩小，否则电子"库伯对"之间会互相干扰，也会削弱其超导性。此外，纳米级超导材料与大尺寸超导材料类似，不能完全实现零电阻，而且材料尺寸越小，其本身的电阻就越大。

（3）首次证实微生物纳米线具有导电性。2011年8月7日，由美国马萨诸塞大学阿默斯特分校微生物学家德里克·洛维利、物理学家马克·托米勒等人组成的一个研究小组，在《自然·纳米技术》网络版上撰文称，他们首次发现硫还原泥土杆菌体内的微生物纳米线（菌丝网）能长距离地传导电子。这项新发现有望彻底改变纳米技术和生物电子学，让研究人员研制出更便宜且无毒的纳米材料，以便制造出生物传感器和能与生物系统相互作用的固体电子设备。

研究人员称，这是他们首次观察到电荷沿着蛋白微丝传导，以前科学家们认为，这样的传导需要细胞色素蛋白质的参与，细胞色素让电子进行短距离"旅行"。而最新研究证明，即便没有细胞色素，电子也能进行"长途旅行"，这种细菌的蛋白微丝就像真正的金属导线一样。

洛维利表示："蛋白微丝能采用这种方式导电是生物学领域的一次'范式改变'。它对于我们理解自然的微生物过程，以及其对环境治理和可再生能源的研发非常重要。"

2005年，该研究小组在《自然》杂志撰文指出，硫还原泥土杆菌的纳米线可能代表生物学领域一个基本的新特性，它能通过纳米线把电子运送到体内的氧化铁，但他们尚不清楚它具体的运作机制。现在，在实验室中，研究人员用电极取代氧化铁，结果发现该细菌产生了厚的、带电的导电生物膜。研究人员使用不同的菌株进行研究后发现，生物膜内的导电性可能归功于贯穿于生物膜的纳米线网络。

托米勒指出，人造纳米线的属性可以通过改变其周围的环境来改变，而这种细菌采用的天然方法使科学家能通过简单地改变温度或调制基因表达，制造新菌株来操纵导电性。引入第三个电极能使生物膜像生物晶体管一样，通过施加电压使它关闭或打开，它或许能填补固态电子学和生物系统之间的鸿沟，让研究人员制造出新的生物兼容材料。

研究人员指出，这项发现有望启发人们找到更多天然无毒的新导电纳米材料，它比人造材料更容易制造，而且成本更低。未来，人们甚至可以制造出在水中和潮湿环境中使用的电子设备。

第三节　纳米结构与功能研究的新成果

一、纳米结构研究的新进展

1. 纳米材料结构研究的新成果

（1）发现高分子纳米复合材料的三维分子结构。2005 年 5 月 26 日，由美国能源部布鲁克海文国家实验室物理学家汤姆·沃格特、中密歇根大学瓦列里·佩特科夫、密歇根州立大学科学家默库莱鸥·卡纳兹蒂斯等人组成的一个研究小组，在《美国化学学会期刊》的网络版上发表论文称，他们发现了一种纳米材料的三维分子结构，认为这种纳米材料拥有广阔的实际应用前景，其中包括更加有效的太阳能电池、生物传感器，以及更加轻薄的电视和电脑显示设备。

据悉，这种材料是一种高分子纳米复合材料。它由独特的有机聚合物与尺寸为 1 纳米的无机部分自然形成。当该材料分子聚集到一起时，这些基本的单元就形成了这种纳米复合材料。

沃格特说："高分子纳米复合材料长期以来一直受到人们的关注，因为它具有可以促进许多科技领域进步的极大潜力。这种聚合材料拥有独特的机械特性，如能够弯曲、延伸等性质，而两种成分都是电的优良导体。"

研究人员表示，这次研究用的聚合物成分是一种被称作聚苯胺的材料。把它和诸如氧化金属等多种无机化合物结合，能够制造出多种高分子纳米复合材料。在这次研究中，无机化合物的成分是由水分子隔离开的氧化钒。

在之前的研究中，科学家一直不太了解这种纳米复合材料的结构，这主要是因为它的内在组织并不是规律而整齐地排列。因此，研究小组无法依靠传统的 X 射线结构分析法，因为它需要极为有序的晶状样本结构。

在传统的 X 射线衍射过程中，X 射线会从样本的原子上"反弹"或衍射开，最终形成清晰的光束。只要对这些光束加以分析，就能够轻易地得到有关样本中原子的位置与类型的详细信息。但是当 X 射线从纳米复合材料中散射开来的话，光束就会被"抹去"，从而使研究人员无法得到有关结构的信息。

因此，研究小组采用了一种非常规的数学算法来破解这些 X 射线散射的数据。起初使用这一方法来单独分析聚苯胺聚合物的散射数据，然后再单独分析氧化钒，最后集中分析这种高分子纳米复合材料的散射数据。

研究人员利用这些单独分析所得出的信息，制作出一个三维立体模型来反映聚苯胺和氧化钒如何在原子级混合并形成高分子纳米复合体。这一模型还能够描述在上、下两层氧化钒之间夹着一层水平的聚苯胺原子链，形成一个"三明治"结构。

佩特科夫说："我们的研究结果展示了如何把普遍应用的 X 射线分析技术与非常规的实验性方法结合，来分析纳米复合材料结构的详细信息。这将有助于提高我们对这些物质性质的了解。我们希望这项成果可以促进人们对这种纳米复合材料进行更多的研究。"

此外，这一项目还包括卡纳兹蒂斯所进行的研究，他和自己的研究小组率先开发出了一种方法来合成这些纳米复合材料。

（2）合成类似碳六十纳米结构的金原子"空心笼子"。2006 年 5 月，由美国能源部太平洋西北国家实验室（PNNL）首席科学家、华盛顿州立大学物理教授汪赖生领导的研究小组，成功地合成类似碳六十纳米结构的"空心笼子"。

在过去的十年中，汪赖生和理查德·斯马利实验室的研究人员一直在尝试寻找金属中类似碳六十的纳米结构。但是因为金属团簇更容易挤压或抹平，所以这个实验非常困难。

汪赖生把注意力转移到小于 20 个金原子的团簇，光谱和理论计算发现，小于 15 个金原子的团簇是平坦的。所以，可能形成"空心笼子"结构的只可能是 16、17 或 18 个金原子，而 19 个金原子的团簇就又堆积成类似金字塔的结构了。汪赖生说："金十六是能够看到的最小的金原子'笼子'，把金二十的四个角上的原子拿掉，再把剩下的原子间的距离拉开一些就得到了金十六。"

金原子"笼子"可以在室温下稳定存在，它可以自由存在，即不与其他物体接触。但是一旦它接触到其他表面，结构就可能改变。汪赖生和同事们认为，金原子"笼子"可以用来束缚其他原子，这个过程称为掺杂。掺杂后的"笼子"可以在其他表面稳定存在。所以这种方法可以在小于纳米的尺度上掺杂，从而影响材料的物理或化学性质。

（3）发现纳米材料结构塑性形变的新现象。2006年8月，由伯克利实验室材料科学部门的安得烈·米耐领导，普渡大学能源系，以及海西特隆公司等研究人员组成的一个研究小组，使用美国电子显微国家中心的JEOL 3010原位透射电子显微镜，对纳米材料进行高分辨的负载与位移测量，观察纳米体积的铝在一个钻石"纳米硬度计"的压力下产生的结构形变，结果有了新发现。

一直以来，研究人员都假设晶体需要无缺陷才能承受其理论极限的力。超过了这个力晶体结构就会出现断层，从而出现塑性形变。但是，米耐研究小组发现情况并不是这样。

米耐说："尽管人们都假设要达到理论极限的力，材料结晶必须完美，但是我们的结果证明这并不总是对的。真正的情况是很复杂的。我们发现，许多缺陷在初始生长点积累。更令人惊奇的是，即使材料具有很高的缺陷密度，它还是能够承受接近理论极限的剪切力。"

以往，研究人员都是通过间接证据来研究纳米材料的硬度。人们只能在纳米硬度实验后，根据测得的力再对结果进行推测，这种事后的研究有其固有的局限性。

现在，这个研究组设计的独特设备可以显示整个实验过程。使用这台设备，研究人员第一次能够用两种方式清楚地观察纳米硬度测量过程中的塑性形变的出现，并且能够同时显示力学参数和拍摄形变过程的录像。

米耐说："以前多数研究工作有力的位移曲线而没有录像。在曲线上，一个很大的峰代表'pop-in'事件，即通常认为的塑性形变的开始。而在录像中，一般认为缺陷和位移的出现代表了'pop-in'事件。我们发现，这两个事件并不一定一致。事实上在许多纳米硬度测量实验数据中，实际的'pop-in'事件前常常有些微弱信号，但是这些信号一般都被认为是噪声而未被重视。"

当使用这个新设备进行纳米硬度测量时，先用一个钻石探头接近铝单晶颗粒，探头将晶体所加的力和探头的位移记录下来。同时，对应的晶体变化也被录像记录下来。

在力的位移曲线中有两个小的瞬变过程，对应于录像中结构断层的突然出现。第一个是本来纯净的晶体突然出现了缺陷；第二个是缺陷突然转移。这些变化代表断层断裂、滑行到其他段、相互作用然后达到结构新平衡的过程。

值得注意的是，尽管出现了结构断层，晶体仍旧能够承受接近理论极限的剪切力，Pop-in仍没有出现，而当出现时，曲线和录像上都有相应的反应。

这项研究成果对传统的晶体初始变形理论是个挑战。而且这项研究中，人们第一次能够对弹性模量、力等基本参量进行直接研究，打开了纳米力学研究的新领域。

（4）制成金纳米粒子和蛋白质的复合结构。2007年7月2日，由美国能源部布鲁克海文国家实验室的胡明辉等人组成的一个研究小组在德国《应用化学》杂志上发表论文称，他们成功地把金纳米粒子附着于蛋白质，形成蛋白质与金纳米粒子均匀排列的薄层结构。研究人员认为，这种由纳米粒子和蛋白质组成的复合结构将能帮助人们了解蛋白质结构，确定蛋白质功能成分和组合新的蛋白质复合结构。

在整个研究工作中，最大的挑战是合成涂上有机分子的可控尺寸纳米粒子。纳米粒子表面的有机分子用于同特定的蛋白质部位发生反应。胡明辉在解释金纳米粒子和蛋白质复合结构合成步骤时说，首先，通过在金纳米粒子表层涂上有机分子的方法，让金纳米粒子与蛋白质产生独特的相互作用。其次，把转基因缩氨酸片段安插在蛋白质分子上，其作用如同金纳米粒子的结合点。最后，把表面带有有机分子的金纳米粒子置入蛋白质溶液中，让纳米粒子和蛋白质结合。

据悉，这项研究的经费来自布鲁克海文实验室管理研究和开发项目、美国能源部科学办公室环境和生物研究办及国家卫生研究院大众医学科学所。布鲁克海文实验室中其他部门的研究人员也参与了金纳米粒子和蛋白质复合结构的研究。

（5）研制出带有"树枝"结构的晶体纳米棒。2008年7月17日，美国伦斯乐多理工学院公布了一项研究成果：由该校未来能源系统中心主任、材料科学和工程教授拉曼纳斯主持，博士后阿罗普·泊卡亚斯萨等人参与的一个研究小组，开发出一种带有树枝结构的生长晶体纳米棒，并能采用生物分子表面活化剂来控制纳米棒的形状。利用该技术有望获得更小更有效的散热泵和其他利用热能发电的装置。

研究人员介绍说，利用新技术生成的纳米棒由碲化铋和单晶硫化铋两种单晶材料组成，碲化铋形成的纳米棒核镶嵌在硫化铋形成的中空圆柱壳内。此外，在合成晶体的过程中，通过细心控制温度、时间和生物分子表面活化剂的用量，他们获得了带有"树枝"结构的纳米棒。

拉曼纳斯表示，过去人们成功地实现了独立生成"树枝"状纳米结构，以及核-壳状（内核和外壳）纳米结构的纳米晶体材料。现在利用生物分子表面活化剂，他们首次合成含有"枝杈"的复合纳米棒。

由于核-壳纳米棒具有引人注目的特性，因此人们希望今后能利用核-壳纳米棒，为发电开发新的纳米级热生电装置，以及纳米电子设备中散热点所需的纳米级散热泵。拉曼纳斯表示，新技术生成的纳米棒能帮助实现散热和热生电两个十分重要的属性。纳米棒的核-壳结构有助于将电器产生的热能带走或利用热能发电，"树枝"结构则有可能组装出用于纳米导线散热的微小导管。

研究人员发现，在高温或低量生物分子表面活化剂的条件下，新的合成方法能够获得极规则的"树枝"状纳米棒结构；而在低温或高量表面活化剂的条件下，只能收获没有"树枝"的纳米棒。

（6）开发出高度控制金属纳米结构的方法。2012年4月，由美国康奈尔大学材料科学和工程系教授乌利希·威斯纳、西北大学研究员斯科特·沃伦等人组成的一个研究小组，在《自然·材料》杂志网络版上发表研究报告指出，为了获得燃料电池中的催化剂和普通电池中的电极，工程师希望能制成多孔的金属薄膜，争取获得更大的表面面积以进行化学反应，并保有较高的导电性，而提高导电性的研究多以失败告终。现在，他们开发出一种新方法，可使多孔金属薄膜的导电性提高1000倍。这一技术同时为制成多种可应用于工程和医学领域的金属纳米结构开启了大门。

威斯纳称，他们已经借助混合加热方法，实现对于所产生材料的构成成分、纳米结构和导电性等功能的高水平控制。新方法基于学界所熟悉的溶胶-凝胶法，将一定的硅化合物和溶剂混合，可自组装出含纳米级蜂窝孔洞的二氧化硅结构。研究人员所面临的挑战就是添加金属，以创造出导电的多孔结构。

沃伦解释，在此前的实验中，他们发现添加少量金属将破坏溶液形成凝胶的过程。而由于氨基酸分子的一端对硅具有吸引力，另一端对金属具有吸引力，研究人员萌生了利用氨基酸将金属原子和硅原子相连的想法，这可避免由相位分离引发的金属薄膜自组装过程中断。

基于上述途径能制造出更多的金属、硅碳纳米结构，并大幅提高其导电性。硅和碳可被移除，只留下金属多孔结构。但硅–金属结构即使在高温下也能保持自己的形态，这对于制造燃料电池十分有益。沃伦同时表示，仅移除硅，留下碳–金属络合物，则提供了其他可能性，包括可形成较大的孔洞等。

实验报告显示，新方法能被用于制造对构成成分和结构具有高度控制水平的多种材料。研究小组几乎为元素周期表中的每种金属都制造出一种结构，配合其他化学过程，孔洞的尺寸可达到 10 纳米至 500 纳米。他们同样制造了填充金属的硅纳米粒子，小到可被人类所摄入和吸收，这有望应用于生物医学领域。此外，威斯纳研究小组还以制造出"康奈尔点"而闻名，它可把染料封装在硅纳米粒子中。因此，溶胶–凝胶工艺或许也可应用于构建包含光敏染料的太阳能电池中。

（7）发现氢可调控氧化石墨烯的化学结构和特性。2012 年 5 月，由美国佐治亚理工学院物理系副教授伊莉莎·瑞多领导的一个研究小组，在《自然·材料》杂志上发表研究成果称，他们发现氢在决定氧化石墨烯的化学特性和结构组成方面发挥着重要作用。研究人员表示，了解氧化石墨烯的特性，以及如何控制它们，对实现这种材料在纳米电子设备、纳米机电系统、传感、复合材料、光学、催化和能量储存等领域的潜在应用十分重要。

伊莉莎·瑞多表示，氧化石墨烯材料十分有趣，需通过化学和热过程将两个含氧的官能团，即环氧基团和羟基（氢氧基）团，加入构成石墨烯的碳原子晶格中而成形，因此可通过热处理或化学处理来改变氧化石墨烯的结构。

研究小组在此次研究中，使用了位于碳化硅晶片上的多层外延石墨烯，这一样本平均包含 10 层石墨烯。观测结果显示，35 天后，环氧基团的数量有所下降，羟基团的数目则略有增加。直至 3 个月后，两组官能团的比例才基本实现了平衡。

为解析为什么室温条件下会发生此种变化，研究人员认为，氢和氧将在官能团内生成水，这将减少环氧基团的数量，并略微增加羟基的数目。经过实验测量和理论计算，研究人员提出，或许有氢参与其中。而这一猜想随后被研究小组和来自德克萨斯大学达拉斯分校的研究小组共同证实。实验样本的结构和化学性质在样本制成后还将演变达1个多月之久，正是它与氢不断发生化学反应的结果。

（8）用DNA"砖块"搭出上百种三维纳米结构。2012年11月30日，由美国哈佛大学维斯生物工程研究院尹鹏、维斯铸造学院主管登·英格博等人组成的一研究小组，在《科学》杂志上发表研究报告称，他们用DNA"砖块"造出100多种三维纳米结构。

DNA"砖块"是指构成DNA双螺旋链的4种碱基：腺嘌呤（A）、胸腺嘧啶（T）、胞嘧啶（C）、鸟嘌呤（G），A只能和T配对，C只能和G配对。它们就像"乐高"玩具，可以搭建出各种结构。这种纳米制造技术称为"DNA-砖块自组装"，用人造的DNA短链像乐高砖块那样搭扣拼装。它充分利用了DNA编程的能力，将DNA碱基对组合搭配成各式"菜谱"，来组成预先设计好的形状。

2012年年初，研究小组在《自然》杂志上报告称，他们用每块长42个碱基折叠成矩形的DNA"砖块"，构造出二维平面，包括所有罗马字母、标点符号、数字等107个图案，但构建三维结构需要新的"折叠"方法。

新方法用的DNA砖块更小，其长度为32个碱基对。他们把每个碱基对砖块转了90度，再把每两个砖块并成立体状，就可以向"上"、向"外"两个方向添砖加瓦了。每8个碱基对（约2.5纳米）构成一个"三维像素"，这是它的最小结构单位，1000个这样的像素构成一个模块，这些模块就成为制作三维建筑的DNA分子"原料块"。研究人员用这些"原料块"制作了102种复杂的三维结构，包括字母、符号、汉字等，不仅表面精巧，还有着复杂的内部洞穴和孔道。另一种叫作"DNA折叠术"的方法，能构建更稳定、更复杂的三维结构。但这种技术要依赖一条较长的DNA链做"支架"，并需要几百个短链DNA做"钉扣"把它折叠起来，而且每种新形状都需要一种新"支架"及相应折叠法、新的"钉扣"。尹鹏介绍说，相比之下，DNA"砖块"的方法不再需要支架链，由此可以形成一种模块化的结构，每块砖都能独立地加上或减去。这种方法简单、稳定，而且用途更广。

新方法的下一个目标是把这种DNA纳米技术用在更尖端领域，比如"智能"医疗设备，能把标靶药物选择性地递送到病灶部位；可编程的成像探测仪器；下一代计算机线路制造，能精确排列无机物质的模板等。

英格博说，设计出更多、更有效的方法，来利用那些具有生物兼容性DNA分子，将其作为纳米技术中的结构建材，这将带来巨大的医疗价值，以及非医疗方面的应用。我们在这方面的能力正闪电般地增长。

（9）用"电喷"打印制作三维超精细纳米结构。2013年9月，由美国伊利诺斯大学香槟分校博士后瑟达·昂塞斯牵头，芝加哥大学分子工程研究所的保罗·尼莱，以及韩国汉阳大学研究人员等组成的一个研究小组，在《自然·纳米技术》上发表论文称，他们开发出一种制作纳米结构的新方法，将"从上到下"的喷墨打印和"从下到上"的自组装技术结合在一起，以一种"电喷"打印方式，自动形成三维的超精细结构，所制备的纳米材料，可用在半导体和磁存储工业中。

用聚合物、DNA、蛋白质及其他"软"材料制造纳米结构，在新型电子工业、诊断设备和化学传感器中有很大潜力。但这些材料大部分都与光刻平印类的技术不相容，平印是集成电路的传统工艺。研究小组利用一种自组装材料——嵌段共聚物，并且改进了传统光照平印工艺，使它也能用于"软"材料领域。

研究小组在比利时的微电子研究中心制作出一种拓扑兼化学的花纹，分辨率达到100到200纳米。然后返回伊利诺斯大学，以化学花纹为模板在上面沉积嵌段共聚物。共聚物就在模板的引导下自行组装，形成了比模板花纹分辨率更高的花纹。

这种局部沉积嵌段共聚物的喷墨打印技术称为电流动态打印或电喷打印，操作起来更像办公室用的喷墨打印机。昂塞斯说，电喷打印能很自然地控制液体墨水，因此也能很好地控制纳米管、纳米晶体、纳米线及其他纳米材料的悬浮液花纹。"它不仅是一种特殊的高分辨率喷墨打印机，其理念是从喷嘴喷出原料流，打印几百纳米的花纹结构。"

尼莱补充说："这一过程是利用喷墨打印技术在基底上以高分辨率沉积不同的嵌段共聚物胶膜，因此非常适合用于设备的设计与制造，能在一层上造出不同的维度结构。各维度的花纹可以相同，也可以不同，由各范围里的模板引导精确组装。"

研究人员指出，打印出的纳米结构的分辨率还能进一步提高到15纳米。伊利诺斯大学材料科学与工程教授约翰·罗杰斯称，新技术可以用来制作纳米材料的图案结构，并与现实设备结合起来。

2. 其他材料纳米结构研究的新发现

（1）发现珠母贝的纳米级复杂结构。2005 年 9 月，由美国麻省理工学院材料科学与工程系教授奥迪兹领导，纳米技术研究所研究人员参与的一个研究小组，在《材料研究杂志》上发表研究成果称，他们观察到珠母贝令人惊奇的纳米级复杂结构，这种结构有可能是构成材料刚性的首要因素。

研究人员表示，他们正在研究一种叫珠母贝的软体动物，吸引他们的是珠母贝贝壳坚硬内层的结构及力学性质。他们在研究成果中惊叹，珠母贝不愧为纳米技术专家。

珠母贝其实是由两种相对较弱的材料组成的，其中 95% 是易碎的陶瓷碳酸钙，另外 5% 是一种柔韧性很好的生物高聚物。在珠母贝中，研究人员发现，这两种材料以"砖泥"结构形式结合在一起，数百万个尺寸在几千纳米的碳酸钙陶瓷盘就像钱币一样相互堆叠在一起，而每一层陶瓷盘之间有一层很薄的生物高聚物将它们黏合在一起。

研究小组把注意力集中在这些碳酸钙陶瓷盘很小的纳米区域。他们使用原子力显微镜，把剪切的海蜗牛珠母贝小陶瓷盘成像后发现，每一个陶瓷盘都有自己复杂的纳米结构。他们用一个只有几百纳米的钻石探针尖刺进陶瓷盘表面，发现这种尺寸的陶瓷盘小片刚性和强度都特别出色，在巨大的外力作用下，小片也没有易碎裂纹的形成和传播现象。

奥迪兹表示，大自然使用纳米级结构设计原理，构造出高性能的力学材料。随着纳米技术的深入研究，制造出人工珠母贝材料作为高性能装甲材料将不会是梦想。

（2）分析液态金硅合金纳米尺度的表面结构。2006 年 8 月，由美国能源部阿尔贡纳米材料中心博士后欧莱葛·夏彼尔克领导，斯里耶尔、布鲁戈尔斯米、葛莱格里夫，以及哈佛大学泊衫教授、以色列巴尔伊兰大学杜维奇教授、布鲁克汉恩国家实验室奥克和芝加哥大学美纶、琳斌华等人参与的一个研究小组，对液态金硅共晶合金纳米尺度的表面结构作了深入分析，并将研究结果发表在《科学》杂志上。

研究人员表示，这种液态金硅共晶合金由 82% 的金和 18% 的硅所组成。共晶是在低于任一种组成物金属熔点的温度下，所有成分的融合。在大多数例子中，共晶合金中组成物金属的熔点与它在纯金属状态下的熔点相差 100℃；金硅共晶合金在 360℃ 时即开始溶化，这个温度比组成物金属的熔点低了大约1000℃。

但这并不是金硅共晶合金唯一一个与众不同的特性。在一般固态晶体中，原子都是按照周期有序的方式排列，而在液态中，原子的排列则变得混乱。所以，十多年人们一直认为，很多液态金属的表面都会呈现2~3个清晰的原子层，并且通常这些原子层中没有结晶态存在。然而，夏彼尔克研究小组却发现，在液态金硅共晶合金的表面存在7~8个原子层。为了弄清这个意外的事件，他们同时也在其表面原子层中找到与通常只出现在固态物质中的组织相类似的结晶态结构。

理解这种异常单分子表面凝固层的特性，对正在成长中的，以十亿分之一米为基本单位的纳米科技有着非常重要的意义。

夏彼尔克说："当你把一个物体或设备的尺寸减小到一纳米时，事实上所有的一切就只是表面与内表面。我们需要了解，在物理学和化学领域，调控这些表面结构的新定律是什么。"

研究人员表示，对金和硅金属的理解显得尤为重要。因为它们广泛应用于计算机技术中。金这种抗氧化的"惰性"金属便于成型制造计算机互联芯片，而硅则是大部分半导体设备的主要组成金属。

夏彼尔克说："你可以想象一下，金和硅金属的结合几乎出现在每一个电子设备中。"

夏彼尔克在哈佛大学的博士生阶段开始这项研究，并最终在阿尔贡纳米材料中心完成该研究。他利用阿尔贡中西半球最强的X射线高级光子源对材料进行了几项测定：X射线镜面反射率，用来提供垂直于表面的金属结构信息；X射线临界衍射，用来提供平面结构的内部信息；X漫散射，用来提供表面波动及其他动力学信息；而X射线晶体端面标尺，则用来测量表层结晶结构的厚度。

二、纳米材料功能研究的新发现

1. 纳米粒子功能研究的新发现

（1）发现金纳米粒子可作为微小的加热器。2006年3月，由美国俄亥俄大学化学教授休米·理查德森、理论物理教授莎莎·戈沃罗夫牵头，扎卡里·希克曼、艾丽莎·托马斯、张伟和匡德施等人组成一个研究小组，在《纳米快报》杂志上发表研究成果称，他们发现金的纳米粒子可以在生物医学中当作微小的、精确的、功能强大的加热器。

研究小组利用一束频率合适的激光激发一小团金属纳米粒子（例如金），使它们可为比自身大1000倍的面积加热。他们在用来模拟生物系统的冰、水和聚合物壳中发现纳米金的这种加热性质。当只用低亮度的激光加热冰块时，冰块不会溶化；但是把金纳米粒子嵌入冰块后，再用相同的激光束加热，冰块就能溶化。

这个加热过程不仅能在比纳米粒子本身大很多的面积上产生相当可观的热量，而且还能非常精确地控制加热范围。利用一种生物连接器，纳米粒子可以被设计得只对特定的目标加热。生物连接器是用来连接特定类型的细胞的特殊的黏性分子。在生物医学的应用中，少量的金纳米粒子就能用来加热，影响单个的大尺度物体，如癌细胞。

（2）发现金纳米粒子层可改善太阳能电池转换效率。2011年8月，由美国加利福尼亚大学洛杉矶分校加利福尼亚纳米系统研究所纳米可再生能源中心主任杨阳领导，中国科学院半导体研究所半导体材料科学重点实验室的张兴旺和日本山形大学科学和工程研究生院的洪子若等人参加的一个研究小组，在《纳米》杂志上发表论文称，他们把金纳米粒子层植入一个串联的高分子太阳能电池的两个光吸收区中，形成特殊三明治结构的电池，从而吸收到更宽太阳光谱的光能。

在太阳能领域，有机光电太阳能电池具有广泛的潜在应用，不过它们至今仍被认为处于起步阶段。这些用有机高分子或小分子作为半导体的碳基电池，虽然比利用无机硅片制作的常规太阳能电池更薄，且生产成本更低，但是它们将光能转换成电能的效率却并不理想。有关报道称，杨阳研究小组正是针对这一难题展开研究，通过把金纳米粒子用于有机光电太阳能电池，助其增强了光吸收的能力，极大地提高了电池的光电转化率。

该研究小组发现，通过金纳米粒子层的相互连接，可以大幅度提高光电太阳能电池的光电转化率。金纳米粒子通过等离子效应能够在薄薄的有机光电层中产生强电磁场，其结果是聚集光能，使其更多地被电池中的光吸收区捕获。

研究人员表示，尽管把金属纳米结构融入光电太阳能电池结构中存在不少困难，但他们化解了这些难题，并首次宣布成功地研制出等离子增强高分子串联太阳能电池。杨阳表示，通过简单地把金纳米粒子层植入电池两个光吸收区中，他们便获得了高效等离子高分子串联太阳能电池。出现在连接层中间的等离子效应能够同时改善上、下两层光吸收区的工作状态，把串联太阳能电池的转化率，从以前的 5.22% 提高到 6.24%，增比达 20%。

实验和理论结果都显示，太阳能光电电池效率的提高得益于金纳米粒子近区的增强，也表明等离子效应对未来高分子太阳能电池的开发具有极大的潜力。研究小组认为，夹层结构作为开放平台，能够应用于多种高分子材料，为获得高效多层串联太阳能电池创造了机会。

（3）发现纳米粒子可在晶体生长中充当"人造原子"。2012 年 5 月，由美国能源部劳伦斯伯克利国家实验室材料科学部门研究人员组成的一个研究小组，在《科学》杂志上发表研究报告称，他们利用透射电子显微镜和先进的液体池处理技术，对由铂、铁纳米粒子构成的纳米棒的生长轨迹进行了实时观测。成像分辨率可达半埃（光谱线波长单位），比单个氢原子的直径还要短。观测结果显示，纳米粒子在晶体生长中充当"人造原子"角色，成为构建复杂分子结构的基础。

在观测中，纳米粒子会由定向附着开始，在溶液中形成弯曲的多晶链，并逐渐排列起来，首尾相连形成能延展至单个晶体纳米棒的细长纳米线，其长度/厚度比可达 40:1。由此可见，在纳米晶体的生成过程中，纳米粒子链和纳米粒子为构建纳米棒提供了基本的建筑模块，整个流程十分巧妙而高效。此前，类似的观测通常只限于晶体生长的前几分钟，而新研究能够有效延长这一时间达数小时，可谓在纳米粒子生长轨迹观测方面取得的重大进展。

研究人员表示，之所以选择铂、铁纳米棒作为研究对象，是因为电催化材料，有望应用于下一代的能量转换和存储设备。研究具有不同形状、结构的胶状纳米晶体生长的关键，在于长久保持观察窗内的液态环境，以使反应能够完全发生。他们在有机溶剂中溶解铂、铁的分子前体，利用毛细管压，促使生长溶液进入氮化硅液体池中，并利用环氧树脂胶密封。研究人员强调，液体池的密封十分重要，可使池内的液体不至于变黏。一旦液体黏滞，就将阻碍纳米粒子的相互作用，从而抑制晶体的生长。而在之前的研究中，这一情况时有发生。

根据研究人员的观测，单个纳米粒子只会存在于晶体生长的初始阶段，随后其将被短链的纳米粒子所取代，并最终形成长链的纳米粒子。这在单个分子和分层的纳米结构之间搭设了桥梁，也为合理设计出具有可控特性的纳米材料铺平了道路。

（4）发现磷化镍纳米粒子可为制氢反应提速。2013 年 6 月，由美国宾夕法尼亚州立大学化学教授雷蒙德·萨克领导的一个研究小组，在《美国化学会志》上发表论文称，他们发现，由储量丰富且廉价的磷和镍构成的磷化镍纳米粒子，可以成为制氢反应的催化剂，为该反应提速。这项研究将让更廉价的清洁能源技术成为可能。

研究小组为了制造出磷化镍纳米粒子，使用经济上可行的金属盐进行试验。他们让这些金属盐在溶剂中溶解，并朝其中添加了另外一些化学元素，然后加热溶液，最终得到了一种准球形的纳米粒子，它并非完美的球形，因为拥有一些平的暴露的边角。萨克解释道："纳米粒子个头小，但表面积很大，而且，暴露的边缘上有大量的点可以为制氢反应提速。"

接下来，由加州理工学院化学系教授内森·刘易斯领导的研究小组对这种纳米粒子在反应中的催化表现进行了测试。研究人员首先把该纳米粒子放在一块钛金属薄片上，并把薄片没入硫酸溶液中，随后施加电压，并对生成的电流进行测试。结果表明，化学反应不仅按照他们所希望的那样发生了，效率也非常高。

萨克解释称，磷化镍纳米粒子的主要作用是帮助人们从水中制造出氢气，这一反应对很多能源生产技术，包括燃料电池和太阳能电池来说都很重要。水是一种理想的燃料，因为它廉价且丰富，但我们需要把氢气从中提取出来。氢气的能量密度很高，且是很好的载能体，但产生氢气会耗费能量。

研究人员一直在寻找廉价的催化剂，以便让水制氢反应更加实用且高效。萨克表示："铂可以很好地完成这件事，但铂昂贵且稀少。我们一直在寻找替代铂的材料。此前有科学家预测，磷化镍会是好的'替身'，我们的研究结果也表明，在制氢反应中，磷化镍纳米粒子的表现的确可以和目前铂的效果相媲美。"

2. 碳纳米管和石墨烯功能研究的新发现

（1）发现碳纳米管能发光。2005 年 11 月，由 IBM 公司研究中心陈加等人组成的一个研究小组，在《科学》杂志发表研究报告称，他们已经发现碳纳米管能够发光，而且其亮度是发光二极管的 1000 倍。

陈加表示，这个发现可以让人们更好地理解半导体物质中电子与"空穴"之间的交互作用。他指出，碳纳米管光还能够用于单个分子水平上的光学探测工作。

IBM 公司研究中心一直重视开发光电传输方面的技术。一般来说，半导体物质上的光和电很难做到兼容，但碳纳米管被证明可以很好地运载这两种信息。

据悉，IBM 公司已经发明了把电信号转化为光信号的核心处理流程，也就是把电子转化为光子。过去，研究人员用同时轰击电子及空穴的方法来制造光子，这是一种效率不高的方法。

（2）发现石墨烯可成为防金属腐蚀的理想涂层。2012 年 2 月，由美国某大学化学专家迪拉吉·帕拉赛和同事组成的一个研究小组，在美国化学学会的期刊《纳米》上发表研究成果称，他们发现石墨烯真是一种神奇材料，除了是目前已知的最坚硬材料外，还是目前最纤薄的涂层，能够保护铜、镍等金属不被腐蚀。

在最新研究中，研究小组指出，金属生锈和腐蚀是一个非常严重的全球性问题，科学家们都在殚精竭虑地寻找减慢或防止其生锈或腐蚀的方式。腐蚀源于金属的表面同空气、水或其他物质发生了接触。目前，普遍采用的防腐蚀方法，是用某些材料包裹金属，从而把它表面隐藏起来，但这些包裹材料都有其自身限制。

石墨烯只有一层碳原子的厚度，是目前世界上最薄的材料。科学家们发现，在石墨烯内，碳原子像一个细铁丝网围栏一样排列成一层，该层非常纤薄，使得其看起来就是透明的，而且，一盎司（28.350 克）石墨烯足以覆盖 28 个足球场。

研究小组研究发现，不管是把石墨烯直接放在铜、镍表面上，还是通过其他方法转换到其他金属表面都能让金属免遭腐蚀。在实验中，他们让单层石墨烯通过化学气相沉积在铜上生长从而包裹住铜，结果表明，其腐蚀速度比光秃秃的铜慢 7 倍。通过让多层石墨烯在镍上生长从而包裹住镍，其腐蚀速度比光秃秃的镍慢 20 多倍。另外，令人惊奇的是，单层石墨烯与传统有机涂层的抗腐蚀能力一样，但有机涂层的厚度是石墨烯的 5 倍。

研究人员表示，石墨烯涂层可能是理想的抗腐蚀涂层，可以应用于很多方面，尤其是需要纤薄涂层的领域，例如，用来包裹连接设备和航空航天设备，以及用于移植设备中的微电子元件等。

三、纳米材料医学功能研究的新发现

1. 纳米材料治癌功能的新发现

（1）发现纳米级铁镍合金磁盘可杀死癌细胞。2009 年 11 月 29 日，由美国阿尔贡国家实验室的埃琳娜·罗兹科娃带领的一个研究小组，在英国《自然·材料学》杂志网络版上刊载研究报告指出，由磁性铁镍合金制成的纳米级磁盘可有效杀死癌细胞。

研究小组利用铁镍合金制成超微、超薄的纳米级磁盘，其中所有的原子磁化形成一个平面"磁涡旋"。当引入一个交互磁场时，该纳米磁盘会发生振动。实验结果表明，振动频率在几十赫兹的低水平时，经过 10 分钟就足以破坏 90% 癌细胞的细胞膜，使大部分癌细胞死亡。

英国基尔大学研究人员乔恩·多布森声称，在临床实验中，可以把该纳米磁盘引入恶性肿瘤。他说："这一研究结果为治疗恶性肿瘤提供了一项精准、快速的技术，与化疗等传统手段相比，避免了副作用的产生。"

（2）发现可同时使用纳米粒子和核糖核酸干扰机制治癌。2010 年 3 月，由美国加州理工学院化学工程系教授马克·戴维斯领导的一个研究小组，在《自然》杂志网络版上发表研究成果称，他们首次提出证据证明，用作实验治疗并直接注入患者血液中的靶向纳米粒子可传输进入肿瘤中释放出双链小干扰 RNA（siRNAs），并利用 RNA 干扰（RNAi）机制关闭一个重要的癌症基因。此外，该研究小组提供的证据也首次证明，这种血液注入的新型疗法为剂量依赖性人类肿瘤治疗开辟了新的道路，亦即输入体内的大量纳米粒子也会出现在肿瘤细胞中。

该研究成果表明，在患者身上同时使用纳米粒子和基于 RNA 干扰的疗法是可行的。戴维斯表示，该方法为未来在基因水平上抗击癌症和其他疾病打开了大门。

研究小组利用加州理工学院新开发的技术在受试者肿瘤活检细胞中检测到了纳米粒子并进行成像。此外，戴维斯研究小组发现，给予患者的纳米粒子剂量越高，在肿瘤细胞中发现的纳米粒子数量也越高。这也成为利用靶向纳米粒子的剂量依赖性反应的首个例子。

奇妙的是，证据显示小干扰 RNA 完成了其工作使命。在研究人员分析的肿瘤细胞中，信使 RNA 编码的细胞生长蛋白——核糖核苷酸还原酶已经退化，退化反过来又导致了蛋白的损失。

而更重要的是，如果信使 RNA 在目标点被小干扰 RNA 裂解，就会发现信使 RNA 片段具有其应有的确切长度和序列。研究人员表示，这是首次发现来自患者细胞的 RNA 片段经由 RNA 干扰机制被合适地剪切。该事实证明，RNA 干扰机制也可通过使用小干扰 RNA 发生在人体中。

有关专家表示，通过使用小干扰 RNA，很多癌症目标均可在实验室中被有效锁定，但在临床上阻断这些目标尚难以实现。这是因为许多目标并不受制于传统抗癌药物。该项研究提供的证据表明，使用靶向纳米粒子传递小干扰 RNA 在未来将有助于患者疾病的治疗，也使科学家开始考虑，可将似乎不太可能的目标作为新的靶标。临床试验得到的数据也证实把核糖核苷酸还原酶作为靶标的、基于基因的癌症新疗法是大有可为的。

（3）发现磁性纳米粒子和交变磁场可"联手"治癌。2012 年 3 月，由美国佐治亚大学富兰克林艺术学院物理系助理教授赵群主持的一个研究小组，在《治疗诊断学》杂志上发表研究报告称，他们发现利用纳米粒子和交变磁场，可在半小时内杀死位于小鼠头部和颈部的癌变肿瘤细胞，而不损害健康的细胞和组织。

赵群称，他们能利用少量的浓缩磁性氧化铁纳米粒子杀死癌细胞。这种治疗方式能轻易破坏上皮组织的癌变肿瘤细胞，这标志着研究人员首次可基于实验室小鼠利用磁性氧化铁纳米粒子诱导高温、高热进行相关的癌症治疗。

世界各地的研究人员都在探索利用加热的纳米粒子作为潜在的癌症治疗手段。此前的研究也证明，将磁性氧化铁纳米粒子和强劲的交变电流结合可产生足以杀死肿瘤细胞的高温。赵群表示，对此次的研究结果持乐观态度，但他也表示，未来在考虑进行人体临床试验之前，还需要完成针对较大型动物的测试。

在实验过程中，研究人员向肿瘤所在位置加入了 0.5 毫升左右的磁性氧化铁纳米粒子溶液。随着小鼠在麻醉下逐渐放松，他们把它放入外部包裹有线圈的塑料管。这一装置能生成交替方向每秒可达 10 万次的磁场。磁场将只加热癌变肿瘤内的浓缩纳米粒子，而不使周围的健康细胞和组织受到损害。

磁性氧化铁纳米粒子能够有效提高肿瘤所在位置的磁共振成像对比度，这意味着，即使物理学家无法通过磁共振成像扫描肉眼辨识出癌症，纳米粒子也能帮助其探测到癌变。研究人员希望，未来能使用单一试剂或媒介进行诊断和治疗，这也是他们对使用磁性纳米粒子极具兴趣的原因所在。

赵群称，当癌细胞经历了高温环境也会表现得对药物更加敏感。这一研究将为其他旨在利用磁性氧化铁等可生物降解的纳米粒子材料抗击癌症的研究铺平道路，例如，携带和传输抗癌药物直达肿瘤部位等。

（4）发现能留驻脑部肿瘤的黄金纳米粒子。2012 年 4 月 15 日，美国斯坦福大学医学院的一个研究小组，在《自然·医学》杂志网络版上发表研究报告称，他们发现一种黄金纳米粒子能进入并留驻在脑部肿瘤内，同时通过 3 种不同的成像方式观察都可见到精确显示肿瘤的轮廓，这使脑瘤的移除提升至前所未有的精度。

研究人员表示，因为其要尽可能地保留患者大脑的正常部分，即使是技艺最精湛的外科医生也无法保证脑瘤切除后不会遗留癌细胞。这在恶性胶质瘤的移除上表现得尤其明显，该癌细胞可沿血管和神经束轻易扩散，使健康组织发生病变。此外，源自原发肿瘤的微转移也可在周围健康组织生根发芽，而这都是外科医生无法用肉眼识别的。

在小鼠的实验中，新技术能借助包裹了成像试剂的黄金纳米粒子突出小鼠的恶性胶质瘤组织，使手术更易进行。粒子的尺寸约为人类红血球大小的 1/60。研究人员推测，这些粒子由小鼠尾部静脉注射后会优先在肿瘤内留驻。纳米粒子可沿血管抵达周围的肿瘤组织，粒子的黄金核心涂覆了含有钆的特殊涂层，可使粒子适用于 3 种不同的成像方式，即磁共振成像（MRI）、光声成像和拉曼成像，每种都能有效提升手术效果。

MRI 可在手术前较好地显示肿瘤的边缘及位置，却不能在手术过程中大脑处于动态时完整地描述肿瘤的侵略性增长。纳米粒子的黄金核心能吸收光声成像的光脉冲，并随着粒子微微升温生成可检测到的超声信号，并从中计算出三维的肿瘤图像。由于这种成像方式可深度贯穿，并对黄金粒子的存在十分敏感，它能保证在手术过程中对肿瘤边缘的实时、准确描述，引导医生移除大部分肿瘤，提升移除精准度。

但上述两种方法都不能分辨出健康组织和癌变组织的区别，拉曼成像可促使纳米粒子的某一外涂层放射出波长不同的难以探测的光，黄金核心的表面能放大这些微弱的拉曼信号，并能被特殊的显微镜捕捉到。由于这些信号只会从藏身于肿瘤之中的纳米粒子发出，因此科研人员可轻易分辨出每一点残留的癌变组织，使肿瘤的彻底清除更加容易。

研究人员表示，该技术有望在未来协助对致命性脑癌的预报，并可延伸至其他的肿瘤类型。

2. 纳米材料抗艾滋病病毒功能的新发现

2005 年 10 月，由美国德克萨斯大学奥斯汀分校与墨西哥大学研究人员联合组成的一个研究小组，在《纳米技术》杂志上发表论文称，首项研究纳米金属微粒与艾滋病病毒 HIV-1 相互关系的实验结果显示，附着在 HIV-1 病毒上的大小 1～10 纳米的金属银微粒，能够阻止病毒与寄主细胞相结合。

研究人员在实验中把纳米银微粒与泡沫碳、聚乙烯吡咯烷酮，以及牛血清白蛋白等 3 种不同的试剂混合，这样可以避免出现较大的结晶颗粒。

通过透射电子显微镜可观察到，泡沫碳中的纳米银微粒相互结合在一起，利用超声波将其表面的水去除后，研究人员得到了大量银微粒，大小在 16.19（±8.69）纳米左右，有二十面体、十面体或者形状拉长等各种不同的外形。聚乙烯吡咯烷酮中的纳米银微粒则使用甘油作为消溶剂，得到的微粒大小为 6.53（±2.41）纳米。而牛血清白蛋白试剂中的纳米银微粒在硫磺、氧、氮等化学物质作用下形成的稳定银微粒，大小约为 3.12（±2.00）纳米。

研究人员表示，三组微粒的形状是通过不同的吸收光谱来分别确定的，而大小则利用可见紫外光光谱曲线图来描画。

随后，研究人员把三组纳米银微粒与 HIV-1 细胞分别放入试管，在 37℃环境中培养。3 小时后，以及 24 小时后观察结果均显示样本中 HIV-1 细胞无一存活。

研究人员发现，纳米银微粒浓度超过 25ug/mL 时，对 HIV-1 细胞的抑制作用更为明显。此外，相比之下泡沫碳比其他两种试剂的效果更好，同时银微粒的大小也不能超过 10 纳米。研究人员认为，纳米银微粒穿过 HIV-1 细胞中的糖蛋白，并借助糖蛋白上的硫磺残留物附着在细胞上，糖蛋白之间的空隙约为 22 纳米，正好可以容纳银微粒。

尽管实验结果表明，纳米银微粒能够抑制 HIV-1 细胞，但研究人员表示，还需要进一步实验来观察其长期效果，同时人体试验也在计划中。由于前期实验证实，纳米银微粒能够有效地附着在其他微生物有机体上，因此研究人员也将开展有关银微粒抗其他病毒的实验。

3. 纳米材料其他医学功能的新发现

2006 年 12 月，由美国麻省理工学院脑与认知科学系专家埃利斯·本克主持的一个研究小组，在《纳米医学》杂志上发表研究成果称，他们与香港大学医学院研究人员在合作研究中发现纳米肽蛋白纤维液体能够迅速止血。有关人士认为，这项发现不但会改变外科手术的过程，同时也会对人类的医学发展起到至关重要的作用。

研究人员声称，外科医生在手术台上的一半时间都用在了止血上。血流不止就会在短时间内夺走人的性命。尽管现行的止血方法很多，如止血钳、烧灼伤口、药物收缩血管等，但它们都有不尽如人意之处。

研究人员表示，纳米肽蛋白纤维原本只是用来为仓鼠的脑细胞做修复，但他们在实验过程中发现了它神奇的止血功效。纳米肽蛋白纤维液体主要由缩氨酸组成，接触到伤口以后会自行聚合成保护性的透明凝胶，像一道屏障封闭伤口，从而达到止血的效果。

目前，研究小组已经在一系列哺乳动物身上展开试验，从老鼠到猪所试验的器官组织包括：大脑、皮肤、肝脏、脊髓、腿骨动脉等部位。本克说："它的疗效非常快，即使这些动物服用了稀释血液的药物，这种液体仍然能够在15秒以内止住血液的流失。"同时，由于这种纳米肽蛋白纤维凝结物在伤口上是透明的，所以在手术中无须将它移除，避免了伤口受到污染的可能，这给其将来在无菌环境下进行手术中的运用提供了必要条件。

另外，纳米肽蛋白纤维几周后在生物体内会自动降解为普通的氨基酸，被周边的细胞吸收，无毒无副作用，也不会引起体内通常会有的排异反应。相比目前军事上常用的止血剂，这种液体的优点在于，无论伤口多深或者形状多么奇怪，都不会影响它的效果。

然而，让研究人员困惑的是他们现在还无从知晓，这种物质在生物体内是如何发挥神奇作用的。因为止血最基本的原理就是使伤口的血液凝结成块，但是纳米肽蛋白纤维液体却并不是这样。因此，埃利斯·本克保守预计这种液体真正运用于临床医治患者至少需要3年的时间，并且首先会被用在战场和交通事故的急救中。

尽管这种止血方法还没有在临床中使用，但很多外科医生却已经对此表示了浓厚的兴趣。美国贝斯以色列女执事医疗中心的肠胃病主任医生瑞姆·查太尼就十分看好纳米肽蛋白纤维在救治肠胃出血患者时的应用前景，他激动地说："这真是令人兴奋的发现，也将是我们能使用的最简单的止血新方法。"

第二章　纳米制造及产品的新进展

本章分析美国在纳米粒子制造、纳米管制造和纳米产品制造方面的创新信息。美国在纳米粒子制造领域，主要集中在用物理方法、生物化学方法制造纳米粒子。同时，用纳米粒子制造医用产品，以及半导体产品和艺术作品等。在纳米管制造领域，主要集中在高质量纳米管的研制及技术，医用纳米管的制造及其产品，以及用纳米管制造电子产品和其他产品。在纳米产品制造领域，主要集中在纳米机械产品、纳米电子产品、纳米化工产品和纳米医学产品的制造。

第一节　纳米粒子的制造及其产品

一、用物理方法制造纳米粒子

1. 用纳米刻蚀技术研制出能充分伸展的单晶硅

2005 年 12 月，由美国依利诺斯大学材料学系约翰·罗杰斯教授负责，黄勇教授等人参加的一个研究小组，用纳米刻蚀技术开发出一种可充分伸展的单晶硅，这种附着在橡胶基质上的单晶硅具有波状几何形状，是制造高性能电子元件的优质材料。

罗杰斯介绍，可伸展的硅比标准硅芯片用途更广泛。用这种材料制成的电子元件可以作为传感器或其他装置的驱动元件，与人造肌肉或生物工程组织整合到一起，也可以作为飞行器机翼的结构监视元件。为制造这种可伸展的硅，研究人员采用特殊的纳米刻蚀技术对元件进行钻蚀。这样形成的硅带只有 100 纳米厚，不到人头发丝直径的千分之一。然后，将平的橡胶基质拉伸并置于硅带的上部，通过释放张力，引起硅带和橡胶基质弯曲，形成一系列完好的波形，就像手风琴一样。

黄勇表示，这种用纳米刻蚀技术加工出来、附着在橡胶基质上的可伸展的硅，代表一种可伸展、高性能电子元件的新形式。为证明其性能，研究人员构建了波状二极管和晶体三极管，并和传统的电子元件进行比较，这种新型的波状元件性能不但达到钢性元件的水平，还可以重复拉伸和压缩而不会损坏，电子特性也没有明显改变。

罗杰斯称，除了单独的电子元件，未来复杂电路板也能用纳米刻蚀技术做成这种具有可拉伸性的波状结构。通过与其他电子和光学器件的结合，这种可充分伸展的单晶硅，将会在许多意想不到的领域广泛应用。

2. 研制出能增强光线的双层纳米晶体

2007年6月，由美国洛斯阿拉莫斯国家实验室物理学家维克多·克里莫夫及其同事组成的研究小组，在《自然》杂志发表论文，介绍了他们研制出的一种新型纳米晶体，这种晶体使用较少能量就可增强光线。据称，通过这种途径可以制造廉价的彩色激光器。

半导体材料中，2~10纳米大小的晶体称为量子点。量子点可以释放不同颜色的明亮荧光。量子点的制作过程简单，成本低廉，并且与现在的气体和二极管激光器都只能发射单色光不同，只要改变纳米晶体的大小，人们就可轻而易举地获得不同颜色的光。半导体材料中的电子有高、低两个能级，能级间的带隙决定着激光的波长。克里莫夫表示，在纳米晶体中，带隙会随着晶体薄片的尺寸而改变，尺寸越小，带隙越大。因此，通过改变晶体尺寸，纳米晶体激光器可以发射从紫色到绿色的光。

该研究小组制作了一个双层纳米晶体：内部是一个硫化镉核，外层包裹着硒化锌壳，这种纳米晶体只增强一个电子空穴对的光。据克里莫夫介绍，通过这种分割，电子老老实实呆在核中，而空穴进入外壳。这种分割改变了纳米晶体的性质，晶体中两个处于低能级的电子中，一个比另外一个需要大得多的能量才能激发。因此，受激发时，只有一个电子会被激发，形成一个电子空穴对。这样的话，当外部光子轰击时，只有一对电子空穴对重组，产生的两个光子都被释放出去。现在，研究人员只要用较小的能量轰击纳米晶体，就可以使受激发的单个电子维持2纳秒的激发态，这个时间足够增强光线。

二、用生物化学方法制造纳米粒子

1. 利用DNA制造纳米粒子和宝石

（1）利用DNA分子装配纳米颗粒。2005年1月21日，由美国密歇根大学生物学家贝克领导的一个研究小组,在《化学和生物学》杂志上发表论文称,他们已经找到一种更快、更有效的制造各种纳米颗粒药物传递系统的方法,即把 DNA 分子与纳米颗粒结合在一起。

研究人员在论文中公布了把这种树状纳米聚合物与单链 DNA 相结合的方法。树状纳米聚合物是由詹姆斯和贝克等人制造出来的一种树状的纳米级的合成分子。通过控制与之结合的单链 DNA 分子的长度,纳米树状聚合物能够被装配成多种结构和类型的分子。连接其上的 DNA 能够高度专一地与其他 DNA 链结合。

研究人员表示,利用这种方法,人们能够把各种分子(如药物)送到任何的细胞中。利用传统的方法,如果人们想把 5 种药物靶向 5 种不同的细胞,将需要 25 个合成步骤。贝克研究小组将会建立单个功能的树状聚合物库,以实现同步合成而无须再一步步合成,然后把它们与 DNA 链结合起来。

贝克指出,利用这种方法只需要 10 个步骤,就可能获得 5 种"偏好"不同的树状聚合物。他预测,将来人们能够建构并制造出由携带三个单链 DNA 的单独树状分子构成的纳米颗粒丛。

(2)利用 DNA 链获得金纳米粒子晶体。2008 年 2 月,由美国西北大学国际纳米技术研究所主任查德·米尔金教授与乔治·夏茨教授共同负责的一个研究小组,其研究成果作为封面文章发表在《自然》杂志上。研究人员表示,他们借助 DNA 链成功地获得了由金纳米粒子构成的 3 维晶体结构。

研究人员称,利用该技术能构建各种具有特殊性质的晶体物质并可广泛应用于医学、光学、电子或催化领域。大多数的宝石,如钻石、红宝石和蓝宝石皆为晶体物质。在每种晶状结构中,各个原子都处在精准的位置,这赋予了该类物质独特的性质。例如,钻石的硬度及折射特性就是源于其结构中每个碳原子所处的精准位置。

该研究小组通过把合成 DNA 的双链附着在金纳米粒子上,获得两种普通但又极具差异的晶体结构。在两种晶体结构中,金纳米粒子取代了原晶体结构中的原子。研究人员表示,每条链中 DNA 片段的不同是导致晶体结构产生差异的原因,而结构的差异使得两种晶体具有不同的特性。

米尔金把晶体的形成比喻为建筑楼房。利用砖块、木材和墙板等基本材料,建筑队可以建造出不同类型的房屋。在研究小组的工作中,DNA

控制金纳米粒子在晶体结构中的位置，并使其以某种功能性的方式来排列这些颗粒。在没有人干预的情况下，DNA自主完成了所有的工作。

研究小组利用阿贡国家实验室先进的光子源同步加速器所产生的超强X射线，并辅以计算机模拟，对这些结晶体进行影像学研究，确定整个晶体结构中各个粒子的准确位置。他们发现，最终的晶体中有大约100万个金纳米粒子。米尔金说："作为纳米科学家，我们现在更接近一个梦想，即了解如何把每种物质分解成基础的组建模块（对我们来说就是纳米粒子），并将它们重新组装成我们所需的拥有特定性质的各种结构。"

目前，研究小组仅使用一种组建模块，即金纳米粒子。然而，随着利用DNA链构建新晶体的技术不断发展，人们可以利用众多不同大小的组建模块，而这些组建模块可以具有不同的成分（如金、银及荧光粒子）及不同的形状（如球体、杆状体、立方体及四面体）。此外，控制每个纳米粒子之间距离的长短也是决定该结构功能的关键。米尔金表示："人们一旦精于此道之后，便可构建任何想要的东西。"

（3）用纳米粒子与DNA按照设计制造出全新晶体。2011年10月14日，由美国西北大学国际纳米技术研究院主管、温伯格文理学院化学教授乍得·米尔金领导的一个研究小组在《科学》杂志上发表论文称，他们开发出一种新方法，把纳米粒子作为"原子"，DNA作为"化学键"，按照某些自然界晶体中的原子晶格方式来制造晶体，能制出甚至原先在自然界没有的全新晶体。

研究人员表示，按照该方法和基本设计规则，人们可能造出多种新材料，用于催化剂、电子设备、光学设备、生物医学和发电、储存及转化技术等领域。

米尔金说："我们能控制结晶的模式，这在许多方面比自然界和实验室的原子结晶方式更加强而有力。我们正在编制一张新的晶体种类周期表。按照设计规则，用纳米粒子作为'人造原子'，通过控制纳米粒子的大小、形状、类型及其在既定晶格中的位置，改变DNA的长度就产生了几乎无限的可调性。我们能制造出全新的材料，超出自然界所限定的那些晶体。"

研究人员解释，用不同大小的纳米粒子与不同长度的DNA链组合，就能形成各种各样的晶体结构。经过混合和加热，组装的粒子从最初的无序状态转变为一种有序状态，每个粒子都按照晶格结构固定在各自的位置。他们在论文中提出了 6 种设计规则，在粒子大小和 DNA 长度已知时，能预测不同晶体结构的相对稳定性，并按照规则设计了 41 种晶体结构，表现出 9 种完全不同的晶体对称性。

研究人员指出，设计规则提供了一种能独立调节每个相关晶体参数的方法，包括粒子大小（5～60 纳米）、晶体对称性和晶格参数（20～150 纳米），这 41 种晶体只是很小一部分样品。该方法也适用于各种化学成分的纳米粒子，粒子类型和其结构对称性决定着晶体的性质。在开发新材料方面，该方法提供了一种预测和控制材料物理性质的理想手段。

（4）利用 DNA 和纳米粒子制造宝石。2013 年 12 月，由美国西北大学纳米专家乍得·米尔坚领导，该校温伯格学院化学教授奥尔弗拉·克鲁兹等人参加的一个研究小组，在《自然》杂志上发表研究成果称，他们首次利用 DNA 和纳米粒子制造出接近完美的单晶体。

米尔坚认为，完美的单晶体在日常生活中应用广泛，例如，单晶体钻石不仅是名贵的饰品，还具有广泛的工业用途；蓝宝石可被用于制造激光发生器，而单晶体硅则是重要的电子器件原料。他还说，原子在晶格中的位置是否精确决定了一块晶体的好坏。而单晶体连绵不断且没有瑕疵的晶格，使其具有独特的机械、光学，以及电磁特性。现在，可以利用 DNA 和纳米粒子来制造晶体。

据介绍，该研究小组基于实验室近 20 年研制的超结晶格子技术找到一种独特的方法：利用特定的纳米材料作为原子，特定的 DNA 作为黏合剂，经加热之后便可获得所需的晶体。

米尔坚说："设想一下，如果一个容器中有一百万个红球和蓝球，不管你如何晃动容器这些球都不会完全均匀混合。但是，如果你在一个充满纳米粒子的容器中添加合适的 DNA，然后摇动容器，在我们的实验中，也就是搅拌溶液，你就会发现，所有的纳米粒子会被 DNA 粘连住。它们组成了一个完美的三维晶体。"

该研究小组在本项目研究中利用特定的 DNA 链充当黏合剂，把散乱的金纳米粒子组合成结构有序的晶体。研究人员表示，在上述过程中，DNA 链的长度和纳米粒子尺寸之间的比例非常重要。

克鲁兹指出，这一比例直接决定所获得的晶体质量的优劣，这也是该技术的奇妙之处，所以必须拥有正确的比例。她解释称，DNA 链的长度与纳米粒子尺寸的比值会影响晶体表面的能量，进而最终决定晶体最后的形状。在"秘方"之外的比值会导致晶体表面能量产生波动，进而难以形成规则的形状。她还称，合适的比值会让能量的波动小许多，进而促进晶体的形成。目前，研究人员已经知晓了一些合适的比例。

研究人员表示，DNA 的长度不能比纳米粒子的直径大过多。在这项研究中，每个纳米粒子的直径在 5～20 纳米之间。

尽管该研究小组目前的主要研究对象是金纳米粒子，但是，米尔坚表示，这项技术也可以被应用于其他材料。他表示，在经过技术改进之后，将能够制造更大的完美单晶体。而且今后，这种方法还可用于制造单晶硅，进而极大地促进硅电子工业的发展。

2. 运用其他生物化学方法制造纳米粒子

（1）从肾结石上分离出纳米粒子。2006 年 12 月，由美国马约医学中心肾脏学家约翰·列斯科领导的一个研究小组，在《调研医学杂志》上发表研究报告称，他们在实验室中把人体肾结石经过细胞培养后，成功地从中分离出纳米粒子，以及同纳米粒子相关的蛋白质、核糖核酸和脱氧核糖核酸。研究人员表示，该研究成果具有十分重要的意义，它使得人们在了解纳米粒子是否具有活性并导致疾病的研究中又向前迈进了一步。

人体肾结石同病理钙化相关。简单地说，肾结石是钙物质在肾脏内沉积成块的结果。大约有 12% 的男性和 5% 的女性在 70 岁后会出现肾结石。美国每年用于治疗该病的费用为 50 亿美元。然而，人们至今并不完全清楚导致钙沉积成结石的原因。列斯科研究小组希望通过在分子水平上的研究认识肾结石，弄清产生肾结石现象的真实面目。

纳米粒子很小，有人提出了它们能否在身体中"存活"的问题。一般解释是，从理论上讲，如果纳米粒子停留在肾脏，那么它会变成核心并不断生长，在数月至数年后长大成肾结石。同时，其他因素如结石生长的物理化学变化和蛋白质抑止剂也促进肾结石的发展。目前，不断有科学证据显示，钙化同纳米粒子的存在具有相关性，纳米粒子在肾结石的形成和发展中起着活性作用。

然而，列斯科认为，在实验中，从肾结石上分离出了蛋白质、核糖核酸和脱氧核糖核酸，并不能证明纳米粒子具有活性，因为并没有找到相应的基因签名。如有基因签名，则能证明纳米粒子具有活性，能够复制和导致疾病。

列斯科说："我们正在了解肾结石是如何在肾脏中，从微小的钙化点最终发展成肾结石的。在实验室里，我们从肾脏组织和肾结石分离出了纳米粒子，同时还成功地把它们实现了人工培养。虽然这还不足以明确地认定纳米粒子在肾结石形成过程中所起的作用，但它增加了人们对这一问题的认识。"

（2）模仿细菌成功制造出磁性纳米粒子晶体。2008 年 4 月，由美国能源部埃姆斯实验室材料化学和生物分子材料项目主任苏利耶·马拉普拉嘎达领导，该实验室，以及爱荷华州立大学的微生物学家、生物化学家、材料学家、化学工程师、材料科学家和物理学家等组成的一个跨学科研究小组，模仿细菌的自然本领，成功合成出磁性纳米粒子晶体。这些粒子晶体有望用于药物寻靶和传递、高密度存储装置或作为电机的磁密封。

研究人员表示，商业化室温合成磁性铁纳米粒子晶体相当困难，原因是纳米粒子形成快，人们获得的往往是缺乏理想的晶体和磁性特征的粒子聚合块。同时，当粒子更小时，其磁性特别是同温度相关的特征会出现消失的现象。

在自然界中，有数种细菌能够产生精细和均匀的磁性四氧化三铁纳米粒子。该粒子具有理想的磁性特征。这些细菌被称为桥性细菌，它们采用一种蛋白质来生成尺寸约为 50 纳米的晶体状粒子，这些粒子在膜的约束下形成粒子链。据悉，细菌用体内的粒子链作为指南针，与地球磁场配合来确定方向。

研究小组为了解人类是否可以模仿细菌这种特殊的本领，在研究中，研究人员首先分离出数种桥性细菌。然后基于他人早期研究的成果，分析了能够"捆绑"铁的几种蛋白质，其中包括在桥性细菌体内发现的 Mms6 蛋白。在细菌体内，Mms6 蛋白同包围磁性晶体的膜相关。

接着，研究小组在试剂浓度不同的水性溶剂中尝试合成磁性晶体。开始，快速形成的粒子小且缺乏特殊的晶体形态。于是，遵循小组物理学家提出的建议，他们采用自己开发的高分子凝胶剂降低了反应速度，从而控制了纳米晶体的形成，并最大限度地减小了聚合块的尺寸。

研究人员利用电子显微镜对合成的纳米粒子晶体分析发现，Mms6 蛋白能够产生类似细菌自然产生的那种成型好的纳米粒子晶体，同时它们具有十分相似的特性。

研究人员称，最初得到的生物体中没有见到铁酸钴，而铁酸钴比磁铁具有更令人满意的磁性特征。要实现商业化生产必须解决磁铁纳米粒子晶体研制存在的这个问题。因此，研究人员基于对桥性细菌和合成磁性纳米粒子能力的认识，通过在合成磁铁纳米粒子过程中增加额外步骤终于获得了六边形的铁酸钴晶体。据悉，他们的下步目标是了解是否可以将新方法推广到合成更多的磁性物质晶体。

（3）使用蛋白制成可保留各自功能的纳米粒子结合体。2009年7月，由华盛顿大学生物工程助理教授高小虎主持的一个研究小组在《自然·纳米技术》杂志上发表研究成果称，他们首次在一个微小的封装里把其中两种纳米粒子合二为一，从而为医学成像和治疗研制出一个多功能的纳米技术工具。

研究小组表示，正在开发的各种纳米粒子在医疗领域已经有了越来越广泛的用途，如肿瘤成像、运载药物或提供热脉冲等。研究人员说，量子点三个维度的尺寸都在100纳米以下，外观恰似一个极小的点状物，不少量子点表现为直径只有几个纳米的半导体荧光球。在如此微小的尺度上，量子点的独特光学特性可使其依据大小发出不同颜色的光。量子点已广泛应用于医疗成像、太阳能电磁和发光二极管等领域。

发热金纳米粒子自古以来就被用于制作彩色玻璃，现代则被开发用于运送药物、治疗关节炎，以及使用红外光进行医学成像。金纳米粒子还可对红外热进行再辐射，因此也被用于可对邻近细胞进行加热的医学治疗中。

但是，把量子点和金纳米粒子混合后这些效应就会消失。由于这些粒子的电场相互干扰，其原有特性均不再表现。而且，两种粒子虽可在表面进行成功结合，但从不能结合成单个的粒子。

高小虎小组研究的最新制造技术则是使用蛋白把一个量子点内核包围在一个直径为3纳米的超薄金壳中，从而使这两种粒子的光电特性不再受彼此的干扰，量子点就可用于荧光成像，金球则可用于散射成像。散射成像在热疗法等情况下要优于荧光成像。

研究人员表示，这项制造技术也可适用于其他纳米粒子组合。此次，他们选择的是一种较为困难的情况，因为金或其他金属可使量子点荧光淬灭，从而使量子点失去其效用。为了避免发生这种情况，研究人员造出了一个包围但不接触量子点的金球，然后，利用聚合物链（聚乙二醇）仔细控制金壳和纳米粒子内核之间的距离。量子点内核与带电金离子间的距离由聚合物链的长度决定，通过增加到聚合物链的链路，则可增加其纳米精度。研究人员还在外层添加了可与带电金离子结合的称为聚组氨酸的短氨基酸。

研究人员利用离子制作出一个厚度仅为 2～3 纳米的金壳，它薄到足以让几乎一半的量子点荧光通过。而所有传统技术则都是用预制的金纳米粒子而不是金离子。金纳米粒子的直径为 3～5 纳米，考虑到粗糙度，即便最薄的涂层也只能到 5～6 纳米，而金离子则要小得多。

金的引入为生化药物分子黏附到肿瘤细胞这样的特定靶标细胞提供一个行之有效的结合位点，而且金在某些情况下还有可能把量子点荧光放大 5 倍至 10 倍。金具有生物相容性，在医学上得到了使用认可且无法生物降解，由此，金外壳也为用于人体内的纳米粒子提供了一个无毒的耐用容器。

研究人员把该结构形象地比喻为一个金蛋，量子点是蛋黄，金是外壳，聚合物则是填充其间的蛋清。研究人员最终完成的混合结构总直径大约为 15～20 纳米，小到可以溜进一个细胞里去。

高小虎称，这是首次实现在保留各自功能的情形下，把半导体和金属纳米粒子结合在一起。研究人员表示，多功能纳米粒子目前的应用重点仍在医疗领域，但其亦可用于能源研究，如太阳能电池等。

（4）开发出可关闭疾病相关蛋白质的编程纳米粒子。2012 年 7 月，由美国佛罗里达大学化学副教授查尔斯·曹与医学院胃肠道及肝脏研究主席、病理学教授刘晨领导的一个研究小组在美国《国家科学院学报》上发表论文称，他们研制出一种纳米粒子，被称作"纳米机器人"，可经过编程关闭基因生产线上产出的疾病相关蛋白质，将细胞水平治疗疾病向前推进了一步。

纳米粒子可作为诊断、监控、治疗疾病的应用基础工具而出现，如基因测试设备、基因标记等。开发出一种具有精确选择性的载体，令其只进入疾病细胞，瞄准其中特定的疾病进程，而不伤害健康细胞，是纳米治疗领域的最大优势。

研究小组扩展了病毒基因物质介入的理念，开发出一种瞄准肝脏中 C 型肝炎病毒的纳米机器人，称为"纳米酶"。它由黄金纳米粒子作主支架，表面主要是两种生物成分：一种能破坏有"基因传令官"之称的 mRNA（信使核糖核酸）的酶，而 mRNA 可制造导致疾病的蛋白质；另一种是 DNA（脱氧核糖核酸）低核苷酸大分子，能识别目标遗传物质，并通知它的酶伙伴来执行任务。"纳米酶"还可通过剪裁来匹配攻击目标的遗传物质，并利用身体固有的防御机制潜入细胞内而不被觉察。

在实验中，这种新式纳米粒子几乎能根除 C 型肝炎病毒感染，可编程性还让它们有可能抵抗多种疾病，如癌症及其他病毒感染。

目前，治疗 C 型肝炎病毒的药物主要是攻击病毒复制机器，但据许多论文显示，药物只对不到 50% 的患者有效，且不同药物副作用差异很大。而新疗法将 C 型肝炎病毒水平降低了近 100%，还不会触动机体的防御机制，减少了发生副作用的机会。

研究人员指出，这种纳米机器人还需要进一步实验以确定其安全性，将来可能采用口服药丸的形式。刘晨说："如果该技术在临床应用上能进一步发展，将会有效遏制 C 型肝炎病毒感染。"这种有着广泛潜在应用的新奇技术能从根本上瞄准任何基因，为更多的新实验打开大门。

（5）研制出可传递药物直入大脑的磁电纳米粒子。2013 年 4 月 17 日，美国佛罗里达国际大学赫伯特·韦特海姆医学院的一个研究小组在《自然·通信》上公布的研究成果显示，他们开发出一种可以向大脑传递的磁电纳米粒子，以充分释放抗艾滋病病毒药物活化型三磷酸体的革命性技术。

多年来，血脑屏障让研究神经系统疾病的科学家和医生很伤脑筋。血脑屏障是一种天然的过滤器，只允许极少数的物质通过其进入大脑，把大多数药物拦截在外，以致目前 99% 以上用于治疗艾滋病的抗逆转录病毒药物在到达大脑之前都会沉积在肝、肺等器官内。

在实验中，研究人员把药物插入单核细胞/巨噬细胞，然后把它注射到人体内，药物随磁电纳米粒子进入大脑。一旦药物到达大脑，低能量的电流会触发药物释放，然后将其用磁电引导至目标。试验中几乎所有的治疗都达到了预期效果。

研究人员采用磁电纳米粒子穿透血脑屏障，高达 97% 的活化型三磷酸体能够到达被艾滋病病毒感染的细胞。而活化型三磷酸体可有效地抑制病毒逆转录酶，并终止 DNA 链增长，从而阻碍病毒繁殖。

研究人员称，这是一个可满足多种疾病治疗的方法，还可以帮助其他神经系统疾病的患者，如阿尔茨海默症、帕金森氏症、癫痫、肌肉萎缩症、脑膜炎和慢性疼痛的人，也适用于癌症。目前，该技术正在申请专利。

三、用纳米粒子制造产品的新进展

1. 用纳米粒子制造医用产品的新成果

（1）用碳纳米微粒巴基球研制抗辐射药物。2005 年 11 月 15 日，在费城召开的国际分子定向和癌症治疗大会上，由美国费城大学放射肿瘤学家亚当·迪克领导的一个研究小组报告称，他们用透明的斑马鱼晶胚做实验，发现碳纳米微粒巴基球能减小放射线对正常组织的危害。于是，他们提出通过开发巴基球来研制抗辐射药物，用于减轻癌症放化疗产生的副作用。

放疗和化疗已经成为癌症治疗的常规手段，但这两种治疗方法都对人体损害极大。放疗破坏皮肤、口、喉及肠道细胞，能引起人疲劳、恶心、腹泻和永久性脱发。化疗能引起听力丧失，并破坏心脏和肾等器官。

迪克介绍，虽然有关纳米微粒靶向治疗癌症的研究有很多进展，但都要和传统的放化疗手段结合。因此，他希望采用纳米微粒减少传统癌症治疗手段的副作用。目前，美国食品药品管理局只批准了一种减少放化疗副作用的药，即"氨磷汀"（amifostine）。

该研究小组正在与位于休斯顿的 C60 纳米公司合作。迪克认为，放疗和化疗通过破坏活性氧，如产生自由基、氧离子和过氧化物来损伤细胞或组织。巴基球周围的电子云或许能吸收这些自由基。研究人员为搞清巴基球如何防止辐射，用斑马鱼晶胚作实验材料，这种晶胚既便宜又透明，有利于密切观察辐射所引起的器官损伤。研究发现，在 X 射线照射之前或之后立即加入巴基球，能够让器官损伤减少 1/2 到 2/3，达到氨磷汀的保护效果。

而且，经过长期动物实验，科研人员并没有发现巴基球有毒。迪克说："氨磷汀不稳定又有很大毒性，如果巴基球毒性更小，效果又好，那太棒了。而且，巴基球非常稳定，可以储存而不会变质。"

迪克解释说，在巴基球外包裹一层分子就可以使纳米微粒定向保护受辐射的组织或器官。某种放射性同位素只对特定器官有破坏作用，如用锶可以定位到骨骼。对接受放疗的癌症患者来说，增加保护的特异性是十分有利的。

（2）用纳米金粒子制成检测可卡因的高灵敏试纸。2006 年 11 月，由美国伊利诺斯大学巴纳分校医学家陆毅负责的一个研究小组，对可卡因中毒找到一种快速且容易的诊断方法，可在急诊室内进行检测。其具体做法是，只要把试纸浸入患者提供的体液，然后观察相关色带是否出现，就可以判断是否属于可卡因中毒。

拯救中毒患者是一个争分夺秒的过程。对急症医生而言，准确诊断患者中毒原因是非常重要的。而实验室分析方法太过繁复，并且无法在急诊室内进行。所以，发明简便的试纸检测具有重要的现实意义。

陆毅用试纸对生物样品，如唾液、尿液、血清中的可卡因进行了试验性的测试，都能灵敏地显现出令人满意的结果。他说："我们研制的试纸基于纳米金粒子和一种单链核酸。"单链核酸分子能和特定目标分子结合。由于有无数种各种随机序列的 DNA 分子存在，所以可以为几乎所有的目标分子找到相应的单链核酸。

此前的类似诊断由于需要训练有素的用户，所以非常不易。但是，本次针对可卡因的新试验则完全不同。当试纸浸入样品时，液体会随着试纸到达含金粒的单链核酸团块。这些团块有特殊的结构：它们由纳米金粒子和 DNA 短链聚集成。DNA 和识别可卡因的单链核酸的两个区域配对。和 DNA 结合后，造成金粒子形成大型团聚。

当含可卡因的液体达到这些团聚时，可卡因分子迅速和单链核酸结合，使团聚重新分离为单个金粒子。这些粒子表现为红色。之后液体会到达隔膜，大型团块无法通过膜，但是红色的单个粒子可以通过。它们通过表面生物素和链锁状球菌素结合，最终表现出可见的红色。这是一种普适的诊断方法。

2. 用纳米粒子制造其他产品的新成果

（1）用纳米粒子制造出半导体气凝胶。2005 年 1 月，由美国底特律韦恩州立大学施坦芬尼·布洛克教授领导，其同事参与的一个研究小组，运用纳米技术首次成功地制造出半导体气凝胶。气凝胶是一种重要的多孔物质，绝大多数不导电。如果把半导体气凝胶制成薄片，可用于制造光电管、催化剂、传感器等。

布洛克研究小组制作的是金属硫化物气凝胶，它包含金属元素和 VI 族元素，诸如硫和硒。过去的气凝胶仅限于金属氧化物和碳氧化物。气凝胶由于具有表面积大、可定量控制性，以及光激发性而应用广泛。

研究人员在制作中，首先制备表面覆盖硫醇盐分子的纳米金属硫族化合物，把它氧化后得到气凝胶，再把气凝胶通过高纯度二氧化碳干燥，以保持其表面的小孔。最终得到的气凝胶具有直径 2～50 纳米的小孔，每克表面积达 250 平方米，密度仅为 0.07g/cm³，相当于硫化镉晶休密度的１４%。使用同样的工艺，研究小组还制造出硒化镉、硫化锌和硫化铅气凝胶。

布洛克说："当今纳米科技的难题之一是用纳米微粒制造出实际可用的材料，而不丧失其纳米特性。我们的研究提供了一种简单通用的方法来达到上述要求，这对将来制造成分更复杂的纳米物质具有一定启发意义。"

（2）用两万颗黄金纳米微粒绘制太阳图像。2007 年 9 月，美国 IBM 公司研究人员在《自然·纳米技术》杂志上发表研究报告称，他们创造出世界上最小的艺术作品之一，用两万颗黄金纳米微粒绘制成太阳图像。这件作品实现了精度上的突破，预示着未来人们可以制造超微传感器、透镜和纳米级电路所需的电线。

这幅太阳图像取材于一位 17 世纪炼金士画的黄金符号，研究人员以蚀刻方式，用每颗直径 60 纳米的黄金微粒，在硅晶片上作出了这幅画。

IBM 公司和其他公司的一些研究人员一直致力于超微电路的研制工作，他们不断提升未来将投入使用的电子元器件的性能。实际上，目前最先进的微型处理器所用元件的直径甚至小于 60 纳米。

不过，这次研究人员用某种方法直接把微粒放在所需位置上，在其他纳米级制造项目上，他们也能再度使用这种方法，他们甚至可以操纵小到 2 纳米的微粒。

IBM 的研究人员表示，在制造分子级芯片上的高性能传感器时，精确控制纳米电线的排列十分关键。上述排列纳米微粒的方法有朝一日也许能用来追踪某一疾病的细微征兆。

第二节　纳米管的制造及其产品

一、高质量纳米管的研制及技术

1. 研制高质量高性能纳米管

（1）研制成高性能超长纳米管。2007 年 5 月，英国《新科学家》杂志网站报道，总部设在美国新罕布什尔州的纳米复合公司负责人彼得·安托瓦尼特告诉媒体，他们研制出一种用碳纳米管制成的轻薄材料，其强度超过钢，传导性能接近铝。公司声称，使用这种材料能够制作轻便防弹衣和高导线缆。

研究人员早就知道，碳纳米管的强度非常大，传热性好，可以作半导体。但是，这些特性在单个管中价值有限，制造特性相同的散装材料也不是一件容易的事情。

该公司找到了一种解决办法。安托瓦尼特说："其中的窍门是，我们的纳米管比平常的纳米管长得多，长度要以毫米计，而不是以微米计。"他表示，纳米管加长后，可以更有效地黏合。

该公司没有透露制造过程的细节，但是披露这一制作过程使用了化学气相沉积技术。在化学气相沉积过程中，碳从一种气体中被压缩出来。由此做成的纳米管就像一种拆开的垫子，必须经过化学处理使纳米管定向排列，从而导致这种材料在排列方向上的强度特别大。

（2）研制出数百米超长碳纳米管。2009年11月，美国莱斯大学一个研究团队，原来由已故诺贝尔奖得主理查德·斯莫利领导，现在由化学工程教授玛窦·帕斯夸利主持，他们经过多年的努力完成了一系列纳米方面的研究项目。近日，在《自然·纳米技术》上发表研究报告称，他们研制成长度达几百米、厚度仅为50微米的碳纳米管。

研究人员表示，到目前为止，大多数的碳纳米管研究还仅限于小规模的应用。但现在，他们开发出如此长的碳纳米管，这已表明碳纳米管的长度将不再受限制。该成果为碳纳米管用作电力传输线或是作为结构性材料的基础打开了大门。

莱斯大学的超长碳纳米管项目开始于2001年。近日，研究人员终于发现一种名为氯磺酸的超强酸，可在浓度比别的任何溶剂强1000倍的条件下，对碳纳米管进行自然分解。该方法可产生出规则排列的碳纳米管，其中碳纳米管可形成一种类似花洒的喷嘴状。研究人员已在研究报告中公布了酸处理技术的细节。

由于碳纳米管具有很强的传导性，研究人员目前正在制定以此来制作电力传输线的项目。帕斯夸利表示，金属纳米管的导电性强于铜线，质量也更轻。

为了制作这种传输线，研究人员需要数量非常多的金属纳米管。虽然目前还无法批量制造不含任何半导体纳米管的全金属纳米管，但是，这方面的最新研究正在取得良好的成果，研究人员预计，在不远的将来该项技术就可能产生突破。

2. 研制高质量纳米管的新技术

（1）提高微型磁纳米管实际效用的技术。2005 年 8 月，美国媒体报道称，微型磁纳米管为几个研究问题的解决提供了非凡的办法，它还能成为成像和药物分发的运输工具。

人类对纳米颗粒的形状充满了信任，但这种形状只有一面可供修饰和处理，以产生改进型的多功能颗粒。2002 年，美国佛罗里达大学的查尔斯·马丁决定尝试一种不同的方法。桑博克·李曾经在马丁的实验室做过博士后，他说："我们需要一种能对里外表面进行不同修饰的技术。"他们使用了容易合成、能溶解于水溶液的硅纳米管，从而提供了容易修饰的表面。

桑博克·李目前在美国马里兰大学工作。他最近拓展了这一工作，展示了一种可改进这些纳米管磁性的修饰，以便增强磁纳米管的实际效用。用磁铁简单地对纳米管内表面进行压层，纳米管就很容易被用于有机活体中。他说："这种磁性让纳米管在核磁共振成像仪中具有图像的能力，人们因此能简单地跟踪纳米管在体内的踪迹。"他还说："这些磁纳米管另一潜在的巨大优势就是它能辅助生物间磁性相互作用。如果你使用磁场，你就能让这些纳米颗粒集中在体内的某一点，给予足够的时间让它们与癌细胞或其他目标相互作用。"

这些磁性纳米管在未来也能应用于活体中。利用分子吸附染料的能力，桑博克·李研究小组把纳米管内表面功能化。当这种纳米管被加入一种染料溶液并加以磁隔离时，近 95% 的染料可被除掉。同样的，内表面涂有抗原的纳米管能高度分化地磁分离识别蛋白质的抗体。

然而，桑博克·李的主要兴趣在于把这些纳米管用于药物的分发。尽管药物能够很容易地被送入纳米管中，但阻止药物过早地分发是一个难题。研究小组正在寻找解决问题的办法。桑博克·李说："理想的情况是我们希望通过离子或化学键间的强化学作用，用药物分子来修饰内表面。然后，再使用酶的活性或其他方法来分开这种化学键轻松地释放药物分子。"

（2）开发 DNA 序列分拣碳纳米管新方法。2009 年 7 月，由美国杜邦公司研发中心科学家郑明和屠晓民、理海大学化学工程教授贾古塔，以及该校化学工程硕士生曼努哈尔等人组成的一个研究小组，在《自然》杂志上发表题为《用于碳纳米管特殊结构识别和分离的 DNA 序列》的论文。该论文表明，他们在生产碳纳米管方面取得了突破性的进展，成功开发出以 DNA 为基底的、可从多种碳纳米管的混合物中分拣出特殊类型的碳纳米管的方法。

碳纳米管为长形细小的石墨圆筒，具有电子学和热力学等多方面的特征，这些特征随着碳纳米管的形状和结构变化而有所不同。人们发现，碳纳米管的多重性特征致使其本身有能力应用于电子学、激光器、传感器和生物医学，同时也能作为复合材料中的增强元素。

目前，用于生产碳纳米管的方法所获得的是由粗细各异和对称性（或空间螺旋特征）不同的多种碳纳米管产品的混合物。在这些不同的碳纳米管使用前，需要把它们拆散开，按照电子特性进行分类并筛选出来。然而，从单壁纳米管混合物中系统地挑选出具有相同电子特征的碳纳米管是人们所期望的目标，也是至今为止被证明为难以逾越的障碍。

据悉，早在 2003 年，由杜邦公司、麻省理工学院和伊利诺伊大学的科学家组成的研究小组，曾开发出用单螺旋 DNA 和阴离子交换色谱法从半导体碳纳米管中筛选金属碳纳米管的方法，并在《科学》杂志上发表文章，介绍了研究进展。研究小组的负责人是当时同在杜邦公司供职的郑明和贾古塔。

新的研究成果显示，在 2003 年的基础上，科学家取得了显著的进步。现在，他们确认了 20 多个能识别碳纳米管类型的 DNA 短序列，这些 DNA 短序列能够从各种碳纳米管的混合物中分拣出所需的特殊类型的碳纳米管。

当前的试验研究由郑明和屠晓民在杜邦公司完成，而贾古塔和曼努哈尔利用分子模拟构建了结构模型。研究人员表示，新的方法借助专门的 DNA 序列，可从碳纳米管混合物中分拣出所有 12 种主要的单空间螺旋特征的半导体碳纳米管，其分拣能力能够满足基础研究和应用开发的需求。

贾古塔表示，如果选择的 DNA 序列正确，那么它能识别某种特殊类型的碳纳米管，同时帮助人们将该碳纳米管从多种碳纳米管中分拣出来。他认为，这种具有实用性的成果进一步增大了人们开发出大规模生产碳纳米管的可能性。

那么，DNA 序列是如何识别和分拣不同的碳纳米管呢？研究小组表示，这与 DNA 自身的某种能力相关，该能力致使 DNA 可通过包裹碳纳米管，形成与其本身常见的双螺旋有所不同的结构。据贾古塔介绍，碳纳米管的圆筒形结构对 DNA 而言是陌生的。但是，研究人员能让 DNA 吸附到不同结构的表面。如果表面为类似于碳纳米管的圆筒形，那么人们获得的则是被称为贝塔管桶的变形体。

虽然目前研究人员还没有充分的证据用以证明他们的推测，但他们认为，间接的证据在极大程度上支持了他们的观点。他们相信，DNA 能形成完美的有序结构，同时识别特殊的碳纳米管，正如同生物分子能够通过结构相互识别那样。

贾古塔认为，新的研究成果在生物医学分支中具有特殊的意义，碳纳米管的潜在应用之一是将碳纳米管放置在基底上，在人体中释放细胞。他同时表示，人们对该研究在生物医学中的应用很感兴趣，如何解释 DNA 与纳米材料的相互作用？碳纳米管是否在人体中有害？这是一个十分开放的领域。

二、医用纳米管的制造及其产品

1. 制造具有医学功能的纳米管

（1）合成杀死细菌的纳米管。2004 年 10 月，美国匹兹堡大学的一个研究小组合成了一种简单的分子。它不仅可以生产出完美的、相同的、可以自我组合的纳米管，还可以创造出所谓的"纳米地毯"，发挥杀菌和生物传感的作用。

这个项目由美国国防部资助研究，研究人员希望开发出一种涂料，利用其颜色的改变，在发生生物或化学攻击时发挥区分的作用，并同时杀死致命的细菌。

在只有一微米高的纳米地毯里，纳米管能够把自己组织为宽阔的、竖立的群体，如果放大 100 万倍，它们看上去就像地毯的纤维那样。而且，与一般的纳米管结构不同，这种纳米管对各种化学剂有不同的敏感性，可以通过不同的颜色显示来区别化学剂。它还可以培植成杀死大肠菌等细菌的纳米武器，因为它本身像一把刀，可以刺进细胞膜来杀死细菌。

为了测试这种纳米管作为生物传感器的作用，研究人员使用不同的材料来测试它的颜色的转变。例如，在酸性液体和清洁剂的测试中，这种纳米管变为红色和黄色。

（2）研究用纳米管除菌。2005年3月，英国《新科学家》周刊报道了美国南加州克莱姆森大学孙亚平研究小组的一项成果，表明去除饮用水中可能致命的细菌或许会成为碳纳米管最早的实际用途之一。

研究人员已研制出能让细菌聚结成块的纳米管，随后就可以将菌块从水中滤出，并消灭它们。他们进行的实验很容易用于实践。

孙亚平称，这种纳米管最初或可用作水净化处理厂的过滤器。他们的研究成果已发表在近期《化学通信》杂志上。新研制的纳米管能捕捉大肠杆菌O157：H7，即臭名昭著的"汉堡细菌"，被它污染的肉类可置食客于死地。研究人员给纳米管表面覆盖上一层半乳糖分子，而半乳糖分子能与大肠杆菌表面的受体蛋白黏合。每根纳米管都覆有数以百计的半乳糖分子，因此能一举拿下大量细菌。

该研究小组还研制了另一种纳米管，能捕捉污染食物的另一种常见细菌：空肠弯曲杆菌。这种细菌多见于鸡肉之中。这一次，纳米管的表面覆有甘露糖分子，它能与空肠弯曲杆菌表面的受体黏合。孙亚平说："我们正在研制覆盖有能捕捉不同细菌的多种配位体'糖'的纳米管。这是可行的。"

从理论上说，这种纳米管可用来将细菌从患者的血液中滤出，不过它们必须首先经过试验排除任何毒副作用的可能。英国史密斯叔侄公司的彼得·阿诺德说："将来，类似于这类碳纳米管的交互性生物材料有望选择性地捕捉和消灭致病细菌。"该公司是一家医疗技术公司，正在研制能加快组织修复的生物材料。

研制临床诊断用纳米材料的英国奥克斯尼卡公司的凯文·马修斯称，孙亚平的工作是传统无机化学与生物化学相结合的极好的例子，两者结合提供的可能性超越了其中任何一种技术单独所能提供的可能性。

（3）研制能向神经元发送信号碳纤纳米管。2006年5月，由美国德克萨斯医科大学托德·帕拉斯教授领导，莱斯大学研究人员参与的一个研究小组，在《纳米科学和纳米技术》杂志上发表论文称，他们在碳纤纳米管技术领域取得重大突破，该纳米管道可以向神经细胞传递电信号。

细微中空的碳纤丝纳米管道虽然直径只有人类一根头发的万分之十，却已经是目前世界上公认的最有用的材料物质。碳纤纳米管道密度为钢铁的六分之一，强度却是它的上百倍，导电性能比铜更好，并且可以取代硅作为半导体芯片。科学家预测，未来应用从可以举起有效负荷的电梯缆绳，到比人类细胞更微小的电脑，这种碳纤纳米管道的用途将更加广泛。

研究人员表示，如果把碳纤纳米管道的细微薄膜平铺干透明塑料上，便可以作为细胞生长的表面介质。这些纳米管道薄膜可以作为潜在的活组织细胞和假肢生物医学设备之间的电子分界面。帕拉斯指出，这是世界上首次成功地通过刺激细胞，使其通过透明的传导介质从而进行两者间的电信号传导。

在实验中，研究小组使用两种不同类型的细胞在管道检测试验中通常使用的成神经细胞瘤，以及体外培养的大鼠神经元细胞。把这两种细胞都放置于铺有十层纳米碳纤薄膜的透明塑料上，研究人员使用显微镜将细微的电极插入单个细胞，从而记录细胞对接收到的电脉冲刺激的反应。除了电刺激实验外，研究人员同时还研究了碳纤薄膜、未经改进的碳纤纳米管道，以及传统的组织培养塑胶等不同种类的碳纤薄膜，如何影响神经细胞瘤的生长发育。

帕拉斯指出，实验结果正如我们所期望的一样，原始碳纤纳米管支持神经细胞的黏附和生长效果优于其他两种。接下来将会进一步改进这项技术，增强这些表面物质的生物兼容性。同时，还希望继续探索研究碳纤纳米管是否足够敏感，从而可以实时记录细胞内的电活性。帕拉斯表示，科学家希望发明一种装置，既能感受刺激，又能向细胞发送信号。他认为，这是完全可行的，作为纳米电子学技术的前沿，各领域相互交叉融合，创新的发明将会层出不穷。

2. 用纳米管制造医用产品

（1）用碳纳米管仿制骨胶原纤维。2005 年 7 月，由美国加利福尼亚大学罗伯特·哈顿博士及其同事组成的一个研究小组，发现碳纳米管是骨组织生长的理想基体。

骨组织是骨胶原纤维和羟磷灰石结晶的天然化合物。哈顿研究小组首次演示纳米管，可以仿制骨胶原纤维，作为骨骼中羟磷灰石结晶生长的骨架。

为了使骨折处愈合，现在医生常采用各种人造嵌入物，这些人造嵌入物用螺钉固定。人造嵌入物不仅是固定两部分折断的骨骼，而且是有助于骨骼的生长，但是这一效果并不好，存在材料排异反应的危险。

哈顿研究小组的研究开辟了治疗骨折的新途径，只要简单地注射纳米管溶液，然后即可观察到新骨组织如何快速生长。确实，普通纳米管在体内工作得并不好，而用附加化学物质专门处理过的改型纳米管却十分出色，且没有材料排异反应的危险。

（2）发明用于细胞研究的纳米管针尖探针。2007年3月，由美国费城的德雷克塞尔大学电子和计算机工程系教授亚当·冯泰克奥领导，根纳季·弗里德曼以及材料科学系尤里·古古兹博士等人组成的一个研究小组，在《应用物理学快报》上发表研究成果称，他们成功发明了一种有碳纳米管尖端的吸液管，这对于细胞生物学领域的DNA测序以及细胞器药物运输非常重要。

这一发明将使得以细胞内部特定区域为目标的注射变得可能，甚至是特定的细胞器。这种探针能使液体流过碳纳米管弥补现有的微米级别技术和纳米级别技术之间的空白。

冯泰克奥描述了这种探针是如何提高原位DNA测序的，他说："我们的技术能在活细胞中进行DNA测序，而不需将细胞移出活体组织，这避免了损伤组织。"同时这一技术还能帮助科学家分析药物对细胞各部分的作用。冯泰克奥说："药物能作用于细胞特定区域，由于碳纳米管尖端直径小于细胞，微量的药物就可以注射到细胞器。"

研究人员表示，纳米管探针能穿透肾脏细胞膜。甚至在探针移除20分钟后，细胞也没有变形。

研究人员利用磁性碳纳米管，以及一个外部磁场来排列纳米管，并组合探针。美国国家科学基金会的约书亚·弗里德曼把磁性碳纳米管溶液和光学胶注射到一个玻璃吸液管中，然后用紫外线聚合光学胶。结果证明，这种得到的移液管有着足够的机械强度，能进行细胞注射和移液。研究生达维德·马铁亚和古泽丽雅·康涅瓦河还用化学气相沉积在氧化铝上，然后，把其内部表面镀上一层磁性纳米颗粒。研究小组下一步计划进一步提高探针的制造技术。

（3）用碳纳米管研制可感知冷热的人造皮肤。2008年3月，澳大利亚广播公司网站报道，由美国橡树岭国家实验室纳米材料合成和属性组高级研究员约翰·西姆普森博士领导，他的同事伊利亚·伊凡诺夫以及来自美国宇航局兰利研究中心国家航天研究所研究人员参与的一个研究小组，目前正在利用碳纳米管技术研发一种新型的人造皮肤，它不仅能够防水，而且还可以像真实皮肤一样感知冷、热，以及外界施加的压力。

尽管人造手在行动和灵活度上日益逼真，但是几乎所有的人造皮肤仍然停留在无感知的塑料涂层水平上。西姆普森博士说："通过运用碳纳米管技术，我们造出的人造皮肤不但可以接近真实皮肤特性，甚至可以超越这些特性。"西姆普森研究小组正致力于研究"薄膜皮肤"项目，旨在研发灵活、轻便、完整的多功能皮肤。研究人员们之所以使用纳米管，是因为由其制成的材料，具有一系列有用的属性。例如，可以把纳米管制成的材料用作温度和压力传感器、柔软的电导体，或者是具有类似人类皮肤机械和热性质的聚合材料的一部分。

伊凡诺夫说："纳米管中的碳不会引起排斥，这意味着人体的免疫系统不会将其识别为一个外来异物。将来，纳米管将帮助科学家研发与人神经系统相连的传感器，允许信息来回流向大脑。"

目前，研究小组正在研制一小块皮肤，皮肤表面可以防水并感知温度和压力变化。这种防水顶层是由一种特别设计的纳米结构材料制成的，它类似沙微粒，每个微粒都可放大表面张力作用，从而具有天然防水效能。这种粒子可以像粉末一样被洒在聚合物上，然后将表面与热量结合起来。这种涂层可以把水或汗挡在缝线处和关节之外，防止湿气损坏电子装置。研究小组还在思索如何使用碳纳米管吸收太阳能或体热来为这些传感器提供能量。伊凡诺夫说："我们期待在不久的将来听到更多有趣的消息。"

研究人员说，机器人非常幸运，他们多年一直致力于研制新型机器人皮肤，使它们越来越像人类。西姆普森研究小组研制的这种人造皮肤应用在机器人身上后，可直接提高机器人的仿真效能。此前，美国宇航局戈达德太空飞行中心技术专家弗拉迪米尔·鲁梅尔斯基把传感器植入机器人的皮肤覆盖层中，这种高科技机器人皮肤可使机器人更出色地完成太空探索任务。人类和机器人的"身体状况"不一样，为了实现机器人的智能化，机器人也需要敏感的皮肤产生一定的触感。后来，研究人员还研制了能够产生压觉和温觉得机器人皮肤，这种人造皮肤能够探测和人类皮肤同步探测到各种事物。用于电路和半导体中的晶体管成为基于碳原子链的"皮肤器官原料"，这样机器人能够像人类一样具有触觉。

目前，由美国宇航局科学家研制的一种新型人造皮肤，采用垂直碳纳米管层排列在整容手术所使用的橡胶聚合物上，就像是植入一块皮肤一样。碳纳米管通过金丝的串接固定在一起，这些碳纳米管分布在橡胶状的聚合物上。这种结合橡胶聚合物和碳纳米管的人造皮肤能够把接触表面的热量传递至传感器网络，就如同皮肤能够及时获取该信息一样，碳纳米管提高聚合物上的压电感应后，传感器能够向机器人大脑产生一种信号。

伊凡诺夫表示，在临床医学应用上，人造皮肤的确显示了它不同于传统治疗手段的优越性，但是否人造皮肤能解决皮肤缺损后的种种问题呢？目前的研究显示，人们还很难做到这一点。伊凡诺夫说，皮肤是人体最大的器官，具有复杂的组织结构并且含有毛囊、汗腺、皮脂腺等附属器官，发挥着重要的生理作用。目前，用碳纳米管研制的人造皮肤所具有的外形、韧性和力学性能等，明显低于天然正常皮肤，没有正常皮肤的毛囊、血管、汗腺，以及黑色素细胞等成分，更重要的是，碳纳米管人造皮肤的屏障、免疫、物质交换及能量交换等功能，仍距正常皮肤有较大差距。碳纳米管人造皮肤还不能解决所有的临床皮肤缺损问题，由于存在移植失败等风险，人造皮肤的使用有着严格的适应证限制。

通俗而言，碳纳米管人造皮肤目前只用于"救命"，它可以封闭创面，隔离细菌，方便伤口的愈合，但目前的科技水平尚无法研发出带有人体毛囊、汗腺及色素的真正皮肤，无法适用于面部及外露皮肤创面的救治，更不能满足那些欲借此美容的患者需求，一旦发生移植后的排异反应，仍需尽快进行植皮修复。现在碳纳米管人造皮肤必须要在具备较高要求的生产环境中制备，要在具备相当资质的医生指导下，按正规和严格的操作流程使用，而绝不是像有的媒体所称的，可以在家里像使用创可贴一样方便地应用。伊凡诺夫说，"我们对碳纳米管人造皮肤应有客观和准确的定位、评价，不能过于乐观甚至人为地进行夸大炒作。"

（4）开发测血糖无须采血的皮下植入式碳纳米管传感器。2013 年 11 月，由美国麻省理工学院博士后妮可·艾弗森牵头，化学工程教授迈克尔·斯特拉诺等人参与的一个研究小组，在《自然·纳米技术》上发表论文称，他们开发出一种碳纳米管传感器，植入皮肤下后可全年实时监测活体动物体内的分子活动，如炎症反应即产生一氧化氮的过程，或监测血糖或胰岛素水平，而无需再像传统方式那样采取血样。

一氧化氮是活细胞中最重要的信号分子，具有在大脑内运送信息及调整免疫系统的功能。在许多癌细胞中，其水平是波动的，但很少有人知道一氧化氮在健康细胞和癌细胞内的表现方式。斯特拉诺说："一氧化氮在癌症演进过程中扮演着矛盾的角色，为了更好地了解它，我们需要新的工具。该传感器提供了一个用于体内实时测量一氧化氮及其他潜在分子活动的新手段。"

研究人员在这项新研究中，修改了碳纳米管，创建了两个不同类型的传感器：一个可以被注射到血液中用于短期监测；另一个可嵌入到凝胶中，以便植入肌肤用于长期监测。

就短期监测而言，为了使纳米粒子可注射，妮可·艾弗森附加了聚乙二醇，一种可以抑制血液中粒子聚集的生物相容性聚合物。她发现，当注射到小鼠体内，可流动的颗粒通过肺和心脏时没有造成任何损害。大部分的颗粒积聚在肝脏中，在那里它们可以监视与炎症有关的一氧化氮。

较长期的传感器则被嵌入在由藻酸盐制成的凝胶中，一旦这种凝胶被植入老鼠皮下，可在一个地方停留并保持功能 400 天，甚至持续更长的时间。这种传感器可用于监测癌症或其他炎症性疾病、人造髋关节患者的免疫反应或其他植入装置。

妮可·艾弗森在斯特拉诺实验室制造出可用作长期监测的碳纳米管传感器，并把它植入糖尿病患者的皮肤下，以监测他们的血糖或胰岛素水平。研究人员用近红外激光器照射这些传感器，即可读出其产生的近红外荧光信号，以判断碳纳米管和其他背景荧光之间的差异。

大多数糖尿病患者必须每天数次刺破其手指以采取血样。虽然有可以附着在皮肤上的电化学葡萄糖传感器，但这些传感器至多只能持续一个星期，因为电极会刺穿皮肤，有感染的危险。这种新型传感器可实时监测血糖与胰岛素，而不必刺穿患者的手指，可以有效减少患者的痛苦。

三、用纳米管制造电子产品

1. 用纳米管制造电子元件

（1）运用纳米管制成晶体管。2005 年 7 月，由美国加利福尼亚大学欧文分校电机工程和计算机科学助理教授彼得·伯克等人组成的一个研究小组宣布，他们用纳米管制成晶体管，从而在电子信息领域使用纳米技术方面取得了新突破。这项突破使电子信息以高达 10GHz 的速度传播，而没有现行的瓶颈限制。

伯克表示，今后世界上的高速电子器件、计算机、无线网络或者电话系统中都可以使用纳米管器件，人们将从这项技术中获益。

伯克透露，以前的研究表明，纳米管晶体管能以极高频率工作，但是当时晶体管之间的接口却采用运行速度较慢的铜器件，结果导致速度瓶颈。他们的研究表明，纳米管突破了铜器件的限制，能够将电信号从一个晶体管传送到另一个晶体管，从而消除了瓶颈。

（2）用碳纳米管制造出功能完善的二极管。2005 年 8 月，有关媒体报道，位于纽约的通用公司全球研发中心有位名叫李吉翁的物理学家，他用碳纳米管制造出迄今为止最出色的 p-n 面结型二极管。这一装置的电流特性表明，这是一个功能完善的二极管。使得它能与任何其他二极管相媲美。这一新型二极管能应用于电器、传感器和光电感应器上。

传统的微型电子电路正变得越来越小，大约 10 年间，研究过程将到达硅芯片基本属性的极限。碳纳米管的半导体性能使得它们有希望代替硅晶体管。事实上，碳纳米管已经用于制作各种电子元件，包括二极管和场效应管。

二极管是半导体设备的基本元件，组成了很多电子设备的基本构件，比如晶体管和发光二极管。一个二极管通常由一个 p 型半导体材料与一个 n 型半导体材料连接而成，前者掺入了杂质以添加额外的"孔洞"，后者则含有多余的电子。然而，这一做法几乎不可能在碳二极管上实现。

现在，李吉翁解决了这个问题，方法是使用电场来代替 p 型管和 n 型管。他在一个单二极管下放置了两个独立的闸门，这样一个闸门连接二极管的一半，另一个闸门连接另一半。通过对一个闸门通负电压，而对另一个闸门通正电压，他创造了一个几乎等效于一个理想二极管的 p-n 结构。

李吉翁让他的设备使用标准光学电路印刷技术，并把碳纳米管置于二氧化硅底层的上面，后者起了闸门绝缘体的作用。如今，他简单地通过把纳米管悬空跨越两个硅二极管面板的方法，把这一结构融入了一个理想的二极管中。他声称，纳米管不再与其所处的面板相互作用，这意味着不会产生降低设备性能的外部干扰。这可以让二极管像发光二极管（LED）那样工作。

李吉翁说："我的成果不仅直接证明单面纳米管的结构纯度，也有力证明它们作为电子材料的潜在可能。"如今，他正计划更深入地研究纳米管的光学性能，并用它制作一个光电感应器。

（3）发明"Y"状碳纳米晶体管。2005 年 8 月，美国一个微电子学研究小组在媒体上宣布，他们发明了一种特殊形状的碳纳米管，它可以直接用作计算机的晶体管。由于它的体积小、传输速度快，将可能快速推进计算机制造业的发展。

研究人员通过化学气相沉积技术，利用铁-钛粒子使碳纳米管的主干上分出一个叉，最终形成"Y"状的碳纳米晶体管。在接下来的实验中，研究人员发现，向碳纳米晶体管的主干引入电压，能够控制两个分叉处的电流，其交换能力，可与目前普遍使用的硅晶体管媲美。

迄今，最小的晶体管尺寸大约为 100 纳米，而"Y"状碳纳米晶体管的尺寸仅为几十纳米。研究人员说，经过改进，该碳纳米晶体管能够缩小到几纳米。这样，用它制造微处理器，将会形成体积更小的计算机部件。

2. 用纳米管制造电子器件

（1）研制出纳米管存储器。2005 年 10 月，有关媒体报道，美国奈特罗公司推出一种利用纳米工艺制成的新型计算机存储器。

两年前曾报道过奈特罗公司的这项研究，但当时只是停留在理论研究或图片上，而现在说的是真实"金属内"的样品，并准备批量生产。有关该存储器的细节暂时还没有公开。

该存储器的关键元件是直径仅为人头发丝十万之一的碳纳米管，管壁厚度只有一个原子。新型存储器中的几十亿个纳米管被安放在硅片表面，确切地说，由这些纳米管组成直径以纳米计的大量扁平带，在芯片电极之间悬挂成桥路，在每条这样桥路的中心下面都有一个电极。

当加上电压时，纳米扁平带会向下弯曲与第三个电极接触，第三个电极会"扫描"碳纳米桥路的状态，同时关断电源不会影响扁平带的位置，它仍然处于原来的状态。这一稳定性在机械压力与作用在该系统上范德瓦尔斯力之间达到精细的平衡。因此，可用二进制密码记录信息，扁平带向上的位置表示 0，向下的位置表示 1。

奈特罗公司已经研制出 13 厘米圆形芯片，能储存 10 千兆比特信息。目前，该存储器发明者正在完善生产工艺规程细节，以便今后将新型芯片推向市场。为了组织大批量生产新型芯片，奈特罗公司将与美国生产微电路和半导体装置的公司合作，尽快推出第一批该存储器的工业样品。

（2）用碳纳米管制造出化学超灵敏传感器材。2006 年 8 月，由纽约哥伦比亚大学有机化学家柯林·纳科尔斯领导的一个研究小组，在美国《国家科学院学报》上发表研究成果称，他们使用有机分子作电线、碳纳米管作电极，制作出可以探测爆炸物等混合物的超灵敏传感器。

因为纳米尺寸的传感单元对所探测的物质格外敏感，所以，科学家们一直想把它们整合到电子设备中。但问题是，这些纳米尺寸的单元往往伴随着材料的选择问题。

纳科尔斯说："通常的硅或者其他半导体制作的电路会自发地在表面形成一层氧化层，从而降低了它们对环境的灵敏度。同时，有机电子设备由许多层材料组成，也使它们相对地不够敏感。而且，因为它们在液体中会溶解或降解，只能在空气中使用。"

纳科尔斯研究小组使用了一种叫作多环芳烃的有化合机物。这种有化合机物既可以作为传感单元使用，又可以自己装配成单分子高的薄层。研究人员把这些有机物，相隔几个分子的距离放置，然后刻蚀到 1 纳米到 2 纳米半径的单壁纳米管上。有机物和纳米管都被放置在硅基底上。

纳科尔斯说："这些极细的有机分子层与通常方法制备的，由很多有机分子组成的，有机电子学元件相比，具有更高的对环境的灵敏度。这是因为通常方法制备有机电子元件时，我们没有办法控制落到表面的分子数量。"

这些有机分子所在碳纳米管之间的微小空隙是这种传感器成功的关键。如果空隙太小了，有可能损害装置的性能。碳纳米管是必要的，因为它们可以与有机分子稳定地相连。以往，不使用碳纳米管作电极的分子电子设备，由于分子和电极间的巨大尺寸差异，经常会发生接触不良的现象。

纳科尔斯最后说："这种装置应该可以探测包括 TNT 的各种爆炸物质。我们在尝试制造探测爆炸物的传感器原型，并打算把它整合到互补金属氧化物半导体中。最终希望，能使传感器整合在芯片中，结果用个人电脑读出。"

3. 用纳米管制造集成电路或芯片

（1）研制纳米管取代硅成主要部件的新型芯片。2004 年 10 月，美国英特尔几名工程师在展示会上表示，芯片制造商们将会继续按照摩尔定律继续发展几年，但是工程师将会大规模改进其设计和产品的部件。其中最重大的改进，便是最终取代芯片的硅导体。目前，硅导体是构造整个电子信息领域的基本部件。预计在 2014 年之前，碳纳米管或硅纳米线会取代硅成为芯片的主要构成。到 2020 年之前，还会有更多更前沿的技术改进。对于英特尔来说，淘汰硅只是迟早的问题。

英特尔的技术主管保罗·加尔吉尼说："到 2010 年之前，我们应该会对这个让我们超越辅助氧化金属半导体（CMOS）的装置有一个更加清楚的认识。"

辅助氧化金属半导体是硅导体的技术基础。在对未来轮廓的描述中，英特尔抓住了整个行业所共同面临的挑战。从 20 世纪 60 年代到 2000 年，包含越来越小导体的芯片的性能得到了巨大的提高。更小的导体极大地减少了电子行经的距离，从而提升了其性能。因而，可以增加更多的导体以整合更多的功能。

而从 2000 年起，芯片设计师们就进入了加尔吉尼所说的"等同比例"时代，芯片性能的提高一方面是通过缩小体积，但同时也要通过使用附加的科技。

英特尔正在众多知名高校中开展各个项目的实验。研制新型芯片的道路是不平坦的。从 1997 年起，政府资助的研究项目投资逐年增加，截至 2003 年，已达到 35 亿美元。

（2）研制能自动连接其他部件的碳纳米管桥。2005 年 4 月，有关媒体报道，为了开发小型、高性能的计算机和电子通信设备，美国凯斯西储大学电子工程和计算机科学系教授马苏德·塔毕伯·阿扎尔和工程学研究生谢言在实验室中努力研制能自动连接其他部件的碳纳米管桥，并取得了突破性的进展。

阿扎尔指出，尽管很多技术问题还有待解决，但碳纳米管桥打开了制造商利用碳纳米管生产微型计算机和通信芯片的大门。碳纳米管的应用领域正在不断挖掘，如纳米电子、纳米机电体系、生物传感器、纳米合成物、先进功能材料等。而用更新、更便宜的方法生产碳纳米管，能够增强企业的竞争力。据此，研究人员研制出一套低成本而又快速的碳纳米管设备自我组装体系。

阿扎尔等人发现，只要在碳纳米管中放置一颗"种子"，碳纳米管就能自我组装、自我焊接，随后便制成超大型集成电路。阿扎尔说："我们的方法有生产复杂芯片的潜能，同时造成的浪费也很少。"

（3）开发出第一款碳纳米管集成电路。2006 年 3 月，IBM 公司研发部门已经利用碳纳米管研制成功一种集成电路，从而使碳纳米管有朝一日进入商用设备成为可能。

IBM 公司的研究人员已经用碳纳米管研制成功一种环行的振荡器。处于两个电压水平的振荡器开关分别代表了"0"和"1"。

振荡器经常被芯片设计人员用于测试。碳纳米管振荡器的研制成功可以使开发人员更精确地研究碳纳米管在一定环境下的工作方式。

IBM 以前也制造过碳纳米管晶体管，但集成电路要比它更复杂些。晶体管本质上是一种开关，而集成电路是许多晶体管的一种集合。

碳纳米管具有非凡的特性：它们的导电性比金属好，而且比钢铁硬，还能够发光。许多人相信，它们有朝一日将应用于很多器件上，从电脑到轻型飞机等。

目前，一些制造商已经把碳纳米管应用到自行车的部件，以及网球拍中，这种材料制成的部件不但轻巧而且强度也很好。

（4）首次在一条单层碳纳米管上形成环形振荡器电路。2006 年 3 月 24 日，IBM 研发部门在《科学》杂志上刊发研究成果称，他们首次在一条单层碳纳米管上形成环形振荡器电路，并且成功使其运行在 52MHz 工作频率下。据称，与过去使用多条碳纳米管试制的环形振荡器相比，工作频率高出了 5~6 个数量级。

利用碳纳米管形成的晶体管与硅等传统半导体相比，不仅可得到更高的电流密度，而且由于直径只有数纳米，因此更容易实现电路的微细化。从原理上来说，有可能制成工作频率达 THz 级的电路。

此次试制的环形振荡器电路大多是作为供半导体厂商对使用新的生产工艺和材料的芯片进行测试的试金石来试制的。IBM 研发公司负责科技开发工作的副总裁陈先生说："目前，科技人员太过分看重单个碳纳米管晶体管的制作与改良了。我们则能够通过试制的环形振荡器测试碳纳米管电子在完整电路中所能达到的潜力。"

IBM 研发部门的研究人员在长 18 微米的单层碳纳米管上，分别形成 6 个 p 型和 n 型场效应晶体管。n 型场效应晶体管与 p 型场效应晶体管的金属栅分别使用的是铝和钯。并利用这两种场效应晶体管，在 1 条单层碳纳米管上试制了 6 个互补金属氧化物半导体转换器。由其中的 5 个转换器形成环形振荡器电路，剩余的一个则用来消除测量仪器的影响。使该电路发生振荡，结果在工作电压 VDD＝0.5V 条件下，振荡频率达到 13MHz，在 VDD＝0.92V 的条件下，则实现 52MHz（延迟时间为 1.9ns）的振荡频率。

不过，就目前来讲，仍与硅形成的环形振荡器的振荡频率相差 4 个数量级以上。据 IBM 研发部门称，振荡频率受电路的寄生电容控制，实际上碳纳米管具有更大的潜力。

4. 用纳米管制造电子计算机

2013 年 9 月，由美国斯坦福大学电气工程和计算机专家米特拉教授领导的一个研究小组，在《自然》杂志上发表研究报告称，他们已建成全球第一台完全使用碳纳米管的计算机。专家认为，这一成果或将开启电子设备新时代。

目前，用于制造电子设备晶体管的主流半导体材料是硅。一段时间以来，人们一直在讨论利用碳纳米管代替硅制造电子设备的可能性。约 15 年前，研究人员开始尝试用碳纳米管制造晶体管，然而，一直无法完全依靠碳纳米管造出完善的电子设备。

研究人员表示，用碳纳米管代替硅制造晶体管之所以无法取得突破，主要是因为作为半导体材料，碳纳米管有两方面内在缺陷：首先，碳纳米管很难被整齐排列形成晶体管电路。其次，由碳纳米管排列方式所致，被制成晶体管后，它们其中一部分像金属一样总是具有导电性，而不像其他半导体材料制成的晶体管那样，可以开关电流。

该研究小组在用碳纳米管研制晶体管的过程中，找到一个双管齐下的方法，规避上述缺陷，他们称为"不受缺陷影响的设计"。一方面，研究人员设计出一种聪明的计算方法，可以自动忽略排列混乱的那部分碳纳米管；另一方面，他们将晶体管电路中总是具有导电性的那部分充电烧毁，结果就得到一个正常的电路。

研究人员利用该设计方法建成的碳纳米管计算机芯片，包含 178 个晶体管，其中每个晶体管由 10 至 200 个碳纳米管构成。不过，这一设备只是未来碳纳米管电子设备的基本原型，目前只能运行支持计数和排列等简单功能的操作系统。

专家认为，受限于硅自身性质，传统半导体技术已经趋近极限，而这项新突破使人们看到用碳纳米管代替硅，制造出体积更小、速度更快、价格更便宜的新一代电子设备的可能性。

美国加利福尼亚大学伯克利分校电子电路及系统的世界级专家简·拉贝艾说："毫无疑问，这项突破，将吸引半导体领域研究人员的注意力，促使他们探索怎样利用这项技术，在未来 10 年制造出体积更小、效能更高的处理器。"

瑞士洛桑联邦理工学院电气工程系主任乔瓦尼·米凯利教授强调了这一世界性成就的两个关键技术贡献：一是把基于碳纳米管电路的制造过程落实到位。二是建立了一个简单而有效的电路，表明使用碳纳米管计算是可行的。

下一代芯片设计研究联盟、伊利诺伊大学香槟分校纳雷什教授评价道，虽然碳纳米管计算机可能还需要数年时间才趋于成熟，但这一突破已经凸显未来碳纳米管半导体以产业规模生产的可能性。

四、用纳米管制造其他产品

1. 用纳米管制造滤筛装置

（1）用碳纳米管制成可快速分离水与油的过滤网。2011年4月，有关媒体报道，水和油虽不溶，但一旦把两者放在一起时，它们像两个扭打在一起的拳击手一样难解难分。由美国密歇根理工大学物理学副教授犹科·雅普、工程师及材料学副教授雅罗斯瓦夫·德雷里希领导的一个研究小组，用碳纳米管开发出一种过滤网，能够把水和油这两种物质快速、利落地分离开来。

据雅普介绍，这种过滤网的主体结构是一种致密的不锈钢金属网，表面涂有一种碳纳米管材料，这些碳纳米管有一个超级微蜂窝结构，能留住水滴而却让原油等有机物快速通过。在实验中，该小组把水和汽油的混合物倾倒在这种过滤网上进行测试，汽油从过滤网中直接穿过，而水却留在了过滤网里。

但是，雅普指出，这并不意味着可以通过这种过滤装置来清除墨西哥湾中的漏油。目前，这种过滤网的原型只有一个硬币大小；此外，在使用过的过滤网上，水滴会卡在纳米管中间，使得其他任何物质都难以通过。他补充说："这项技术最有吸引力的是其结构简单，而这正是未来的发展趋势。"

德雷里希认为，虽然该技术目前还无法获得直接应用，但前景十分乐观。他说："这是一项崭新的设计，目前这个过滤网还只是第一个实验原型。我们可以通过在上面施加电流的方式对过滤网进行加热，从而减少油类物质的黏度，同时也能起到把水分蒸发掉的作用。同样，我们也可以在过滤网上设置一个真空结构，把油类物质吸到另一端。改善工程设计可以完全摆脱过滤网的堵塞问题。"

（2）研制出能从分子水平分离溶液的纳米管"液体筛"。2012年8月，由美国德雷塞尔大学纳米技术学院主管尤瑞·格格斯和等离子医学实验室主管、电学与计算机工程教授加里·弗里德曼领导的一个研究小组，在《自然·科学报告》上发表论文称，他们用一种类似麦秆的碳纳米管造出一种"液体筛"，能把溶液中的不同分子筛选出来。研究人员演示了用单支纳米管分离两种荧光染料混合液，就像把油和水分开一样容易。

一般的"液-液"提取并不普遍，只能有选择地分离某些溶液中的某种溶质。新研究是用一种细长的纳米管来作层析分离。这种纳米管外直径只有 70 纳米，是迄今为止最小的层析管，其内壁涂有一层氧化铁纳米粒子。如果溶液中含有两种化学性质不同的分子，在它流过纳米管时，不同分子会和管壁发生不同的相互作用，一种分子流过的速度就会比另一种要快，从而迫使溶液分离成两种不同的液体。

该研究小组正在研究把这种纳米管用于细胞层析。碳纳米管的管身机械性质非常好，经得住反复弯曲挤压、承受力强、能穿透细胞膜，这些性质对细胞级别的应用非常关键。格格斯说："我们认为该研究会促进分析工具的发展，尤其是针对单个活细胞的，将分析化学的极限推进到细胞器级别。"

研究人员指出，这种技术有着广泛的应用前景，包括法医中的微小样本研究、从单个细胞中抽取分子等，能帮法医专家分析现场留下的极微量证据，譬如单个细胞或那些肉眼看不见的污迹。

2. 用纳米管制造新型材料

（1）利用碳纳米管制造出坚硬材料。2004 年 8 月，美国俄克拉何马州立大学的一个研究小组在《自然·材料学》杂志上报告称，他们发现用一层碳纳米管、一层聚合物层层交叠出的"夹心饼干式碳纳米管"具有超强硬度，可与工程中使用的超硬陶瓷材料媲美。

研究人员表示，这种新的超硬材料是完全有机的，而且很轻，适用于制造植入人体并长期发挥作用的医疗器件，在航天工业方面也有很好的应用前景。

碳纳米管是由碳原子网形成的空心圆柱，直径只有几纳米，长只有几千纳米（即几微米），科学家一直希望能用它制造更好的碳纤维材料。对单个碳纳米管的测试也表明，它确比一般用于制造赛车、网球拍的碳纤维更坚固。但是，用大量碳纳米管制造超硬材料的尝试一直不太成功，因为如果把它们像普通碳纤维那样与聚合物混合，碳纳米管很容易聚集成无用的团块，无法发挥其优越性能。

该研究小组使用新的方法，把材料交替浸在碳纳米管水"溶液"和聚合物溶液里，使材料表面交替生成单分子层的碳纳米管和聚合物。这就避免了碳纳米管聚集成团的问题。通过往碳纳米管上添加化学基团，促进碳纳米管和聚合物的结合，还可进一步提高硬度。这样制造出的材料硬度比普通的碳纤维材料要高几倍，可与碳化硅纤维、碳化钽等超硬材料相媲美。

科学家说，这种交替浸泡生成"夹心饼干式碳纳米管"的方法并不困难，成本较低，但碳纳米管本身的造价较高，是该技术付诸实用的一个阻碍。

（2）用碳纳米管制成类似壁虎脚底的黏合材料。2007 年 6 月 19 日，由美国阿克伦大学和伦塞勒理工学院联合组成的一个研究小组，在美国《国家科学院学报》上报告称，他们仿照壁虎的脚底，把用碳纳米管材料制成的毛状物覆盖到一种聚合物表面，这些毛状物具有与壁虎脚底细毛类似的功能。最终，研究人员研制出一种柔软的贴片，可以反复粘贴、扯下，而且其性能比壁虎脚底更胜一筹。研究人员称，这种碳纳米管材料黏合时的力量，是壁虎脚底的 4 倍。

壁虎能在光滑的墙面行走自如，这是因为壁虎的脚底有数十万根极其微小的细毛。壁虎"飞檐走壁"时，就是靠这些细毛与物体表面分子产生的黏合作用，在停下时可强劲黏合，抬腿欲走时可轻松分开。因此制造出像壁虎脚底一样，具有神奇黏合力的材料，一直是某些专家的夙愿。现在，美国研究人员利用碳纳米管研制出的这种黏合材料，终于比壁虎脚底还要"黏"。

联合研究小组认为，这种新型黏合材料由于其强劲的黏附力和反复使用等特点，有望得到广泛应用。比如使机器人的脚底更适于攀岩，制作能被反复使用的新型橡皮膏。在太空中高真空环境下，普通黏合剂大多不管用，而碳纳米管黏合材料则可能派上用场。

（3）用碳纳米管制成扭曲能力提高千倍的纱纤维。2011 年 10 月，由美国得克萨斯大学、澳大利亚卧龙岗大学、加拿大不列颠哥伦比亚大学和韩国汉阳大学等研究人员组成的一个国际研究小组，在《科学》杂志上发表研究成果称，他们用碳纳米管制造出新型螺旋纱纤维，其扭曲能力比过去已知的材料高 1000 倍，可利用其制造出比头发丝还细小的微电机。

碳纳米管与金刚石、石墨烯、富勒烯一样，是碳的一种同素异形体。它具有典型的层状中空结构特征，管身由六边形碳环微结构单元组成。在此项研究中，研究人员首先生产出高 400 微米、宽 12 纳米的碳纳米管细微结构"森林"，然后将其纺成类似绳索结构的螺旋纱。在纺纱时，可将碳纳米管纱制成左手螺旋和右手螺旋两种类型。

由于碳纳米管纱具有良好的导电性，研究人员把制成的碳纳米管纱与电极相连，并将其沉浸在离子导电液体中。碳纳米管纱开始进行扭转旋转。它首先向一个方向旋转，当达到一定的限度，改变电压后，再向反方向旋转。左手螺旋纱和右手螺旋纱的旋转方向正好相反。

研究人员表示，碳纳米管纱的扭转旋转机制就像超级电容器充电，离子迁移到纱线，充电电荷注入碳纳米管，形成静电平衡。由于碳纳米管纱为多孔结构，离子涌入将导致纱线膨胀，长度可缩短一个百分点。

研究人员在碳纳米管纱上附着了一个桨叶，结果表明，新型碳纳米管纱以 590 转/分钟的速度进行旋转时，可以旋转比自身重 2000 倍的桨叶。每毫米碳纳米管纱在 250 转/分钟时，其扭曲能力超过铁电体人工肌肉、形状记忆合金人工肌肉及有机聚合物人工肌肉 1000 倍。输出功率可媲美大型电机。

研究人员已设计一个简单的设备，用于在微流体芯片上混合两种液体。由一个 15 微米碳纳米管纱构成的流体混合器可旋转比自身宽 200 倍、比自身重 80 倍的桨叶。

传统电机的结构非常复杂，微型化十分困难。但利用这种碳纳米管纱却能很容易在毫米级水平构建电机。英国莱斯大学化学和计算机科学系的詹姆斯教授认为，该工作非常了不起。他表示，具有如此大扭矩的纤维十分迷人，如果将其应用在机械工程中，将起到其他任何材料无法替代的效果。

研究人员表示，这种碳纳米管纱可以开辟许多新用途。它可以用于制造微型电机、微型压缩机和微型涡轮机；基于旋转执行器的微型泵，可以集成到芯片实验室技术制造的设备上；还可以将其应用于机器人、假肢及各种传感器上。

3. 用纳米管制造刀具和灯具

（1）制成碳纳米管小刀。2006 年 11 月，在美国举行的国际机械工程大会暨展览会上，美国国家标准技术局和科罗拉多大学波尔得分校联合组成的一个研究小组展示了他们的一项研究结果：设计并制成一种碳纳米管小刀，这有些像小型的钢制奶酪刀。这在将来可以成为生物学上的实验工具，帮助科学家们比目前更加精确地对细胞进行切割和相关研究。

在过去，生物学家们一直使用传统的金刚石或玻璃刀，用这种刀对冰冻的细胞样品进行切割，但是由于其切割角度很大，所以会造成细胞样品弯曲，甚至在切割后破裂。而碳纳米管强度非常高，并且比金刚石细，所以是对细胞样品进行精细切割工具的理想材料。更好的是，研究人员还可以使用这些纳米小刀对细胞和组织进行三维成像，用于电子断层扫描。这要求样品薄于 300 纳米。

通过操纵扫描电子显微镜内的碳纳米管，现有的纳米技术能制造一整套工具，包括纳米小镊子、纳米轴承、纳米振荡器等。为了制造纳米小刀，该研究小组把一个碳纳米管焊接在很尖的钨针上。碳纳米管伸展于钨丝圈的两端之间。

为了证明他们设计的可行性，科学家进行了受力实验，对装置施加了更大的压力。结果他们发现焊点是纳米小刀的最薄弱环节，现在科学家在寻找更合适的焊接方法。

（2）制造出以碳纳米管为基础的世界最小白炽灯。2009 年 5 月，《新科学家》杂志报道，由美国加利福尼亚大学的克瑞斯·里根领导的一个研究小组使用一个碳纳米管制造出世界上最小的白炽灯，灯丝长 1.4 微米、宽 13 纳米。

该研究小组把一个钯和金电极分别黏附于碳纳米管的两端，碳纳米管则穿过一个硅芯片上的细小的洞，被置于真空中。当电流通过碳纳米管时，碳纳米管被加热并且开始发光，每秒释放出几百万个光子，其中的几千个光子进入眼睛。里根说："这样，我们很容易看到光线，人眼对单个光子很敏感，但这个灯不太适合用来看书。"

研究人员制造出这个世界上最小的白炽灯，主要用它来作为一个"桥梁"，用于沟通物理学中的热力学理论和量子力学理论之间的不兼容。

热力学第二定律称，熵随着时间而增加，但是，在量子力学中，时间并不是单向的，无论你前后移动都不会增加熵。那么，如何从量子力学理论过渡到热力学理论呢？

里根指出："这个碳纳米管灯丝可以用来解释这一点。它足够大，可以应用热力学的法则。但它又足够小，人们可以把它看作一个分子或者一个量子力学系统。"

该研究小组使用它来验证"普朗克黑体辐射定律"，该定律于一个世纪前提出，通过假设不同的物体都可以释放出能量，来计算一个物体可以释放出多少光线。100 多年来，普朗克的假设支撑了量子力学的发展。

普朗克黑体辐射定律假设一个黑体释放出的热辐射可能是随机的。例如，一个热的白炽灯释放出许多不同颜色的光子，这些光子组合在一起形成了白光。

但是，因为这个碳纳米管灯丝能够被看做一个量子力学系统，里根认为，它可能并不会遵守这个法则：与更大的灯丝相比，它所释放的光子可能并非那么随意。

里根说："量子力学应用于具有非常少的粒子的系统；热力学则应用于非常大的粒子。我们还没有一个理论可以应用于中间区域，这个灯泡给我们提供了机会。"

第三节　纳米产品制造的新进展

一、纳米机械产品制造的新成果

1. 纳米机械测试装置制造的新成果

2005 年 1 月，有关媒体报道，由美国南加利福尼亚大学迈克尔·麦瑞克教授及其同事组成的一个研究小组成功地在多孔氧化铝聚合物表面制造出纳米金网络，借此定义出纳米图案，把测量机械张力的精度推展到次微米等级。

测量纳米尺寸下的机械张力对了解纳米结构如何影响聚合物复合材料的强度相当重要。但到目前为止，能在如此微小尺度下进行测量的方法并不多。方法之一为透过数字影像进行比对，但此方法只适用于表面具有无规律图案的材料。

为此，麦瑞克研究小组对聚合物采用图形压印，使其具有无规律的随机图案表面。他们制作了一个表面有 200 纳米小孔的多孔氧化铝薄片，在其表面喷涂上 100 纳米厚的金层。再把乙烯与醋酸乙烯共聚物加热到 190°C 后慢慢冷却。在此共聚物表面覆上多孔氧化铝薄片，待其彻底冷却后，以氢氧化钠溶液溶解铝片。经过以上步骤，喷涂在铝片上的金在共聚物表面形成网络，网格大小基本上在 1~2 微米。

研究人员发现，通过改变聚合物的黏性或按压薄片的力量可改变印痕的深度。即使聚合物表面压力达到 10% 左右，金网络仍与聚合物牢固结合。

麦瑞克表示，成功制造印压图案并不令人惊奇，但对聚合物表面金网进行显微镜和电研究就不那么容易了。为了与电极相连，研究小组以银条穿过聚合物表面小孔与金网络相连。经测试金网络可导电，并且，当表面机械张力超过阀值约1%时，金网络电阻开始上升。而当外力移除后，电阻仍维持在未承受张力时的4～7倍，因此可借由测量电阻值来判断聚合物承受的张力是否超出临界值，将有助于监测结构状况。此外，金网络也可用于表面的加热。

2. 纳米汽车制造的新成果

（1）研制出世界第一辆单分子纳米汽车。2005年10月，有关媒体报道，由美国莱斯大学化学、机械工程和材料学以及兼计算机教授詹姆斯·吐温领导的一个研究小组，研制出世界第一辆单分子纳米汽车。在德国宝马公司宣布，可能会生产出一辆全部功能均应用纳米技术的汽车之后，莱斯大学的研究小组已经率先生产出世界第一辆纳米汽车，该汽车在显微镜下可见的金属道路上行驶。它是一辆小型的双座四轮汽车，没有豪华的座椅，以及常见的一些操作系统，其前后车轮的距离不超过5纳米。

吐温指出，运用先进的纳米技术生产汽车是一个重大的进步。他说："这是我们学习如何将纳米生物技术应用于实际生产中的最开始阶段。"

该纳米汽车是由一个底盘和轮轴组成。这两者是由设计精良的绕轴旋转和自由喷转旋转车轴制成。车轮是用球形的巴基球做的，巴基球由包含60个原子的单质碳构成。整辆汽车对角线的长度仅为3～4纳米，比单股的DNA稍宽。

这一项目刚刚启动的时候，研究小组仅在6个月内就可以把底盘和轮轴装配完成。然而，装配由新型单质碳原子构成的车轮则不是一件容易的事。按照研究人员说法，这是因为使用的这种碳原子在催化剂的作用下并不发生反应。

最后，研究小组决定，应用定向靶催化反应来装配底盘和轮轴。安装车轮将是这一催化反应的最后一步，但是要把这种碳原子组合成合适的高度却十分困难。

研究人员发现，这种纳米汽车在静止状态下表面非常坚固。据推测，这是因为在由碳原子构成的车轮和金属底盘间形成了稳固的连接。使用平直的金属面是为了防止该纳米汽车碳原子车轮的运行，不会变得像在冰上滑行一样。

研究人员把这辆纳米汽车放在由金原子组成的公路上。在巴基球组成的轮子中的电子被金原子所吸附，使得轮子不得不粘在金原子表面。但是把公路加热到200℃时，减少了电子引力，车轮开始滚动。图尔的同事凯文·凯莉教授使用扫描隧道显微镜术技术证实分子汽车车轮是在滚动而不是在滑动。

研究小组后来又制成了一辆纳米卡车，可以运输分子货物，以及轻型纳米汽车。所有这些进步意味着一个新的时代又将开始。

（2）给单分子纳米汽车装上发动机。2006年4月，由美国莱斯大学化学科学家詹姆斯·图尔领导的研究小组《有机化学通信》杂志上发表研究成果称，2005年，他们发明了世界上第一辆单分子纳米汽车，并为这辆纳米汽车装上了底盘和轮子。由于没有发动机，汽车只能"遥控驱动"，受电磁场的作用在加热的金属表面上行驶。现在，他们为纳米汽车装上发动机，使它能以光为燃料开动。于是，产生了世界上第一款装有内部发动机的纳米级汽车。

图尔指出，研究人员希望能够以自下而上的方式构建模型，就像生物细胞运用酶来聚合蛋白质和一些超分子一样。通过生物途径，都是一次只能合成一种分子。在生物合成方法不适用时，纳米汽车就可能是一种较好的系统选择。

研究人员指出，这辆纳米汽车的分子发动机是一对结合在一起的碳分子，用特殊波长的光照射时，分子能向一个方向旋转。研究人员在汽车的底盘上装上分子发动机后，把光打向它，通过核磁共振观察发动机内氢原子的位置，确认发动机在运转。

研究人员称，由光来驱动的发动机具有旋转喷射的功能。该分子框架结构，是由荷兰格罗宁根大学的本·佛瑞格发明的，图尔研究小组对它进行了改良，可以使它与纳米汽车的底盘相连接。当光的刺激信号作用于发动机后，就会使发动机沿一个方向旋转，从而推动汽车移动。

纳米汽车是由一个坚硬的刚性底盘与四个炔基轮轴组成，轮轴之间能相互独立地自由旋转。原先纳米汽车发动机的能量驱动巴基球车轮，在这次新的技术改进中被球形碳、氢和碳硼烷分子代替。最初在甲苯溶剂中进行的试验研究发现，用光驱使的发动机能像设计的那样旋转。后续的试验正在进行，以验证驱动的纳米汽车是否能在平坦的平面行驶。

研究人员说，这辆汽车宽3纳米、长4纳米，和DNA链的宽度相同，但比 DNA 短。两万辆这样的纳米汽车首尾相连，相当于人头发丝的直径。研究人员预测，有了这种发动机，汽车每分钟能跑 2 纳米远。但是，他们还没让汽车"上路"行驶以检验这种预测，因为还没有找到一种观察纳米汽车行驶的方法。

二、纳米电子产品制造的新进展

1. 纳米晶体管研制的新进展

（1）制成运转速度最快的纳米级晶体管。2005 年 4 月，美国伊利诺依大学教授米尔顿·冯和瓦利德·哈菲斯两人在《应用物理通信》上宣布，已研制出目前最快的纳米级晶体管，为研制新一代超级电子芯片铺平了道路。

他们在显微镜下才可看见的微型装置上将两种不同的半导体材料小心地掺杂在一起，制成了这枚打破该领域世界纪录的晶体管。这枚晶体管长度不到 5 纳米，运转速度达到 604GHz，也就是每秒执行 6040 亿次操作。

他们制造出的是一个双极结晶体管（三极管），它由三段组成，中间是基级，两侧分别是发射极和集电极。改变从基级到发射极的电流可以控制发射极到集电极的电流。

在制作这个特殊晶体管的过程中，研究人员小心地把磷化铟晶体、铟砷化镓晶体两种不同的晶状半导体材料掺杂在一起。他们通过精确地控制集电极的掺杂过程来影响晶体结构，从而使电子更容易通过，这也是提高晶体管效率的关键步骤。

哈菲斯说："通过增加集电极各层材料中的铟含量，迁移率也随之增大，这意味着电子在集电极中移动速度更快。这种掺杂还有另一个好处：电子不但在集电极中移动速度更快，而且它们可以在被原子吸引而减速之前，以非常高的速度移动更长的距离。"

晶体管是电路中的基本部件，它们可以起到微小电子开关或电流放大器等多种作用。在现代计算机芯片如奔 4 处理器上面，集成了数百万个晶体管，其基本效率就取决于晶体管的运转速度。

北卡罗来纳州立大学的道格·巴拉格说："这项成果确立了晶体管的新基准，它的速度可能是最快的硅晶体管的三倍。"不过，研究人员也表示，要想在复杂的电子设备中使用这种晶体管还有一段路要走。

（2）研发出世界首个液体纳米晶体管。2005 年 6 月 28 日，美国加利福尼亚大学柏克莱分校宣布，化学教授杨培东及其合作伙伴马宗达研发出世界上第一个液体纳米晶体管，这将成为未来生化处理器的奠基性技术。

据美国侨报报道，液体纳米晶体管技术的诞生使得纳米导管不仅对电子，也可以对生化离子进行传导。未来只要极其微量的血液，就可以对其中的蛋白质、抗体等进行结合，从而达到疾病诊断的作用。

杨培东教授表示，这项研究目前仍然处于基础阶段，但这是一个重要的里程碑，可以预见在未来的 10 年、20 年中，随着该技术的成熟，液体纳米晶体管会被批量生产，他们也会尽可能地促进技术的产业化。

杨培东毕业于中国科技大学，在哈佛大学获得化学博士学位，1999 年开始在加利福尼亚大学柏克莱分校担任教授，在纳米技术、激光器等方面有所建树。他和机械教授马宗达都是劳伦斯伯克利国家实验室的科学家，从事这项技术的研究已经 3 年多。

（3）研制出"病毒晶体管"。2006 年 10 月，美国加利福尼亚大学洛杉矶分校的一个研究小组在英国《自然·纳米技术》杂志上发表研究报告称，电脑病毒和手机病毒令人头痛，生物意义上的病毒却可用来制造新型晶体管，使芯片功能更加强大。近日，他们已经用烟草花叶病毒制造出开关速度非常快的"病毒晶体管"。

晶体管的开关速度直接关系到芯片处理信息的速度。如果能将"病毒晶体管"大量集成制造成芯片，可望大大提升电子设备的性能。例如，数码相机显示一张照片，原本需要若干毫秒，使用新芯片后所需时间可缩短到微秒级别。

研究人员称，他们在长度约 30 纳米的烟草花叶病毒表面涂上纳米级的金属铂粒子，平均每个病毒表面约有 16 个铂纳米粒子。然后将病毒嵌入聚合物制造的网格，将网格置于两层电极中间，形成与普通晶体管类似的"三明治"结构。

对这种"病毒晶体管"施加电压后，每个铂纳米粒子都会释放一个电子到病毒表面的蛋白质上，使晶体管切换到"开启"状态。如果电压降低到一定水平以下，电子从蛋白质跳回铂纳米粒子，使晶体管"关闭"。在这一过程中，电荷移动的距离只有 10 纳米左右，所需时间仅 100 微秒。

研究人员表示，这一成果离制造出实用的芯片尚有很大距离。科学家表示，他们正在研究怎样把多个"病毒晶体管"连接起来，希望在 4 年内研制出由数百万个"病毒晶体管"组成的芯片样品。

（4）研制砷化铟镓纳米级晶体管。2006年12月11日至13日，由美国麻省理工学院德尔·阿拉莫领导的一个研究小组，在圣弗朗西斯科召开的国际电子器件会议上向与会者介绍了砷化铟镓纳米级晶体管技术。专家认为，该成果有望将微电子革命带入新的重要阶段。

砷化铟镓晶体是该研究小组最新的研究成果。阿拉莫是麻省理工学院电气工程和计算机科学教授，同时还是学院微系统技术实验室成员。他表示，除非人们立即采取行动带来根本性的变化，否则，曾经在众多方面让人类生活丰富多彩的微电子革命将面临停滞不前的境地。

硅晶体管是微电子业的基础。然而，据工程人员估计，在未来10年至15年，从尺寸和性能上讲，硅晶体管的发展将达到极限。对此，阿拉莫研究小组和世界上许多研究小组一样，正在开发新的材料和技术以应对硅的极限问题。

阿拉莫说："我们在为晶体管寻找新的半导体材料，希望今后的晶体管的性能不断提高，同时让设备的体积越来越小。"目前，阿拉莫研究小组研究的，是一组半导体材料：III–V复合半导体。与硅不同的是，它们为复合材料，其中最为看好的是砷化铟镓。电子在该材料中运行的速度比在硅中的要快许多倍。因此，它可能被用来制造十分小巧的晶体管，快速转换和处理信息。

不久前，阿拉莫研究小组利用其制作的砷化铟镓晶体管向人们展示，流经新晶体管的电流量相当于目前最先进的硅晶体管电流量的2.5倍，而更大的电流量是快速运行的关键。此外，每个砷化铟镓晶体管只有60纳米，相当于当今最好的65纳米硅晶体管技术。

英特尔公司晶体管研究和纳米技术主任罗伯特·周认为，阿拉莫研究小组展示的60纳米砷化铟镓纳米级晶体管，在低压（如0.5伏特）下显示出了良好的性能，在该领域的研究中，这一成果是一个十分重要的里程碑。阿拉莫认为，目前，砷化铟镓晶体管技术还处于"幼年"时期，由于砷化铟镓比硅更容易破损，因此它存在着诸多挑战，例如，难以大批量生产等。但他同时希望，可满足尺寸要求、利用砷化铟镓的原型设备机，可在今后两年内问世，该技术在10年内将会开始快速发展。

阿拉莫乐观地表示："经过更多的工作，这种半导体技术有望极大地超过硅技术，让我们在未来继续进行微电子革命。"

（5）制成世界上首个分子晶体管。2009 年 12 月 23 日，美国耶鲁大学发表新闻公报称，该校工程和应用科学系教授马克·里德负责，韩国光州科学技术研究院研究人员参与的一个研究小组，制成世界上首个分子晶体管，制作分子晶体管的材料是单个苯分子。

研究人员表示，苯分子在附着到黄金触点上后就可以发挥与硅晶体管一样的作用。研究人员能够利用通过触点施加在苯分子上的电压操纵苯分子的不同能态，进而控制流经该分子的电流。

里德说："这就像推一个球滚过山顶，球就代表电流，而山的高度则代表苯分子的不同能态。我们能够调整山的高度，山低时允许电流通过，而山高时则阻止电流通过。"

研究人员表示，由于流经苯分子的电流能够控制，因此就可以像使用普通晶体管一样使用苯分子晶体管。

里德指出，这项研究只能算得上某个科学问题的突破，而像"分子计算机"这样的实际应用，即使真的可以实现，也需要几十年的时间。

2. 纳米电路研制的新进展

（1）用细菌细胞制造纳米生物电路。2005 年 3 月 17 日，由威斯康星大学麦迪逊分校化学系教授罗伯特·哈默斯领导的一个研究小组在美国化学学会会议上报告称，他们已成功地用单个细菌细胞制造出纳米生物电路，为纳米技术的发展拓宽了道路。

研究人员表示，这一工作十分重要，因为采用它可方便地生产出原子级的机器。同时，这种技术也许可用来制作能实时检测危险生物物质如炭疽杆菌的生物传感器。研究人员称，微生物可用作一种复杂的纳米级结构，从而部分消除以往制造微小级别装置时烦琐费时的劳动。

哈默斯介绍道："当前纳米技术存在的最大挑战就是把纳米级物体组装成比较复杂的系统。我们认为，细菌和其他小型的生物系统可用作为制造更为复杂系统的模板。"

为了实现这一目标，哈默斯及其同事把活的微生物（主要是细菌），依次沿着一个通道，导向一对距离不到一个细菌长度的电极，当细菌在电极间移动时，事实上细菌便成为一个电接点，使得研究人员可以一次一个地捕获、讯问和释放细菌细胞。

哈默斯说："这一结果令人鼓舞。当人们高度注意如何巧妙地处理纳米级物体，如电气插头使用的纳米管和纳米线时，使用细菌细胞具有许多潜在的优越性。"

哈默斯及其同事为了制造这种微生物纳米管和纳米线，花费了大量的时间，因为很难指挥细菌到达预定的位置。他们最后在电极上捕获细胞，然后指挥它们沿着一个好似传送带一样的狭窄通道移动，传送带电气插头上的小间距行使陷阱的功能。在测定细菌细胞电特性的同时，陷阱可捕获单个的细菌细胞。一旦微生物讯问完毕，活细胞便释放出来。

参加这一工作的博士后约瑟夫·贝克说："人们可从容地测定和释放细胞。"他指出，细菌表面自然表达的化合物将被装上电线，成为一个实时的生物传感器的基础，可安装在机场、体育馆、火车站、摩天大楼、信件收发室和其他公共场所，用来检测、发觉生物恐怖活动中的危险生物物质。

据贝克介绍，运用天然的细菌和其他微生物是可以制造这种设备的。这种装有电线的细菌细胞再加上当代的微电子技术，不仅可以探测危险的生物物质，如炭疽孢子，还可以发出报警，要求援助。

研究人员还介绍说："人们甚至还可以设计细胞，使其表面能捕获不同类型的分子。"例如，可将精微的金颗粒加到细菌的外壳上，使其如同一个纳米级的金线。

哈默斯认为，他们的工作将以空前的方式使纳米技术与生物技术结合起来，取得飞速的进展。

（2）发现细菌能制造纳米电子线路。2005年6月，有关媒体报道，由美国马萨诸塞大学生物学家德雷克·拉夫利领导的研究小组发现了一种微生物结构，它拥有非常好的导电性。这一突破性的发现将为人类了解地下水的净化过程带来帮助，并将在纳米技术领域得到新的应用。

研究小组发现，这种名为"微生物纳米线路"的传导结构是由一种特殊的微生物组成的，这种微生物被称为"泥菌"。整个线路非常完美，虽然仅有3~5纳米宽，但是非常耐用，长度是宽度的1000倍。

拉夫利说："这么长的细小导体结构在生物界是空前的。它改变了我们对微生物控制电子的传统理解，同时告诉我们微生物纳米线路，在极小电子设备的开发中将会非常有用。另外，在能源污染处理、微环境传感器和生物开发等领域也将有所突破。"

泥菌在很多实验中都成为研究对象。主要是因为它们在地下水生物净化等方面起到很大的作用。它们还能够把人类和动物的粪便转化为电能。

在这一过程中，泥菌必须把细胞外部的电子传送到金属或电极上。上述最新的研究结果揭示了其中的具体过程。

拉夫利于1987年在华盛顿的波托马克河发现了泥菌。自此以后，他一直致力于这种微生物的应用研究，泥菌在土壤和水下沉淀物中大量存在，具有清洁酸性物质和产生能量等功能。它们能从金属中获取能量，无需氧气也可生存。

泥菌制造的电路可以在电子产业得到广泛应用。电子设备的进一步微化就需要这种纳米线路。尽管利用金属、硅或碳等传统材料制造纳米线路是非常困难和昂贵的，但是利用泥菌细胞实现这一过程却很容易。美国能源部的多个地下水处理场都利用泥菌作为净化工具。

（3）制成突破微器件制造瓶颈的纳米"电桥"。2005年8月，由美国哥伦比亚大学纳米研究中心副教授科林·纳科尔斯领导的一个研究小组，制成一种纳米"电桥"，可以让电流在分子和纳米物质之间高效传导。这一电流传导过程在分子电子器件的制造中是必不可少的。

这项研究成果大大提高了现有纳米物质和器件的制造能力。科学家们津津乐道的"纳米世界"现在又向现实迈进了一大步。根据他们的描述，届时人们会在身边看到分子信息处理设备，极大提高药效和减少剂量的纳米药物，甚至还有分子大小、在人体血液中流动、用于治疗动脉梗阻等疾病的微型机器人。

纳米科技界的同行们评价称，纳科尔斯小组用一种持久、稳定的导电金属（钌）在分子之间架起了一座高效率的桥梁。该研究小组此前曾用金来做实验，但发现它并不能提供良好的传导性，也缺乏耐久性，而且不具备什么有用的化学性质。

在分子电子器件中，绝大多数重要的电力活动只发生在纳米量级的界面上。所以，获得这些"电桥"是纳米器件制造的必要过程。纳科尔斯说："从某种意义上说，界面就是轮胎接触路面的那一部分。"值得注意的是，这项成果来自化学、数学、工程学、生物学和众多其他学科领域专家的协同合作，因此可看作是各学科交叉取得的结晶。

（4）研制出模拟生物生长的蛋白质纳米级电路。2011年4月，有关媒体报道，由美国亚利桑那大学材料科学与工程系教授皮埃尔·戴米尔领导，斯瑞尼·洛哈文和他的学生参与的一个研究小组，模拟生物生长发明的蛋白质纳米级电路，其制造工艺获得美国专利，专利号为US 7862652 B2。

有关专家表示，这项制造工艺是生物工程的一个突破。它通过把生物过程和无电镀铜沉积结合起来，制成内部是铜、外部是蛋白质的绝缘导线，可用来构建电路，这将使微电子学产生巨大飞跃，或将完全改变微芯片制造的方向，使之进入生物组装时代。戴米尔表示，很高兴这项技术得到认可，下一步是把该工艺从研究领域应用到纳米设备和制造过程中，用于开发微芯片或其他相关过程。

该专利的关键部分是把铜沉积到一种绝缘的微管蛋白内部，制成纳米级线路。这种微管内直径 15 纳米，外直径 25 纳米，可以生长到几微米。红血细胞直径为 8 微米，在它上面能并排分布 320 个微管。戴米尔解释，在天然细胞的有丝分裂过程中，微管负责把脱氧核糖核酸和染色体隔开，它们从一种名为伽玛微管蛋白的种子蛋白中产生，可按照需要生长或萎缩、出现或消失。

研究小组在线路开端印上伽玛微管蛋白，在线路终点印上某种多肽，多肽是氨基酸链，是构建蛋白质的基材。许多微管会长出来，但只有一些能到达终点，所有线路连接完成后，微管生长的溶液就会变化，没能到达终点的微管会消失，留下的微管则浸泡在铜盐溶液中。

洛哈文指出，关键是让微管内部的铜比外面的先行硬化。他和学生共同改良了生物沉积过程，这一改良不会破坏微管的功能和结构。他解释，微管内部会自发形成一种组氨酸，对铜有很强的亲和性，金属化过程由此开始。恰当掌握铜盐循环周期的时机，铜就会只在微管内部形成，成为微细的绝缘导线。

研究人员表示，传统半导体制造技术已无法满足对芯片微型化的迫切需求，而生物组装技术模拟生物生长的方式提供一种能在原子和分子水平上按照需要控制结构形成的工艺过程。

戴米尔还指出，微管蛋白纳米线天然绝缘让设计人员能更自由地排布线路，这是非绝缘线路如光刻技术做不到的。除此之外，它还能在模拟光合作用的太阳能电池中汲取电流，作为电子通道与外部连接。

3. 纳米芯片研制的新进展

（1）采用纳米新工艺生产存储芯片。2004 年 9 月，世界最大芯片生产商美国英特尔公司宣布，它采用目前最先进的 65 纳米芯片制造工艺，生产出储存量为 70 兆的静态随机存取存储器芯片。

英特尔公司称，与 90 纳米工艺相比，使用 65 纳米制造工艺可将晶体管尺寸缩小约30%，从而可以在一块芯片上集成更多晶体管。这种新工艺为英特尔将来推出多内核电脑中央处理器芯片，以及开发视频和安全等方面的新功能奠定了基础。

（2）利用硅藻纳米结构研制三维计算机芯片。2005年10月，《新科学家》杂志报道，由美国佐治亚州工学院肯内特·桑德海杰博士及其同事组成的一个研究小组，正在利用各种硅藻纳米结构研制未来电子芯片元件，其最终目的是制成三维电子芯片，这种芯片比同类芯片更复杂，功率更强大。

单细胞硅藻门具有由二氧化硅石组成的坚固甲壳，并具有多种完全不相同的外形，它们呈现从简单的三角形或正方形到复杂的三维结构。硅藻是依靠分裂来繁殖的，每个子细胞获得一半母体甲壳，另一半重新生长，同时原来的一半会被自己新的外壳包围。

通常，硅藻的二氧化硅甲壳不导电，但是现已找到克服这种障碍的几种方法，例如，在温度达到900℃的金属蒸汽中进行处理，用导电的二氧化钛或氧化镁来取代硅藻甲壳中的二氧化硅。

现已知道的硅藻大约有10万种，其中有些硅藻的大小仅为几十纳米。研究人员表示，在传统的石板印刷术基础上，用硅藻来制作复杂的三维计算机的元件难度太大，因此他们决定研制一种新的生物工艺。

2004年10月，一个国际研究小组成功地破译了一种硅藻的基因，认为数量众多的硅藻均由几个基因控制。因此，桑德海杰博士希望基因研究很快就能培植出具有一定形状和大小的硅藻组分，再将这些硅藻组分进行必要的化学处理，就可以装配成复杂的立体纳米结构。

（3）用现有设备生产出30纳米以下硅芯片。2006年2月20日，IBM研发中心宣布，他们成功地研究出一种新方法，可以用现有的设备生产出29.9纳米的硅芯片，远比如今的芯片要小。这项技术进步有助于在未来芯片生产中降低成本。

该技术突破是围绕着一种增强性和试验性的浸液光刻技术而展开的。在浸液光刻技术中，硅片是浸没在纯水之中的。然后，利用激光穿透一个复杂的蒙板将一个微小的阴影图投射到硅片上，然后通过化学加工形成永久的结构。这个过程与照片底片晒印的过程非常相似。蒙板图案制作得越复杂，最后得到的电路也就越小。

之所以把硅片浸没在水中，是因为光在水中的折射程度比在空气中的折射程度要大一些，因此也就更容易制作出清晰的分辨率和更小的图案出来。浸液光刻技术将在相对较近的未来投入商业使用之中。

在这个系统中，IBM 公司把水换成一种特殊液体，以及一种特殊的抗光蚀剂系统。

IBM 研发中心阿尔马登研究中心的光刻技术材料经理罗伯特·艾伦说："我们通常都可以完成 30 纳米以下的光刻工作。"

如果该系统最终得到商业应用，那么业界可以把目前的 193 纳米光刻技术使用得更久一些。基于这些标准的生产设备的成本为每台 1500 万美元，可以向厂商定制，迄今为止已经使用了好多年了。这个名字来源于一个事实，即激光的波长小于 193 纳米。

用新技术生产出来的设备来替换这些设备并不是一件容易的事。许多年以前，IBM 公司曾经是 X 光光刻技术的主要支持者之一。那种方法确实有效，但是成本太高了。在过去的十年中，英特尔公司与 AMD 公司和 IBM 公司一起，已经研究出了超短紫外光光刻技术。

目前超短紫外光光刻技术仍只用于实验室之中。虽然英特尔公司也许会在三四年后，在生产 32 纳米制程的芯片中使用它。但是研究人员们称，直到开发下一代芯片的时候，英特尔公司才会使用它。届时处理器的平均外形尺寸大概只有 22 纳米了。

IBM 公司对新系统非常有信心，坚信浸液光刻技术与 193 纳米系统肯定可以用于 32 纳米制程的芯片生产中。艾伦说，如果想将芯片生产推进到 22 纳米制程，则需要更好的浸液、其他的抗光蚀剂材料，以及由目前尚未鉴别出来的一些物质生产的透镜。

（4）提供首个 65 纳米存储器闪存芯片。2006 年 4 月 4 日，英特尔公司宣布向市场推出存储器多级单元闪存芯片，这是同类产品的第一家。这种芯片密度为 1G，是基于 65 纳米处理技术的产品。存储器多级单元闪存芯片用于手机等设备上的关键操作及个人信息数据的管理，并可以存储照片、音乐和影片。

手机原始设备制造商客户，将受益于英特尔的统一闪存架构。该架构可简化从 90 纳米向 65 纳米技术处理的过程。

英特尔副总裁及闪存部总经理布瑞恩·哈里森说："通过推出这些产品，英特尔在向主流手持设备市场提供业内最先进的存储器闪存方面继续继续保持领先地位。65 纳米的处理技术将提高闪存性能，并能使下一代手机为终端客户提供更新更强的功能。"

（5）通过改进纳米工艺研制高功效芯片。2006 年 6 月，国外媒休报道，英特尔一个研究小组通过改进纳米工艺已经开发出一种更好的电路绝缘技术，使用这种技术可以节省电路功耗。因此，可以在一块处理器上配置更多的晶体管。

英特尔技术及制造集团副总裁兼零部件研究部总监迈克·梅贝利说："到2010 年，英特尔将可以采用这项新技术推出的三闸级晶体管开始生产芯片，与公司现有 65 纳米工艺的晶体管相比，这种三闸级晶体管要么可以提高45% 的速度，要么可以节约35% 的总功耗。"

这些技术上的进步可能会产生强大的竞争力量。因为功效是从大功率服务器到移动型膝上型电脑和手持个人数字助理等个人电脑领域里芯片销售好坏的一个关键性因素。

英特尔的这项新技术还可能会进一步延伸摩尔定律的有效性。摩尔定律是 40 年前由英特尔联合创始人戈登·摩尔所作的预言。他称一块芯片上的晶体管数量每隔两年就会增加一倍。

业界工程师最近曾声称摩尔定律不久将会失效，因为在 90 纳米以下工艺的芯片体积缩小，可能会导致很细的电线漏电。在芯片的时钟频率超过 2GHz 时，芯片漏电的量就会更大，且运行效率下降。基于此，一种解决方案就是采用多个时钟频率较低的内核。从英特尔到超威半导体公司和太阳公司都采取了这种方法来解决芯片速度过快导致漏电的问题。

IBM 的科学家称，另一种解决办法可能是采用碳纳米管。他们曾于 3 月称，他们运用常用的硅技术，采用碳纳米管分子构建了一种集成电路。不过，英特尔声称，其三闸级解决方案是最好的解决方法。梅贝利说："与碳纳米管相比，三闸级晶体管更加容易制造。这是碳纳米管所遇到的无法回避的挑战。"

三闸级晶体管是标准的互补金属氧化物半导体设计过程中所使用的一个部件，它在其中可以更好地充当一位"交通警察"的角色。它从三个方面而不是仅从一个方面来控制每条电路的电流。这项技术目前仍处于理论阶段。不过，由于这项技术可以使用工厂中的现有设备，因此英特尔设计人员可以迅速地把它应用于新的芯片生产中。

梅贝利说:"这将是采用 45 纳米,或更小的 32 纳米,或 22 纳米工艺生产芯片的一种选择,这给了我们信心,我们可以继续演绎摩尔定律至下一个十年。"英特尔称,2006 年第三季度将生产更多地采用 65 纳米工艺的芯片,其数量超过采用 90 纳米工艺生产的芯片,2007 年公司将向 45纳米,2009 年将向 32 纳米工艺移植。

(6)制造全球第一块每单元四位的纳米级闪存芯片。2006 年 9 月 25日,美国加州的闪存制造商飞索半导体公司宣布,已经生产出全世界第一块每单元存储四位的纳米级闪存芯片。

飞索半导体公司表示,他们将采用这个技术在 2006 年年底之前,用90 纳米工艺制造 512M、1G、2G 的闪存芯片,2007 年将采用 65 纳米的工艺生产 1G、2G、4G、8G 和 16G 芯片。

事实上,飞索半导体公司的这一制造技术来自以色列的赛芬公司。2005 年年底,赛芬公司正式向外界宣布,已经成功研发出每单位存储四位的闪存芯片,并将这一技术授权给了美国的飞索半导体公司和德国的英飞凌公司。

据飞索半导体公司和赛芬公司表示,通过每单位存储四位的技术,闪存的容量可以在同一尺寸的芯片上提高一倍,而且架构也比较简单,可以减少制造环节,从而降低成本。另外,通过软件纠错技术可以最大限度地避免存储过程中的位错现象。

(7)用纳米技术研制出可用于远程供电的微流体芯片。2011 年 3 月,有关媒体报道,美国加利福尼亚大学圣地亚哥分校的一个研究小组用纳米技术开发出一种微流体芯片,可利用无线电频率发射器来为电泳实验供电。这是科学家首次开发出芯片远程供电实验室设备。

电泳是利用电场来操纵带电粒子的一种技术。为了提高通量,研究人员已经开发出一些微型芯片,不过,这些芯片往往需要配以庞大笨重的电气设备。

该研究小组把芯片电路印刷在一块塑料板上,电路板的空腔中含有大量微孔,并充入带负电的纳米粒子。负电纳米粒子最初呈随机运动状态,研究人员引入可识别无线电频率发射器的电场,此时负电纳米粒子被困在带正电荷的微孔中。利用无线电频率发射器识别卡发送无线电频率脉冲后,将产生电流为芯片供电。

该设备的特点是生产成本低,简单易用,如果把无线电频率发射器安装在显微镜上，可利用显微镜和摄像机来捕获粒子移动的图像。研究人员表示，该芯片对于习惯使用光学显微镜进行疾病诊断的病理学家和临床医生来说是一个福音，它可以简化复杂精密的电子设备的操作，进而提高医生的疾病诊断能力。

4. 纳米传感器研制的新进展

（1）用纳米颗粒制造超级化学传感器。2006年4月，由美国莱斯大学纳米光学实验室副主任詹森·哈佛纳助理教授领导的一个研究小组，在《纳米通信》杂志上发表研究成果称，他们用一种叫作"纳米星"的微小黄金颗粒，制成有效的化学传感器。

哈佛纳说："以往的研究集中在纳米颗粒上，而现在，则是对颗粒的内在形状，以及那些可以通过改变形状来影响颗粒与光的反应上面。"

该实验室进行了许多有关纳米生物化学方面的研究，包括胞质基因和电子波长。胞质基因的研究是在光学领域中发展最快的一门分支领域，因为它可以把这项研究应用于生物感应、微电子、化学检测和医学科技或者其他方面。

该实验室负责人奥米·哈勒斯教授说："我们要对纳米星进行更大范围的研究。目前，我们在纳米显著结构，如纳米星和纳米颗粒上的切割工作上，在全球范围内是领先的。"

研究人员表示，"纳米星"汇集了现在正在研究的光子颗粒的最好性质。哈佛纳研究小组发现，纳米星表面的每一个颗粒都有着唯一的光谱信号，初步的测试表明，这些信号可以用来确定纳米星的三维方向，为开展三维分子检测工作打下坚实的基础。

（2）发明能找到病态细胞的纳米传感器。2007年5月，由马萨诸塞大学阿姆赫斯特分校文森特·柔特洛教授领导的一个研究小组，在《自然·纳米技术》杂志上发表论文称，他们发明了一种分子传感器，这种基于纳米颗粒的探测器能找到特定蛋白。它们能探测出多种病态细胞产生的蛋白质，在未来将可望被用于医疗诊断。

目前，检测蛋白质的方法主要是依靠特定的受体和特定蛋白结合成"钥匙-锁结构"，这种方法虽然很精确，但是技术成本很高，为了寻找到特定的一种蛋白钥匙，科学家需要有其对应的锁受体。

柔特洛小组期望能使设计出一种更普遍的探测方法，就像人类的鼻子一样。鼻子利用一系列的受体来辨别气味。而暴露于这种分子探测器下的蛋白能激发一组受体，其信号将作为蛋白的指纹。未知的蛋白有特殊的指纹，辨别起来要比传统技术容易得多。

因此，科学家用金纳米粒子制造这种装置。柔特洛小组加入了荧光染料，这样就可以看到哪些受体在和特定的蛋白发生作用。每种蛋白都有特定的形状，这些形状就可以激发特定传感器，释放染料并发出荧光。而且荧光的强度也会随着蛋白形状发生改变，在计算机的帮助下，科学家就可以通过荧光模式来确定蛋白质的种类。

这一技术相比之前的更加可靠。目前柔特洛小组正在利用这些传感器寻找癌细胞产生的畸形蛋白质。科学家相信，它还能用于其他很多疾病的诊断。

（3）开发出能迅速检测隐秘病原体的纳米传感器。2012年4月9日，由美国中佛罗里达大学医学院教授莎拉·纳瑟、纳米科技中心副教授曼纽尔·皮尔茨等人组成的一个研究小组，在《科学公共图书馆·综合》上发表论文称，他们结合纳米技术和DNA标记开发出一种新型检测技术，能在几小时内出检测出与肠道炎症相关的多种病原体，包括克罗恩病等，为临床医疗带来一种快速精确的诊断工具。

有些病菌在人体组织内隐藏得非常深，秘密地给细胞重新编程，躲过免疫系统攻击，并在体内潜伏多年，突然爆发后会导致严重疾病，如肺结核。怎样找到它们的藏身地，长久以来困扰着科学家。现有的诊断隐秘细菌的方法通常要几周甚至几个月，这可能会延误治疗。

新型检测工具是一种混合磁弛豫纳米传感器（hMRS），只有一根发丝的厚度，由一层涂有聚合物分子的氧化铁纳米粒子构成，通过化学修饰会与特定的DNA标记结合，一种DNA标记专门针对一种特殊的病原体，即使病原体的数量很少，也能把隐藏在生物体深处的病原体找出来。

研究人员采集了大量克罗恩病患者的血液和活组织样本，以及患有牛副结核性肠炎的牛组织样本，对其病原体禽分支杆菌副结核亚种进行了检测。一旦混合磁弛豫纳米传感器与病原体DNA结合，就会发出磁共振信号，信号被围绕纳米粒子的水分子放大，通过计算机屏幕或便携式电子设备如智能电话，就能读出磁信号的变化，确定样本有没有被感染。

据纳瑟介绍，混合磁弛豫纳米传感器能测出隐藏在患者细胞内的微量病原体DNA的数量。这种新技术比传统的分子和微生物方法更有优势，同时保留了特异性和灵敏性。而且以往要耗时几个月的检查现在只需几小时就能得出可靠而精确的结果。

皮尔茨表示，该技术为医疗专业人员提供了一种简易可靠的工具，能更好地研究疾病的传播，帮助患者更及时地获得有效治疗。尤其在检测医疗、食品、环境样本中，正是纳米技术发挥优势的地方。

美国国家综合医学研究所的简娜·韦尔利博士指出，基础研究能带来基础性的医疗突破。研究小组去年尚未发现 DNA 具有和磁共振传感器结合的性质，但今年就已经开发出了快速灵敏地检测隐蔽细菌和病毒的技术，这也表明，一项先进技术从实验室研究到满足重大医疗需求有多快。

5. 通信与计算机系统纳米部件研制的新进展

（1）研制成功迄今频率最高的纳米振荡器。2005 年 2 月，由波士顿大学的物理学家莫汗蒂等人组成的一个研究小组，在《物理评论通信》上发表论文称，他们研制成迄今频率最高的纳米振荡器。这一技术可望在未来通信和量子计算领域得到应用。

研究人员表示，他们开发的纳米振荡器用硅制成，外形犹如一个两边都有齿的梳子，其尺寸只有人类头发直径的十分之一左右。它的振荡频率达到 1.49G 赫兹，是同类设备中频率最高的。

研究人员说，这种振荡器在移动通信和计算机等，需要发出吉赫兹（即 10 亿）级电磁波的领域，有广泛应用前景。它由 500 亿个硅原子组成，既能呈现出一些量子物理特征，也可以通过常规的设备探测出来。

莫汗蒂研究小组在论文中介绍，为了让振荡器有一个"纯净"的环境，不受各种外来波的干扰，他们在一个铜地板、铜墙壁的密封房间中，组装和测试纳米振荡器。此外，纳米振荡器的工作环境在绝对零度（零下 273.15℃）以上 0.11℃，需要封装在专门的冷却器中。

他们发现，在极低的温度下振荡器出现离散运动，也就是呈现出原子等量子的运动特性。如果把振荡器看作一个两边有齿的梳子的话，它的"齿"会以相同的频率和中间的"脊"一起振动，"齿"的振幅是千万亿分之一米，大概相当于一个原子的半径，而"脊"的振幅达到十万亿分之一米，可以通过设备探测出来。

莫汗蒂表示，随着电子元器件的尺寸越做越小，将来会呈现出量子运动特征，这种纳米振荡器将成为科学家研究纳米级电子元器件的最好范例。

（2）研制出纳米级相变内存原型。2006 年 12 月，美国国际商业机器公司、旺宏电子公司和奇梦达公司在国际电子器件会议上宣布,共同开发出一种相变内存原型,该原型的转换速度比传统闪存技术快 500 多倍。

(3) 推出 22 纳米 3D 晶体管处理器。2012 年 4 月 22 日,英国广播公司报道,英特尔推出采用 22 纳米 3D 晶体管构筑的常春藤桥系列处理器,旨在提高计算能力,降低能源消耗。

英特尔公司的个人电脑业务科长柯克·斯考根说:"这种系统设计的冲击力是相当惊人的。有 300 多个移动产品的开发和超过 270 种不同的工作台,其中许多都是一体化的设计。这是世界上第一个采用 22 纳米三维晶体管的产品。"

据斯考根介绍,传统的晶体管采用尽可能快速打开和关闭的"平面"二维闸门,其打开时可通过最大的电流,关闭时通过的电流则最小。但存在的问题是,如果开与关的速度不平衡,平面闸门越小,能量泄漏得越多。

常春藤桥芯片的晶体管只有 22 纳米长,这意味着可以在人类一根头发的宽度上放 4000 个。英特尔的解决方案是把晶体管做成三维的超薄鳍状物取代平面闸门,让原本晶体管中"平躺"着的漏极和源极在硅衬底上"站立"起来,三个闸门卷绕在一起,两侧各一个再加上面的一个。这样当闸门打开和关闭每秒超过千亿次时,漏电率降至接近于零,从而以更少的功率执行以前同样的操作。

这种创新芯片突破晶体管趋于小型化性能受限的瓶颈,既解决了制造难题,还带来相当不错的性能,比如使用更低电压即可驱动、漏电电流大幅度降低、晶体管的可承受电流上限更高等,而其制造成本只增加了 2% 至 3%。

斯考根称,这些芯片采取集成的 GPU(图形处理单元),而不是独立显卡,处理速度得以显著提高,将能够处理高清晰度视频会议。用户也能够更迅速地重新编码视频,以便通过电子邮件发送视频片段,或将其存入智能手机。该芯片还提供了新型基于硬件的安全设施,以及内置 USB 3.0 的支持,使其成本更低廉,并为制造商提供了允许更快将数据传输到硬盘、照相机和其他外围设备的标准。

三、纳米化工产品制造的新成果

1. 纳米染料和涂料研制的新进展

(1) 利用纳米微粒发明衣物自动清洁染料。2004 年 11 月,美联社报道:由美国南卡罗莱纳州克莱姆森大学纺织化学家菲尔·布朗领导的一个研究小组，利用纳米微粒研制出一种能够自动清洁的染料，这种染料可以合成在任何衣物上，在有水的情况下衣服就会自动清洁。

这种染料已经申请专利权，向涂有该染料的衣物喷洒水雾或是用湿毛巾擦拭就能快捷而又方便地达到清洁目的，这样做能够大大简化衣物的清洗过程。

研究人员表示，这种染料技术将提供给纺织品公司使用于各种织物上，在不久的将来，该类衣物就会出现在市场上供消费者选购。

这一研究成果对服装生产商无疑是个好消息，但是美国制造业贸易行动联盟发言人劳埃德·伍德担心，如果美国国内的纺织业失业率仍然保持增加的势头，类似的研究成果最终都将会流到海外去。他说："这一情况非常严重，失业率在不断增加，你也能够清楚地看到，研发的技术成果都在不停地流向海外。"

这一染料技术是目前"纳米技术"的最新应用之一。而纳米技术是当今科学应用的热门话题，从抗污染、抗褶皱的衣料，到增加电脑的内存等领域，都有该技术的应用。

这种衣物染料是一种由镀纳米微粒混合而成的高分子膜，当它合成到织物纤维上时，能够产生一系列极小的微粒凸起，一旦与水接触，这些凸起就会自动把附着在其上的灰尘，以及其他物质弹走，达到清洁的目的。

美国国家纺织品研究中心是美国商贸部下属的由八个大学组成的研究联盟，其中就包括克莱姆森大学。该研究中心主要负责这一研究的资金筹备工作。

菲尔·布朗说："你可以设想，当有细小的水珠尝试着接近这些微小凸起时，凸起对水的排斥性会令水珠连带着灰尘一起弹开。如果没有这些高分子膜的凸起，排斥的效果也就不会发生。"

新研制的纳米染料与雨衣上的防水涂料完全不同。雨衣涂料类似于杜邦公司生产的聚四氟乙烯。因为这些涂料都是在衣物表面附加一层较厚的防水层。而纳米涂层形成的高分子膜却是合成在织物纤维上的。菲尔·布朗说："新的涂层要比其他的传统涂层效果明显，主要是因为它能够合成在纤维中并与之发生反应。"他还表示，新的高分子膜不会使衣物看上有凹凸不平的感觉，因为凸起的微粒非常小，根本无法用肉眼观察。同时理论上说，这种微粒也不会有颜色，因为它们远远小于光的波长。

研究人员还指出，除了能够在衣物制造上应用该高分子膜染料外，在制造家具表面防水涂层、汽车顶篷防水层，以及户外野营帐篷等方面也可以使用新研制出来的防水高分子膜。

（2）发明使玻璃不起雾的纳米涂料。2005年8月30日，美国麻省理工学院一个研究小组在《自然》杂志网站发布消息称，他们发明了一种纳米涂料，能使各种玻璃不起雾，同时又能大幅度降低反光率。

据研究人员介绍，这种涂料能吸收微小的水珠，防止玻璃起雾。它具有数层聚合纤维，以及能够形成微小细纹的玻璃纳米粒子。玻璃遇到水时，其身上的细纹能像海绵一样把这些微小的水珠吸收掉，形成一个薄薄的水膜，就不会把光分散或在玻璃上形成雾气。而且，这种涂料形成的涂层光反射率仅为0.2%，比目前其他反光涂层2%至3%的反光率要低得多。

研究人员指出，这种涂料使用的纳米粒子直径只有7纳米，是可见光波长的1%，从而使其涂层具有透明效果。

（3）研制出杀菌威力强大的纳米涂层。2007年1月，由美国北卡罗来纳大学纺织学院和埃默里大学医学院联合组成的一个研究小组，研制出一种在可见光下可杀死或抑制绝大多数病毒和细菌的纳米涂层。据悉，这项成果已申请专利。

研究人员进行的实验表明，这种纳米涂层可杀死99.9%的流感病毒和99.99%的牛痘细菌。牛痘细菌是造成皮疹、发烧、头疼及身体疼痛的元凶。

研究人员表示，纳米涂层的成功研制确保人们只要暴露在可见光下就可免受病毒和细菌感染。

（4）研制成纳米颗粒填充的涂料产品。2008年2月，由美国纽约城市学院和莱斯大学联合组成的一个研究小组，近日完成了一项新材料领域的科技研发项目：纳米颗粒填充的涂料产品。该项技术可以通过低廉和环保的加工方式把纳米级的抗菌银颗粒成功添加进植物油基的涂料配方体系中去，这一科技成果可为家居环境和工作场所提供一种全新的抗菌健康涂料。

据了解，该研究小组的"绿色化学"科技研发项目可以在普通涂料中直接合成纳米金属粒子，并且不需要添加有毒的助剂或者溶剂等。该项目产品以聚合物基的不饱和碳氢化合物涂料体系作为研究对象，并根据这一体系设计出创新的纳米粒子添加方式。该工艺生产方式简单、经济，能满足涂料的商业化生产，对环境不会造成危害，是一种健康安全的涂料生产方式。

该研究小组还采用同样的工艺生产出一系列的纳米填料分散溶液。该项目的产品和传统涂料一样，可以在金属、木材、聚合物、玻璃、陶瓷等多种材质上应用。如添加纳米金属粒子的涂料体系在色彩和表面效果上更明显，并可以替代现有的有机颜料体系。

（5）深度开发用于造纸行业的纳米级涂料。2008年6月，美国生态涂料公司与西密歇根大学化工工程学院的造纸工程系达成一项技术合作意向，由西密歇根大学教授玛格丽特·乔伊斯带领研究小组，就造纸工业中使用的纳米级涂料产品进行深度的研究。

根据双方合作协议，研究小组将评估生态涂料公司的"生态快客"涂料性能，并且选择其中跟造纸工业有关的产品，进一步开展应用研究。生态涂料公司的"生态快客"涂料不仅可以作为造纸涂料使用，而且还可以广泛地应用在其他涂料和油墨配方中。通过研究小组的性能测试，以及其他应用的转向测试，将更进一步拓宽此类产品的应用范围。目前该研发项目已经启动，预计在未来2~3个月的时间内完成前期调研，并汇报给生态涂料公司。

生态涂料公司的创始人和新产品开发负责人萨尔·拉姆齐也是生态涂料公司防水涂料、纳米级造纸涂料的发明人，将配合该项目进行一系列的调研活动。"生态快客"涂料是生态涂料最新研发的涂料产品，其生产技术涵盖了可清洁技术和纳米材料技术，该涂料体系不含有机溶剂，因此不会产生挥发性有机化合物和有害空气污染物，同时涂料的固化方式采用环保节能的紫外线固化技术，取代了传统造纸涂料的加热固化模式。

研究人员表示，这种纳米级涂料产品不仅达到了生产节能的目的，而且也大大缩短了生产周期，有效地提高了造纸行业的生产效率。此外，该产品因为具有极好的耐摩擦性能，因此在造纸工业之外，还可以在金属、玻璃、橡塑等基础材料领导进行应用。

（6）用纳米涂料造出超级防水材料。2008年7月，有关媒体报道称，物体的表面如果能不被水所浸润，就会显示出奇特的效果。荷叶就是很好的例子，即使淋在雨中，水珠也随即滑落，荷叶还是那么干净清爽。

科学家为了使物体的表面能够排斥液体，通常需要在其表面涂覆特定的化学涂层或涂料，涂覆的过程一般说来耗时耗工，还容易造成污染。而且，一种涂料往往只对一些特定的液体有效。完全不沾各种液体的表面实际上只停留在商家的广告中，几乎不可能制造出来。

据报道，美国威斯康辛州麦迪逊大学的研究人员换了一个全新的思路，他们用物理方法，采用纳米技术来解决这个问题。

他们展示的超级防水表面材料是由硅的微针组成的，硅针的尺寸仅400纳米。这种表面能排斥各式各样的液体，包括水、油、溶剂和清洁剂。从其展示的照片可以看出，超级防水表面上，托载着三种不同的液滴，从左到右分别是水、乙烯乙二醇和乙醇。在放大镜下看得很清楚，三个液体球都"堆"得很高，显示了超级防水表面排斥液体的高超性能。

研究人员很快就为这种超级防水表面找到了应用领域。例如，可以用在直升飞机的机翼部分，防止高空和严寒环境下的凝结水和冰。

由于新的表面是基于物理的原理来排斥液体的，它对几乎所有的液体都有效就不奇怪了。研究人员甚至想利用它的特性做成"开关"。他们的设计是：通上电流，把液体从长针之间的空隙中吸下来，让它在长针的根基部位散开，液体就"浸淫"到物体的表面了；而取消通电后，超级防水表面排斥液体的特性重又恢复。

（7）研制出钻石型分子结构的纳米级防护涂料。2008年9月，美国先进的内层涂料制造商 Sub-One 科技公司宣布，近日与雪佛龙科技部门通力合作，以石油加工副产品为原料，开发出一种纳米级的耐腐蚀涂料产品。

据悉，该公司这种内层防护涂料系列产品中的新成员，它的聚合物分子结构呈现出钻石形状（金刚石型）。此类最为坚固的分子结构能够确保该涂层产品具有极佳的耐腐蚀功能，可以广泛地应用于金属内壁、管材内壁，以及其他设备的内部防腐处理中。

研究人员表示，这种钻石型纳米级防护涂料可以有效地延长材料的使用寿命，并且降低材料内壁的摩擦损失，对化学腐蚀和机械磨损都有很好的保护作用。

（8）研制出隔热防腐新型纳米涂料。2009年1月，美国佛罗里达那不勒斯媒体报道，美国工业纳米科技有限公司宣布研制出新一代专利技术产品：水性"纳速来"涂料。该涂料上一代产品一样，具有出色的耐腐蚀和耐化学性能，同时它提高了耐热性能，并且为了方便涂料产品的应用，大大降低了涂料体系的黏度。

该公司市场营销副总裁弗朗西斯·克柔莱伊强调说："作为新一代的纳米级环氧涂料产品，它的问世将为企业寻找到新的商业机会。实验室的测试数据显示，该产品具有超乎想象的耐火和阻燃性能，并且可以为基材提供有益的耐腐蚀和耐化学性能。"

该公司不久前还宣布，其在美国俄克拉荷马州的分销商获得一份订单，为美国德克萨斯谢尔曼的绿色住宅项目提供"纳速来"涂料。据了解，为了促进谢尔曼地区的经济发展，德克萨斯州决定在 2008 年一季度开发 50 个住宅建设项目，"纳速来"涂料将在该工程中发挥重要作用。

2. 其他纳米化工产品研制的新进展

（1）制造出世界上第一个纳米阀门。2005 年 7 月，由加利福尼亚大学洛杉矶分校教授杰弗里·青克领导的一个研究小组，在美国《国家科学院学报》上发表论文称，他们制造出世界第一个纳米阀门。这个阀门可以控制分子的进出，研究人员设想将来用它向细胞内输送单个药物分子。

青克研究小组发明的这个纳米阀门由两部分组成。一部分是人工设计的轮烷分子，是阀门的活动开关"芯"；另一部分是 500 纳米见方的多孔硅物质，是阀门的固定部分，其小孔尺寸只有几纳米。

轮烷是人工设计的旋轮状物质，近年来在纳米技术研究中获得广泛重视。青克研究小组设计的这种开关轮烷包括一个哑铃状的长链、一个能在"哑铃"两头之间来回直线移动的分子环，分子之间的范德华力就可以驱动这个分子环。早先，科学家已验证了这种轮烷能作为微电子开关使用。

研究人员把作为阀门"芯"的轮烷附着在多孔硅的孔口上就构成了阀门。多孔硅物质的小孔尺寸很巧妙，既能够让分子通过，又足以让轮烷的分子环将孔口堵住。这样，当轮烷的分子环被范德华力驱动向上运动时，阀门就处于"开"的状态，分子可以自由通过小孔；而当轮烷分子环向下运动堵住了小孔，阀门就处于"关"的状态。

青克表示，将来可以把这种纳米阀门黏附在细胞膜上，用光控制向细胞内部输送单个药物分子，实现"精确治疗"。

（2）研制出拥有金属有机骨架的纳米化合物。2010 年 11 月，由美国西北大学温伯格学院文理学院化学教授雷泽·斯托达特领导的一个研究小组，在《应用化学》杂志上发表论文称，他们研制出一种新型的金属有机骨架（MOFs）纳米材料，它由玉米淀粉和钾盐的化合物结晶而成，不仅能吸收和存储气体，用于食品工业和医疗技术领域；最神奇的是，该材料对人体和环境完全无害，可以像糖、盐等一样被人食用。

新型可食用的金属有机骨架原材料包括伽马环糊精、氯化钾或苯甲酸钾、美国常青酒等。金属有机骨架是一种有序的格子框架晶体，由有机分子与节点连接而成，结点通常是铜、锌、镍或钴等金属。在它们的大孔隙里，金属有机骨架能有效地存储如氢气或二氧化碳等气体，这在工程科学上具有独特的用处。

斯托达特表示，在金属有机骨架中，均匀对称非常重要。天然材料通常都不具备均匀对称性，所以很难结晶成高度有序而多孔的框架材料。但伽马环糊精解决了这一难题：它由 8 个不对称的葡萄糖残基排列成一个环状结构，这本身形成了一种对称。把伽马环糊精和钾盐溶化在水中，水分和酒精的蒸发会使混合液结晶。

得到的结晶呈立方体状，由 6 个伽马环糊精分子在三维空间连接钾离子构成，形成一个多孔骨架，通透性良好，非常适合作为气体或小分子的吸收材料。孔隙部分占了整个固体的 54%。研究小组认为，这种前所未有的形状把对称和非对称两种形态嫁接在一起，这种结合方式在其他材料领域也有推广价值。

斯托达特指出，用普通材料生成新奇的纳米化合物不仅对能源存储和环境保护意义深远，对食品质量安全和卫生保健也大有裨益。这种纯天然的纳米化合物材料将赋予厨房化学全新的含义，为人们带来更健康的生活。

（3）利用超薄沸石纳米片造出高效催化剂。2012 年 6 月 29 日，由美国明尼苏达大学化学工程与材料科学系教授迈克尔·塔萨帕提西斯领导，阿拉伯联合酋长国、韩国及瑞典研究人员参加的一个研究小组，在《科学》杂志上发表研究成果时称，他们用纳米片研制出一种新型催化剂，能让分子在化学反应中"走高速路"，从而大大提高化学反应效率。新催化剂可广泛用于制造石油、塑料、燃料电池、药品等的化学反应中，有望让这些产业提高效率、降低成本。

研究人员使用高优化的超薄沸石纳米片制造出新催化剂的模型。他们利用一个独特的过程来促进这些纳米片以 90 度的角度生长，纳米片的这种组合方式能使催化剂的催化速度更快、选择能力更强，且稳定性更好，但其制造成本却同传统催化剂一样甚至更低。

塔萨帕提西斯表示，新催化剂能在化学反应发生时让分子更快同其接触，以此来提高效率。他说："这就好比我们在日常生活中走高速公路和小路一样，走高速公路当然比走小路更快，效率更高。我们目前使用的催化剂就像小路，分子慢慢移动，而且经常抛锚。新催化剂可以大大降低汽油和其他化学制剂的制造成本。"

此前，明尼苏达大学的研究人员就将超薄的沸石纳米片作为专门的分子筛，用于可回收燃料、化学产品，以及化石燃料和产品的制造过程中。最新发现就建立在此前研究的基础之上。明尼苏达的新兴企业Argilex技术公司获得最新突破的专利权。目前，新催化剂的研发过程已经完成，研究小组正在对其进行商业测试。

塔萨帕提西斯表示："这项最新发现将对石油、制药等工业产生重大影响。我们使用的每滴汽油，在提炼过程中，都需要催化剂将油分子变成有用的汽油。"

（4）首次用纳米棒研制出能自愈聚合物凝胶。2013年11月，由美国匹兹堡大学斯万森工程学院化学和石油工程教授安娜·巴拉兹领导，纳米材料专家雍新等人参与的一个研究小组，在《纳米快报》杂志上发表研究成果时称，他们研制出的新凝胶能使复杂的物品自我修复。这意味着，桌腿破裂不必拿去修理，手机摔碎不必换新的，它们能自愈，能够自我修复受损的部位或丢失的零件。

巴拉兹表示："尽管此前已有科学家研制出了能修理小瑕疵的材料，但还没有人研制出能让受损物品大面积再生的系统，最新研究有望大大提高物品的使用寿命。"

该研究小组受到四肢能再生的两栖动物的启发，这类组织再生由三个关键的指令系统引导：开始、蔓延、终止，巴拉兹称为"美妙的动态级联过程"，并希望在合成材料内复制这一过程。巴拉兹说："我们需要研发出一套系统，它首先能感知材料的移除并启动再生过程，接着让这一过程不断蔓延，直到材料达到理想的大小，然后终止。"

巴拉兹表示："最大的挑战是为合成材料提供输送组织，生物有机体拥有循环系统来实现血细胞和遗传物质等的输送，但合成材料没有这样的系统，因此，我们需要研制出类似于传感器的器件，来启动并控制整个过程。"

雍新等研制出的计算模型可以对整个过程进行控制，使再生凝胶的外观和表现与其替代的凝胶一样，并终止该反应。巴拉兹说："整个过程最完美也最具挑战性的部分是设计出能承担不同任务的纳米棒，它们是整个动态级联过程的关键，其厚约 10 纳米。"

他们计划改进整个过程，并增强新、旧凝胶之间的结合，这一点受巨杉树的启发。巴拉兹解释道："每棵巨杉树都拥有中空的根部系统，当它们生长时，这些根部系统会相互交织，为树木生长提供支撑。同样，纳米棒的边缘也能让再生的材料变得更强韧。"

研究人员表示，更进一步的研究重点是让这一过程最优化，以生长出多层，最终制造出拥有多重功能的更复杂材料。

四、纳米医学产品制造的新进展

1. 用纳米材料研制人造肌肉与皮肤的新成果

（1）用纳米材料研制出超强的人造肌肉。2006 年 3 月，由美国德克萨斯州立大学纳米技术研究所与韩国研究人员联合组成的一个研究小组，在《科学》上发表论文说，他们用纳米材料研制出一种超强的人造肌肉，将来可被用于制作更先进的假肢。

研究人员指出，他们研制的人造肌肉由酒精和氢提供动力，其强度是人体上的真骨肉的 100 倍。这种人造骨肉还可以用在"外骨骼"上，让消防员、士兵和宇航员等特殊行业人士拥有超人的力量。

研究小组对两种类型的肌肉进行研究，发现两种骨肉都在消耗氧气的同时，释放出氢和酒精等燃料的化学能。他们在试验中首先用纳米材料仿制出骨肉"呼吸"的第一阶段，也就是"吸进氧气"的阶段。目前的人造肌肉由电池驱动。但需要指出的是，研究小组研制的两种人造肌肉都由电线、悬臂和玻璃瓶子组成，从外观看并不像正常的肌肉。

这里，力量最大的肌肉称作"短接电池肌肉"，它将化学能转化成热能，使一种特殊形状的纳米记忆金属合金收缩。减少热量，肌肉就会放松。在实验室进行的试验显示，这些装置的举力是正常的骨骼肌肉的 100 倍以上。这个小组正在研制的另一种肌肉是将化学能转化成电能，在这个过程中，使碳纳米管电极制作的一种材料弯曲。

（2）用纳米线研制可感知轻微触摸的人造皮肤。2010 年 9 月 12 日，由美国加利福尼亚大学伯克利分校纳米材料专家阿里领导的一个研究小组，在《自然·材料》杂志刊登研究成果称，他们采用接触印刷技术，使用网格半导体纳米线，制造出一种非常灵活的压力敏感橡胶，其在压力下可感知电阻的变化。

在一个约 7 平方厘米的正方形网格中，交叉纵横的纳米线可以作为晶体管。每个晶体管就像一个像素，可读出压力在每个位置所引起的电流变化。由于该设备主要由橡胶构成，所以可以弯曲；更由于采用的是非常小的无机半导体，因此，该设备也非常灵活。研究人员把它弯曲为 U 形，当上端仅余 5 毫米空隙时，传感器依然有效。

研究人员表示，真正的人造皮肤应当与人类的皮肤相似，不仅能感知压力、可弯曲、有弹性，还应当有许多其他的功能，比如能够像人类皮肤一样，感受到由抓挠等侧压产生的压力，可以与人类的大脑整合到一起等。

不过，研究人员相信，这种用纳米线研制的人造皮肤，将很快应用于机器人领域。有关专家认为，虽然制造出真正的人造皮肤还面临着巨大的挑战，但这个研究小组的工作已经把人类带入到智能材料时代。

2. 用纳米技术研制医学检测试纸的新进展

（1）利用纳米和生物技术开发快速检测病原体试纸。2006 年 9 月，由美国科内尔大学纺织和服装助理教授玛格丽特·弗芮博士与她的同事组成的一个研究小组，在美国化学学会第 232 次全国会议上发表研究报告称，他们正利用纳米和生物技术开发一种能够检测细菌、病毒和其他有害物质的试纸。一旦开发工作全部结束，今后，人们只需用该试纸擦一下被检测的物品，就能知道其上是否带有细菌等有害物，并将它们识别出来。

研究人员开发的具有吸附能力的试纸内包含着带有多种生物有害物抗体的纳米纤维，原则上可以在任何地方使用，以迅速发现肉类包装车间、医院、游艇、飞机和其他易受污染地方的病原体。目前，这种试纸正在实验室接受测试。

弗芮说："这种试纸将十分便宜，人们不需经过复杂培训就可以使用它，同时可以用在任何地方。比如说，在肉类包装车间，你可以用它擦一下你面前的牛肉饼，就能很快知道它上面是否带有大肠杆菌。"如果检测到生物有害物，可以采取相应措施清洗车间，并重新检测是否清除了污染。

在实验中，弗芮研究小组开发出了直径在 100 纳米至 2 微米间的纳米纤维，并在纤维上构造出由生物素、维生素 B 和链霉抗生物素蛋白组成的平台，以让抗体存留其上。纳米纤维由聚乳酸制成，为降低成本，其中还添加了普通的纸产品。弗芮介绍说，纳米纤维的基本作用如同海绵，能蘸液体和擦物体。在使用后，纤维上的抗体就会有选择性地"锁住"相对应的病原体。从理论上讲，利用这种方式，人们可以快速检测出多种有害物，无论它是禽流感、疯牛病还是炭疽病毒。

目前，需要不同的几项步骤才能识别病原体。弗芮研究小组希望在对试纸进行更深层开发后能够十分容易地识别病原体，如通过颜色的变化等方式。不过，弗芮同时表示，这种产品也许还需要数年时间才能推向市场。

（2）开发出可快速检测高危血栓的纳米尿检试纸。2013 年 10 月，由美国麻省理工学院有关研究人员组成的一个研究小组，在美国化学会《纳米》杂志发表研究消息称，他们基于纳米技术开发出一种简单的尿检试纸，可快速检测出血液中的凝块。

血液凝固是由一系列复杂的级联蛋白质相互作用，以形成一种能密封伤口的纤维蛋白质。这个过程中的最后一步是纤维蛋白原转化为纤维蛋白，由一种叫作凝血酶的酶控制。

该研究成果被描述为一种非侵入式诊断，它依靠纳米粒子检测一个关键凝血因子即凝血酶的存在。既有的血液测试以纤维蛋白副产物为标记物，不能连贯地检测到新凝块的形成，而新方法以凝血酶为标记物，可用一种可注射的纳米粒子快速识别。

研究人员说，实验中使用了已获美国食品药品管理局批准的氧化铁纳米粒子、涂有专门与凝血酶肽（短蛋白质）相互作用的多肽。纳米粒子被注入老鼠体内后，会经过整个鼠体。当粒子遇到凝血酶，凝血酶在特定的位置上裂解肽类，释放的片段最终顺着动物的尿液排出。

研究人员在处理收集的尿液样本时，采用含有特定多肽标记物抗体的碎片识别这些蛋白质片段，发现尿液中这些标记物的数量与凝固在小鼠肺中的血液凝块水平成正比。2012 年发布的研究成果是利用质谱仪对片段质量分析进行区分，而最新研究成果用抗体测试样本，更为简单且便宜。

这种尿样测试有两种应用前景：一是在急诊室，用来筛查可能有血块症状的患者，允许医生迅速分诊并确定其是否需要更多的测试；二是监测具有高危血栓的患者，如手术后不得不卧床康复的患者。这种尿液试纸测试如同怀孕测试，医生可在患者术后回家时开给他们。此外，这项技术也可以用于预测血栓的复发。

3. 纳米疫苗研制的新成果

（1）设计出能更有效激发免疫反应的纳米疫苗。2011年2月，由美国麻省理工大学材料科学工程与生物工程副教授达雷尔·欧文领导的一个研究小组，在《自然·材料学》杂志上发表研究成果称，他们设计出一种新型纳米粒子，可安全高效地传送抗艾滋病病毒和疟疾等疾病的疫苗，并能更有效地激发机体免疫反应。

这种新型纳米疫苗由纳米粒子构成，它的中心有一个脂质球，能携带人工合成的蛋白质，这些合成粒子能引发强烈的免疫反应。欧文说，这跟活性病毒造成的免疫反应相仿，但更加安全。

设计疫苗时，研究人员需要激发机体两个主要免疫反应中的一个：激活T细胞攻击被病毒感染的体细胞；或激活B细胞，这是血液或其他体液中针对病毒或细菌的秘密抗体。

对那些喜欢待在细胞内部的病毒，比如艾滋病病毒，需要激发"杀手"T细胞的强烈反应，让它们杀灭病毒或让病毒丧失活性。但事实上，这种方法并不能有效对付艾滋病病毒，因为艾滋病病毒很难杀灭。为此，科学家一直在研制艾滋病病毒、B型肝炎等病毒的人工合成疫苗。

虽然人工疫苗安全性更高，却很难引发强烈的T细胞反应。此前，科学家曾打算将疫苗装在一种叫作脂质体的油脂小粒中，以加强T细胞反应。但这些脂质体在血液和体液中很不稳定。

欧文研究小组研制出一种纳米粒子，能把多种脂粒聚集在一起。一旦脂质体聚集，相邻的脂质体壁就会通过化学作用粘在一起，使整体结构更稳定，注射之后短期内很难裂开。一旦纳米粒子被细胞吸收，它们就会很快分解，释放出疫苗引发T细胞反应。

欧文和沃特·里德军事研究院合作，在小鼠身上测试这种纳米粒子传送疟疾疫苗的能力。他们发现在低剂量疫苗作用下，3个免疫过程产生了强烈的T细胞反应，免疫之后，小鼠体内30%的杀手T细胞对疫苗蛋白产生了特效作用。

欧文指出，这是由蛋白质疫苗产生的最强T细胞反应之一，可以和病毒疫苗相比，粒子引发了强烈的抗体反应。佐治亚理工学院副教授尼伦·默西也表示，这种新粒子的出现是一个很大的进步，但在激发人体抗病免疫反应方面还需要更多实验。

除了疟疾疫苗，欧文还与麻省理工里根研究院、哈佛大学和麻省总医院等机构合作，把这种方法用于传送抗癌疫苗。

（2）开发出能大量吸收成孔毒素的"纳米海绵疫苗"。2013年12月，由美国加利福尼亚大学圣地亚哥分校雅各布工程学院纳米工程教授张良方主持的一个研究小组，在《自然·纳米技术》上发表论文称，他们开发出一种"纳米海绵疫苗"，经小鼠实验证明，它能大量吸收耐甲氧西林金黄色葡萄球菌（MRSA）产生的，无论在血管还是在皮肤的成孔毒素，因此能预防金黄色葡萄球菌放出的alpha-溶血素造成的影响恶化，可作为一种安全高效的抗毒素疫苗。

纳米海绵是在"类毒素疫苗"平台的基础上开发出来的一种生物兼容粒子。其内核是高分子聚合物，外面包裹着红细胞膜，直径约85纳米，1000个疫苗才有一根头发粗细。在注射后2周左右，就能从体内排清。

每个红细胞膜都能"抓住"并"扣留"金黄色葡萄球菌放出的alpha-溶血素，不需要通过热处理或化学反应破坏毒素结构。嵌入毒素颗粒后，纳米海绵能作为疫苗，引发小鼠免疫系统的抗体与毒素中和，使注射了致死剂量毒素的小鼠免于死亡。

类毒素疫苗对抗的是毒素或毒素组，而不是产生该毒素的细菌。细菌变异会使抗生素抗性下降，而类毒素疫苗提供了一种有前景的方法，不会对抗生素产生依赖。张良方表示："直接瞄准alpha-溶血素还有另一个好处，因为这些毒素生成有毒环境作为防御机制，让免疫系统在对抗金黄色葡萄球菌时更加困难。"

除了MRSA和其他金黄色葡萄球菌感染之外，纳米海绵疫苗的方法还能用于生产抗多种毒素的疫苗，包括大肠杆菌和幽门螺杆菌。而且，纳米海绵疫苗比由热处理金黄色葡萄球菌制成的类毒素疫苗更加安全高效。经一次注射后，使用热处理类毒素疫苗的小鼠，仅10%生存下来，而用纳米海绵疫苗的小鼠生存率达50%；经两次加强注射，纳米海绵疫苗小鼠的生存率达到100%，热处理类毒素疫苗小鼠为90%。

本成果是研究小组2013年年初所提出的"吸收体内多种成孔毒素的纳米海绵——从细菌蛋白质到蛇毒"项目的连接。成孔毒素会在细胞膜上造孔，使细胞泄漏而死亡。它们非常强大，能杀死免疫细胞，因此大部分候选疫苗只能用加热或化学处理破坏它的某些蛋白，以削弱其毒性，但这也会削弱对抗毒素的免疫反应。

4. 纳米药物研制的新进展

（1）研制出可在身体内行走的纳米级胶囊。2006 年 3 月，由美国伊利诺斯州大学材料科学系史蒂夫·格冉尼克教授领导，他的研究生张亮方为主要成员的一个研究小组，在刊物上发表研究成果称，他们创造性地利用油脂和纳米粒子混合，以新方法研制出纳米级胶囊。纳米级胶囊可用于制造新药和农业方面需要的新材料。

格冉尼克表示，他们研制的纳米级胶囊是利用生物适应性材料获得的。与目前广泛使用的胶囊相比，纳米级胶囊更能稳定油脂，解决人工油脂空心胶囊的技术难题。油脂是组成细胞膜的基本物质。在过去，制作有效的人工油脂空心胶囊是不可能实现的事，其重要原因是人工油脂空心胶囊很不稳定。该研究小组研制的纳米级胶囊，则具有较好稳定油脂和阻止其解体的性能。

据介绍，为稳定油脂，研究小组首先配制好由尺寸特别的油脂胶囊所组成的淡溶液，把化学物质装入油脂胶囊，或者在胶囊表面吸附一定分子后，再加入带电荷的纳米粒子。这样，进入溶液的纳米粒子很快便吸附在胶囊上，阻止胶囊不断"长大"，从而达到将它们控制在理想尺寸范围内的目的。

研究小组为了测试新方法的效果，把荧光染料装入纳米级油脂胶囊中，结果发现纳米级胶囊没有出现泄漏现象，而且油脂在溶化时也被证明相当稳定。格冉尼克说："这为在医疗和农业领域中使用生物适应性胶囊输送药物等打开了大门。"

研究小组介绍说，具有生物适应性的胶囊能够装载酶、DNA、蛋白质和药物分子，并在生命体中"行走"，也可作为人体内进行酶催化反应的替代"工厂"。同时通过将生物分子吸附在胶囊的表面，人们便可制造出胶囊大小的生物传感器。此外，稳定的油脂胶囊还能用来研究药物的作用方式。

（2）研制出新的纳米银抗菌整理剂。2006 年 10 月，有关媒体报道，美国伊士曼·柯达公司经过精心研发，在近日推出新一代纳米银抗菌整理剂，它是本年度最新推出的抗菌产品，已由专营公司负责推广应用和技术服务。它已通过美国国家环保署的认证。

这种纳米银抗菌整理剂与市场上常用的传统化学抗菌整理剂相比，具有广谱抗菌、高效杀菌、不会引起病原体产生抗体和安全可靠的特点。文献记载和研究资料表明，银离子可以杀灭的细菌和真菌类多达 30 多种，因而具有广谱抗菌作用。据测试，使用该产品整理的纺织材料，通过标准水洗方法 50 次后的杀菌有效率仍达到 99% 以上。

纳米银抗菌整理剂的抗菌机理是纳米银颗粒与细菌的 DNA 结合，中断其复制能力，阻止微生物繁殖。它可以干扰微生物所需的基本呼吸链，使微生物细胞发生破裂而死亡。

（3）制成基于核糖核酸支架的生物纳米药物递送系统。2010 年 8 月，由美国加利福尼亚大学大学圣塔芭芭拉分校化学和生物化学副教授卢斯·耶格领导的一个研究小组，在《自然·纳米技术》杂志上发表论文称，他们找到了一种方法可以让纳米大小、能够对抗疾病的 RNA（核糖核酸）分子，自我组装成具有治疗效果的纳米生物支架。得到的支架除了具有很好的功能扩展性，还可用作"桥梁"，向人体递送抗病药物。

耶格研究小组研制出的这种三维核糖核酸纳米生物支架其直径仅为 13 纳米，由短链的寡核苷酸组成，因此，这种支架可以被化学药物所接受，可用来递送化学药品；另外，科学家也可以修改寡核苷酸的数量来完善该支架的功能，并且精确控制支架的大小和形状。

研究人员还证实，这些核糖核酸分子可以在试管中 37℃ 的恒温环境下，自我组装成纳米生物支架，因此，该生物支架将在纳米生物医学领域大有用武之地，可以用来制造纳米传感器、药品包装材料和药物递送系统等。

耶格解释道，新纳米技术的进步主要利用了细胞中核糖核酸的作用。他表示：在人类基因组中超过 90% 的部分被转录成核糖核酸，很显然，核糖核酸是生命赖以生存的最重要生物高聚物之一，在很多与健康有关的生物活动中起着重要作用。

耶格研究小组打算在实验室中使用该核糖核酸支架向人体递送沉默的核糖核酸和具有治疗效果的核糖核酸配基，以攻击癌症和其他疾病。这里的配基是一段能与各种目标分子高亲和、高特异结合的核酸序列。该研究小组相信，基于核糖核酸支架的生物纳米药物递送系统比使用人工合成的药物递送系统更安全，人工合成药物递送系统可能会带来很多无法预料的副作用。

（4）发明能搭载细胞修复伤口的可降解纳米球。2011 年 4 月，由美国密歇根大学生物材料系终身教授皮特·马领导的一个研究小组，在

《自然·材料学》杂志网络版上发表研究成果称，他们首次成功制造出可生物降解的新型聚合物，这种聚合物能自我组装成中空的纳米纤维球，把这种纤维球和细胞一起注射入伤口时，纤维球会生物降解，而细胞则活下来形成新组织。

皮特·马表示，这种纳米纤维球能模拟细胞的自然生长环境，因此可作为细胞载体，把细胞送到伤口处，这是组织修复领域的重要进步。

由于缺乏足够的捐赠组织，以及现有治疗受损软骨的方法效果有限，该技术有望为一些软骨受损患者带来福音。目前，修复受损软骨的技术是把患者自己的细胞直接注入患者体内，没有模拟该细胞的自然生长环境并把细胞运送入体内的载体，注入体内的细胞稀稀拉拉，治疗效果因此并不乐观。

这种纳米纤维微球有很多孔隙，使营养物质很容易进入其中，同时，它也承当了细胞基质的功能，而且也不会产生伤害细胞的降解副产品。

研究人员先把这种中空的纳米纤维微球同细胞结合在一起，随后把它注射入伤口，当这些仅仅比它携带的细胞大一点的纳米纤维球在伤口处降解时，它携带的细胞已开始很好地生长，因为这些纳米纤维球提供了一个让细胞茁壮生长的环境。皮特·马表示，这是研究人员首次制造出能够注入体内的复杂细胞基质。在对实验鼠进行测试的过程中，这种纳米纤维球修复组生长出的组织是控制组的 3 倍到 4 倍。

为了修复形状复杂或怪异的组织缺陷，要求注射入体内的细胞载体大小非常精准，而且尽量不要进行手术。皮特·马研究小组一直试图通过仿生方法，使用能进行生物降解的纳米纤维设计出细胞基质，也就是在细胞生长并形成组织的过程中为其提供支撑的一套系统。

5. 用纳米技术研制的临床使用新器材

2008 年 3 月，由美国麻省理工学院的卫生科学部生物工程学家罗伯特·兰格、杰弗里·卡普教授领导，波士顿医院研究人员参与的一个研究小组，运用仿生纳米结构开发出一种具有弹性的、可生物降解的胶贴。这种仿生纳米胶贴能取代外科手术的缝线及缝钉，也可制成药物控释贴片，直接安放在包括心脏在内的器官上。已在小鼠身上经过测试的这种仿生纳米胶贴可在小鼠体内慢慢分解，且不会造成任何刺激。

该胶贴的灵感来自壁虎的足部，这种爬行动物可沿着天花板步行，或顺着光滑的墙壁上下攀行。壁虎脚趾具有黏性是因为脚趾上有数以百万计的灵活的纳米柱，这使得它们具有非常大的表面积。这种胶贴也是依靠纳米尺度的柱体和化学胶水制成的，它是第一种能呈现出良好黏性强度和动物安全性的胶贴。

这种胶贴由一种能嵌以药物的可生物降解弹性体制成。为制作这种胶贴，研究人员把液态聚合物注入遍布 200～500 纳米宽凹孔的微型硅模，然后再用具有生物相容性的葡聚糖胶水对模化、变硬的聚合物进行旋涂。当胶贴被使用时，毛细管的力量将组织拉入柱体间的空间，这些柱体也具有一些微弱的电荷引力，这样葡聚糖胶就黏附在组织蛋白上。

研究人员称，要制作这种对医学应用既安全又有效的壁虎贴，极具挑战性。大多数仿壁虎的黏合剂，像设计用于帮助机器人爬墙的黏合剂，在工程上只能工作在平滑、坚硬的表面。对这些类型的应用来说，黏合剂的重复使用是很重要的。这种医用仿生纳米胶贴只需用一次，要求必须黏得牢。但要获得对身体组织的高黏度是很难做到的，因为这些组织表面又湿又软又滑还很粗糙。

相对于传统医学上用缝线和缝钉来缝合伤口，这种仿生纳米胶贴的优势就是没有创口，且容易安放。缝线和缝钉要穿过组织可能造成坏死性损伤，而且还要沿着创口仔细地安放，每缝一针就要重新调整一下组织。而使用这种胶贴只需一个动作，贴上创口就万事大吉，这大大缩短了病患者躺在手术台上的时间。这种仿生纳米胶贴在医生进行腹腔镜手术时也大有用场，腹腔镜手术要穿过一个小孔，要在这么小的地方打结是非常困难的，这时医生只需将仿生纳米胶贴展开，用腹腔镜针将其贴在需要的地方即可。

这种仿生纳米胶贴的另一个用途是，可在胃分流手术需要切除一段胃肠道时对手术缝线和缝钉进行加固。手术发生并发症的可能性虽不高，但胃肠道是最薄弱的地方，仿生纳米胶贴可释放抗生素和药物来促进愈合。

该仿生纳米胶贴也可简单地用作药物贴片，甚至是用在像心脏这样能舒展和收缩的组织内。因为这种仿生纳米胶贴具有弹性，所以它能承受心脏产生的机械力。心脏病发作后，病患通常会有一块受损组织区域无法获得足够的氧气，这可导致心脏衰竭。给心脏的受损区域注射干细胞生长因子可促进组织再生，但这种方法需要刺穿心脏，也能造成危险。研究人员称，使用这种医用贴片就能非常有效地释放这些生长因子，从而降低了病患的风险。

第三章　纳米技术与设备的新进展

本章阐述美国在开发纳米技术、应用纳米技术和研制纳米设备方面的创新信息。美国在开发纳米技术领域主要集中在制造纳米粒子、控制纳米粒子和组装纳米粒子的新技术；制造纳米材料、控制纳米材料，以及排列和组装纳米材料的新技术；此外，还在开发纳米光学技术等方面取得不少新成果。美国在应用纳米技术领域主要在电子信息、医学、新能源开发，以及工农业生产等方面取得较大新进展。美国在研制纳米设备领域主要在纳米产品生产设备、电子纳米设备，以及生物和医学纳米设备方面取得较多新成果。

第一节　开发纳米技术的新进展

一、开发纳米粒子出现的新技术

1. 制造纳米粒子的新技术

（1）发明低温量子点纳米合成新技术。2006 年 3 月 31 日，由美国普渡大学自然科学学院院长卡尔·考恩主持，印第安纳大学和普渡大学化学与化学生物系研究人员参与的一个研究小组，在《材料化学》网站上宣称，他们发明了一种合成量子点的纳米新技术。

量子点是可以发出强烈荧光的纳米尺度固体粒子，它们在蓬勃发展的纳米医学领域的应用正在不断深入，它可以作为成像技术中使用的探针。因为量子点具有很高的亮度和很好的光稳定性，所以它们可以当做是分子的"信号灯"。当把量子点附着在研究人员感兴趣的化合物或蛋白质上，研究人员可以利用它们发出的荧光来跟踪化合物或蛋白质在生物媒介或整个有机体中的运动，这对医学专家进行病症的研究、诊断和治疗，都会产生重要的影响。

对一般的生物医学实验室来说，量子点材料的造价太昂贵，使用也太不方便了，因为合成量子点需要在高温条件下进行。考恩研究小组发明的量子点合成新技术使量子点的合成变得相对容易了。这种新技术可在室温下用生化学技术生成量子点，而且这些量子点发出的荧光能覆盖可见光谱中的所有波段。

研究人员说："这个新的低温技术还可使大规模量子点合成变得容易操作，而且可以在合成过程中使用低温灵敏材料。"

考恩说："这是一项非常令人兴奋的研究，它可以改善医学诊断技术，还能用于基础科学研究。这项研究成果是我们正在进行的，并且将继续进行的生物材料研究中的一项。"

（2）发明制造超小纳米颗粒的新化学沉积术。2006年10月，由美国加州理工学院化学家戴维·博伊德领导的一个研究小组，在《纳米快报》上发表研究成果称，他们发明了一种全新的技术，能在物质表面沉积微量的材料。研究人员表示，这种技术能为现有微型装置的制造提供有力的工具。

研究小组描述了这一化学气相沉积过程，通过把一束低能激光聚焦于镀有金纳米颗粒的物质表面，就能利用多种材料进行沉积。这些微小的金颗粒（直径约1微米）被激光照射后，能吸收能量并迅速加热，使温度达到数百度。

研究人员说，这些金纳米颗粒温度高得足以分解和它们发生碰撞的气体分子，并在颗粒表面形成沉积。由于这一过程只发生于激光照射下的热颗粒，而不会对周围的低温纳米粒子发生影响，所以他们能通过移动激光来实现特定纳米结构的制造。

这一技术的关键在于小颗粒的超低热导性。这些纳米颗粒能很有效地从激光吸收能量，但很难向周围的粒子以热量形式传导这些能量。因此，这些金纳米颗粒能被加热到很高的温度，这在经典热导理论中是难以想象的。

研究人员表示，上述技术很容易实现，只需要能量大约为绿激光点的小型激光。它直接描写微米级别或更小的结构，而不需要蚀刻等技术。同时在激光之外的区域保持较低温度。为了验证可靠性，研究小组在玻璃表面制造了直径数十纳米的氧化铅纳米线。这一结果表明，将来还能制造更小的纳米器件。

2. 控制纳米粒子大小、属性和形状的新技术

（1）找到精确黏结纳米粒子的新方法。2009 年 6 月，由美国纽约大学物理系主任大卫·格里尔领导的一个研究小组，在《自然·材料学》杂志上刊登研究成果称，他们利用 DNA 片段作为媒介，根据材料特性精确地把纳米粒子绑定在一起，形成大尺度结构。这一新方法解决了在复杂体系结构中创建稳定的微观和宏观结构的难题，在光学、电子学等领域具有广泛的应用价值。

格里尔研究小组一直在寻求创造一种具有自我复制能力的非生物材料。他们在纳米粒子外层涂上 DNA 片段，即所谓的"黏结端"。每一个黏结端都由一串 DNA 基础单元的特殊序列组成，而多个具有相互补充序列的黏结端则会形成一种可逆的特殊连接。在一定温度之下，纳米粒子会互相绑定在一起，而在该温度之上则又会彼此分开。

研究人员为了控制纳米粒子，使用了格里尔设计的光陷阱，它利用激光束可移动仅有几纳米大小的物体。

报道称，这种方法具有广泛用途。因为控制粒子阵列对光学仪器十分有用，如传感器和可作为光线开关的光子晶体。另外，同样的工作原理也适用于那些具有电学、光学和磁力特性的纳米粒子，使得这种方法的应用更加广泛。

（2）找到控制金纳米粒子大小的新方法。2012 年 6 月，由美国北卡罗来纳大学材料科学与工程系助理教授约瑟夫·特蕾西领导的一个研究小组，在美国化学学会《纳米》网络版上发表论文称，他们发现通常被用于合成金纳米粒子配体的"蓬松性"，实际上决定着合成纳米粒子的大小，即蓬松性大，纳米粒子小；蓬松性小，纳米粒子变大。

金纳米被广泛应用于工业化学处理、医学和电子学中。在合成金纳米粒子的时候，研究人员通常使用一种被称为"配体"的有机分子来促进这一过程的发生。因为配体可以有效地把金原子集中到一起，使之产生纳米粒子。在此过程中，配体一个接一个地排列成一行，并从各个方向把金纳米粒子包围在中间。

研究小组为了确定配体的"蓬松性"是否影响所生成的金纳米粒子的大小，专门选择三种类型的硫醇配体进行观测。硫醇配体是一种被广泛应用于合成金纳米粒子的配体。他们把这些配体绑定到金纳米粒子周围，然后把每种配体形成的金纳米粒子结构绘制成图片。从图片中可以看到，金原子被配体环绕在中间，排列整齐的配体向其周边散开。由于这三种配体具有大小不同的蓬松性，因此，图片显示蓬松性较大的配体，其核心的金纳米粒子被压得较小；蓬松性较小的配体，核心金纳米粒子较大；而没有什么蓬松性的配体所环绕的金纳米粒子最大。

特蕾西说："这项研究增强了我们对纳米粒子形成的认识，并使我们得到一个控制金纳米粒子大小和特性的工具。"研究人员认为，该发现找到了一种控制合成金纳米粒子大小的有效工具。这种工具对控制其他纳米粒子的大小也不失为一种有效的办法，为今后合成更小的纳米粒子开辟了新途径。

（3）开发能快速描绘"双面"纳米粒子属性的新技术。2011 年 9 月，由美国范德堡大学副教授大卫·克利菲尔带领约翰·麦卡林等研究人员参与的一个研究小组，在《应用化学》杂志上发表论文称，他们开发出一种先进技术，能迅速精确地描绘出雅努斯（Janus）纳米粒子的化学属性，为评价其应用效果、改进制备方法提供了有效工具。该论文还对雅努斯纳米粒子在应用方面的主要障碍进行了分析。

雅努斯（Janus）本意为古罗马的"双面神"，法国物理学家德热纳在 1991 年诺贝尔奖颁奖大会上首次用它来描述一类由两半球面组成，且具有两种截然不同化学性质的粒子。两面性让这种粒子能形成特殊结构，合成新型材料，比单一性质的纳米粒子拥有更多潜能，因而在药物递送、生物传感、太阳能电池、工业催化剂，以及视频播放器等领域具有广泛应用前景。例如，它的一面可以结合药物分子，而另一面黏附连接分子与标靶细胞结合。当它的两个面是完整分开的两个半球时，这种优势更加明显。

雅努斯粒子越小就越难绘制出它们的表面结构，不但给制备带来了很大困难，也很难评价它们在各种应用中的效果。对较大的纳米粒子而言，可以用扫描电子显微镜来绘制它们的表面结构，帮助生产出两面完整分开的雅努斯粒子。但如果粒子小于 10 纳米，这种方法就会失效。而仅几纳米大小的雅努斯粒子和单个蛋白质相仿，是最有潜力的药物递送工具。

在此项研究中，克利菲尔研究小组采用能同时识别上千种单个纳米粒子的离子迁移质谱仪。他们把两种不同的化合物涂在一些金纳米粒子表面，然后把这些纳米粒子分裂成由 4 个金原子组成的原子团，再让这些碎片通过离子迁移质谱仪。两个涂层的分子仍黏附在原子团上，由此，通过分析最后的图样，研究人员能对这些纳米粒子进行识别，区分开哪些粒子的双涂层完整分开，哪些粒子的双涂层随机混合，哪些的分开程度中等。

克利菲尔说：目前，除了用 X 射线晶体摄影术，还没有其他方法可以分析这种级别的纳米粒子。但 X 射线晶体摄影非常困难，要花几个月才能获得一个结构图。麦卡林也指出，离子迁移质谱仪在精确性方面虽然比不上 X 射线晶体摄影术，但非常实用，几秒钟内就能获得纳米粒子的结构信息。

（4）研制出可批量制造相同球形纳米粒子的新技术。2012 年 7 月，由美国麻省理工学院和中佛罗里达大学联合组成的一个研究小组，在《自然》杂志上发表研究成果称，他们开发出一种新型纳米制造技术，能够对单个微粒的结构和组成进行前所未有的控制，基于多种材料制造出大量相同的球形纳米粒子，并有望应用于生物医学研究、药物传送和材料加工等领域。

目前，制造球形纳米微粒一般采用"自下而上"的传统方法，但这种方法只能用于生产十分微小的粒子。此次开发的"自上而下"的新途径，能够在制造纤维的过程中，通过加热熔化形成一连串球型纳米粒子，仿若置于纤维内部的"珍珠串"。它们既可以是由 20 纳米大小的粒子串成的"珍珠串"，也可以是 2 毫米或这区间的任意尺寸。此外，由于新方法采用了"批量处理"的方式，每一"珍珠串"上的纳米粒子都能保持相同的大小和特质。

这一技术的基本流程包括创建一个聚合物圆柱体，其中包含内部半导体芯片，即最终的纤维结构的放大模型。随后，科研人员会将这一初步加工的成品加热，直至其变软，能被拉成稀薄的纤维，而纤维的内部结构仍能保持圆柱体最初的内部构形。随后，纤维将被进一步加热，使其中的半导体芯片熔成液体，并在纤维内形成一系列离散的球形液滴。这些液滴会在纤维凝固以后被"冻结"在原处，直至之后再被熔解。这也将克服纳米粒子传统生产方法中的一大难题：纳米粒子会倾向于聚集在一起。

研究人员此前并未触及这一发现是因为需要时间、温度和材料的精确结合，难度颇大，而此次则是机缘巧合。研究人员表示，任何能够被拉伸成纤维的材料基本上都能构建出相应的微小纳米粒子，而对纤维内流体不稳定性的管控也对未来电子设备的制造具有深远的影响。目前来看，短期之内新技术最有可能应用于生物医药领域，基于这种制造方法，两种或者多种在一般情况下不会相容的药物，也能在单个粒子中进行结合，只需一次释放便能传送至体内的预定目的地。此外，这一技术还有望应用于超材料的构建，以获得其之前难以实现的光学特性。

（5）开发出控制药物载体纳米粒子形状的新方法。2012年10月12日，由美国约翰霍普金斯大学材料科学与工程系副教授毛海泉等人组成的一个研究小组，在《先进材料》杂志网络版上发表研究成果称，他们已发现一种可控制药物载体纳米粒子形状的新方法。

研究人员表示，这项研究还表明，纳米载体的形状对治疗癌症等疾病的功效会有很大差别。值得一提的是，该基因治疗技术不使用病毒携带脱氧核糖核酸进入细胞，因而可避免潜在的健康风险。

毛海泉认为，这些纳米粒子或可成为更安全、更有效的运载工具，以针对遗传性疾病、癌症和其他疾病开展基因药物治疗。他一直在开发用于基因疗法的非病毒纳米粒子，其方法是把健康脱氧核糖核酸片段压缩进聚合物保护涂层内。这些粒子被设计成仅在血液里流动，并进入靶细胞时才会交付其基因载荷，聚合物随之在细胞内进行降解并释放脱氧核糖核酸。

使用该脱氧核糖核酸作为模板，细胞可产生抵抗疾病的功能性蛋白。新研究中取得的重大进展是，研究人员可把这些粒子调整为3种形状——棒状、蠕虫状，以及球状，以模仿病毒粒子的形状和大小。

该研究中所用纳米粒子的形状经由把聚合物包裹的脱氧核糖核酸暴露于不同的稀释有机溶剂形成。在研究人员设计的聚合物的帮助下，纳米粒子收缩成带有"屏蔽"罩的某一特定形状，以保护基因药物免遭免疫细胞破坏。

3. 组装纳米粒子的新技术

（1）发明纳米粒子印刷组装技术。2004年12月，美国世界新闻网报道，在美国旧金山举行的电气暨电子工程师协会"国际电子器材"会议中，普林斯顿大学电机系华裔教授周郁，因在纳米科技研究中的创新突破，获得"2004年克雷多·布鲁内提奖"，成为该项奖项首位华裔得主。

"克雷多·布鲁内提奖"设立于1975年，旨在表扬科技专家在"电子技术迷你化"方面的杰出成就。

周郁1982年在麻省理工学院攻读博士时，就开始研究纳米技术。这一次，因为发明可高速、低成本制造用于组装纳米粒子的装置——纳米印刷设备而获此殊荣。为推广纳米印刷技术，周郁5年前在普林斯顿市成立奈诺尼斯公司，专门生产纳米印刷设备。目前该公司客户来自日本、中国台湾、韩国、美国及欧洲等世界各地，其中不乏知名的跨国企业。

周郁表示，他所发明的纳米印刷组装技术及其设备，除获得《科学》、《自然》杂志的发表外，还被麻省理工学院发行的《科技评论》杂志评选为将影响未来世界的十大新兴科技，半导体协会2004年年初出版的《国际半导体科技瞭望》也专文指出，该纳米技术将广泛应用于未来的制造业。

周郁于1978年自中国科技大学物理系毕业，1986年在麻省理工学院博士后出站，先后在斯坦福大学及明尼苏达大学任教，1997年应聘至普林斯顿大学主持"纳米结构实验室"。

周郁表示，研发新的纳米印刷组装技术、生产物美价廉的纳米器材，以及把纳米技术与其他科技结合，用以发展电子、光电及磁存储等器材，是该实验室的两大目标。

（2）发明可大批量生产纳米器件的纳米粒子印刷技术。2005年7月，有关媒体报道，由美国麻省理工学院材料科学和工程学，教授弗朗切斯科·施特勒西领导的研究小组，发明了一种新的纳米粒子印刷技术，能对诸如DNA微阵列之类的纳米器件进行大批量生产。

随着科学的发展，从生物医学到信息技术领域，都要求所使用的器件体积不断缩小、复杂性不断增加。这些要求也激励着研究人员努力朝着具备高分辨率、高通量的纳米印刷技术方向研究。针对这一点，该研究小组研制出一种信息容量和印刷解析度都很高的新技术。他们使用了一种自然界最有效的印刷技术：DNA/RNA信息传送技术。

在这种被称为"超分子纳米印刷"的新技术中，单链DNA通过复制出另一条DNA链，然后进行自我组装形成完整的双链DNA模式。被复制出来的DNA链与母链完全相同，因此又可以被当作模板继续复制。这样不但能增加印刷的产量，还能复制出非常复杂的纳米级样式。

DNA微阵列是一种用于诊断和了解遗传疾病、病毒性疾病和某些癌症的纳米器件。通常用硅或玻璃芯片制成，上面印有近50万个微型点。每个点都是由多个具有已知序列的DNA分子组成。也就是说，每张芯片上包含一个人的遗传密码。科学家利用DNA微阵列就可以发现和分析一个人的DNA或信使RNA的遗传密码。这样，就可以及早诊断出肝癌，或预测出一对夫妇生出患有遗传疾病的孩子的概率。

（3）研发纳米粒子自行组装的化学平版印刷技术。2006 年 7 月，由莱布汉克牵头，由欧特辛格、夏菲、麻自埃、斯德辛格、彼松等来自美国、日本和德国等专家组成的一个研究小组，在《纳米科技》杂志上发表研究成果称，他们研发出纳米材料自组装技术的最新方法："化学平版印刷术"。

纳米粒子虽然只是一些微小的粒子，但在纳米设备中使用它们的时候，却拥有一些强度及能量方面令人惊奇的性质。很多研究人员认为，把纳米粒子合并入功能性结构中，最有希望的方法，就是利用它们自身的组装性。这一性质已经普遍应用于不同的平版印刷技术中。

纳米平版印刷术包括制作纳米尺寸的周期模板技术，要求对大小、尺寸、空间分布及功能的绝对控制。如果纳米粒子能够一粒一粒地排成有规律的队列，研究人员就能通过"量子点"或人造原子功能，对这些粒子达到上述级别的控制。

通过手工或扫描显微镜技术来排列这些粒子，从技术的角度来讲是不切实际的，原因是这将耗费不可计数的时间。因此，纳米工程师利用纳米材料的性质，通过各种处理手段使得这些粒子在特定处理的区域简单地"堆存"起来，从而实现粒子的自动排列。这一性质从某种意义上是基于纳米科技的进步。

目前，莱布汉克研发的"化学平版印刷术"是纳米材料自组装技术的最新类型之一。在他们的演示中可以看出，这一工艺能够有效地形成非常稳定的纳米粒子周期队列，而不被先前的平版印刷术，如原子显微镜浸沾印刷术、激光平版印刷术、电子束平版印刷术、轧压印刷术中的很多瑕疵和局限所限制。作为替代，化学平版印刷术是一个多种技术的结合体，其中粒子的排列是通过反应活性的不同来控制，反应活性则由粒子及其表面暴露于何种类型的化学处理中来决定。

莱布汉克研究小组写道："我们相信这一途径能够普遍化，并且能延伸应用于更加特殊的功能中，这一方法有可能传递特定的功能型纳米建筑物，这在高精度自组装纳米设备中将扮演重要角色。"

研究人员表示，他们利用聚合在硅晶片上的石榴红发光钇铝（YAG）纳米粒子，向其中合成添加剂粒子并结晶，来测定它们的形状和成分。在将纳米粒子聚合在硅晶片上之前，研究人员利用一种基于"原子步移"现象的蚀刻技术，预先在硅晶片上雕刻模板。研究人员能够通过处理来移动这些原子，从而制造出所需的模板。化学反应（硅、氮、氧之间）所形成的氮化物薄层，相应地形成于原子步移的边界上，从而预先雕刻模板于晶片上。

之后，为了使颗粒沿着晶片上的模板排列起来，研究人员把样品置于一个超高真空室中，退火处理几个小时。经过500℃到850℃的处理，研究人员获得基于模板精确排列的纳米粒子。使用这一技术测量退火处理后，纳米材料的排列还可以显示其强度。一般来说，很多纳米粒子都承受于光子漂白作用之下，这一损伤是由于暴露在高强光下引起的；同时，这些粒子却在科学家荧光成像测量技术的延长照明中保持着它们的初始状态。

莱布汉克透露："出于应用的缘故，在排列形态下保持稳定的发光特性是非常重要的"。他表示："关系到发光粒子的问题之一是，当它们经历过光子漂白作用后，这些粒子将终止连续发光。这些系统对于实际应用并不常见。然而，在我们的方法中，可以设想一个对普遍的外界影响非常敏感的纳米粒子聚合建筑物，并能够激发一连串的特殊事件。"

莱布汉克解释道，在很多领域中精确地做到"纳米建筑"是有可能的，这可以通过选择性地激发含有特定波长和磁性粒子的组装能力来做到。他说："这项研究给我们的信息是有可能由同种元素合成物理属性和化学活性都不相同的核素，视它们的空间位置而定。通过这种方法，人们可以利用不同的化学反应获得不同的功能结构。纳米结构在半导体工艺传统方法趋于解体的条件下，进一步强调了自组装在纳米科技中的重要性。例如，如果我们在实际中去利用量子点理论，我们应该能够很好地彼此连接它们，这样它们才能够互相传递信息。"

（4）用DNA作为纳米粒子印刷模板的新技术。2007年9月，由美国杨百翰大学亚当·伍利和河克托·贝塞里尔等人组成的一个研究小组，在《微粒子》刊物上发表研究成果称，他们把DNA自组织技术同微制造纳米粒子印刷术结合起来制造纳米通道、纳米线和纳米沟等结构。这项发明为目前光学印刷术所达不到的尺寸下的纳米加工开辟了新的路径。

研究人员表示，DNA是纳米技术中最常使用的建筑模块，通常被用来控制建造有序的纳米结构。人们认为，在很大程度上DNA有望成为自下而上制造微型电子线路的基本模块。

研究小组发明了一种利用DNA为模板来定义基底图案的方法。他们把 DNA 在基底上排列整齐，再在上面沉积一层金属膜。DNA 分子起纳米蜡纸的作用，这样来在基底上定义一些小于 10 纳米的图案。由于金属膜以一定角度沉积，利用 DNA 分子的投影来定义基底上图案的尺度，因此这种方法被研究人员称为"DNA 投影纳米印刷术"。

此后，研究人员使用半导体工业中常用的活性气体等离子体对图案表面进行各向异性刻蚀，在基底上得到了高纵宽比的沟槽。这些沟槽可以在顶端密封来形成连续的纳米通道；或者可以被化学功能化，作为沉积金属纳米线的模板。这些模板沟槽和制造出的纳米线横截面只有 30 纳米，并能被裁剪成小于 10 纳米。沟槽的确切尺寸可以通过改变沉积角度和沉积厚度来控制。

研究人员相信，能够用表面对齐的 DNA 分子来实现复杂图案到基底的转换。伍利说："这项技术的特点是能利用 DNA 形成图案，而并不需要 DNA 保持其核酸结构不变。"他认为，DNA 投影纳米粒子印刷术能够应用在纳米流体通道和化学传感器领域。

二、开发纳米材料技术的新进展

1. 制造纳米材料技术的新进展

（1）找到一种用活细菌制造纳米材料的技术。2005 年 4 月，由美国威斯康星大学麦迪逊分校的科学家罗伯特·哈默斯领导的一个研究小组，在《纳米通信》杂志上发表论文称，他们已经能够采用电极来调控单个细菌细胞。也就是说，在不远的将来，活细菌很有可能会成为纳米电路的组合元件，甚至有可能成为建造纳米机械的脚手架。

研究小组选择的细菌是 5 纳米长、0.8 纳米宽的覃状杆菌。之所以选择这种细菌，是因为其个头足够大，能够让研究人员在光学显微镜下看到它。他们把电场加到这种微生物上，使它们被极化，并"粘贴"到电极上。随着电极的电流发生极化，将会显示出这些小细菌被"粘"到电极上。研究人员甚至能让细菌构成正负电极之间的导电桥梁，这一现象可能导致形成可再组合的纳米电路。哈默斯说："采用细菌细胞作为更复杂电子电路的部件是一种非常重要的创意。"

在哈默斯的实验中，细菌本身被依附到一根长电极上，借助于所悬浮的溶液的运动，细菌沿其长度可以转向。当细菌同另外一个电极结合时，两电极的极性可牢牢地把细菌固定在一定的位置上。

目前，纳米结构物必须人为地进行组装，但是当使用特定生物分子连接的元器件向细菌"粘"上互补的表面蛋白质时，有可能采用细菌使装配过程自动化。像哈默斯小组这类电极的另外一种应用，将用来制造生物传感器，以探测诸如炭疽菌等生物制剂，因为"粘"上炭疽孢芽，电极电流就会发生变化。

（2）开发在硅片上垂直生长碳纳米管的技术。2006年8月，由美国普渡大学机械工程系副教授费希尔·森兹领导的一个研究小组，开发出能在硅片上垂直生长单个碳纳米管的新技术，这就像盖摩天大楼那样，使分层堆积纳米管电路和元件成为可能，从而为制作更高级的纳米电子元件、传感器和无线装置打下了基础。

费希尔称，让碳纳米管在硅片上垂直生长并排列，可以帮助制造出垂直型纳米电子装置，使人们有能力在同一区域集成更多东西，即在基板大小不变甚至更小的空间，增加更多的电路层。

据悉，薄板上制作孔穴的时间只需数秒钟，碳纳米管成形则需要几分钟。森兹称，薄板上的每个小孔可长出一个单独的碳纳米管。这一点非常重要，因为它能让人们有目的地控制碳纳米管，按指定位置和方式垂直生长，可满足未来电子设备和感应技术的需要。

碳纳米管自发现以来，被认为将给电子工业带来革命性变化，可用于制造超细纳米导线、更小的电路或新型晶体管，从而制造出更低能耗和高性能的计算机。为此，首先需要把碳纳米管与其他元件集成在一起。垂直排列技术就让碳纳米管做到这一点。这一新技术最可能应用于无线计算机网络和雷达技术。

（3）用遗传算法逆向设计新型纳米材料。2013年10月28日，由美国哥伦比亚大学化学工程学教授文卡特·苏布拉曼尼安领导，纳米专家森纳特·库尔玛等人参与的一个研究小组，在美国《国家科学院学报》上发表论文称，他们使用遗传算法逆向设计出一种架构，并用这种架构来设计新型纳米材料。这是研究人员首次证明，可用逆向设计方法来设计自组装的纳米结构。另外，这项研究也证明了机器学习和"大数据"方法在设计纳米材料方面的潜力。

该研究小组使用以前研发出的一种遗传算法，设计出嫁接了DNA的粒子，这种粒子能自组装成他们想要的晶体结构。这是一种逆向研究过程。在传统研究中，嫁接了单链DNA的胶状粒子可以自组装，随后，科学家们会对得到的晶体结构进行检查，然后再进行改进，直到得到自己想要的结构。

库尔玛表示："尽管传统方法有助于我们事后理解是什么因素在管控这一自组装过程，但并不能让我们提前设计出我们需要的结构。最新研究解决了这个设计问题，而且，提出了一种革命性的优化方法，它不仅能提前再现细节，而且也能解释以前未被观察到的结构。"

苏布拉曼尼安表示："我们的设计架构将有助于加速新材料的制造过程。从某种意义上来说，我们正在通过让它与计算方法完美地匹配，从而改变新材料的制造过程。"

该研究小组正在使用"大数据"概念和新技术来发现和设计新式纳米材料，这是美国"材料基因组计划"的一个优先领域。"材料基因组计划"的目的是研发出新方法来革新材料的设计，从而改进与日常生活息息相关的产品，这些产品涵盖的范围非常广，从药物到杀虫剂或除草剂等农业化学物质，再到燃料附加物、涂料和油漆，甚至洗发精这样的个人护理产品等。

哥伦比亚大学数据科学与工程研究所所长凯思琳·麦吉翁表示："这一逆向设计方法证明机器学习和算法工程方法在解决材料科学领域面临的重大挑战方面极具潜力。"

研究人员表示，他们计划对这一方法继续探索，改进其模型并引入更多的机器学习技术。

2. 控制纳米材料性质或精度技术的新进展

（1）发明能控制纳米材料性质的合成技术。2006 年 4 月，由美国弗吉尼亚州立联邦大学化学系化学工程特聘教授沙米·埃桑尔领导，博士后巴兰·潘达等人参与的一个研究小组，在亚特兰大召开的美国化学学会国家会议和展示会上发表研究报告称，他们发明了一种新的方法合成纳米材料，它能控制纳米棒或纳米线的性质和尺寸。

研究人员表示，这种新方法称为微波照射法，它是一种快速简便的产生纳米棒和纳米线的方法。在医疗、药物输送、传感器、通信和光学器件等诸多领域都能大大提高工作效率。

埃桑尔说："纳米材料的合成是目前科学研究中最活跃的课题之一，因为纳米材料相对于传统的由微米颗粒组成的材料，有很多独特的性质。"

目前，使用的大多数纳米材料合成方法都非常复杂，需要特殊的设备，而且生成的纳米材料也很少。微波照射法使用的是传统的微波技术，此外它还需要在实验室环境中用一些特殊的化学药品和溶剂才能制出纳米材料。

利用微波的优点是能量可以直接传递给分子，而不是像一般的加热那样，所有的材料都被加热。另外，这种方法制出的纳米棒和纳米线可以自动组装成排列整齐的队列，每根纳米棒之间的距离也很好控制，这在测量每根纳米棒的导电性和荧光性时很重要。

埃桑尔说："关键问题在于控制纳米结构的大小、形状和测向尺寸上。因为棒状、线状、带状或体状的纳米结构是制作发光二极管、太阳能电池、单电子晶体管、激光器和生物标识等过程中的基本单元。"

另外，埃桑尔研究小组还发现，合成宽1纳米、长5~6纳米的纳米棒，只需要30~60秒钟；宽1.5纳米、长350纳米的纳米棒，也能在两分钟内合成成功。而合成相同的材料，传统的方法需要好几个小时。

目前，埃桑尔研究小组正在研究怎样把他们的合成纳米材料的基本原理用到更广的范围中去，例如，合成具有荧光性、导电性、磁性的多功能纳米线。

（2）利用环氧聚合物控制纳米精度的新技术。2007年6月，由哈佛大学化学教授查尔斯·利布主持，他的同事及夏威夷大学研究人员参与的一个研究小组，在《自然纳米技术日报》网络版上发表的研究成果表明，他们利用环氧聚合物开发出一种简易的方法，来校准纳米线和碳纳米管，而且其精度可以比现在所用的各种方法要高100倍。这项技术的进步可能会让基于纳米结构的电子设备从此进入批量生产时代。

这种控制技术源自塑料袋生产中所用的一些高强度生产方式，它可以实现在大尺寸可弯曲显示屏上，利用纳米线和碳纳米管来控制像素，以及精确检测各种化学制品、病毒和各种疾病的生物标志物。

有关专家介绍，把氮气压入纳米线和环氧聚合物组成的混合物中，形成一个大气泡，在气泡膨胀的过程中，纳米线就会按照相同的方向排列起来。等气泡膨胀到足够大，以致接触到两个硅片时，用一个金属环稳定住气泡。当接触到硅片时，带有纳米线的薄膜就会转到硅片上，然后就可以用那些被纳米线覆盖的硅片生产各种电子设备。

研究人员以前也曾经开发出基于纳米线和碳纳米管的小型样品设备。

但是，利布认为，要想把研究成果从实验室搬到商业生产中，需要一种快速、简单的方法在大面积平面上排列细微的结构。他声称："由于无法大规模校准和组织细微的结构，研究人员必须一个一个地制作小型芯片。这与经济生产是不相符的。"尽管以前的方法只能在大约1平方厘米的面积上排列纳米线，利布研究小组的新技术则可以应用于几百平方厘米的面积上，而且利用那种技术可以同时生产许多芯片。或者可以用它来进行大量的晶体管排列，以控制显示屏上的像素。

新技术中包括利用环氧聚合物与纳米线或者碳纳米管混合组成的混合物来吹气泡的过程。研究人员把那种混合物倒入一个带有小孔的环形表面，环氧聚合物与纳米线组成的混合物就会在表面周围形成一层膜。然后，研究人员再通过小孔注入氮气，把膜不断吹大，直到它形成一个宽25厘米、高50厘米的气泡。在气泡变大的过程中，用一个金属环固定气泡；环氧聚合物就会扩大变成一个200纳米到500纳米厚的膜，其中的纳米线或者碳纳米管则按大致相同的方向规则排列起来。研究人员猜想，也许是气泡变大时的表面张力让纳米线整齐排列起来。

合成的膜也可以换成其他各种表面，包括硅质和软质塑料。为了做到这一点，研究人员只要用硅片或者其他材料来替代环氧聚合物就行了，这样当气泡膨胀的时候，气泡表面就会压迫它们。为了展示这项技术的用途，研究人员将膜换成了硅片，然后用常规技术去熔断膜上的电子接触部分。纳米线在电子接触部分之间架起了连接的通道，成了晶体管的半导体通道。利布称，早期应用可能包括对某些疾病如癌症、流感和性方面的遗传病的精确自测。例如，前列腺癌的蛋白质生物标志物会在这种设备中与纳米线连接在一起，改变纳米线的传导率，并改变蛋白质的状态。

研究人员表示，在新技术中，纳米线比原有测试的灵敏度高3倍。因为纳米线可以通过生成电子信号而直接检测出蛋白质，因此这种测试立即就可以得出结果，研究人员就不必长时间等待检测结果了。另外，多种生物标志物的测试可以很轻松地在同一块芯片上同时进行。由数百条纳米线组成的系列可以用来精确检测癌症，每一种化学制品都会发生变化，以便与某种特殊蛋白质发生反应。

据专家介绍，纳米线还可以应用于可弯曲显示屏中像素的开启和关闭。传统高速晶体管要求的温度比较高，可能会融化可弯曲显示屏中所用的塑料物质。但是纳米线在无须高温条件下，也可以达到同样的效果。

3. 排列和组装纳米材料技术的新进展

（1）发明制造有序排列纳米纤维的技术。2006 年 4 月 12 日，《纳米通信》杂志报道，经过整整 72 年时间，科学家们总算能够成功使用电场把聚合物纺成细小的纤维。但仍然有一个问题存在：如同蠕虫不会停止蠕动一样，这些细小的纤维几乎在刚刚纺出来时就缠绕在了一起。现在，由美国加利福尼亚大学伯克利分校林教授实验室组成的研究小组发明了一种方法，通过使用电场作用以一种径直的、连续的、可操控的方式来制造纳米纤维。这种方法使得生产出新型的、特殊的纳米纤维材料成为可能，这些材料可被用于创伤敷料、滤筛，以及生物支架。

静电纺丝技术早在 1934 年就申请了专利，当时科学家们就已经学会，如何通过一个注射器使混有溶剂的聚合物喷射出连续的细丝束，并喷射到准备好的电场中。随着溶剂的蒸发，电场中的电场力开始拉伸聚合物，渐渐把聚合物拉成长长的鞭状细丝纤维，电场的作用使得这些纤维在充满电的屏幕上以相隔 10～30 厘米的距离缠结。

截至 20 世纪 90 年代中期，纳米技术的出现重新点燃了科学家们使用静电纺丝技术的热情。从那个时候起，科学家们已经把 100 多种的合成聚合物和自然聚合物纺成了细丝纤维，这些纤维的直径从数十纳米到几微米。1 微米等于千分之一毫米，1 纳米等于千分之一微米，1 纳米又相当于 10 个原子并列的长度。直到最近，把静电纺织出来的纤维矫直的过程是，在纤维制造出来后，就用一个类似于线轴的装置将它们缠绕起来。

中国厦门大学机电工程系教授孙道恒加入林教授实验室已经有两年时间了。2004 年，他刚来的时候就开始寻找合适的研究项目。孙教授与从事机械工程学研究的林教授共同想到静电纺丝技术。于是，他们合作试着使用静电纺织工艺制造出有序排列的纤维。

林教授说："我本人一直在从事纳米技术方面的研究，但对于静电纺丝技术却从未涉足。在这一领域我们是完全陌生的，所以，也没有任何有预见性的想法。我们只是去尝试别人没有想到过的东西。最后发现，我们尝试的东西效果很好。"

在他们的创新过程中，他们用一种径直的、可操控的方式制造出直径为 50～500 纳米的纤维，这些纤维被放在一个搜集盘子中。谈到关于缩短注射器和搜集点之间的距离时，研究小组给这一新的工艺命名为"近场静电纺丝技术"。林教授说："传统的静电纺织技术是一种随意、紊乱的工艺。我们的突破在于我们能十分精确地控制纳米纤维的定位和沉淀。"他们的方法同传统静电纺织技术的主要不同点有以下四个方面。

一是取代传统的把聚合物溶剂通过注射器喷射纤维细丝进入电场的方法，他们使用一种细尖的钨电极，就像钢笔蘸墨水一样蘸取溶剂。然后，把电极置于搜集盘上方，对电极加电压，由此产生电场，并把聚合物滴到电极的尖端，开始静电纺丝的过程。这一方法使得研究小组在聚合物离开电极时，能够缩小其丝束最初的直径。这一直径比传统注射器产生的纤维直径小得多。

二是削减聚合物在电场中通过的距离，把原来 10～30 厘米的距离减少到 1.5～3 毫米之间。这可以帮助研究人员利用静电纺丝过程开始后聚合物简短的稳定瞬间。就好比喷气发动机，在燃料耗尽之前维持的最后一丝正常喷束，之后产生的喷气就会显得杂乱无章。产生的纤维在进入电场后只能维持很短时间的笔直状态。在研究小组的近场技术中，当纤维出现紊乱前，就把它们捕获了。

三是缩短的距离，还意味着可以把所需的电压从 3 万伏特降低到 600 伏特。因为电场中的电压强度是由其中分割的距离决定的。距离越短，就越能够使用更少的电压，维持相同强度的电场。

四是与传统的使用固定屏幕获取纤维方式不同，研究小组使用可调整位置和速度的盘子来接产生的纤维束。这使得研究人员能像缝纫机针线随机设计图案一样，把纤维捕获到盘子中。

（2）开发芯片生产中的自组装纳米技术。2008 年 2 月，有关媒体报道，根据摩尔定律，在过去的 40 年中，芯片产业每 18 个月就能够把芯片集成的晶体管数量翻一番。这是芯片能够进入办公室、家庭、汽车、玩具，甚至是宠物和我们身体的一个重要原因。芯片已经是无所不在了，即使有些领域还没有它的踪影，但很快也就会有的。

要保持半导体产业的发展速度越来越困难了，而且需要的代价也越来越高了。生产芯片就像种地、摄影、烘干"不可思议"的混合：把标准的 300 毫米晶圆片看作一块地，金属物质将按照摄影生成的模型"生长"，然后被以极高的温度烘干定型。

这种方法需要巨额投资。建设一座半导体制造工厂，需要 30 亿～50

亿美元。据超大规模集成电路的研究称，在不远的将来，这一数字可能会上升到 120 亿美元。由于芯片产业的上升～下降周期，要在芯片工厂的投资上获得回报越来越困难了。

摩尔定律最显著的进展在于不断缩小芯片的各种元素。当前，高端芯片中的纳米级晶体管不比细菌的细胞核大，而远小于波长最短的光波。

随着芯片越来越小，它的速度也越来越快了。晶体管仍然是这样，但连接晶体管间的连线已经不再是这样了。IBM 研究部门的项目经理埃德尔斯坦说，我们正在减速。

埃德尔斯坦领导着一个研发团队在解决这一问题：利用"自组装"纳米技术制造更好的绝缘体，提高芯片的性能。这种方法的效率也更高。

目前，首座采用"自组装"纳米技术的芯片工厂已建成于纽约费舍基尔东部附近。IBM 的高级副总裁约翰说，尽管这一技术还没有得到充分测试，但我们认为它能够成功，IBM 将在近期采用这一技术，并把它用于现有的高端芯片或新一代纳米级芯片。

纽约州立大学阿尔巴尼分校的纳米电子学教授阿莱因说，自组装纳米技术会带来更大的进展。它使得在眼镜上"蚀刻"计算机，制造在血管中游动的"纳米机器人"成为可能。目前，它的作用是推动摩尔定律的继续发展。

（3）开发让拟肽自我组装成纳米绳子的技术。2011 年 1 月，美国能源部，劳伦斯伯克利国家实验室的一个研究小组，在《美国化学学会会刊》上发表研究成果称，他们"诱导"聚合物自我编织成束状的纳米绳了。该纳米绳基本达到生物材料所具有的复杂性和功能，且非常坚固，足以应付受热和干燥等恶劣环境。这是科学家在研制具备天然材料复杂性和功能的自组装纳米材料道路上取得的最新进展。

研究人员表示，尽管该研究仍处于初始阶段，但其应用领域非常广泛。这种纳米绳或可被用作支架，引导构建出纳米电线和其他结构；或可被用来研发递送药物的"小汽车"（在分子层面对付疾病），以及分子传感器和类似筛网的设备，把分子和分子隔离开来。

（4）开发让超材料自我组装的纳米技术。2011 年 11 月，由美国康纳尔大学工程学教授乌力·韦斯勒领导的一个研究小组，在《应用化学》杂志上发表研究论文说，他们研制出的纳米制造技术可让自然界中并不存在的超材料能够通过自我组装而形成。由此得到的超材料有些具有非比寻常的光学特性，有助于制造能给蛋白质、病毒、脱氧核糖核酸等摄像的"超级镜头"，以及隐形斗篷；而另外一些则具有独特的磁性，有望在微电子学或数据存储等领域大展拳脚。

此前，研究人员只能利用电子束曝光系统等设备在薄层上制造出超材料。而现在，康纳韦斯勒研究小组提出的新方法则可使用化学方法，让嵌段共聚物自我组装成纳米结构的三维超材料。

聚合物分子链接在一起，会形成固体或半固体材料。而嵌段共聚物则由两个聚合物分子的终端链接在一起形成，当两个聚合物分子的终端完全相同时，它们会链接形成一个相互关联的、具有重复几何形状（比如球形、圆柱形或回旋形）的图案，组成这些重复图案的单元可能小至几纳米宽。这些结构形成之后，两个聚合物中的其中一个能被溶解，留下一个三维模型，可将金属（一般是金、银）填充于其中，另一个聚合物随后会逐渐消失，留下一个多孔的金属结构。

研究小组使用计算机制作出几种由共聚物自我组装而成的金属回旋物模型，并计算出当光通过这些材料时的表现。他们得出结论称，在可见光和近红外线范围内，这样的材料可能有负折射率；而且，折射率的大小可通过调整这些超材料重复属性的大小来控制，而通过修改自我组装中用到的化学方法可调整重复属性的大小。

他们假定金属结构由金、银或铝制成并逐一进行了计算实验，结果发现，使用银时才能获得满意的结果。研究人员表示，他们正在让这些能在可见光范围内工作的超材料变成现实。

三、开发其他纳米技术的新进展

1. 开发纳米光学技术的新进展

（1）发明制造生物超材料的蘸笔纳米光刻技术。2010 年 4 月，由美国佛罗里达州立大学综合纳米研究所，生物学家史蒂文·勒恩荷特带领的一个研究小组，在《自然·纳米技术》杂志上发表研究论文称，他们巧妙地运用蘸笔纳米光刻技术，把坚硬的金属或半导体与柔软的生物产品结合起来，研制出自然界从没有见过的混合材料，而这种混合材料在医学和制造业中将具有惊人的应用前景。

数年前，勒恩荷特在德国明斯特大学和卡尔斯鲁厄工学院时，设计出一种基于蘸笔纳米光刻的新工艺。它是一种用锋利的笔状工具和"墨水"，在固体物质表面上勾画纳米级图形的技术。现在，他把蘸笔纳米光刻工艺经过改进，让它能够把柔性材料作为墨水，与坚硬材料结合起来形成新材料。

实验中，研究人员通过自上而下及自下而上的制造方法，让多种柔性纳米级物质按需要以任意图案，被"刻写"在预备好的结构物质表面，形成结构复杂的材料和器件。譬如，用该工艺对脂质材料进行操作，他们获得了易溶性光学衍射光栅。衍射光栅由多层脂质组成，高度被控制在 5 纳米至 100 纳米。

勒恩荷特说，把柔性材料与硬性材料结合，他们获得了从本质上看属于全新的一类物质。事实上，它们就是学术界所称的生物超材料，它们并不存在于自然界中。这类材料的性能如同生物传感器，通过把敏感生物元素与物理器件结合起来，能现场检测是否存在生物制剂。

研究人员表示，用生物纳米技术和蘸笔纳米光刻技术制造的新材料，不仅能用于医学诊断，而且可用于需要材料的任何领域，从人体组织工程到药物开发，以及计算机芯片制造。

目前，最有可能实现的是新材料在医学诊断领域的应用，研究人员设想利用新材料生产出便于携带、价格便宜和用后可丢弃的芯片，并将其安装在手机中用于医学诊断。当前的诊断工作需要人们前去医院看医生，并把样品交给化验室进行检验。未来的诊断芯片作为人们常说的"芯片实验室"，能够就地快速地分析血样或尿样，这类同于家用怀孕检测装置。不过，科学家同时表示，其他种类的检测仍需要先进的化验室或实验室。

现年 32 岁的勒恩荷特出生在美国盐湖城，2004 年在德国明斯特大学获得博士学位。在加入佛罗里达州立大学前，他一直是德国纳米科学研究小组的带头人。在 2009 年一次会议上，他偶然看到佛罗里达州立大学散发的有关综合纳米科学研究所的宣传单，其上的内容深深地打动了他，并促使他接受该校聘请，回国进入综合纳米科学研究所。

综合纳米科学研究所集中了佛罗里达州立大学多个系不同学科的优秀人才，他们从事的领域包括细胞和分子生物学、化学和生物化学、材料科学、化学工程和生物医学工程，以及物理学。这种跨学科人才的氛围让勒恩荷特感到振奋并印象深刻。目前，他与研究所的其他科学家合作，从事着尖端科学技术的研究。

　　勒恩荷特说："我有幸在攻读研究生时，有机会游学于不同的院系和学科，其中包括生物系、医学系、化学系和物理系。我觉得解决特殊问题的途径也许就在不远处。综合纳米科学研究所基于跨学科团队协同工作的原则，这是我喜欢它的原因。"

　　勒恩荷特在生物纳米技术与蘸笔纳米光刻技术领域所做的开创性研究工作受到国际同行的认可。大学教授布莱恩特·切斯认为，勒恩荷特不属于传统的生物学家，他是在今天从事未来的生物学研究。他在纳米技术和生物学领域接受的训练帮助他采用以前无法完成的新奇实验来解答生物学的问题。他发明的新技术在科学和医学领域具有前所未有的应用前景。

　　（2）开发出热蘸笔纳米光刻技术。2011 年 11 月 7 日，美国物理学家组织网报道，由美国劳伦斯伯克利国家实验室分子工厂临时主任吉姆·德约尔、实验室物理生物专家宗承旭共同负责，伊利诺伊大学机械和工程学教授威廉姆·金，以及伊利诺伊大学香槟分校研究人员参与的一个研究小组，首次确定温度在蘸笔纳米光刻技术中的作用，据此研制出的热蘸笔纳米光刻技术能在物质表面构造大小为 20 纳米的结构。借助这一技术，研究人员能廉价地在多种材料表面构造和种植出纳米结构，用以制造电路和化学传感器，或者研究药物如何依附于蛋白质和病毒上。

　　过去，研究人员为了在一个基座上直接构造纳米结构，一般使用原子力显微镜探针做笔，通过分子扩散把墨水分子沉积在基座表面上。这项技术很昂贵，需要特殊的环境，且只能使用几种材料。现在，蘸笔纳米光刻技术则利用原子力显微镜探针把墨水分子传输至基底表面，使之形成自组装的单分子层，它具有高分辨率、定位准确和直接书写等优点，几乎适用于所有环境和多种不同的化合物。而热蘸笔纳米光刻技术则可把原子力显微镜变成细小的"烙铁"，从而应用在固体材料上。

　　研究小组在研究中系统调查了温度对纳米结构尺寸的影响并研发出一个新的模型，解析墨水分子如何从书写探针到达基座，然后组合成一些有序的层，并成为一个纳米大小的结构。德约尔表示："以探针为基础的制造技术有望精确制造出纳米尺度的设备。然而，我们需要深刻理解墨水分子是如何转移到基座上的，最新研究首次让我们确定了这一点。"

　　宗承旭表示："通过认真探索温度在热蘸笔纳米光刻技术中的作用，我们能设计和制造出从小分子到聚合物的纳米尺寸结构，也能更好地控制其在各种不同基座上的大小和形状。"

伊利诺伊大学香槟分校在制造特殊的原子力显微镜探针方面首屈一指。本小组中这方面的专家把带不同电荷的原子倾入硅中，随后，带电多的原子会更多地留在基座上，而带电少的原子则位于探头处，当电流通过时会将探头加热，就像在电炉上燃烧一样。由此，他们就研制出这款像烙铁一样的硅基原子力显微镜探针。

（3）用一束光来焊接纳米线的新技术。2012 年 2 月，由美国斯坦福大学材料科学和工程学院表面等离子体光子学专家马克·布荣格萨姆、材料工程师迈克尔·麦吉尔领导的一个研究小组，在《自然·材料学》杂志上发表研究成果称，他们设计出一种新的纳米线焊接技术，可使用表面等离子体光子学，用一束简单的光把纳米线焊接在一起。这一研究成果有望促成新式电子设备和太阳能设备的出现。

目前，有些纳米学家正专注于制造由金属纳米线组成的导电网格，这样的网格具有卓越的输电性能、成本低廉且非常容易处理，可广泛应用于下一代触摸屏、视频显示器、发光二极管及薄膜太阳能电池等领域。

然而，在制造这样的网格的处理过程中，必须对精巧的网格施加热或压力，才能将形成网格的呈十字形摆放的纳米线熔接在一起，而这又会破坏网格。

最新纳米线焊接技术解决了上述问题。新技术的核心是表面等离子体光子学的物理属性：光以波的形式流过金属的表面，并和金属相互作用。表面等离子体光子学使基于表面等离子体激元的元件和回路具有纳米尺度，从而可实现光子与电子元器件在纳米尺度上完美联姻。研究人员用电子显微镜，分别对光照在纳米线上之前和之后进行拍摄，图片对比发现，光照前，单个纳米线一层层叠放在一起；光照后，在顶部的纳米线就像天线一般，引导光的等离子体激元波进入底部的电线中，并产生热量将纳米线焊接在一起。

布荣格萨姆说："当两条纳米线呈十字铺在一起时，在纳米线相遇的地方，光会产生等离子体激元波，制造出一个热点。不过，只有当纳米线相互接触时才会存在热点，当纳米线熔接在一起后热点就消失了。焊接阻止了热点本身，整个系统因此保持完整，没有被破坏。"

麦吉尔补充道："在此过程中，电线其他部分以及同样重要的基础材料都不会受到影响。这种精确加热大大增加了我们对纳米材料进行焊接的控制力、速度和能效。"

研究人员表示，新方法除了能让他们制造出更坚硬、性能更优异的纳米线网格之外，也有望让他们制造出附着在柔性或透明塑料和聚合物上的网状电极，这有可能让能产生太阳能的廉价窗户涂层出现。

2. 开发其他纳米技术的新进展

（1）开发生产碳纳米芯片的新技术。2005 年 7 月，有关媒体报道，由宾夕法尼亚大学约翰逊实验室的研究人员约翰斯顿等人组成的一个研究小组，借鉴"乳品皇后"的一项技术，着手解决生产纳米芯片中的有关问题，获得了可喜的进展。

碳纳米管能够比其他大多数材料更迅速地传导电子，而且不会丢失电子。但是，并非所有碳纳米管都是完全相同的。一些碳纳米管能够自然地导电，而另一些则只能跳跃性地导电。研究表明，要利用碳纳米晶体管制造芯片，厂商必须筛选掉具有金属特性的碳纳米管，这是第一个问题。

第二个问题是，如何把碳纳米晶体管放到硅芯片上。日本电气公司和英特尔公司已经开发出在硅晶圆表面"生长"碳纳米管的试验性方法，具有金属特性的碳纳米管将被"烧掉"，只留下具有半导体特性的碳纳米管。

宾夕法尼亚大学研究小组开发的技术先是在盛有化学药品的模型中制造碳纳米管，接着把模型放在潮湿、略呈酸性的空气中，然后利用磁场分离金属属性和半导体属性的碳纳米管。这样生长成的碳纳米管被倒进一种溶液中，并把上面点有像胶水般物质的硅晶圆片浸入其中。碳纳米管会附着在这些像胶水一样的物质上，把硅晶圆片上的两个点儿连接起来。多余的胶水和碳纳米管会被洗刷掉。

研究人员表示，利用这种工艺生产芯片可能还需要数年时间，因为存在一些尚未克服的技术障碍。但从理论上来说，这项技术可以用来生产复杂的电路。

约翰斯顿在一份声明中说，我们像在糖浆中"蘸"冰激凌蛋卷那样，在碳纳米管中"蘸"芯片，我们能够使碳纳米管只粘在希望到达的地方。

（2）开发在食品表面烤印抗菌纳米涂料的技术。2007 年 3 月，一家美国公司宣称，已开发出一种将超细纳米鳞片涂料直接涂覆到食用产品表面和包装材料上的方法。

索诺泰克公司称，它已使用纽约密尔顿实验室为客户试验这种在物体表面烫印抗菌纳米鳞片涂料的工艺。

该公司说："新项目将为索诺泰克的食品业客户带来经济利益，通过更有效的喷雾系统节省开支。"

该实验室装备有索诺泰克的超声波原子喷雾系统。实验室还包括热交换、传质和电子控制装置。该公司决定，实验室的分析工具将指定用于新微细纳米鳞片涂料技术。

该技术也可使用天然油和各种不同的釉料和装饰化合物。索诺泰克首席执行官和总裁称，该技术晚些时候将扩大到包括全球生产商在内的其他食品行业客户。

（3）用纳米粒子在石墨样品上挖出世界最小隧道的技术。2013 年 2 月，由美国莱斯大学与德国卡尔斯鲁厄理工学院研究人员组成的一个研究小组，在《自然·通信》杂志上发表论文称，他们用镍纳米颗粒在一块石墨样品上挖掘出直径只有几纳米的纳米隧道。这项技术让材料内部在纳米层次上的组织和重新构建成为现实，在医学、电池制造等领域有着广泛的应用前景。

研究人员称，这种隧道由镍纳米颗粒被氢气加热后在石墨样本上形成。实验中所使用的镍纳米颗粒只有几纳米大小，作为催化剂在氢气的加热下，它能去除石墨中的部分碳原子，从而将其汽化为甲烷。石墨晶体是层状结构，由多层碳原子组成，通过毛细作用力，这些镍纳米颗粒会钻入石墨当中，同时在材料上形成纳米级别的隧道。这种隧道的直径一般在 1 纳米到 50 纳米，相当于人类头发直径的千分之一。

研究人员为了对这种隧道进行验证，使用扫描电子显微镜和扫描隧道显微镜对实验结果进行验证，均证实了这种技术的可行性。

这种多孔石墨结构在许多领域具有应用价值，如用其作为锂电池的电极时，通过使用适当的材料和孔径就可以控制充电时间；在医学上，多孔石墨可以作为药物缓释载体；此外，在传感器和太阳能电池制造领域，该技术也有一定的应用前景。

第二节　应用纳米技术的新进展

一、电子信息领域应用纳米技术的新进展

1. 基础电子元件和材料方面应用纳米技术的新进展

（1）用纳米技术开发出"十字插锁"电子元件。2005年1月，由美国惠普实验室量子科学研究主任斯坦·威廉姆斯、菲尔·库科斯等人组成的一个研究小组，在《应用物理》杂志上发表研究成果显示，他们运用纳米技术开发出一种名为"十字插锁"的元件，可以代替晶体管作为计算机的基础部件。

研究人员称，"十字插锁"的个头非常小，数千个聚集在一起，可以放置在一根头发丝直径大小的容器里。当今最小的晶体管约为90纳米长，而"十字插锁"仅为2~3纳米。与晶体管一样，当电流通过时，"十字插锁"同样可以进行逻辑运算，这一技术还可以用作信号放大。

"十字插锁"能够帮助电子信息产业以更低的成本开发出更小的计算设备。此前，研究人员一直在指甲盖大小的硅芯片上努力增加越来越多的晶体管，摩尔定律已经统治整个产业三十多年。但是摩尔定律不会永远继续下去，库科斯说："如果我们把摩尔定律再坚持十年的话，将不得不采取一种新的战略，惠普正在为这一目标而努力。"

威廉姆斯表示，目前还未能把多个"十字插锁"结合成一体，这是研究小组下一步的探索目标。他表示，新技术将取代晶体管产业的开发战略。"十字插锁"不但比晶体管小，而且功能更强大。不过，"十字插锁"不会很快取代今天的晶体管，它将首先用于内存产品，其次再推广到各种专用部件，在相当长的时间内将与晶体管同时存在。

（2）利用铸造技术制成结构规则的纳米电子元件。2005年4月，由美国卡耐基美隆大学托马斯·柯瓦雷斯基教授领导的一个研究小组，在《美国化学学会期刊》上发表的研究成果表明，他们运用铸造技术制成结构高度规则的"纳米碳阵列"，这将为工业纳米电子元器件的制作带来一次革命。

柯瓦雷斯基表示："我们发现利用铸造技术生产的高分子膜能作为模板，结合其他原料可以制成结构规则的纳米碳阵列。这项技术具有的高密

度和可靠度能协助产生数据存储阵列。同时，我们希望能用它来为其他纳米电子设备生产材料。"

研究小组用嵌段共聚物制成高分子膜，然后用诸如油和水之类互相排斥的分子把嵌段共聚物制成自组装式纳米结构。此类共聚物能自发地组装成球形、圆柱形或板形。

近年来，科学家和工程师们努力寻求一种特殊的构造能应用于电子和数据存储设备中。这项研究正是把嵌段共聚物薄膜作为平版掩模来形成超高密度的数据存储媒体。虽然纳米结构能自发形成，但通常缺乏大规模的规则结构。因此，众多实验室正致力于这一领域的研究。

该研究小组的铸造技术就是把一种溶液喷射到实验物体表面上，随后通过更改温度、表面的速度及其他因素，研究人员能够控制分子晶体的排列和凝固。这一技术最初是由波兰科学院的科学家开发的。

研究人员运用这一技术制成了由聚丙烯腈、聚乙烯丙烯酸正丁基组成的嵌段共聚物薄膜。该薄膜由位于移动芯片上的 PAN 和 PBA 转换层构成，而且这些转换层与前进芯片表面垂直并与其移动方向一致。

柯瓦雷斯基指出，这一研究还可以与其他共聚物体系相结合，用来形成不同的结构，如立式气缸的六边形合并数组。

（3）"雕刻"纳米导线取得成功。2005 年 7 月 1 日，由西北大学纳米技术研究所主任乍得·米尔金领导的一个研究小组，在《科学》杂志上发表研究成果称，他们发明了一种新方法，可以雕刻出 5 纳米宽的缝隙，为大批量、低成本制作带孔隙纳米导线开辟了道路。

在普通导线上雕刻很容易，但要在纳米尺度的导线上刻出一条缝隙非常困难，因为在如此微小的距离上无法使用任何传统物理工具。然而，雕刻孔隙对制作附带功能的纳米导线来说是很重要的一项工作。通过控制这种孔隙，科学家和工程师可以设计出微小的集成电路，以及用于诊断的基因芯片和开发药物的蛋白质阵列等精密设备。

米尔金说："我们的方法使人们可以将微小的缝隙引入导线，这些缝隙被分子填满后，就成为了微小的电学与光学设备，或者化学与生物学传感器的部件。"他表示，开发复杂的纳米电子元件需要能制作出不到 20 纳米宽的电极缝隙，而传统方法无法做到这一点。

米尔金研究小组的方法是：首先，在有孔的纳米导线模板中把不会被化学腐蚀的金和可以被腐蚀的镍两种材料沉降形成导线。其次，把模板溶解，从而释放出导线，此时的导线散布在一个平面上，接下来再在导线上沉积一层很薄的玻璃。最后，用湿化学蚀刻法移除悬浮在溶液中导线里面的镍，就剩下了金纳米导线和移除镍后剩下的空隙。玻璃在此时起到了支撑保护的作用。使用这种方法，研究人员已经制作出了缝隙宽度为 2.5 纳米、5 纳米、25 纳米、40 纳米、50 纳米、70 纳米、100 纳米、140 纳米和 210 纳米的导线。

米尔金说："我们现在可以根据不同功能的需要，往缝隙中填充各种分子。如此一来，使用分子作为各种纳米设备的元件成为可能。"

（4）利用纳米技术研制超导电线。2006 年 3 月 31 日，由美国田纳西州橡树岭国家实验室研究人员艾密特·戈亚尔及其同事组成的一个研究小组，在《科学》杂志上发表研究论文称，他们在实验室中发现，纳米技术将有助于发展下一代超导电线。这种电线可以在从电网到磁悬浮列车的所有用电设备上使用。

超导体可以使电流不受有效电阻的阻碍，所以它能有效地传输很强的电流。但问题是，在发动机或高压电线产生的强磁场周围，超导体的超导性将受到破坏。在存在强磁场的情况下，电流通过超导体时会产生磁涡流，从而使电子运动受到电阻阻碍。

研究人员在柔软的金属基底上生长出钇钡铜氧薄膜，与它混合在一起的还有锆酸钡纳米点。由于锆酸钡和超导体钇钡铜氧之间的相互作用，这些纳米点会自动地排成队列，竖直地穿过钇钡铜氧。戈亚尔说："超导体中的这种队列缺陷起到阻碍磁通量通过的作用，使得超导体在强磁场周围也能显示出超导性。"纳米点在压制磁通量的过程中扮演了重要的角色，如果锆酸钡颗粒太大，磁场就可以在超导体中通过。麦迪逊威斯康星大学材料科学家戴维·贝尔斯说："这是一个值得关注的进展。"

这项研究使得高温超导体首次达到或超过大尺度工业应用的标准，包括发动机、电缆和高强度磁铁等方面的应用。戈亚尔希望工业上在今后几年内可以生产出这种有纳米缺陷的超导电线来。

戈亚尔说："我们可以设想一下，超高效率的、对环境友好的发动机及其对电网发展起到革命性改变的地下输电线路。像纽约这样拥挤不堪的城市，对电力的需求与日俱增，总有一天，电网的输电能力将达到极限。用超导电线代替现有的电网，将是继续发展的唯一途径。"

（5）用纳米技术研制出既硬又柔韧可用于电子元件的纸张。2007 年

7月26日，由美国西北大学物理化学家罗德·罗夫等人组成的一个研究小组，在《自然》杂志上发表论文称，他们利用普通石墨纳米微粒成功制造出一种比钢铁硬，又比碳素纤维柔韧的超级纸张。该新型纸张有望广泛应用于电子元件，以及燃料电池等领域。

研究人员表示，他们在经过特殊处理的水中，把碳纳米膜氧化物微粒驱散，然后用滤膜过滤。他们发现，水能够使这种微粒在过滤器表面形成一种纸状薄层。它比由碳纳米管制成的纸张还要强韧，并能加工成各种尺寸。把这种纸暴露在空气中也不会变形，但是浸没在水中就会慢慢分解。

罗夫表示，这种新型的纳米纸可用来制造多种强韧的化合物。但是关于这种纸层形成的具体细节，研究人员尚未全部弄清。

美国莱斯大学的物理学家鲍里斯·雅柯柏森认为，由于这种纸无法抵御水分的影响，所以下一步的研究重点应该是寻找能够在制造过程中替代水分的其他分子。

（6）用纳米技术开发出可制造微型机器人的"铁磁纸"。2010年1月24日至28日，由美国普渡大学电子计算机工程兼生物医学教授芭芭克·齐伊领导的一个研究小组，在香港召开的第23届微电子机械系统国际会议上发表研究报告称，他们成功研制一种磁性"铁磁纸"，它可用于制造手术仪器中的低成本"微型发动机"，研究细胞的微型镊子、微型机器人，以及小型扬声器等。

这种特殊材料是采用矿物油和氧化铁"磁纳米微粒"，浸透在普通纸张或者报纸上形成的，这种带有纳米微粒的纸张可在磁场中应用。齐伊说："纸张是一种多孔基体，因此，我们可以在纸张上承载一些特殊的物质，使其具备独特的功能。"

研究人员表示，该新材料可用低成本方式制造小型立体扬声器、微型机器人或者具有多种用途的发动机，其中包括控制细胞的镊子和最低程度侵入手术的柔韧性机械手指。齐伊说："由于铁磁纸非常柔软，并不会对人体细胞或者组织构成损害，而且制造起来非常便宜。你可以剪裁一小块，用于制造微型发动机。"

一旦普通纸张上浸入"铁磁流体"混合物，纸张就覆盖着一层生物塑料薄膜，它具有一定程度的抗水性，避免液体蒸发，并能显著提高强度、硬度和弹性等力学性能。

由于这项技术成本并不昂贵，不需要特殊的实验室制造，它可普遍地应用于大学和高校，制造微型机器人和其他工程科学元器件。这种纳米等级磁性微粒可从商业途径获得，磁性微粒的直径仅有 10 纳米，相当于人体头发直径的万分之一。铁磁纳米微粒中含有铁原子。

齐伊说："或许你未曾使用过纳米微粒，但是它们要比其他较大的微粒更容易使用，而且价格更便宜，纳米微粒的价格也非常低廉。"

研究人员使用一种磁场排放扫描电子显微仪研究纳米微粒如何灌注在某些纸张中，齐伊说："所有类型的纸张都可以使用，但是新闻报纸和柔软的纸张特别适合，这是由于它们具有很好的多孔性。"

研究人员现使用该材料制造小型悬臂制动器，这种结构非常类似于潜水艇，可在磁场中通过震动实现移动。齐伊说："悬臂制动器非常普通，过去它们通常是由硅材料制成的，而硅材料价格较高，要求在特殊的清洁室内制造完成。因此使用价格低廉的'铁磁纸'是非常好的选择，它要比当前使用的硅材料价格便宜 100 倍。"目前，研究人员还把铁磁纸制造成折纸，从而研究更为复杂的设计。

2. 计算机与人工智能方面应用纳米技术的新进展

（1）认为纳米技术十年内将取代计算机硬盘技术。2007 年 11 月，据外电报道，美国亚利桑那州立大学研究人员迈克尔·科齐茨基称，纳米技术将在 10 年之内取代 iPod 音乐播放机、笔记本电脑和服务器中的硬盘，使这些产品更耐用、更轻和速度更快。他正在研究，使用纳米线取代元件中的电子存储数据的方法。他还在研究，在一层芯片上叠加多层存储芯片的方法。

科齐茨基称，所有这些研究工作都意味着存储的巨大进步，以及我们喜爱的设备的使用方式将发生重大变化。他表示，有一天，你将能够把你喜爱的音乐、电影、照片和电视节目都存储在一个 iPod 大小的设备中。纳米技术将取代世界上的所有硬盘。我们将制造 1TB 容量的拇指硬盘。如果你能做到的话，为什么还要使用磁硬盘呢？

科齐茨基认为，如果设备厂商取消硬盘，笔记本电脑和 MP3 播放机将更耐用、速度更快和更轻。它们的启动速度会更快，存储容量更大。这并不是白日做梦。它的实现已经不远了。

（2）用纳米技术首次成功遥控机械昆虫飞行。2009 年 10 月，国外媒体报道，由美国加利福尼亚大学伯克利分校迈克尔·马哈尔比兹和佐藤广隆带领一个研究小组，承担的机械昆虫研发项目成功地通过测试，在科学家当中引发了浓厚的兴趣。

视频片段显示，一名男子通过笔记本电脑遥控甲虫在房间到处"飞行"。它一度被拴在透明塑料板上，微小的肢体随操作人员的操纵杆不断颤动。研究人员在接受《神经科学前沿》杂志采访时说："我们通过一个安装无线电的可植入微型神经刺激系统演示了对昆虫自由飞行的遥控。"

据英国谢菲尔德大学机器人技术和人工智能学教授诺埃尔·萨基介绍，尽管控制诸如蟑螂等昆虫的尝试并不是什么新鲜事，但这是研究人员首次成功遥控飞行昆虫。据悉，开发人员在甲虫处于蛹期生长阶段时向其植入电极。萨基说："之所以这样做，是因为我们对纳米技术已有了更深入的了解，可以制作出能让我们做到这一点的微型探测器。将电子装置植入其神经系统控制肌肉，当它飞行时，如果你多给左侧的肌肉施以更多力量，它的飞行就会变得困难起来，这可以让你控制它的飞行方向。"

3. 通信设备方面应用纳米技术的新进展

（1）用纳米技术研制出量子密码分发系统样机。2007年6月，由美国国家标准与技术研究所量子密码分发系统专家汤晓博士主持的研究小组，利用纳米技术和新型探测系统研制出高速量子密码分发系统样机。该系统能够对视频信号进行实时加密、传输和解密，传输距离达10千米。此外，由于量子密码分发系统采用一次一密分组加密方案，从理论上讲具有不为外人破密的特点。

多年来，密码分发始终是密码学中最具挑战性的难题之一。20世纪80年代，人们发现利用量子力学的独特原理，有望建立两者间能生成任意长密码，而同时又不为第三方所知的系统。从那时起研究人员便开始研制快速、实用和可靠的量子密码分发系统。

研究人员表示，任何量子密码分发系统均要求能兼容现存的、利用1550纳米或1310纳米光波远距离传输信号的光纤通信网络。此外，它们还需要高效的、能准确探测单个光子，而不产生过多噪声的光子探测器。目前，用于光纤通信波段的光子探测器性能很不理想，而快速高效又低噪的光电二极管制成的光子探测器，其最佳工作波长约在700纳米左右，不能在光通信网的光波波段工作。

汤晓表示："我们开发出了新的波长转换器，其噪声水平比其他同类型器件低50倍至100倍，它把波长为1310纳米的单光子束转变成710纳米单光子束，然后用硅光子探测器实现快速和高效探测。借助波长转换和探测，新的量子密码分发系统结合了快速度和长距离工作。新研制的带有波长转换子系统的量子密码分发系统，在光纤传输距离为 10 千米的情况下，可产生和发送速率超过每秒 50 万比特的密码。"

（2）用纳米技术制成让飞机与卫星"通话"的"超材料"天线。2013 年 1 月，有关媒体报道，由美国杜克大学物理学家戴维·史密斯负责的高智发明公司"超材料"商业化部门宣称，用纳米材料研制"超材料"已经取得许多突破性进展，首款由"超材料"制成的商业化产品即将于 2014 年上市。

从高智发明公司拆分出来的卫星通信创业机构奇迷塔公司希望向市场上推出一款紧凑型的天线，这或许是首款与"超材料"有关的，面向普通消费者的产品。这个相对来说比较廉价的设备，会让飞机、火车、轮船、汽车在移动网络鞭长莫及的偏远地方，连接卫星宽带上网。

目前，这一天线的技术细节仍是秘密。据悉，这款天线基于"电磁超材料"。这是一类运用纳米技术制成的人造材料，能够控制电磁波，使射频信号对准卫星，从而建立持续的宽带连接。

该天线的核心是一块平滑的电路板，其上包含数千块这种电磁"超材料"元件，每个元件的属性可以被设备内置的软件改变。当天线正确地追踪到卫星时，各个"超材料"元件释放出的波会互相加强并朝卫星所在的方向扩散，其他方向释放出的波则会相互抵消并消失得无影无踪，这就使得不管卫星在天空中的哪个地方，该天线都能追踪到而不必像标准的碟形天线一样，总朝一个方向盯着一颗卫星。

该公司表示，与目前广泛使用的卫星天线相比，采用这一技术研制的新"超材料"卫星天线，更轻、更薄、更便宜。奇迷塔公司已经向投资者和潜在的合作伙伴展示了这一技术，他们也计划对这一技术进行更进一步的研究，在降低成本的同时保持其严苛的性能标准，以满足监管机构的要求。

二、医学领域应用纳米技术的新进展

1. 医学检验和诊断方面应用纳米技术的新进展

（1）用金纳米微粒开发新的医学成像技术。2005 年 10 月，由普渡大学分析和物理化学助理教授程继新牵头的一个研究小组，在有关刊物发表研究报告称，他们利用输入血液的金纳米微粒的极度敏感性开发出一种新型医用成像方式。

该技术的应用原理是，通过皮肤照射激光，以检测血液中的金纳米微粒。这些金纳米微粒可产生比传统应用的荧光染色强 60 倍的影像。这种生物成像系统中应用的金纳米微粒，约 60 纳米长、20 纳米宽，或大约比红细胞小 200 倍。这项生物成像技术通常被广泛用于研究细胞和分子内部的活动。

程继新称，这种金纳米微粒可被用于开发检测早期癌症的一种先进医学成像工具。

（2）发现纳米技术有助于超声仪成像质量。2006 年 4 月，由俄亥俄州立大学兽医学院院长托马斯·路索尔与刘军一起负责的一个研究小组，在《生物和医学物理》杂志上发表文章称，纳米技术可提高医生的诊断工具超声仪成像的质量，从而有助于一些疾病的早期阶段。

通过实验研究人员发现，注射入动物体内的纳米尺寸的颗粒能提高超声仪成像的结果。有关专家指出，这项研究是全球第一个报道超声可以检测那些体内的微粒的研究。

刘军说："我们的长期目标是使用这种技术提高我们判定早期癌症和其他处于早期的疾病的能力。"

研究人员注射一种硅石纳米颗粒溶液进入实验老鼠的尾部血管。超声信号通过声波撞击一个坚硬的表面产生。一旦这种颗粒不能被生物降解，那么纳米颗粒就是生物惰性的。路索尔和刘军研究小组正在创造一种可以生物降解的纳米颗粒。

实验结果显示纳米颗粒在动物肝脏聚集。肝脏吸收体内的外来物质，但研究人员最终目的就是能够使这些颗粒进入乳腺或者其他研究人员所感兴趣的组织。

路索尔说："医生可以注射纳米颗粒进入乳房，然后超声成像的结果就可以提醒医生要对可疑的组织部位进行复查，甚至是细胞水平的检测。希望结合超声和纳米科技，可以提供一个权威性的诊断，从而代替活组织切片等检查。"

（3）发现用纳米导线检测癌症的新方法。2005 年 10 月，由美国哈佛大学化学系教授利博·海曼领导，郑庚峰和崔宜等华裔科学家参与的一个研究小组，在《自然生物技术》期刊上发表研究成果称，他们发现，借助特殊的硅纳米导线阵列对血液进行检测，可以十分容易地发现显示人体存在癌症病患的分子标记物，甚至当一滴血中只存在千亿分之一的癌症标记物蛋白质时也可以被检测出来。利用纳米导线除了具有如此高的精确度和灵敏度外，这种极小的器件还有可能快速准确地指出癌症的类型。

海曼说："这是纳米技术在人体保健方面的一次实际应用，它的临床效果大大好于目前技术。纳米导线阵列仅用几分钟时间就能对针尖大小的血量进行化验，并几乎是同时检测出多种癌症的标记物。"

研究小组把极细的、能传导弱电流的纳米导线与前列腺特定抗原、癌胚胎抗原及黏蛋白-1等受体联在一起。当这些标记蛋白质同受体接触后，其导电率的瞬间变化可清晰显示癌症标记物的存在，这些检测器还能分辨不同类型的癌症标记物。海曼说："结果表明，该纳米器件能以极高的选择性分辨各种分子，对纳米导线进行调控，就可把虚假读数风险降到最低。"他还说："利用现有蛋白质组学的发展可以很容易地把这种纳米导线阵列放大，以便检测更多种癌症标记物。"

研究人员认为，基因组学和蛋白质组学的研究已阐述了多种能极大改进疾病诊断的新生物标记物。在诊断诸如癌症等复杂疾病中，获取多种生物标记物特别重要，因为癌症为非单一性，仅查出单一标记物还不能确诊这类疾病。目前，很多癌症化验仅能鉴别出是否存在癌，而纳米导线阵列有可能立即详细地指出存在何种癌。

此外，在对癌症治疗获得进展时，纳米导线还能跟踪患者的健康情况。由于纳米导线阵列检测的分子悬浮于液体中，在医生诊室中就能对一滴血进行化验，而无须复杂的生物化学操作，从而使检测过程十分简便。

（4）用纳米技术研制癌症快速检测生物芯片。2006年5月，有关媒体报道，由美国斯坦福大学磁纳米技术中心主任、副教授王善祥领导，由跨校研究人员组成的一个研究小组，研制出最新的磁纳米技术检测癌细胞，并可能取代通常采用的荧光探测癌蛋白技术，更快、更方便地获得检测结果。

研究人员称，他们开发出的生物检测芯片通过对血液样本的检测，就可以判断得出体内是否存在癌蛋白，同时也可用于癌症患者是否要做化疗的事先检测，或在化疗中及时了解化疗成效，以帮助患者调整最合适的化疗方式。这项研究成果为人类预防癌症提供了新思路。这项计划获得美国国家癌症研究所的支持。

研究人员表示，一般材料多少都有发光特性。材料自身发光相当于噪声，使得锁定感兴趣的荧光目标时反而困难。王善祥研究小组另辟捷径，利用一般材料多半不带磁性的特点，寻找稀少的磁信号。这种搜索像夜空中搜寻清晰可见的烟花一样方便，而且更快、灵敏度更高。

据了解，目前的癌症检测技术需把血液样本送到大型专业实验室，确认结果约需一天时间。王善祥研究小组的磁纳米检测速度更快、检测器件更小，方便携带。

（5）用纳米粒子发明提高诊癌水平新技术。2009 年 4 月 15 日，路透社报道，由斯坦福大学研究人员沙扎夫·凯瑟琳主持的一个研究小组，用纳米粒子发明出一种新成像方式，可能有助提高癌症诊断和治疗水平。

凯瑟琳表示，癌细胞各种各样。这项新技术可帮助研究人员发现细胞里发挥作用的一种蛋白质，从而确定这个细胞的性质，并区分各种癌细胞。

她说，现阶段检测蛋白质的方法——即流式细胞术存在缺陷。这种技术使用带有荧光染料的抗体，这种抗体在激光照射下可以发亮。但如果过多颜色重叠，图像就变得模糊不清。另外，这种方法最多只能同时检测大约 20 种蛋白质。

新技术使用美国英特尔公司开发的一种特殊纳米粒子，它们能够发出特定信号，使同时检测大量蛋白质成为可能。研究人员已在实验中实现 9 种蛋白质同时成像。凯瑟琳希望最终实现同时检测细胞中 100 种蛋白质。

2. 癌症治疗方面应用纳米技术的新进展

（1）试用纳米技术治疗癌症。2005 年 3 月，有关媒体报道，由美国加利福尼亚大学洛杉矶分校乔森癌症中心西蒙博士领导的一个研究小组，正在探索一条通过纳米技术治疗人体疾病的方法，他们已将这项技术用于动物试验。

研究人员通过纳米技术制造出一种微小的医疗仪器，只有在显微镜下才能看见。他们希望这种仪器能够帮助其治疗人的身体中那些大型仪器无法介入的疾病。

研究人员认为，他们称为量子点的纳米颗粒有朝一日可以在肿瘤诊断和治疗中扮演重要的角色。这种颗粒可以寻找出癌细胞中的蛋白质，然后将这些蛋白质标上记号，以便它们可以在显微镜下被识别出来，这样可为日后治疗癌症提供方便条件。

研究人员表示，纳米技术可以让药物直接作用于发病的细胞。这些小仪器将在身体内移动，为身体内发病的细胞自动提供药物，有效地进行诊断和治疗工作，有时还可以免除手术。他们声称，纳米技术还可以提高身体植入术和组织培养的水平。由于目前这项技术处于早期开发阶段，因此研究人员还不清楚它对身体有何负面影响。

（2）首次用生物纳米颗粒治疗人类癌症。2005年8月，美国乔治敦大学医学中心，以斯帖·张博士领导的研究小组，进行一种生物纳米颗粒治疗癌症的首次临床试验。这种纳米颗粒能为癌症患者重新赋予它们丢失的肿瘤抑制基因。

第一阶段的临床试验募集了20名晚期固体癌症患者（包括最常见的肿瘤类型）。研究小组设计出一种微小的结构，它类似一种能够深入肿瘤，并有效移动到细胞中的病毒颗粒。这种"装置"是一种脂质体，它的外部连接着能够寻找、结合，且能进入癌细胞的抗体分子。这些分子与铁传蛋白受体结合，而这种蛋白在癌细胞中大量存在。

（3）利用纳米技术治癌获得新突破。2005年9月14日，美国《侨报》报道，美国普渡大学癌症研究中心科学家郭裴旋率领郭松川、李锋等研究人员，利用国家卫生院和国防部的研究经费，在利用纳米技术治疗癌症方面获得新突破，建立起纳米技术医学应用的里程碑。

研究人员表示，他们通过纳米技术把核糖核酸（RNA）开发成基因材料颗粒，进而把抗癌药剂直接运送到癌细胞内，成功阻止癌细胞生长、扩散。目前，这项新技术已应用于老鼠和实验室培育的人体细胞。随着新技术的不断完善和风险的降低，科学家们将用于人体试验。

郭裴旋介绍，癌症治疗的关键是把合适的药剂同时运入癌细胞内，这也是癌症研究迄今面临的障碍。纳米技术研制的超微小颗粒为攻克这一难关提供了通道，可以称为纳米技术医学应用的里程碑。但研究小组还需跨越一些障碍，提高安全系数，才能开始人体试验。一旦成功，将是人类治疗癌症的重大进展。

（4）实验证实纳米技术有望用于治疗前列腺癌。2005年11月1日，由美国哈佛医学院与马萨诸塞技术研究所联合组成，由法罗克扎德博士主持的一个研究小组，在巴黎召开的癌症研讨会上报告，他们用白鼠实验证实，纳米技术有望为前列腺癌患者带来福音。

研究人员在白鼠的实验中发现，把携带抗癌药物的纳米微粒注射到白鼠体内移植的前列腺癌细胞后，癌症肿瘤明显消失。

法罗克扎德说，研究人员把白鼠分成 5 组。第一组向体内肿瘤注射生理盐水，第二组注入不含抗癌药物的纳米微粒，这两组白鼠很快就死了。第三组白鼠只注射一次含药物的纳米微粒，发现肿瘤先是明显缩小，其后出现强烈反弹。第四组注射的纳米微粒没有针对具体癌细胞，结果发现附带药物的纳米微粒被体内淋巴组织冲走，肿瘤缩小一半，随后出现反弹。最后一组，研究人员把附带药物的纳米微粒持续注射到病变细胞后，"肿瘤完全消失了"。

（5）研究纳米管进入癌细胞的新技术。2005 年 12 月，有关媒体报道，美国斯坦福大学的一个研究小组正在探索把碳纳米管用作治疗剂。由于生物组织在近红外线光下是透明的，而碳纳米管可吸收近红外线，因此，如果把碳纳米管附在特定的癌细胞上，并用近红外激光照射时，癌细胞将会被杀死而且不损害健康细胞。

细胞内吞作用需要分子腺嘌呤核苷三磷酸或者热量作为能量来源。研究人员发现，利用可以阻止腺嘌呤核苷三磷酸生长的抑制剂，或者冷却细胞培养体系后，腺嘌呤核苷三磷酸就无法再吸收碳纳米管了。这表明分子利用内吞作用来吸收碳纳米管。

在此之前，意大利的里雅斯特大学有机化学家毛里齐奥·普拉托，以及伦敦大学化学工程师柯斯塔热罗斯及其同事们，针对碳纳米管作为药物和基因的传送媒介作了大量研究。他们发现，碳纳米管进入细胞的渠道不止内吞作用一种。

今后，研究人员要做的是检测碳纳米管与其他纳米技术进行对比研究，如中空的纳米粒子在药物和基因传送中的作用，从而了解不同技术的效率。

（6）用碳纳米管与红外射线共同治疗癌症。2008 年 6 月，阿根廷《21 世纪趋势》周刊网站报道，美国研究人员经过试验，利用纳米技术成功发明一种新的癌症治疗方法，可以直接杀死癌细胞而不会损害到其周围的健康组织。

报道称，美国得克萨斯西南大学医学中心的科学家与纳米技术专家合作，把寻找癌细胞的抗体与直径只有 1 纳米的单层管壁碳纳米管相结合形成分子结构，然后用红外射线对这些合成分子进行加热，它们发出的热量可以直接将癌细胞烧死。

医学中心负责人维泰塔称，近距离使用红外射线提高体温，不会伤及人体其他部位，因为健康组织并不太吸收红外射线。这进一步证明纳米技术可以应用到外科手术和疾病预防中，为人类造福。

（7）用纳米技术首次实现药物"静默核糖核酸"在癌细胞内传输。2009年9月，由加利福尼亚大学圣巴巴拉分校化学和生物化学系教授诺伯特·雷奇带领的一个研究小组，在《纳米科技》杂志上发表研究成果称，他们用纳米技术开发出一种新方法：通过简单地把癌细胞暴露在非损伤性激光中的方法，就可将药物释放到癌细胞中。

雷奇认为，此一全新工具将使生物学家得以研究，当一个基因打开或关闭时，这些基因是如何发挥作用的。一言以蔽之，科学家所描述的在细胞内控制基因的能力，只需简单到将其暴露在非损伤性激光中即可实现。

雷奇研究小组在培养皿中把来自小鼠的癌细胞进行培养，然后引入具有肽脂涂层的金纳米壳，并封装成可被细胞吸收的药物"静默核糖核酸"，最后再将细胞暴露在非损伤性的红外激光中。由此，研究人员首次实现了这种强大的"静默核糖核酸"药物在哺乳动物癌细胞内的传输，把这种内化纳米粒子在一束近红外激光中暴露数秒钟，药物即可释放。

研究人员表示，该技术的难点在于如何把多种生物化学成分与可被细胞吸收的紧凑纳米粒子相结合，并稳定地存在，直到其按照需要进行释放。激光控制释放是一种方便而强大的工具，允许对特定细胞释放出精确剂量的药物。近红外线的生物友好型组织渗透法对把这种能力扩展到较大的生物系统来说是十分理想的。该技术也可扩展到针对不同的生物目标释放不同的药物分子。

（8）用纳米粒子注射式治疗前列腺癌。2012年7月，美国密苏里大学的一个研究小组在美国《国家科学院学报》上发表研究报告称，他们借助放射性黄金纳米粒子和在茶叶内发现的化合物，"瞄准"前列腺肿瘤，不会损害病患体内的健康器官或影响其身体的正常机能，但治疗前列腺癌效果相当显著。

研究人员表示，他们在茶叶中发现一种能够被吸引到前列腺肿瘤细胞的特殊化合物。把这种化合物与由研究反应堆产生的黄金纳米粒子相结合时，茶叶内的化合物会帮忙把纳米粒子"传送"到肿瘤的所在区域，使得这些治疗性的临床级放射性同位素能够有效地破坏肿瘤细胞。

大多数时候，前列腺癌都发展得十分缓慢，但极具侵略性的前列腺癌能快速蔓延至身体的其他部分。传统疗法需要将数百个放射性"种子"

注射进前列腺，但这对极具侵略性的前列腺癌并无效果。"种子"的大小和它们传送有效剂量的能力受限，都会影响其对前列腺癌的治疗。

但是，在新疗法中，每个黄金纳米粒子都大小合适，只需要 1 次至 2 次注射，纳米粒子便会聚集在肿瘤内部，从而有望达到良好的治疗效果。研究人员坚信，放射性黄金纳米粒子能够同时缩小缓慢生长和极具侵略性的前列腺肿瘤，甚至完全根除它们。这是因为黄金纳米粒子不仅具有适合的尺寸，还具备很短的半衰期。其半衰期仅为 2.7 天，这意味着黄金纳米粒子的放射将在 3 周内结束，因此能令纳米粒子保持较高的效力，使得肿瘤的体积能在 28 天治疗后大幅度减小。

三、新能源开发领域应用纳米技术的新进展

1. 利用纳米技术开发新型锂离子电池

2012 年 6 月，有关媒体报道，位于美国马萨诸塞州的电池制造商 A123 Systems 公司宣布，他们开发出一种新型锂离子汽车电池，能在极端温度下工作，减少甚至取消对加热散热系统的需求，为降低电动汽车成本带来了更多机会。

该公司把这项新技术称为下一代纳米磷酸盐 EXT 锂离子电池技术，它提高了低温下的功率容量，延长了高温下的寿命。通过扩展核心技术容量，电池能适应更广泛的工作温度。

测试结果显示，在 45℃条件下，电池还能保持超过 90% 的最初容量，在零下 30℃时仍可提供启动电力。在低温条件下，纳米磷酸盐 EXT 提供的电量比标准的纳米磷酸盐化学反应要高出 20%～30%；在高温时，电池寿命是普通锂离子电池的 2 倍到 3 倍，是铅酸电池的 10 倍。这种电池技术的问世意味着即使在极端气温条件下，电池包也不需要散热或加热，有望降低电动汽车设计的复杂性，提高性能和稳定性，降低整体成本，为用户节约大量资金。

参加测试的俄亥俄大学机械工程教授严·乔泽耐克说，新技术"对交通工具（包括新兴的微型混合交通工具）的电气化而言，可能是一种改变游戏规则的电池技术突破"。

该公司首席执行官大卫·维约声称，纳米磷酸盐 EXT 克服了目前铅酸标准锂离子电池及其他先进电池的关键局限。新技术能降低甚至消除对热量管理系统的需要，大大增加 A123 锂离子电池系列在市场上的应用，

为汽车及其他类型电池带来巨大商机，包括微型混合交通工具、电动车、通信装备、军用系统及其他领域。

《环保汽车报告》分析师约翰·沃尔克表示，新技术有助于降低热量管理方面的成本。大部分电动汽车都需要泵式散热系统，以清除电池包产生的多余热量，由此散热系统就消耗了能量，降低了行驶里程。他表示，如果这种新电池技术确实有效，将能减轻重量、减小复杂性并降低未来插电交通工具的成本，让电动汽车在市场上更具竞争力。

据悉，该公司是美国政府大力扶持的企业之一。2009 年，美国总统奥巴马曾向该公司拨款 2.49 亿美元，支持其研发锂离子电池项目；同年，公司在纳斯达克公开上市，交易第一天股价猛增 50%。而不久前发生的 A123 电池因质量问题召回事件导致该公司 2012 年第一季度出现巨额亏损，因此，这项新技术的成败与否对该公司的未来发展具有关键意义。

2. 利用纳米技术研制新型太阳能电池

（1）用纳米技术研制出超薄太阳能电池。2008 年 1 月，英国《卫报》报道，一种用纳米技术研制出来，可"印"在铝箔上的超薄太阳能电池，近日在美国加利福尼亚州一家工厂的流水线上源源不断地生产出来。这种可以大规模生产的太阳能电池被科学家称为太阳能发电的"革命"。

据报道，这种含有纳米技术的电池板是硅谷纳米太阳能公司研制生产的。这种新式电池与越来越多欧洲消费者安装在自家屋顶上发电的太阳能电池不同，它可像印刷报纸一样，"印"在铝箔上，弹性好，重量轻。纳米太阳能公司预计，用这种电池板发电能像用煤发电一样便宜。

纳米太阳能公司称，该产品订单已经排到了一年半以后，而且第二家工厂很快要在德国投产。

纳米太阳能公司在瑞士的经理埃里克·奥尔德科普说："我们的首块太阳能电池板将用于德国的一家太阳能电站。我们的目标是生产出发电成本为 99 美分每瓦的电池板。"

报道称，在欧洲、日本、中国和美国，有几家公司和纳米太阳能公司一样，都在研发生产不同样式的纳米"薄片"太阳能电池。美国政府和硅谷的企业家已经为这种技术实现商用投入了 3 亿美元。

（2）利用纳米技术开发红外太阳能电池。2008 年 9 月，有关媒体报道，由美国能源部爱达荷国家实验室科学家诺瓦克主持的一个研究小组，正在研究制造纳米红外太阳能电池。传统太阳能电池效率一般只有20%，但红外太阳能电池能利用80%的红外能量。所以，这个研究项目对加强太阳能开发来说具有重要意义。

3. 利用纳米技术开发生物燃料电池

2009年6月，由美国佐治亚大学化学家贾森·洛克林领导的研究小组，在《化学通信》杂志发表论文称，他们运用纳米技术成功开发出引导电荷的分子导线电刷，从而迈出了开发体内微型生物燃料电池的第一步。体内生物燃料电池可以为心脏起搏器、人工耳蜗和假肢等人体植入装置供电。有关专家称，这是纳米技术的一个重大突破。

研究小组把噻吩分子链和苯分子链喷涂于金属表面，形成厚度仅为5纳米至50纳米的超薄薄膜。这种薄膜的结构就像一支牙刷，而共轭高分子链犹如刷毛。研究人员称这类涂料为高分子电刷。分子导线实际上就是这种薄膜中的极其紧密的高分子链。为了能够在延展中仍保持分子链的紧密排列，他们采用了一种称为"移植法"的方法，首先喷涂一个单层噻吩作为薄膜的最初涂料，然后使用一种控制聚合技术来建造噻吩链或者苯链。

洛克林指出，利用人体中的燃料资源（如葡萄糖）是十分困难的。虽然人体中的酶具有很好的转换化学能为电能的能力，但它们有起到自然保护作用的绝缘层，阻止了电子从活性位点传送到电极，因此不是很有用。而分子导线则能够提供一个更好的供电荷流动的通道。有机半导体的性能变换有赖于单位数量和尺寸大小。噻吩本身是绝缘体，但通过一种可控方式把众多噻吩分子连接在一起，就使得这种聚合物具有了导电性能。

4. 利用纳米技术开发生物能源

（1）利用纳米技术研制出生物柴油催化剂。2006年6月21日，由美国爱阿华州立大学，维克特·林领导的一个研究小组宣布，他们利用纳米技术在实验室研制出一种新型催化剂，它有望大幅度提高现有生物柴油生产工艺的产量与效率。

目前，生物柴油生产工艺主要是通过大豆油与甲醇反应制备柴油，其中催化剂是关键的技术诀窍。现有生物柴油生产工艺存在一些缺陷：一是工艺中使用的催化剂是有毒的、腐蚀的、易燃的甲氧基钠；二是为了提炼生物柴油，需要酸中和、水洗和分离等一系列复杂的工序；三是催化剂在生产过程中往往被溶解，无法再回收利用。

维克特·林在利用大豆生产生物柴油的过程中，新型催化剂主要利用一种他们新研制的硅颗粒发挥作用，这些颗粒直径为 250 纳米。为了研制新催化剂，他们首先利用相关纳米技术，以精确控制的方式制备出微细的、非常规的硅颗粒，然后把硅颗粒做成蜂巢状，填充到有关催化剂中。据报道，新型催化剂属于混合型催化剂，既有酸性催化剂，又有基本催化剂的特性。

与目前使用的催化剂相比，新催化剂具有效率高、工艺简单、易回收和环保等特点，能够从现有生产工艺中汲取能量，并可排除一些有毒化学品，从而使生产工艺更简捷、更有效、更经济。

研究小组表示，他们在实验室的试验结果令人非常满意。目前，研究小组正与美国中西部公司合作，进行大规模的试验。

中西部公司生物柴油部负责人贝雷汀表示，新型催化剂已显示出能大幅度增加生物柴油产量的前景，不过仍需要经过更大规模的试验，以进一步确认其带来的经济效益。

（2）利用纳米技术生产生物燃料。2009 年 10 月 11 日，美国路易斯安那理工大学发表新闻公报称，由该校从事化学工程研究的帕尔梅带领的一个研究小组，在生产生物燃料工艺过程中采用纳米技术，从而大大节省了生产成本。

公报称，秸秆等农林废弃物作为生物燃料的原料具有巨大潜力。用它们生产的生物燃料被称为第二代生物燃料。但是把这些生物原料转化成可以燃烧的乙醇等，需要多种酶对其中的纤维素进行分解，成本很高。

帕尔梅研究小组开发出一种纳米技术能将参与反应的多种酶固定成几种酶，并且这些酶能重复使用多次，大大降低了第二代生物燃料的生产成本。这一技术可以被应用到大规模商业生产中。

第二代生物燃料包括利用秸秆、稻草等农林废弃物生产的燃料乙醇和生物柴油，它可以替代传统的汽油和柴油，能大大减少温室气体排放，同时避免了第一代生物燃料以玉米等粮食作物为原料，因此受到广泛青睐。

四、生产领域应用纳米技术的新进展

（1）利用纳米技术促进种子发芽。2009 年 10 月，美国阿肯色大学一个研究小组，在《美国化学学会·纳米》月刊上报告称，他们发现，用碳纳米管处理过的西红柿种子发芽和生长速度都快于普通种子。这一研究成果将有助于提高生物燃料原料及其他农作物的产量。

研究人员把西红柿种子暴露在碳纳米管环境下，结果发现，这些种子发芽速度要比普通种子快一倍，而且刚出芽的幼苗重量也要比普通幼苗重很多。研究人员解释说，碳纳米管可以"穿透"种子坚硬的外壳，从而大大提高种子的吸水能力。

研究人员说，碳纳米管对种子发芽和生长所产生的这种显而易见的作用，对农业、生物能源原料生产等领域具有重要的经济价值。

碳纳米管是一种中空的碳纤维，直径只有几纳米。纳米技术在农业领域具有广阔的开发潜力和应用前景。

（2）用纳米技术开发出乙烯低温制备新方法。2010 年 7 月，美国《纽约时报》报道，有家位于硅谷的纳米技术公司，把分子生物学家和材料学家组成一个研究小组，他们运用纳米技术把经过基因改造的病毒作为催化媒介，开发出低温制备乙烯的新方法。

乙烯是一种无色、无臭、略带甜味的气体，是生产有机原料的基础，广泛应用于合成纤维、合成橡胶、合成塑料，以及合成乙醇的制造。但在乙烯制备中，长期以来所使用的裂解法需要耗费大量热量（裂解温度为 750～950℃），乙烯生产企业也被扣上了"耗能大户"的帽子。

为找到更为高效和廉价的乙烯制备方法，世界各国科学家已经进行了 30 多年的努力。其间虽然也取得了一些进展，但仍没有任何一种技术能完全取代裂解法，在商业生产中得以大规模应用。

现在，美国硅谷这家公司研究小组开发的新工艺不但可以大幅提高甲烷转换为乙烯的效率，还能显著降低生产过程中热量的消耗。研究人员称，如果这种材料能够大规模商业量产，将预示着与分子生物学和化学工业相关的一系列技术变革的到来。

研究人员介绍，他们生产乙烯的工艺革新主要依赖纳米技术的运用。其中关键步骤在于，通过一种基因工程病毒，让它表面包裹一层杂乱的、具有催化效用的纳米线，研究人员称其为"毛团"。这种特殊的结构能为化学反应提供更多的化合空间，从而加强了反应效果，也让反应所需的能量大为减少。

据介绍，这个化学过程被称为"甲烷氧化耦合"，从 20 世纪 80 年代开始，一直是石油化工领域研究人员所研究的热点。虽然取得了一定成果，但在实际能耗上一直改进不大。而在使用了这个包裹着不特定纳米线的病毒制造的毛团后，研究人员在 200～300℃下就完成了制备乙烯的化学反应。

研究人员利用的这种病毒名为噬菌体。它对人体无害，同时又具有一种独特的本领，能够识别并附着于某些特定的材料上。首先提出这种技术的是麻省理工学院材料化学家安吉拉·贝尔奇。

贝尔奇的实验室 2009 年就曾在《科学》杂志上发表论文，描述了在室温下合成钴氧化物纳米线的方法，该方法可提高锂电池的容量。2010年 4 月，贝尔奇的研究团队对一种病毒进行改造，将其作为生物支架把一些纳米组件搭建在一起，成功模拟了植物光合作用的原理，在室温下把水分子分解成氢原子和氧原子。下一步，研究人员还计划进一步优化催化方法，在室温下把乙醇转化为氢气。除此之外，该技术还可应用于生物燃料、氢燃料电池、二氧化碳封存，以及癌症的诊断和治疗等领域。

第三节　纳米设备研制的新进展

一、纳米产品生产设备的新进展

1. 制造和加工纳米产品的新设备

（1）研制出简单价廉的纳米控制器。2004 年 10 月，有关媒体报道，纳米技术广泛的运用前景已经得到人们的共识，但研究人员在把这些技术转化为实实在在的产品过程中，还有许多悬而未决的难题，其中之一就是纳米产品的生产设备。

由于纳米产品非常小，不同于传统的生产工艺，因而生产线和生产流程完全不同于现代的生产设备。它需要一种纳米控制器，用作探测和移动这些纳米级颗粒的特殊工具。毫无疑问，这类新型设备价格非常昂贵。

最近，美国麻省理工大学的机械工程学马丁教授宣布，他能研制出单价不到 3000 美元的纳米控制器。据悉，以前的纳米控制器需要通过不同片断进行组装，而他的纳米控制器要简单得多，只有一块更容易弯曲和伸缩的金属片。

（2）发明可用于纳米加工的离子束聚焦系统。2004 年 11 月，美国一个纳米研究团队发明了一种能同时聚焦离子束和电子束的新系统，把离子束技术的运用范围又在纳米加工领域往前推进了一步。

聚焦的离子束在纳米加工方面有着重要作用，可用来切割纳米级结构，对光刻技术中的屏蔽板进行修补，分离和分析集成电路的各个元件，激活由特殊原子组成的材料，使其具有导电性等。聚焦的离子束还可用来分析样品化学成分、进行生物研究，以及制造保持血管畅通的纳米级心脏固定膜等微型医学植入材料。

但是，在用带正电荷的离子束对绝缘材料进行成像或进行缩微处理时，常常会出现麻烦，绝缘材料会逐渐带上正电荷，从而会排斥带同性电荷的离子束，使聚焦的离子束发散，影响精度。科学界解决这一问题的传统方法有两个：一是在离子束到达非金属绝缘体之前，通过一种汽化元件进行中和；二是在绝缘材料上设置一个电子束，来中和这个带正电的离子束。

但是这两种方法都有其弊端，第一种方法往往要求加大离子束加速器和绝缘材料之间的距离，而距离太长会干扰离子束的聚焦。第二种方法中产生额外的电子束，需要另一电子加速器，而且要求与离子束随时保持在同一直线上，对多束离子同时作用一种材料，很难实现这些要求。

而美国的这个纳米研究团队对其实验室发明的多离子束系统进行改进后，得到了中和正离子的全新方法。与传统聚焦离子束装置中的液化金属离子不同，它使用两个离子束腔，将气态分子中的电子和正离子分离。通过三条电极组成的电极棒将两个腔隔开，一个腔只允许电子通过，另一个腔只许正离子通过。

这样的设计不但可以形成加速的离子束，而且也不会阻止电子束的通过，最后离子束达到目标材料后，离子和电子会自我中和形成先前的气态原子，也不会导致目标材料带电。利用这种装置可以对各种离子进行加速，包括惰性气体、锰等金属甚至碳 60 这样的分子团，都可以用来形成离子束。

另外，研究人员还利用多孔屏蔽板，获得圆洞形、线性和弧形等不同形状的离子束，发射一次离子束，可以生产几千个纳米级心脏内膜，大大提高了效率。

（3）研制破解粒子快速排列难题的"纳米钢笔"。2009 年 8 月，由加利福尼亚大学伯克利分校电子工程与计算机科学系纳米专家吴明主持，美国劳伦斯利弗莫尔国家实验室与劳伦斯伯克利国家实验室研究人员参与的一个研究小组，在《纳米通信》上发表研究成果称，他们开发出一种称为"纳米钢笔"（NamoPen）的新技术，可以更便捷地让纳米微粒排成不同阵列，比如线形或环形，使纳米粒子能够快速排列，进行医疗诊断测试以及其他备受期待的纳米科技应用。

纳米粒子极其微小，如何快速有效地把它们排列成人们想要的形状一直是长期困扰科学家的难题。吴明指出，虽然目前研究人员已经开发出几种排列纳米粒子的方法，但这些技术往往过于复杂，所用仪器庞大，耗时费力，往往需要花费几分钟甚至几小时才能完成。同时这些技术对温度的要求也极高，需要高温将纳米结构固附于目标表面。这些弱点都妨碍了它们的广泛应用。

研究小组称，"纳米钢笔"技术有效地解决了上述问题。研究人员使用这种"钢笔"，在相对较低的温度和光照条件下，可迅速地将各种纳米粒子排列成特定图案。这个过程需要使用一种特殊的"光导"表面，仅用几秒钟即可完成。而通过调节电压、光线强度和暴露时间，研究人员可调整纳米粒子排列的面积和密度。

2. 清除纳米灰尘的新设备

2005年6月，由美国纽约伦塞利尔理工学院阿加言教授牵头，曹安源博士等参加的一个研究小组，在《自然材料》期刊上发表论文称，他们已研制出神奇的超微纳米刷子，可以刷除生产过程的纳米灰尘，甚至能清刷水中的污染物。

研究人员指出，研制纳米刷子的秘诀在于使用了碳纳米管。该碳纳米管的分子直径是三百亿分之一米。它具有特殊性能，非常坚硬，但受到侧面推力时又能变得极其柔软。据介绍，阿加言发现了可以控制并加长碳纳米管长度的技术。借助此技术，研究小组才研制出了类似牙刷、瓶刷，以及棉花棒形状的纳米刷子。

研究人员声称，纳米刷子可用来清除生产过程的纳米灰尘，可清刷微细结构，甚至清刷水中的污染物。在实验示范中，他们曾用纳米刷子清除受污染的水中有害的银物质，也曾用这种纳米刷"刷出"并分离了氧化铁溶剂中的氧化铁微粒。

曹安源表示，纳米刷子可用于多种物质表面，具有广泛用途。在纳米微型电机方面，纳米刷比目前使用的微型金属刷子更有优越性。在医疗方面，纳米刷未来可以帮助清除人体内的细微的有害物质，如清除静脉血管中的堵塞物，清除病毒，甚至分离特殊的蛋白质等。

不过，研究小组也表示，在未来纳米刷应用人体医疗领域之前，需要搞清楚纳米微粒对人体是否有害。

二、电子领域纳米设备的新进展

1. 发明用于电子设备的纳米液体散热装置

2006年4月5日，由美国哥伦比亚大学的马宏斌博士领导，阿贡国家实验室，以及英特尔公司研究人员参与的一个研究小组，在《应用物理学快报》杂志上发表论文称，他们研制出新一代纳米液体的散热装置，这是散热技术发展中的一个重大突破，它可以保证电子技术的进一步发展。

研究人员在论文中说："下一代计算机芯片将产生更多的热量，每平方米就有超过10兆瓦的热流通过，计算机的总功率将超过200瓦。现在还没有散热装置能够有效地把如此多的热量传导出去。"马宏斌小组研制的纳米液体散热装置将用于超高热流电子系统中，它有利于加速新一代散热装置的研究。

实验结果显示，把纳米液体加入振动热管（OHP）时，震动热管的热导率提高了。目前，把纳米液体散热装置用于计算机芯片、微芯片和电子设备中的研究正在进行，它将满足工业中对小面积高功率密度电子设备散热的要求。

尽管纳米液体和振动热管都不是最新的研究成果，但是把这两种技术结合起来，是一项最新研究。马宏斌说："我们同时利用纳米液体和振动的技术可以使纳米粒子悬浮在液体中，这非常奇特。利用纳米液体的振动热管是一项创新，利用它我们可以使散热技术进一步向前发展。"

传统液体的热导率比纳米液体低得多，而且纳米液体的热导率非常依赖于温度，液体中纳米粒子的浓度和热导率的关系也是非线性的。纳米液体的这些特性使得它们的临界热流更大。振动热管本身具有很好的性质。首先，振动热管是一种很有效的散热装置，它能把大功率装置中很强的热流传导出来，转化成液体的动能。其次，在振动热管中，液体流和蒸气流的流动方向相同，所以它们不会互相干扰。再次，因为振动热管中的流体是一种热振动流，所以沿着管子有一些不接触的表面，这些表面有助于热流传导过程中的蒸发和冷凝。

研究人员表示，振动热管已经有很好的导热性能，现在把纳米液体加入进来，就更能进一步增强振动热管的导热性能。实验中使用的纳米液体中，包含金刚石纳米粒子。金刚石粒子可以通过高效液相色谱水引入，高效液相色谱水是一种非常纯净的、有机碳含量非常低的水。如果没有运动，金刚石粒子会在液体中沉淀，而振动热管的运动保证金刚石粒子能悬浮在液体中。

2. 研制出快速制造多层纳米级导电薄膜的自旋喷射系统

2012 年 5 月，由美国耶鲁大学，化学和环境工程学助理教授安德鲁·泰勒领导，雷斯特·格莱斯等研究人员参加的一个研究小组，在美国化学会主办的《纳米》杂志上发表研究成果称，他们研制出一种自旋喷射逐层装配的自动系统，能快速高效地制造出坚固且柔性透明的多层纳米级导电薄膜，这种薄膜可广泛应用于锂离子电池和燃料电池的制造过程中。

泰勒研究小组研发成功的这一组装技术节省了加工处理时间，并制造出具有纳米尺度精确度，以及性能更加卓越的多层导电薄膜。与以前的组装技术相比，新系统不仅效率更高，而且能更好地控制薄膜的特性。

格莱斯表示："新技术可用来研发功能性的纳米涂层。我们研制出的这一系统，不仅能节省逐层装配薄膜所耗费的时间，还能更好地控制薄膜的性能。"研究小组使用该系统，54 分钟内就装配出了一个样本薄膜，而使用传统的浸涂逐层法装配，制造出具有同样导电性能的薄膜，则需要76 分钟。

除了减少装配时间，新系统也能很好地控制，最终得到薄膜的厚度和匀质性。研究人员很早就知道，薄膜涂层碳纳米管在制造传感器和电极方面具有非常重要的意义，但使用传统的浸涂逐层法制造出来的薄膜，导电性一直不均匀，而新系统则能制造出导电性更均匀的导电薄膜。

研究人员已使用新方法装配出超薄的聚合物和纳米管多层薄膜，并将制造出的薄膜用作锂离子电池的电极。他们表示，最新研究也有助于他们快速制造出具有纳米尺度精确性的电极。泰勒表示："这一技术的应用范围将非常广泛，可以用于制造比钢铁还坚固的超硬材料、氧气扩散膜、药物载体等。"

三、生物和医学领域纳米设备的新进展

1. 生物领域纳米设备研制的新进展

（1）发明能操控单个细胞或纳米粒子的多功能声学镊子。2009 年 8 月，由美国宾州州立大学工程科学和力学系的助理教授黄俊带领的一个研究小组，在《芯片实验室》杂志上发表研究成果称，他们研制出一种以声音作为镊子的微型系统，个头小到可以放置在芯片上。它可以对单个细胞或纳米大小的颗粒进行操控，这将终结之前只能使用光学镊子等大型设备操纵微型物体的历史。

黄俊说："目前使用的方式都需要消耗大量能量，并可能损害甚至杀死活体细胞。声学镊子远小于光学镊子，消耗的能量是光学镊子的五十万分之一。"由于体积很小，声镊可通过标准的芯片加工技术制成，在不伤害活体细胞的情况下对其进行操控。

声镊与其他镊子不同，它能同时为多个微小物体进行定位，将其等距离放置到平行线或网格上。而网格布局或是对生物学应用最有帮助的结构，研究人员可以把干细胞放在网格上进行测试，或借助网格培养皮肤细胞，以获取新的皮肤组织。同时，研究人员也可观察到任一类型的细胞如何生长。黄俊表示，声镊不仅能用在生物学领域，还能应用于物理、化学和材料学等创造纳米粒子图样，以制造涂料或腐蚀剂的学科。

声镊通过设立连续的表面声波而工作。若两个声源彼此相对，且每个声源都发出相同波长的声音，就会出现一个点，使得相对的声音相互抵消。这个点可被视为波谷。因为声波具有压力，能够推动非常小的物体。因此细胞或纳米粒子会随着声波移动，直至声波抵达波谷不再运动。粒子或细胞也将随之停止移动，"落"入谷底。如果声音来自两个平行的声源，波谷便会形成一条线或一系列的线。而如果声源彼此成直角，波谷将形成如棋盘般均匀等距的行或列。同样，这些粒子也将被推动至声音不再移动的地点。

研究人员利用直径约为 1.9 微米的荧光聚苯乙烯颗粒及牛的红血球和单细胞大肠杆菌对声镊进行测试。在两群细胞形状和大小明显不同的情况下，测试结果证明声镊技术的多能性。

研究人员表示，图样的性能独立于粒子的电、磁和光学特性。黄俊说："绝大多数细胞或粒子可在几秒内形成图样。由于它们具有不同的特

性，声镊也能从死细胞中分离出活细胞，或者不同类型的粒子。"

由于自身的多能性、低能耗、技术简便和小型化等特性，声镊显示出明显的优势。研究人员希望，未来声镊能成为更加强大的工具，为生物组织工程、细胞研究和药物筛选等应用提供更大的帮助。

（2）研制出融合生物成分的纳米电子装置。2009年8月10日，由美国劳伦斯·利弗莫尔国家实验室科学家亚历山大·诺伊主持，加利福尼亚大学伯克利分校的尼潘·米斯拉、加利福尼亚大学戴维斯分校的胡里奥·马丁内兹等人参与的一个研究小组，在美国《国家科学院学报》网络版上发表论文称，他们设计出一种多功能混合平台，利用脂类膜纳米线，成功制造出生物纳米电子原型装置。这种融入了生物成分的电路装置，不仅能够提升生物感测和诊断工具的性能，推动神经修复技术的发展，甚至可以大幅提高未来计算机的效率。

研究人员表示，把生物组件混合在电路装置中，可增强生物感测及诊断工具的功能，促进神经修复，甚至有可能增加未来电脑的运行速度。现代的通信设备多依靠电场和电流携带信息流，生物系统的信息传达方式则要复杂得多。它们通过大量的膜受体、通道和"泵"来控制信号的转导，而这是最强大的计算机也无法比拟的。例如，把声波转换成神经冲动是一个非常复杂的过程，但对人耳来说轻而易举，没有任何执行障碍。

诺伊表示："使用含有复杂生物组件的电子电路可以更有效率。"尽管早期研究曾试图将生物系统融入微电子中，但都未达到无缝的材料混合水平。"而随着与生物分子大小相媲美的纳米材料的诞生，我们可以在定域的能级范围内对生物系统进行融合。"

为了研制出生物纳米电子平台，研究小组使用了脂质薄膜，其在生物细胞中十分普遍。这些薄膜构成了稳定、可自我修复、对离子和小分子来说，几乎不可逾越的障碍。米斯拉谈到，脂质薄膜中还能够容纳无限的蛋白质机械，它可在细胞内执行临界识别，信号传输、转导等功能。

研究人员借助连续的脂质双层薄膜覆盖了纳米线的外层，把薄膜融入硅纳米线晶体管中，在纳米线表面和溶液间形成屏障。诺伊表示，这种屏障结构能使薄膜上的细孔成为离子到达纳米线的唯一途径。这也是其借助纳米线设备监视特定的传输，对膜蛋白进行控制的关键所在。通过改变纳米线设备的触发电压，研究人员可以实现膜细孔开合的电子控制。

马丁内兹和另一名联合作者也都表示，除了一些基础工作，该研究尚处于起步阶段，仍需付出大量努力，才能真正实现脂质薄膜在纳米电子器械中的应用。

（3）研制出能在纳米尺度上测量三维生物分子的等离子标尺。2011年6月，由美国劳伦斯伯克利国家实验室负责人鲍尔·埃利维塞特领导，德国斯图加特大学研究人员参与的一个国际研究小组，在《科学》杂志上发表论文称，他们开发出世界首个三维等离子标尺，能在纳米尺度上测量生物大分子系统在三维空间的结构。

随着电子设备和生物学研究对象越来越小，人们需要一种能测量微小距离和结构变化的精确工具。此前有一种等离子标尺，是基于电子表面波或等离子体开发出的一种线性标尺。当光通过贵金属，如金或银纳米粒子的限定维度或结构时，就会产生这种等表面波或离子体。但目前的等离子标尺只能测量一维距离长度，在测量三维生物分子、软物质作用过程方面，还有很大局限，其中等离子共振由于辐射衰减而变弱，多粒子间的简单耦合产生的光谱很模糊，很难转换为距离。

研究人员表示，新型三维等离子标尺克服了上述困难。该三维等离子标尺由 5 根金质纳米棒构成，其中一个垂直放在另外两对平行的纳米棒中间，形成双层 H 型结构。垂直的纳米棒和两对平行纳米棒之间会形成强耦合，阻止了辐射衰减，引起两个明显的四极共振，由此能产生高分辨率的等离子波谱。标尺中有任何结构上的变化都会在波谱上产生明显变化。另外，5 根金属棒的长度和方向都能独立控制，其自由度还能区分方向和结构变化的重要程度。

研究人员还用高精度电子束光刻和叠层纳米技术制作了一系列样品，把三维等离子标尺放在玻璃的绝缘介质中，嵌入样品进行测量，实验结果与计算出来的数据高度一致。与其他分子标尺相比，这种三维等离子标尺建立在化学染料和荧光共振能量转移的基础上，不会闪烁也不会产生光致褪色，在光稳定性和亮度上都很高。

埃利维塞特在谈到应用前景时指出，这种三维等离子标尺是一种转换器，可将其附着在脱氧核糖核酸或 RNA 链多个位点，或放在蛋白质、多肽的不同位置，再现复杂大分子的完整结构和生物过程，追踪这些过程的动态演变。它有助于科学家在研究生物的关键动力过程中以前所未有的精度来测量脱氧核糖核酸和酶的作用、蛋白质折叠、多肽运动、细胞膜震动等。

（4）开发出可测量单个细胞的纳米温度计。2011 年 8 月，由美国普林斯顿大学杨浩、加利福尼亚大学伯克利分校的林利维负责的一个研究小组，在美国化学学会（ACS）第 242 次全国会议上公布的研究成果称，他们开发出一种能测量人体单个细胞温度的纳米温度计，并首次证实细胞内部温度并不像整个机体那样遵循平均 37℃的标准，不同细胞个体在温度上往往存在显著差异。对这一差异的研究将有助于开发出预防和治疗疾病的新方法。

杨浩说，从化学角度对细胞进行研究，温度是一个重要指标，因为不同的化学反应都有可能使其发生变化。但当前，在海量的科学数据和文献中，与此相关的研究少之又少，因此，要想了解更多细胞内部的奇妙世界，就必须弄清楚细胞的温度及其变化规律。

为了测量比针尖还小的细胞的温度，研究人员使用了一种特制的纳米温度计。该温度计用镉和硒的量子点制成，小到足以进入单个细胞。当温度变化时，这些量子点就会发射出不同颜色的光，通过专门的仪器对这些光进行"解码"，就能发现细胞的温度变化。

研究人员发现，在细胞内部不断进行着各种各样的生化反应，这些反应都会产生热量。但有些细胞要比其他细胞更活跃，因此释放出来的热量也更多。杨浩研究小组还通过刺激细胞的方式，提高细胞的生化活性，以观察其对温度的影响。

杨浩解释称，这些温度变化可能与身体的健康状况相关。细胞内部温度的变化可能会改变脱氧核糖核酸的工作方式，或蛋白质分子的运行机制。如果温度上升到足够高时，一些蛋白质可能会发生改变并停止生产。

杨浩说："长期以来，不少科学家都认为，人体内的细胞具有各自不同的温度。但通过实验对该推测进行证实，这还是第一次。这让我们产生了一个新的设想——或许温度变化是一种人们所不知道的、细胞间相互沟通的新方式。"

研究人员称，目前他们正在试图通过进一步的实验，找出这种温度变化的调节机制，该研究有望在未来开发出预防和治疗疾病的新方法。

2. 医学领域纳米设备研制的新进展

（1）开发有塞纳米试管药物输送器。2006 年 5 月，美国佛罗里达大学纳米管研究专家查尔斯·马林与他在生物化学方面的合作者乔恩·斯图尔特，利用化学自组装技术，把用来运输物质的硅纳米试管在其开口端用纳米颗粒封住，旨在开发出一种有塞的纳米试管药物输送器。

现在，全球科学界和工程界都在赶纳米这个时髦。纳米管在材料方面的优良特性正被开发应用到诸多实用领域，甚至包括生物医学方面。一些对材料研究有兴趣的生物医学专家希望把纳米管开发成传输药物或基因的体内运输机器。

马林实验室此前开发出一种模板合成方法，用以制作一种新型纳米试管，它与传统纳米试管不同，因为它在一端是封闭的。马林说："我们认为，这些新型试管对于货物运送是非常有用的，但这有点像用一个没有瓶塞的红酒瓶运送红酒"。近来，他们迈出了解决这一问题的第一步，通过运用化学自组装技术，使用一种恰当尺寸的纳米颗粒塞住了硅纳米试管的另一端。

马林解释称，在硅纳米试管一端可进行氨基基团的功能化处理，它能和具有醛基基团的纳米颗粒自动发生反应，然后将试管一端盖住。模板合成的美妙之处在于，你能研制出那些在化学或生物化学方面很容易发生功能化行为的纳米管。而且，模版合成的方法几乎能用于任何材料，包括从碳到硅到聚合体。因此，他们的长远目标就是要制造出一种有塞的纳米试管，使用的原料是生物可降解材料，这样应用于生命系统就会是安全的。

对马林和斯图尔特来说，紧接着的下一步任务就是在可想象的范围内进行更多的工作。但是，也包括开发那些特性易于变化的化学物质，以便能将纳米试管打开，然后在不同条件下释放出运送的货物。

（2）研制出含有纳米微粒的体内肿瘤实时监控装置。2009 年 5 月，由美国麻省理工学院材料工程学教授迈克尔·西玛领导的一个研究小组，在《生物传感器与生物电子学》期刊网络版上发表研究成果称，他们研制出一种含有纳米微粒的微型装置，可植入癌症患者体内，用以实时监测肿瘤状况，使医生进行更有针对性的治疗。

一直以来，对癌症的诊治主要依靠活体检查，虽然准确，但其所得到的结果仅仅是当时的状况，给治疗造成了一定的困扰。西玛研究小组研制出一种可植入人体内的微型装置，有效地解决了医生的烦恼。该装置为薄圆柱体，直径仅有 5 毫米，由聚乙烯和聚碳酸酯制成，内含磁性纳米微粒，目标肿瘤分子可以通过一层半渗透膜进入装置，聚集在纳米粒子周围形成微分子团，通过磁共振成像进行监测。

有了这个装置，医生可以及时掌握患者体内肿瘤的状况：是生长还是收缩了？对治疗的反应如何？是否已经转移等。医生可以据此判定化疗的效果，及时调整治疗方案。西玛指出，目前用来判定肿瘤是否转移的方法，如活体检查，往往是事后消息，为时已晚。西玛说："有了这种装置，相当于把实验室放到患者体内，这正是我们所需要的工具，它可以使人类把癌症变为一种可控疾病。"

第四章 电子信息领域纳米技术的新成果

本章分析美国在微电子、电子元器件、电子设备等方面纳米技术的创新信息。美国在微电子领域，主要集中在用纳米技术研究微观粒子，发明用于微电子研究的纳米新设备；研制微电子纳米材料，并开发相关纳米技术。用纳米技术研制原子级、分子级微电子晶体管，研制纳米级微电子晶体管，开发微电子电路和微电子设备。美国在电子元器件领域，主要集中在用纳米技术研发半导体材料，开发电子薄膜与元器件底板，研制纳米级晶体管；用纳米技术研制集成电路、微处理芯片等。美国在电子设备领域，主要集中在用纳米技术研制微型计算机、开发计算机部件，发明会做多种表情的机器人；另外，用纳米技术研制放大器与通信设备。

第一节 微电子领域纳米技术的新进展

一、微电子研究领域纳米技术的新成果

1. 用纳米技术研究微观粒子的新成果

运用纳米技术开发出把光子和等离子体混合在一起的准粒子。

2011 年 5 月，由美国能源部下属劳伦斯伯克利实验室材料科学分部首席科学家张翔领导的研究小组，在《自然·通信》杂志上发表论文称，他们运用纳米技术研制出把光子和等离子体混合在一起的新技术，由此获得名叫"混合等离激元"的准粒子。该准粒子可广泛应用于新一代的光子集成电路和光子计算机中。

与电子设备相比，光子设备的运行速度更快且灵敏度更高，因此科学家们一直期望用基于光或电磁波等波导制成的电路，取代目前用微处理芯片等组成的电子电路。为了满足高数据带宽和低能耗的要求，光子设备必

须做到以缩减光子组件的大小来缩减制造，以及传输和探测每个信息字节所必需的能耗。但光子设备在缩小后，光波之间会因紧密接触产生衍射干扰，形成微弱的光-电相互作用，妨碍设备功能的发挥。

劳伦斯伯克利实验室材料科学分部首席科学家张翔领导的研究小组发现，光波被挤压后通过金属/介质纳米结构的表面时，金属纳米结构的表面会产生带电的等离子体，等离子体又可与光子相互作用，形成被称为表面等离子体激元的准粒子，从而可将光子的波长缩小到衍射极限以下，减少衍射干扰。但光信号在通过金属/介质表面的金属那部分时，其强度会减弱。

为了解决光子信号损失的问题，张翔研究小组提出混合等离子激元的概念。一个半导体（高介质）带被放置在一个金属表面上，在其中插入一薄层氧化物（低介质），这种新的金属-氧化物-半导体设计会将入射光波的能量进行重新分配，光波的很多能量不再集中于金属内（此处光子的损失非常高），而被挤入低介质氧化物中，在此处，光子的损失要少很多。

该研究小组根据这个思路制造出把光子和等离子体混合在一起的混合等离子激元模式，新模型仅为50×60平方纳米，在一个金属-绝缘体-半导体设备内，可见光和近红外线波段的光可产生纳米尺度的波导。该混合等离子激元模式能够减少衍射干扰，光信号损失较少，它不仅对小型设备有优势，而且为纳米激光器的研制铺平道路，同时，还可用于制造量子光学设备、单光子全光学开关和分子传感器等。

2. 发明用于微电子研究的纳米新设备

（1）研制出能诱捕、探测和操纵单个电子旋转的纳米量子设备。2007年10月，由美国布法罗大学工程和应用科学学院电子工程教授乔纳森·伯德领导的研究小组，在《物理评论快报》网络版上发表研究论文称，他们开发出一种新设备，可以简单快捷地诱捕、探测和操纵单个电子旋转，清除了一些阻碍自旋电子学和基于电子旋转的量子计算发展的主要障碍。该文章使得研发以利用单旋转为基础的高性能计算机离现实更进了一步。

伯德说："操控单电子旋转的任务是一项非常令人敬畏的技术挑战。它是非常有潜力的，如果能得以克服，我们就能开发出新的纳电子学范例。在这篇研究文章中，我们对一种创新方法进行论证。它可以使我们轻松地在一种模式中诱捕、操控和探测单电子自旋。这种模式的潜力在于它可以按比例扩展成为致密的集成电路。"

研究人员通过他们创新的量子点接触成功实现他们的目标：即研发在半导体的两个导通区域之间，控制电荷流动的狭窄的纳米级缩颈。伯德称："最近的预测显示，它应该可以利用这些缩颈来诱捕单电子自旋。事实上，我们在这篇研究文章中，为使用量子点接触成功实现诱捕提供了证据，而且它还有可能实现电子操控。"

他们研发的这种系统可通过有选择性地向金属门供以一定的电压来操控半导体中的电流。这些金属门均装配在其表面。伯德解释称，这些金属门间拥有一个纳米大小的间隙，当向它们通以一定的电压时，量子点接触就会在这样的间隙中形成。

通过改变通向金属门的电压能够对缩颈的宽度进行连续地压缩，直到它最终完全关闭。伯德解释称："当我们增加金属上的电荷时，它就会开始弥合间隙。随着电荷的增加，它就会允许越来越少的电子通过，直到它们全部不能通过。就在间隙快要完全关闭之前，当我们对这一通道进行挤压时，我们就能探测到通道内最后电子的捕获及其旋转情况"。他解释称，在那一瞬间，旋转的捕获表现为流过设备另一半的电流的变化情况。他称："设备的一个区域很容易感受到另一区域所发生的情况"。既然布法罗大学的研究人员已经诱捕和探测到了单电子旋转，那么下一步的研究工作就是诱捕和探测两个或更多相互联系的电子旋转。这是自旋电子学和量子计算发展的先决条件。

（2）开发出首个纳米级单分子质量实时测定系统。2009 年 7 月，由加州理工学院的物理学教授、校纳米科学研究所主任迈克尔·若克斯领导，他的同事物理学家阿斯科沙伊·奈克等人参与的一个研究小组，在《自然·纳米技术》杂志上发表研究成果称，他们开发出只有百万分之一米大小的纳米电子机械系统谐振器，可实时测定单个分子的质量。

过去，科学家一直依靠现有质谱分析技术测量分子的质量，程序十分烦琐。首先要把被测样品中成千上万的分子离子化，使其呈带电状态，其次将这些离子引入电场，根据它们的运动状态确定其质荷比，进而确定它们的质量。

若克斯研究小组经过十多年努力，开发出一种微型纳米电子机械系统谐振器，有效简化了分子质量测量的程序，并使测量器械微型化。这种 2

微米长、100纳米宽的桥状谐振器具有很高的振动频率，可有效充当质谱仪的"度量标尺"。

奈克指出，谐振器的振动频率与其所测量目标的质量成正比，振动频率的变化会与被测物的质量变化契合。将一个蛋白放到谐振器上后，谐振器的振动频率就会下降，而通过这种频率转换即可测定蛋白的质量。

若克斯教授认为，随着生命科学研究的深入，越来越需要进行大量的蛋白质组学分析，下一代用于相关研究的仪器，尤其是用于系统生物学研究的仪器，一定要能完成这样的任务。而半导体微电子加工工艺的发展使这种仪器的研制成为可能。

（3）开发出能清除纳米级研究设备磨损的新技术。2009年9月，美国IBM公司苏黎世研究中心的一个研究小组，在《自然·纳米技术》杂志上发表论文称，他们开发出一种大有希望的实用技术，能有效消除扫描探针技术中使用的纳米针尖的机械磨损。这项发现将有助于开发出下一代更为先进的计算机芯片，使芯片具有更高性能和更小体积。以扫描探针为基础的工具可超越目前生产和表征工具的可能极限，扩展其测量能力、质量和精度。

扫描探针技术利用纳米尺度的原子力显微镜针尖，通过在物体表面以非常接近的方式进行扫描而非滑动来操纵纳米结构和设备，有点类似于老式留声机的唱针运行方式。原子力显微镜等技术现已成为探索纳米世界的重要工具。扫描探针技术提供了在原子或分子尺度上的最高可能分辨率，代表着科学家的"眼""耳""鼻""手"。

在半导体行业，这些技术由于其原子层级的分辨率和操纵能力成为开发制造下一代超小尺寸芯片的宠儿。利用这些技术，大规模工业用途的一个关键性制约因素就是针尖的机械磨损。运动部件之间摩擦产生的磨损是所有宏观及纳米层级力学过程所固有的。但是，依赖于纳米针尖的扫描探针技术，其顶端仅为5纳米，因此这个问题更为严峻。几个立方纳米就能影响针尖的灵敏度。在未来工业化应用中，在一个硅片上的大型特性表征化区域内，针尖就需要在无须更换的情况下滑动数千千米。而在目前使用的扫描模式下，针尖在运动数米后就磨损了。此外，摩擦除了造成针尖的磨损外，还能造成特征化表面的损坏。

IBM研究小组发表的论文就旨在解决这个问题。研究人员通过调节作用于针尖样本接触点上的力，有效地消除在聚合物表面滑动的针尖磨损，使其滑动距离超过 750 米。给悬臂（针尖依附与受控的力臂）和样本表面之间施以交流电压后，悬臂即能以 1 兆赫兹的频率运行。此时，悬臂的弯曲和针尖的振动幅度仅在几乎察觉不到的 1 纳米左右。虽然微乎其微，但正是这种振动大大降低了摩擦，消除了针尖的磨损，从而能检测到低至每米中失去 1 个原子这样的极限反应。针尖在连续运行一周，经过 750 米的磨损试验后，依然处于完美的运行状态。

目前，随着磨损问题的解决，IBM 苏黎世研究中心的研究人员正在探寻扫描探针技术的大量潜在应用，如纳米加工、纳米光刻和高速测量等。通过并行运行大量的针尖，在芯片的开发和制造过程中就能实现高通量、高速度和自动计量。与现有工具相比，这样的计量系统在衡量器件尺寸或确定结构化硅片中的瑕疵时，将有更高的精度和准确度，而且成本更低。为了实现复杂二维和三维纳米结构的高速模式化，IBM 研究人员还在研究更加强大的扫描探针技术。

（4）研制出可控制量子比特自旋的"混血"纳米设备。2010 年 7 月 1 日，由美国马里兰大学纳米中心物理学家欧阳敏教授领导的研究小组，在《自然》杂志上发表研究成果称，他们自主研制成的金属与半导体"混血"的独特纳米设备，可以控制量子比特自旋。

研究人员用自己研制的设备演示了一种新的光和物质的相互作用，且在仅为几纳米的胶体纳米结构中，首次实现对量子比特自旋进行完全的量子控制，这些新进展朝着制造出量子计算机迈开更加关键的一步。

研究人员表示，这项新发现有利于加快研制与量子计算和能源生产有关的纳米设备。比如，研发出更高效的光伏电池，或促进诸如生物标志物等其他基于光与物质相互作用的技术的发展。实际上，该研究小组已经开始使用这种技术来研发新的、转化效率更高的光伏电池。

欧阳敏小组使用化学热力学方法在溶液中制造出一系列不同的"混血"组合物，每一个组合物都有一个单晶半导体壳，里面包裹着金属。在最新的研究中，研究人员使用这些金属/半导体"混血"而成的纳米设备，在实验室中演示一个等离子（金属发出的）和一个应激子（半导体壳发出的）之间的"可调共振耦合"。结果，这种耦合加强了光学斯塔克效应，因此，有望通过光来控制量子状态。60 多年前，科学家研究光和原子之间的相互作用时，发现了光学斯塔克效应，该效应表明，可以用光来改变原子的量子状态。

美国国家标准与技术研究院原子物理分部的加尼特·布莱恩表示，在过去的几年中，很多研究人员正在研究金属和半导体组成的异种纳米设备，并使用这种纳米设备作为"纳米天线"与半导体纳米设备，以及光发射器内外的光，进行更有效的耦合。

布莱恩表示，欧阳敏领导的这项研究表明，金属纳米天线周围环绕着半导体外壳这样的纳米设备能够完成同样的目标，而且，这样的结构简单易制造，应用范围也很广。最重要的是，科学家能够通过操纵这种光和物质的耦合，对半导体纳米发射器进行相干量子控制，而量子信息的处理过程中必须实施这种控制。

欧阳敏小组认为，使用其研发的晶体与金属"混血"纳米设备，他们能够完成这种相干量子控制。而且，新纳米设备也对晶体外延生长大有裨益。晶体外延生长一直是制造单晶半导体和相关设备的主要方式。新方法可避免限制晶体外延生长的两个关键因素：沉积半导体层的厚度和晶格匹配。

（5）合成出捕获纳米离子的分子笼。2011年12月，由美国纽约大学布法罗分校化学副教授加维德·瑞耶夫领导的研究小组，在《美国化学协会会刊》上发表论文称，他们合成出一种能捕获纳米离子的微小分子笼，可用于提纯纳米材料。

分子笼由微小的有机分子管道组成。这种名为"瓶刷分子"的有机分子内部用特殊方法做成中空，并使其内壁带上负电荷，以有选择性地吞掉那些带正电的粒子。分子笼还能做成不同大小，以捕捉不同大小的分子猎物。

瓶刷分子就像一个圆形的发刷，沿主干周围伸出许多毛发似的分子。研究人员把这些"瓶刷"缝在一起，再把分子浸入水中，使其变成中空，围绕核心黏附上一层带负电的羧酸基，就成了陷阱式的笼子结构，即内壁带有负电的纳米管。

他们还设计出一系列实验，来测试这种笼子的捕获能力。其中一种双层笼被称为鸡尾酒瓶，底层由含纳米管的三氯甲烷溶液构成，顶层由含带正电荷染料的水基溶液构成。将这种鸡尾酒摇5分钟，纳米管互相碰撞陷落在染料中，从而将染料带入三氯甲烷溶液中（染料不会溶解在三氯甲烷中）。另一种精心制作的纳米管笼能从水溶液中提取直径仅2.8纳米、带正电的树状聚合物分子，而将4.3纳米的树状聚合物分子留在溶液中。

要想从纳米管中释放出捕获的粒子，只需简单地降低三氯甲烷溶液的 pH 值，就会关闭笼子内部的负电荷，释放出其中的粒子。

研究人员指出，这些笼子能使单调乏味的工作加快速度，例如，把大量子点从小量子点中分离，或按尺寸和电荷分离不同的蛋白质。

瑞耶夫说："分子及纳米材料的形状和大小与它们的用途密切相关。我们的分子笼能按事先确定的规格尺寸把这些粒子分离开，能为那些先进材料生产统一的原材料，就像为建筑商生产同样大小的瓷砖或砖块。研究人员也需要同样规格的纳米粒子，但在纳米尺度上要生产出完全一样的性能良好的材料，还有很长的路要走。"

此外，瑞耶夫小组还在研究瓶刷分子的更多应用，如以瓶刷分子为基材的纳米薄膜可用于滤水；多层组装的瓶刷聚合物能像蝴蝶翅膀那样反射可见光。

二、微电子材料领域纳米技术的新进展

1. 研制微电子纳米材料的新成果

（1）研制出可显著降低电子设备成本的铜纳米线薄膜。2011 年 9 月，由美国杜克大学化学家本·威利领导，他的学生亚伦·莱斯梅尔等人组成的研究小组，在《先进材料》网络版上发表研究报告称，他们研制出一种新型纳米结构，具有降低手机、电子阅读器和 iPad 等显示器制造成本的潜力，亦能帮助科学家构建可折叠的电子产品，并提升太阳能电池的性能，目前已进入商业制造阶段。

研究小组开发出的这种新技术可在水中"管理"铜原子，并形成长而薄但不聚集凝结分布的纳米线。这种纳米线随后可转变成透明的导电薄膜，覆盖于玻璃或塑料之上。这项新的研究表明，铜纳米线薄膜与目前用于电子设备和太阳能电池上的薄膜具有相同的特性，但制造成本却可显著降低。

目前，连接电子屏幕像素的薄膜是由铟锡氧化物制成的，其透明程度很高，对信息也具有良好的传导性。但铟锡氧化物薄膜必须通过蒸气沉积，这个过程十分缓慢，而且含有铟锡氧化物的设备很容易裂开。此外，铟也是一种昂贵的稀土元素，每千克的价格高达 800 美元左右。威利说："这些问题都促使全球的科学家尽力寻找更加经济的材料，如同油墨一般，能更快速地镀在或印刷在所需的材料表面，形成低成本的透明导电

薄膜。"

铟锡氧化物薄膜的替代方法之一是使用含银纳米线的油墨。2014 年，第一款屏幕由银纳米线制成的手机将会面市。但银与铟类似，仍然十分昂贵。相比之下，铜的含量十分丰富，可比铟或者银充足 1000 余倍。2010 年，威利研究小组已经表示，有可能研制出能够覆盖在玻璃上的铜纳米线层，从而形成透明的导电薄膜。但由于铜纳米线经常聚集在一起，当时制成的薄膜性能还未达到实际应用的标准，而此次采用的新方法则解决了这一难题。

研究小组制成的铜纳米线还在弯折次数上有了较大突破，在来回弯曲 1000 次以后，其仍能保持传导性和形状。与此相比，铟锡氧化物薄膜的传导性和结构在几次弯折后就会损坏。

目前，威利参与创建的"纳米熔炉"公司已开始制造可商业应用的铜纳米线，订单状况十分火爆。他表示，柔性铜纳米线低成本、高效能的特性，使其成了下一代显示器和太阳能电池的自然选择。随着此项技术的不断发展，未来的显示器将更加轻薄、可靠，太阳能也将比化石燃料等更具竞争力。

（2）研制成能自行重构电路的多维导控电流纳米材料。2011 年 10 月 16 日，由美国西北大学麦科密克工程与应用科学学院化学与生物工程教授巴托斯·格日博斯基领导，大卫·沃克等人参加的研究小组，在《自然·纳米技术》杂志网站上发表论文称，他们开发出一种能从多个方向导控电流的新型纳米材料，能调整自身排列组合重构电路，以满足不同时间的不同计算需要。这种材料可用于制造初级电子元件，为人们带来一类全新的纳米粒子电子元件，并有望使计算机能自行改装其内部电路，按照需要变成完全不同的设备。

格日博斯基说："这是一种全新的控制转向技术，能导控连续材料中的电流方向。就像改变一条河的流向，电流通过这种材料后，也能被引导流向多个方向，甚至变成多条河流，同时流向相反的方向。"

研究人员介绍，新材料是把硅和高分子聚合材料从多方面结合在一起。这种"杂交"材料由一种 5 纳米宽的导电粒子组成，每个粒子外面涂有一层特殊的带正电的化学物质，这些粒子被带负电的原子"海洋"包围，以平衡它们所带的正电。通电时，微小的负电原子会发生迁移重建电路，而相对较大的正电粒子不会移动。通过移动包围着材料的海量负电原子，能调节高低电导区域，就生成了允许电流通过的方向路径。而通过推拉负电原子，旧有的路径会被新的路径擦除。用多种类型的纳米粒子还可以制造出更加灵沽的电子元件，如二极管和晶体管。

沃克说："新材料除了作为现有技术的三维桥梁以外，这种可逆性能让计算机改变电流方向，在需要的时候调整自身线路。"也就是说，有一种设备能根据计算机信号自我改装成电阻器、整流器、二极管，以及晶体管，而多维电路只要使用不同的电脉冲输入序列，就能重构电路而实现这一点。

2. 研制微电子材料的纳米技术创新

（1）找到精确制备硅基纳米导线的方法。2004 年 2 月 23 日，由美国俄勒冈州健康与科学大学索拉克博士领导的研究小组，在《应用物理》杂志上发表文章称，他们找到一种能精确制备硅基纳米导线的方法，硅基纳米导线能够按照预先设定的位置和方向生成。这是纳米半导体材料研究的重大进展。

研究小组指出，利用新的电磁场方法加上 10 年前的"蒸气-液体-固体"沉积技术，他们使硅基纳米导线在电极上按照预先设定的位置与方向生长形成。目前，制备的硅基纳米导线直径达到 5~20 纳米。

索拉克博士声称，硅基纳米导线定向生成特性，将有助于研制各种纳米电子元器件，特别是纳米芯片，进而可以打破目前硅芯片集成度的限制，未来能使芯片集成度达到千兆规模；同时，硅纳米导线与纳米芯片将可用于未来的量子计算机上。

目前，研究小组准备进一步研究，利用硅基纳米导线制造硅纳米电子元器件的有关技术问题。索拉克博士表示，研究人员需要研究硅基纳米导线在电极上与金属接触的情况，以及硅基纳米导线表面涂层或是污染物对电流的影响。这些是制造纳米电子元器件之前必须要搞清楚的问题。他还表示，对硅纳米导线涂层或是污染物的研究，将有可能研制出具有多种用途的纳米传感器，诸如探测环境污染或是生物毒剂的传感器。

（2）开发出全新的纳米金属晶体生长技术。2007 年 3 月 26 日，由美国能源部西北太平洋国家实验室科学家格里高利·爱克萨霍斯领导的研究小组，在美国化学学会全国会议上表示，他们利用棉花中的纤维素制作出一种模板，并在其上获得了过去从未见过的纳米金属晶体。这类金属晶体有望成为生物传感器、生物成像设备、药物定向输送纳米装置和催化器的组成部件。

研究人员介绍，他们先用酸对棉花纤维素进行处理后获得自然模板，然后在模板上快速和均匀生长金属晶体，其中包括金、银、钯、铂、铜、镍和其他金属，以及金属氧化物的纳米晶体。这些晶体表现出其他较大尺寸金属晶体所不具备的光、电和催化特性。

据悉，在研究中，酸的作用是把棉花纤维素在羟基团含量丰富的环境里转变成大且稳定的晶格化分子，而分子间的距离可以预见，这构成了纤维素分子模板的骨架。研究人员先在含金属的盐溶液加入模板，再将其置入加压的炉灶中，从70℃加热到200℃，或在加热装置中加温4~16小时，结果在模板上形成了均匀的金属晶体。

研究人员称他们的方法为"绿色处理"，因为它仅仅需要加热晶格化纤维素和金属盐。而其他获得不同尺寸的均匀纳米金属晶体的方法，则往往需要用强腐蚀性的化学物质作为还原剂和稳定剂。研究人员表示，在有关钯，以及硒的有机分子耦合反应中，他们获得了金属晶体某些催化作用的初步结果。同普通的商业催化剂相比，金属粒子更小（15至20纳米）则具有更快和更高的催化转化率。

（3）进一步完善铜纳米导线的制造方法。2010年6月1日，由美国杜克大学化学助理教授本杰明·威利领导的一个研究小组对外界宣布，他们成功地完善了铜纳米导线的制造方法，此举有望在不久的将来让铜纳米导线的商业化生产成为现实。铜纳米导线十分细微而透明，可取代银纳米材料和铟锡氧化物，用于薄膜太阳能电池、平板电视和计算机，以及柔性显示器中。

威利表示，最新的平板电视和计算机显示屏通过一系列的电子像素显示图像。电子像素由透明的铟锡氧化物材料制成的导电层相连接。铟锡氧化物还被用作薄膜太阳能电池的透明电极。不过，铟锡氧化物存在易碎的缺点，因而不能用来生产柔性屏幕。同时它的生产过程效率不高，价格也相当昂贵，在需求量不断增加的今天价格更是不断上涨。

银纳米导线作为透明导体性能良好，威利在读研究生时，便协助把银纳米导线的生产进行了专利注册。但是，银与铟类似，它们稀少且昂贵。另外，有研究人员在试图改善碳纳米管的性能，但至今还没有取得突破性进展。

威利表示，如果人们想要让电子设备和太阳能电池得到广泛普及，那么需要利用地球上存储量丰富的材料，同时这些材料也无须花费过多的能量来获取。他认为，目前人们所知的既透明又导电的材料十分稀少，这也是铟锡氧化物虽有缺陷却仍被采用的原因。

现在，威利他们的研究显示，存储量比铟丰富上千倍的铜能够被用来生产透明且导电的纳米导线。铜纳米导线的导电性能优于碳纳米管，同时比银纳米导线要廉价许多。威利认为，铜纳米导线价廉且性能良好的事实使得其成为非常有希望解决难题的材料。

威利和他的两名学生在水溶液中生长铜纳米导线。他声称，通过向水溶液添加不同的化学物质，能够控制原子形成不同的纳米结构。在制作铜纳米导线过程中，当铜出现结晶时，它首先形成微小的"种子"，随后每个"种子"生长成单独的纳米导线。

三、微电子晶体管领域纳米技术的新成果

1. 用纳米技术研制原子级微电子晶体管

（1）用纳米技术研制出首个高温电子自旋场效应晶体管。2010 年 12 月 23 日，美国物理学家组织网报道，由美国得克萨斯农工大学物理学家杰罗·斯纳夫领导的一个国际研究小组，在《科学》杂志上宣布，他们用纳米技术研制出首个能在高温下工作的自旋场效应晶体管，该设备由电力控制，其功能基于电子的自旋，其中包含一个与门逻辑设备。新突破将给半导体纳米电子学和信息技术领域带来新气象。

（2）用纳米技术制造出超小型单电子晶体管。2011 年 4 月，由美国匹兹堡大学文理学院物理学和天文学教授杰里米·利维领导的研究小组，在《自然·纳米技术》杂志上发表论文称，他们制造出一种核心组件，直径只有 1.5 纳米的超小型单电子晶体管。该装置是制造下一代低功耗、高密度超大规模集成电路理想的基本器件，具有极为广泛的应用价值。

单电子晶体管是用一个或几个电子就能记录信号的晶体管，其尺度都处于纳米级别。随着集成电路技术的发展，电子元件的尺寸越来越小，由单电子晶体管组成的电路日益受到研究人员的青睐，其高灵敏度的特性和独特的电气性能使其成为未来随机存储器和高速处理器制造材料的有力竞争者。

据研究人员介绍，这种新型单电子晶体管的核心组件是一个直径只有 1.5 纳米的库伦岛，另外还有一两个电子负责对信号进行记录。利维称，

该晶体管未来可用于研制具有超密存储功能的量子处理器。这种处理器将能轻松应对那些让目前全世界所有的计算机同时工作数年也计算不完的复杂问题。同时因其中央的库伦岛可以被当作人工原子，该晶体管还可用来制造自然界原本并不存在的新型超导材料。

利维研究小组把这种超小型单电子晶体管命名为"SketchSET"。原因在于这项技术受到了一种名为蚀刻素描画板（Etch A Sketch）的启发，这种晶体管的制造原理也与其类似。在实验中，通过原子力显微镜，研究人员用一种极为尖锐的电导探针就能在钛酸锶晶体界面上，用1.2纳米厚的一层铝酸镧"蚀刻"出所需的晶体管。

据介绍，它是第一个完全由氧化物制成的单电子晶体管，并且其库伦岛内能容纳两个电子。经过库伦岛的电子数量可以是0、1或2，而不同数量的电子将决定其具有怎样的导电性能。

利维表示，这种单电子晶体管对电荷极为敏感，且所使用的氧化物材料具有铁电效应，该晶体管还可制成固态存储器，即便没有外部电源，该晶体管存储器也不会丢失此前存储的信息。此外，这种晶体管对压力变化也极为敏感。根据这一特性，可用其来制成纳米尺度的高灵敏度压力传感设备。

2. 用纳米技术研制分子级微电子晶体管

（1）用纳米技术发明单分子"量子干涉效应晶体管"。2006年9月，由美国亚利桑那州大学物理学家苏米特·玛祖达、大卫·卡德蒙、查尔斯·斯塔福德等人组成的一个研究小组，在《纳米科学》网络版发表研究成果称，他们用纳米技术发明了把单分子转变为工作晶体管的工艺。这项成果的出现使纳米学专家梦寐以求的下一代微型高效计算机研制方法获得了突破性进展。

晶体管是一种设置电流开关状态的装置，就像花园水管上用来控制水流开关的阀门一样。亚利桑那州大学的物理学家正计划制造出尺寸在1纳米，即十亿分之一米的微型晶体管。

（2）用纳米技术制成以单个苯分子为材料的分子晶体管。2009年12月23日，美国耶鲁大学发表新闻公报称，由该校工程和应用科学系教授马克·里德领导，他的同事及韩国光州科学技术研究院研究人员组成的一个研究小组，以纳米技术为基础，合作制成用单个苯分子作为材料的分子晶体管。

3. 用纳米技术研制纳米级微电子晶体管

（1）通过纳米技术开发可用于太阳能电池的碳纳米二极管。2005 年 8 月，通用电气公司全球研究中心（通用电气公司专门进行科技研究的机构）近日透露了碳纳米二极管技术的开发。碳纳米二极管技术将用于廉价太阳能电池技术的开发。这是 2004 年，通用电气公司全球研究中心开发和宣布的新型碳纳米二极管装置的改进。

通用电气公司资深纳米技术领导玛格丽特·布洛赫姆在一份声明中说："通用电气公司开发碳纳米二极管装置的成功，不仅仅表明通用电气公司是新时代电子技术的先驱，这一新技术的成功潜在的公开了一条太阳能研究的通道。在我们开发的碳纳米管装置中光电效应的发现，将导致在太阳能电池领域出现令人激动的突破。人们不仅可以获得太阳能电池更多的效率，在主流电池能量市场，消费者有了进行更多可行的选择余地。"

通用电气公司全球研究中心表示，不同于传统的二极管，通用电气公司开发的碳纳米二极管能够执行多种功能，一个二极管和两个不同类型的晶体管能够发射和侦查阳光。通过一个 p 型和一个 n 型半导体材料的连接构成了二极管。在通用电气公司开发的碳纳米二极管装置中，采用静电掺杂技术构成了两个区域。使用两个分离的栅极连接两个等分的碳纳米管，通过一个阴极偏压和其他使用的阳极电压，碳纳米管的 p–n 结就可构成。

通用电气公司的研究人员发现，一个理想的二极管可以中止碳纳米管中间部分信号再结合的发生。这些试验结果显示出碳纳米管在接触基体时是非常灵敏的。这一发现为任何基于碳纳米管装置的工作原理提供了重要的线索。

通用电气公司全球研究中心指出，在光能量转换成电流的过程中，通过测试碳纳米管的参数，科学家进一步详细阐述了理想二极管的性能，尽管提供的能量比光的波长小 1000 倍，但由于提高了理想二极管的参数，碳纳米管显示了重要的能量转换效率。

碳纳米二极管技术的开发是通用电气公司主要开发计划的一部分，通用电气公司保证在未来 5 年中用于新技术开发的投资水平将超过两倍，达到 7 亿至 15 亿美元。作为这一承诺的一部分，通用电气公司全球研究中心将积极安排光电技术的开发，研究阳光产生能量的成本效益和更多的效率。

（2）通过纳米技术研制出新型生物纳米电子晶体管。2010 年 5 月，由美国劳伦斯伯克利国家实验室研究人员亚历山大·诺伊等人组成的研究小组，在《纳米快报》上发布研究成果称，他们建造了可由三磷酸腺苷驱动和控制的生物纳米电子混合晶体管。研究人员称，新型晶体管是首个整合的生物电子系统，它将为义肢等电子修复设备与人体的融合提供重要途径。

三磷酸腺苷可作为细胞内能量传递的"分子通货"，储存和传递化学能为人体新陈代谢提供所需能量；其在核酸合成中亦具有重要作用。

诺伊表示，离子泵蛋白是新型晶体管装置中最核心的部分。此次开发的晶体管由处于两个电极之间的碳纳米管组成，起半导体的作用。纳米管的末端附有绝缘聚合物涂层，而整个系统则包裹于双层油脂膜之中，与活体细胞膜的原理相似。当科学家将电压加在电极之上时，含有三磷酸腺苷、钾离子和钠离子的溶液便会倾泻而出，覆盖在晶体管装置表面，并引发电极之间电流的流动。使用的三磷酸腺苷越多，产生的电流也越强烈。

研究人员解释说，之所以会产生如此效果，是由于双层油脂膜内的蛋白质在接触三磷酸腺苷时，会表现得如同"离子泵"一般。在每个周期中，蛋白质会往一个方向抽送 3 个钠离子，并向相反方向抽送 2 个钾离子，致使 1 个电荷在"离子泵"的作用下，越过双层油脂膜抵达纳米管之中。随着离子的不断累积，其将在纳米管中部的周围产生电场，从而提升纳米晶体管的传导性。

（3）通过纳米技术开发出纳米级砷化铟镓晶体管。2012 年 12 月，物理学家组织网报道，由美国麻省理工学院电气工程和计算机科学系教授德尔·阿拉莫领导的研究小组，开发出有史以来最小的砷化铟镓晶体管。这个复合晶体管长度仅为 22 纳米。

阿拉莫表示，随着硅晶体管降至纳米尺度，器件产生的电流量也不断减小，从而限制了其运行速度，这将导致摩尔定律逐渐走到尽头。为了延续摩尔定律，研究人员一直在寻找硅的替代品，以能在较小尺度上产生较大电流。其中之一便是砷化铟镓，已用于光纤通信和雷达技术的该化合物具有极好的电气性能。

研究人员表示，使用砷化铟镓创建一个纳米尺寸的金属氧化物半导体场效应晶体管是可能的，金氧半场效晶体管是微处理器等逻辑应用中最常用的类型。晶体管包括 3 个电极：栅极、源极和漏极，由栅极控制其他两极之间的电流。由于这些微小晶体管的空间十分紧张，3 个电极必须被放置得相互非常接近，但即便使用精密的工具也很难达到精确水平。该研究小组则实现晶体管栅极在其他两个电极之间进行"自对准"。

研究人员首先使用分子束外延法生长出薄层的砷化铟镓材料，其次在源极和漏极上沉积一层金属钼。研究人员使用电子聚焦束，在该基底上"画"出一个极其精细的图案，然后蚀刻掉材料不想要的区域，栅氧化物便沉积到微小的间隙上。最后，将钼蒸气喷在表面上形成的栅极，可紧紧地挤压在其他两个电极之间。

阿拉莫表示，通过蚀刻和沉积相结合，栅极就能安放在四周间隙极小的电极之间。他们的下一步目标将是通过消除器件内多余的阻力来进一步改善晶体管的电气性能，并提高其运行速度。一旦实现此目标，他们将进一步缩减器件尺寸，最终将晶体管的栅极长度减至 10 纳米以下。

四、微电子电路领域纳米技术的新成果

1. 研制出世界首个纳米碳管电路开关

2005 年 8 月 14 日，由美国圣地亚哥市加利福尼亚大学材料科学家普拉巴卡尔·班达鲁领导的研究小组，在《自然·材料学》上发表研究报告称，他们用纳米技术研制出世界上第一个完全由纳米碳管制成的电路开关，他们希望这种成本更低、体积更小、速度更快的纳米碳管元件能够代替硅芯片。

这种元件是一种 Y 型纳米管，而它的作用和普通家用的晶体管一样。从一个支管流向另一个支管的电流，受到第三支管电压的控制来完成开关动作，而且永远只有两种情况，要么开，要么关。

班达鲁说："纳米管开关体积小、开关动作灵活，绝对适合成为新一代的晶体管材料。"研究小组通过在直纳米管的生长过程中添加一种钛铁催化剂来制造 Y 型纳米管。在一个催化剂粒子黏附到纳米管的一侧时，就形成了一个新的支管。

传统的晶体管是由数层半导体材料构成的，比如说硅。目前随着制造技术的进步，芯片的体积已经变得更小，赋予了台式电脑更加强大的计算能力。

但是，在元件的体积越来越小的同时，漏电情况也变得越来越严重，导致温度升高、废热，并且使有些本应关闭状态的开关依然处于开启状态。但是，硅芯片的体积看起来已经不可能进一步缩小了。

所以，研究人员正尝试寻找新方法，用纳米碳管来起到相同的作用。碳分子管卷不仅能够导电，而且比硅电路的体积更小，大概只有一米的十亿分之几。

纳米碳管还能够通过更加低廉的化学方法来制造，这样一来就能避免目前电路制造技术中费时费力的增层和蚀刻等工序。瑞典卢德大学的物理学家许洪其解释说："这能够帮助我们实现制造体积更小、功能性更加复杂的仪器。"

研究人员已经使用纳米碳管制成逻辑电路，但是这些电路需要金属"关卡"来控制电荷流动。许洪其表示，实现这样的目标需要分好几步才能完成，所以与传统电子元件相比，这种产品在经济成本方面完全没有竞争性。

班达鲁进一步解释说，新的电子仪器中所需要的"关卡"是纳米结构的一部分，也就是说整个结构是完全独立的，而研究人员能够调整纳米碳管中央的催化剂粒子来实现改变仪器的切换性质，如在不同的电压间切换等。

目前这一研究小组正尝试研制 T 型和 X 型的纳米碳管来实现其他不同的功能。班达鲁说："想到未来可能实现的种种可能，我就会兴奋不已。"

2. 用纳米技术制成半导体微电子电路连接有机分子材料的器件

2008 年 3 月，美国国家标准和技术研究院的一个研究小组在新出版的美国化学学会杂志上发表论文称，他们用纳米技术成功地寻找到把半导体材料组成的微电子电路与复合有机分子材料组成的器件相连接的途径。

研究人员运用纳米技术把有机分子单层结构组装到普通微电子硅基底上，获得半导体和有机分子组成的电阻。据介绍，这种技术同样以硅为基底，与工业标准互补型金属氧化物半导体晶体管（CMOS）生产技术相兼容，为未来金属氧化物半导体与分子混合器件电路的制造铺平道路。可以说，该混合器件电路将是金属氧化物半导体晶体管之后，即将出现的全分子技术的基础或前身。

该研究小组首先发现，他们采用纳米技术能够把高质量的有机分子单层组装到工业金属氧化物半导体晶体管制造中常见的硅切面上。通过外延光谱分析，研究人员证实了自己的研究成果。

随后，研究人员利用相同的技术，研制出简单但具有工作能力的分子电子器件：电阻。他们用碳原子链组成单层结构，每条碳原子链的端点与硫原子相系，并将原子链放入硅基底上的深度为 100 纳米的小井中，然后用一层金属银封住井口，同时井上端形成顶部电接触点。他们表示，金属银不会取代碳原子链组成的单层结构，也不会阻碍单层结构发挥正常功能。

据悉，研究人员共研制出两个分子电子器件，每个器件具有不同长度的碳原子链。正如所预期的那样，两个器件在测试中均成功地表现出电阻的作用，同时，碳原子链更长的器件，其电阻更大。研究人员还证明它们显示非线性电阻的性能。研究人员表示，他们下一步目标是制造一个金属氧化物半导体与分子的混合电路，以证明分子电子元件能够与当今的微电子技术协调工作。

3. 研制成以碳纳米管为基础的全晶片数字电路

2012 年 6 月，由美国斯坦福大学和南加利福尼亚大学有关人员组成的研究小组开发出一种设计碳纳米管线路的新方法，首次能生产出一种以碳纳米管为基础的全晶片数字电路，即使在许多纳米管发生扭曲偏向的情况下，整个线路仍能工作。

碳纳米管（CNTs）超越了传统的硅技术，在能效方面有望比硅基线路提高 10 倍。第一个初级纳米管晶体管诞生于 1998 年，人们期望这将开启一个高能效、先进计算设备新时代，但受制于碳纳米管本身固有的缺点，这一愿望一直未能实现。

在碳纳米管能变成一种有现实影响力的技术之前，至少还要克服两大障碍：第一，研究已证明，要造出具有"完美"直线型的纳米管是不可能的，而扭曲错位的纳米管会导致线路出错，以致功能紊乱；第二，迄今还没有一种技术能生产出完全一致的半导体纳米管，如果线路中出现了金属碳纳米管，会导致短路、漏电、脆弱易受干扰。

针对这两大难题，研究人员设计了一种独特的"缺陷-免疫"模式，生产出第一个全晶片级的数字逻辑装置，能不受碳纳米管线向错误和位置错误的影响。此外，他们还发明了一种能从线路中清除那些不必要元素的方法，从而解决了金属碳纳米管的问题。他们的设计方法有两个突出特点，首先是没有牺牲碳纳米管能效，其次还能与现有的制造方法和设施兼容，很容易实现商业化应用。

研究人员表示，下一步将尝试造出数字集成系统的基本组件：计算线路与序列存储，以及首个高度一体化的整体三维集成电路。

五、微电子设备领域纳米技术的新进展

1. 收音机领域纳米技术的新成果

（1）研制出由单一碳纳米管构成的收音机。2007 年 10 月 31 日，由美国加利福尼亚大学伯克利分校亚历克斯·泽托教授主持的研究小组，在《纳米通信》网站上刊登研究报告称，他们研制出迄今为止世界上最小的收音机：它由单一的、尺寸仅为头发丝直径万分之一的碳纳米管构成，人们加上电池和耳机，就能用它收听到自己喜欢的广播节目。

同传统收音机相比，纳米收音机具有显著的特点。在纳米收音机中，碳纳米管集天线、调谐器、放大器和解调器于一身；在传统标准的收音机中，各个功能由相互独立的部件来完成。

为探测到广播的无线电信号，纳米收音机的碳纳米管被置于真空管中，并钩挂在电池负极上。广播电台的无线电信号经过后，其产生的电场将不断"推"和"拉"纳米管，也就是碳纳米管随无线电信号发生共振，利用这种共振现象，可以探测到无线电信号。研究人员表示，他们在碳纳米管的自由端安装了非接触式正电电极，其目的是改变碳纳米管的张力，以便让碳纳米管具有可变的振动频率。

研究人员声称，非接触式电极除了能让碳纳米管具有可变的振动频率外，还能使碳纳米管成为无线电信号放大器。因为当电极的电压足够高时，它能将碳纳米管自由端的电子夺过来。由于此时碳纳米管处于振动中，因此电子从碳纳米管到正电电极时，产生的电流如同被放大了的无线电信号，这类似于早期收音机和电视机中的老式真空管放大器的场致发射放大原理。

此外，场致发射和振动两者的结合还能调解无线电信号。经过这番处理，利用非常灵敏的耳机，人们便可听到广播的节目内容。

伯克利分校亚历克斯·泽托教授称，他们研制的纳米收音机体积只有人类首批商业化的收音机的千亿分之一。虽然目前纳米收音机还只是设定成无线电接收器，但它也可改变成无线电发射器。他表示，纳米收音机将具有广泛的应用途径，纳米收音机的研制也许还将引领他们开拓出崭新的应用领域。

（2）研制出体积比沙粒还小的纳米收音机。2008 年 1 月 30 日，由美

国伊利诺伊大学与一些其他机构组成的一个研究小组，周一在美国《国家科学院学报》网络版上撰文称，他们利用纳米技术成功研制出比沙粒还小的收音机，并成功利用它收听到日常的广播节目。

研究人员表示，他们利用粗细约相当于人头发丝十万分之一的碳纳米管，制造出微型收音机，个头比沙粒还小。研究人员克服了在如此微小的尺度上进行空间布局和控制电子性质等诸多困难，利用碳纳米管制造出射频放大器和混频器等收音机所需的关键部件。这种纳米收音机使用正常大小的耳机和天线。在测试中，科学家成功利用它收听到美国巴尔的摩一家广播电台的交通节目。

2. 微电子动力与电动设备领域纳米技术的新进展

（1）研制首例光能驱动的纳米发动机。2006 年 1 月，美国加利福尼亚大学洛杉矶分校的纳米化学家佛莱责·斯托特教授等参与的一个国际研究小组，经过 6 年多的努力，联合研制出世界第一款太阳能纳米发动机。

研究人员对这款太阳能纳米发动机充满希望。斯托特教授认为，这样的发动机能够操控纳米阀，如果在阀门表面覆盖多孔硅基的纳米微粒，科学家可以将抗癌药物分子填充在孔洞中，以及从孔洞中清除。当医生将纳米微粒靶向定位于肿瘤患处后，可以通过光触发来定点释放抗癌药物。

博洛尼亚大学化学教授维耶罗·布莱则尼认为，这种十亿分之一米级的引擎通过类似活塞的往复运动，能够读取 0 或 1 这样的数据，这项分子光子学和电子学领域的研究将帮助科学家构建化学计算机。

据介绍，这款新型纳米发动机形状似哑铃约 6 纳米长，中间缠绕着约1.3 纳米宽的环。这个环能够在哑铃的杆部上下运动，但被两端大的哑铃头部挡住。哑铃杆部有两个成环位点。当哑铃头部一端吸收太阳光后，就会传递电子，激活成环位点并驱动环向另一侧慢慢移动。当电子传递回头部后，环又重新回到起始位点，下一轮新的往复运动又可以开始。据斯托特教授介绍，这种纳米发动机的运动非常快，一次完整的循环还不到千分之一秒，与汽车引擎每分钟 6 万转的速度相当。

亚利桑那州立大学的化学家迪文思·格斯特认为，这种分子发动机的突出特点是，运行并不需要燃料。以前，包括生物引擎在内的发动机都需要燃料，而这套系统的能量直接来源于光，不用消耗燃料也不会产生有害废物，这是化学家在分子机械研究领域迈出的重要一步。

目前，这种新型纳米发动机的运转还处在随机状态，相互之间独立而且没有条理，还不能在实际中应用。研究人员正在努力试验，让纳米发动机有序地移动到表面，以及进入膜表面，使之能协调工作并完成肉眼可见的机械工作任务。

（2）研制出世界最小的氧化锌纳米线发电机。2006年12月，英国《科学》杂志报道，由美国佐治亚理工学院教授、中国国家纳米科学中心海外主任王中林领导的一个研究小组，成功地在纳米尺度范围内，研制出世界上最小的氧化锌纳米线发电机，能够把机械能转换成电能。

国际纳米技术领军人物、哈佛大学教授查尔斯·利伯说："这项工作极其令人振奋，它提出了解决纳米技术中一个关键问题的方案，那就是如何为许多研究组发明的纳米器件提供电力的问题。王教授利用他首创的氧化锌纳米线把机械能转化为电能，在这个问题上他显示了巨大的创造性。"

纳米器件因为具有尺寸微小、功耗低、反应灵敏等独特优势，一直是纳米学术界前沿的研究领域，而要真正让这些微小的器件工作起来，就必须给它们输入电能，只有实现了自带电源的纳米器件，才是真正意义上的纳米系统。先前的研究大多只集中于纳米器件本身，而没有考虑为其输入电源的问题。

发电需要能量，而人在走路、呼吸时都会产生能量，能否将人体自身产生的能量，转化为纳米器件所需要的电能呢？王中林教授想到了这个主意，他说："如果有一种微型的装置能把生物体内的生物能量转化为电能输送给纳米器件，同步实现器件和电源的小型化，是最为最理想的事。"

王中林这个想法很快付诸实施。他利用氧化锌纳米线的独特性质，在原子力显微镜下，研制出把机械能转化为电能的纳米发电机，发电效率达到17%～30%，完美地实现了纳米尺度的发电功能，为自发电的纳米器件奠定物理基础。

王中林认为："这是我在这个研究领域10多年最让我激动的发明。"它一定会掀起整个纳米学科界对纳米电源研究的热潮。

王中林相信，纳米发电机在生物医学、军事、无线通信和无线传感等方面都将有广泛的重要应用。他说："这一发明可以整合纳米器件，实现真正意义上的纳米系统。它可以收集机械能，比如人体运动、肌肉收缩、血液流动等所产生的能量；震动能，比如声波和超声波产生的能量；流体能量，比如体液流动、血液流动和动脉收缩产生的能量，并将这些能量转化为电能提供给纳米器件。这一纳米发电机所产生的电能足够供给纳米器件或系统所需，从而让纳米器件或纳米机器人实现能量自供。"

（3）研制出超声波驱动式直流纳米发电机。2007 年 4 月 6 日，由美国佐治亚理工学院教授王中林领导的研究小组，在《科学》杂志上发表研究成果称，他们开发出由超声波驱动的直流纳米发电机样机。有关专家认为，这是一项极具原创性的科研成果是纳米科技研发的典范，将可广泛应用于医学生物、国防技术、能源技术和日常生活方面。目前，该研究项目已得到美国国家科学基金会及国防研究计划局的资助。

王中林说，它利用独特的耦合电压及氧化锌纳米结构，使排成列阵的氧化锌纳米线垂直组合在顶部基板上，以便收集电流。在使用硅制成"Z字形"电极中，排列着数以千计的纳米线，这些纳米线可自由伸缩并产生电流，驱动外部机械振动，从而连续输出电流。研究人员表示，只要能够更好控制密度均匀的纳米线，就可以使数百万甚至数十亿纳米线同时产生电流，使其可产生高达每立方厘米 4 瓦特的直流电。

这种新型纳米发电机非常灵敏，能把各种机械波，如超声波、机械震动波，甚至人体血液流动产生的震动波等，转换成持续且稳定的直流电。因此，这一研究成果可用于生物植入体、环境监测甚至纳米机器人，并有望植入各种人造器官，作为植入器官的动力来源。

长期以来，为植入人体的各种人造器官提供电力一直是一个挑战。由于传统电池中含有有毒物质如锂和镉，而且体积也过于庞大，因此无法植入人体。与那些传统的电池相比，这种新型纳米发电机的优势十分明显，它不仅无毒，体积也非常小，因而可以说，这一发明为人造器官植入带来了革命性改变。

（4）研制首个可商用的纳米发电机。2011 年 3 月，由美国佐治亚理工学院教授王中林领导的研究小组在美国化学学会会议和展览大会上展示的一项研究成果表明，他们研发出首个可商用的纳米发电机。研究人员称，这种柔性芯片可依靠人体运动，如手指的压力或脉搏的震动产生电力，有望让 iPod 等电子设备同电池说"再见"。

该研究小组通过按压位于两个手指之间的纳米发电机，分别给一个发光二极管灯泡和一个液晶显示屏提供电力，以此证明它在商业上的可行性。

这种纳米发电机由平放在弹性高分子薄膜衬底上的氧化锌纳米线和两端的电极构成，其技术关键——压电材料氧化锌纳米线能把机械能转化为电能。这些氧化锌纳米线的直径仅为头发丝宽度的 1/500，王中林研究小组找到一种方法，可以把数百万根氧化锌纳米线中的电荷捕捉起来并集合在一起。同时，他们也开发出一种新技术，可让纳米线沉积在大小仅为邮票 1/4 的柔性高分子薄膜芯片上。

王中林表示，5 个纳米发电机结合在一起能产生 3 伏特的电压和 1 微安的电流，电压与两节普通的 AA 电池相当。从王中林 2005 年开始研究纳米发电机到现在，纳米发电机的输出功率提高了几千倍，输出电压提高了 150 倍。未来，人们可把很多纳米发电机组合在一起，为 iPod 和手机等电子设备提供电力。

科学家指出，纳米发电机产生的电力可以存储在电容器内，定期驱动传感器并无线传输电信号。而且，未来人们可以通过散步来激活放在鞋子内的纳米发电机，为手持电子设备提供电力；心脏跳动可为植入体内的胰岛素泵提供电力；甚至轻拂的微风都能让纳米发电机为探测环境的传感器提供电力。

王中林表示，他们的下一个目标是进一步提升纳米发电机的输出功率，并可能在 3～5 年内最先在环境检测传感器上实现其商业运用。

（5）研制成世界上首个单分子电动马达。2011 年 9 月 4 日，由美国塔夫斯大学文理学院化学副教授查尔斯·塞克斯等人组成的研究小组在《自然·纳米技术》上发表论文称，他们用单个丁基甲基硫醚分子制造出世界上第一个电动分子马达，其旋转方向和速率都能实时监控，有望为医疗、工程等领域的微型器械提供动力。

该电动分子马达仅 1 纳米宽，打破了现有最小马达 200 纳米的世界纪录，研究人员正为它申请吉尼斯世界纪录。马达的主要部件是丁基甲基硫醚分子，它的硫基能吸附在铜板表面，剩下 5 个烃基就像硫基的两条不对称手臂，一边有 4 个而另一边有 1 个，用低温扫描隧道显微镜上面的金属针给它提供一个电荷，两条碳链就能围绕硫铜连接点自由旋转。显微镜的金属针作为一个电极，负责向分子输送电流，引导分子旋转方向。

塞克斯介绍道，要把单个分子作为一个分子机器的组成部分，必须给单个分子接上外加电源，让它按照规定的方向运动。目前尽管已有一些理论方案，但真正的电动分子马达一直未能制造出来。他接着说："我们造出第一个由光和化学反应来供电的分子马达，让它有目的而不是随机地做些事情。"

　　研究小组还能通过温度控制直接影响分子的旋转速度，分子的旋转方向和旋转速率可以实时监控。他们发现，零下 268℃是马达运动的最理想温度。在高温下马达旋转太快，难以测量和控制它的转速。

　　研究人员还指出，尽管电动分子马达有很多实际应用，但还要解决温度方面的难题才能更好地控制它的转动。塞克斯说："如果能更好地控制温度，让马达在合适温度下运转，它就能在传感器、微管设备等医疗器械中发挥实际作用。在微观领域，液体对管壁的摩擦力会变得很明显，如果管壁装上马达，就能促进液体顺畅流通。如果把分子运动和电信号连接在一起，还能在纳米电路中产生微小的传动作用，这种传动可用于手机等产品的微型延迟线中。"

3. 微电子设备领域其他纳米技术的新成果

　　（1）研制成能精确计量纳米粒子的微小环形激光传感器。2011 年 6 月 26 日，由华盛顿大学圣路易斯分校电学与系统工程系副教授杨兰领导，研究生何丽娜等人参与的研究小组，在《自然·纳米技术》网络版上撰文称，他们开发出一种比针尖还要小的环形激光传感器，能精确探测单个病毒、形成云的微尘颗粒，以及空气中的污染物。改变传感器中的"增益介质"，还能用于探测水中甚至血液中的微粒。

　　这种微型激光传感器属于一种回音廊式共振传感器，由硅玻璃制造。工作原理就像英国圣保罗大教堂里著名的回音廊，一边的人对着廊壁说话，另一边的人就能听到。但与回音廊不同的是，这种传感器共振的不是声波而是光波。

　　激光器由底座支起一个"频率衰减模"（环路中激光发射的模式或形状），两束激光以相同频率、相反方向围绕环形光路传播。模场中有一个"短暂尾迹"透过环表面探测着周边环绕的介质。当一个微粒落在激光环上，就会使一个光模中的能量分散到另一个光模中，从而使两个光模的共振频率略有不同，使光模发生分裂，一束激光就分裂为频率不同的两束，将它们导入光电探测器，会由于频率的不同而产生一种"打击频率"，从而分别测得两束激光的频率。

　　在早期的研究中，研究小组用普通的玻璃环作为波导，实验模分裂，并使入射光获得增益。但这种环路是被动的，外部激光必须用昂贵的可调激光才能涵盖检测模分裂所要求的频率范围。

　　新型共振传感器本身就是一个微型激光器，而不仅仅是外部激光的共振腔。虽然也用玻璃制成，但掺杂了稀土原子作为"增益介质"。当外部光源达到激发态时，共振环就开始以自身更纯的频率发射激光。

(2) 发明为纳米设备充电的装置。2011年8月，由美国莱斯大学朴利克·阿加延领导的一个研究小组在《自然·纳米技术》网络版上发表研究成果称，他们在储能设备微型化研究方面取得新进展，开发出两款微型的充电装置：一种是薄膜式超级电容器，另一种是可充放电的纳米线，有望为将来的微型电子产品和纳米设备提供电源。

研究人员表示，虽然还很难推测这些供电器能给什么样的设备供电，但随着纳米电子设备的发展，要求使用越来越小的电源，比如一些微型机电系统，中等设备有时也需要这些材料来供电。因此，这种小型充电装置很有应用前景。

阿加延解释说，研究小组多年来一直在研究氧化石墨，发现了氧化石墨能形成离子传导膜这一根本机制，而这在薄膜电容器中非常关键。当氧化石墨与水结合时，能形成一种离子导体，容纳离子并作为一种固态的电解质和电绝缘层。氧化石墨能像海绵一样吸水，可容纳自身重量16%的水。由此研究人员能把一薄层氧化石墨，变成超级电容而无须添加任何东西，所要做的只是给电池制作图案和添加电极，而且这种装置还能用于外加电解液。

激光产生的热量能把氧化石墨表面的氧吸出，使其变成可导电的还原氧化石墨。因此，通过激光刻写技术能把一薄层还原氧化石墨覆盖在氧化石墨上，并用绝缘的氧化石墨把导电的还原氧化石墨隔开，把它变成独立式超级电容器，能循环充放电数千次。经测试，这种薄膜电容展现了良好的电化性能，且不会产生化学副产物。

阿加延指出，可充放电的纳米线是一种混合型的电化装置，阳极是镍-锡，阴极是聚苯胺，结合了高能电池和超级电容器的优点。它把阳极、阴极和电解质等关键组件都整合在一根纳米线上，这种充电设备代表了微型化的终极形式。随着纳米技术和制造技术的进步，各种功能性纳米线将成为未来纳米技术应用领域的基本建材。

这些纳米线还能排成阵列提高供电能力。研究人员制作了一种模板，模板上有许多直径约200纳米的小孔，并给这些孔镀上一层铜膜；然后把镍-锡阳极嵌进去一半深度，再用化学方法将小孔扩大，给镍-锡涂上一薄层氧化聚乙烯作为隔离层；最后用渗滤工艺将聚苯胺阴极接入小孔另一半。纳米线只有几微米长，整个设备加起来不过0.5平方厘米大小。多个这种装置还可以并联，经过反复充放电测试，证明它的性能良好，是一种很有前景的纳米电源设备。

研究人员还指出，在一根纳米线上制造功能完备的供电设备有助于研究纳米尺度下的电化作用，提高电池性能，最终开发出的单根纳米线电池将能给一些纳米线半导体设备供电。

第二节　电子元器件领域纳米技术的新进展

一、基础性电子元器件领域纳米技术的新成果

1. 研发半导体材料出现的纳米新技术

（1）通过改进纳米结构促使半导体聚合物内部紧密有序。2010年7月19日，美国物理学家组织网报道，由博比·森普特、文森特·穆尼尔等美国和加拿大科学家组成的一个研究小组，在美国《国家科学院学报》上发表论文称，他们研发出一种新工艺，可让电子设备中广泛使用的聚亚乙基二氧噻吩结构更加紧密，因此，有望让未来的电视和计算机屏幕更亮、更干净、更节能。

聚亚乙基二氧噻吩具有分子结构简单、能隙小、导电率高等特点，被广泛用于有机薄膜太阳能电池材料、有机发光二极管材料、电致变色材料、透明电极材料等领域。森普特说，聚亚乙基二氧噻吩是目前世界上使用最成功的半导体聚合物之一。

改进和控制纳米结构的聚亚乙基二氧噻吩分子顺序，对该聚合物在电子应用领域"大显身手"非常关键，而高度有序的聚合物阵列能够增加很多电子设备的效率。

研究小组在结晶铜的表面放置了一个"先驱"分子，该分子将引导并启动聚合反应，就像把鸡蛋往纸箱内堆放一样，铜的表面有很多自由能量最小的"凹痕"，聚合分子不断填充这些"凹痕"，从而整齐地叠放在一起形成密致有序的化合物结构。森普特表示，铜表面产生的立体化学结构非比寻常，而很多合成聚合物的实验得到的聚合物阵列，通常都不那么令人满意。

密度泛函理论进行的计算，以及在橡树岭国家实验室的超级计算机上

进行的模拟，都揭示这个聚合物阵列拥有高度有序的结构。另外，研究人员也使用传统的扫描隧道显微镜，仔细查看了该聚合物的构造，清楚地显示出聚亚乙基二氧噻吩阵列的构造非常密实。

穆尼尔表示，尽管他们只对聚亚乙基二氧噻吩聚合物进行研究，但他们相信，同样的方法可能也适用于其他聚合物。

（2）把复合半导体纳米线成功整合在硅晶圆上。2011 年 11 月，由美国伊利诺伊大学电子和计算机工程教授李秀玲领导的研究小组在《纳米快报》杂志上发表研究成果称，他们开发出一种新技术，首次成功地把复合半导体纳米线整合在硅晶圆上，攻克了用这种半导体制造太阳能电池会遇到的晶格错位这一关键挑战。他们表示，这些细小的纳米线有望带来优质高效且廉价的太阳能电池和其他电子设备。

据介绍可知，Ⅲ–Ⅴ族化合物半导体指元素周期表中的Ⅲ族与Ⅴ族元素结合生成的化合物半导体，主要包括镓化砷、磷化铟和氮化镓等。其电子移动率远大于硅的电子移动率，因而在高速数字集成电路上的应用比硅半导体优越，有望用于研制将光变成电或相反的设备，比如高端太阳能电池或激光器等。然而，它们无法与太阳能电池最常见的基座硅无缝整合在一起，因此，限制了它们的应用。

每种晶体材料都有特定的原子间距——晶格常数（点阵常数），Ⅲ–Ⅴ族半导体，在制造太阳能电池的过程中遭遇的最大挑战一直是，这种半导体没有同硅一样的晶格常数，它们无法整齐地叠层堆积在一起。李秀玲教授解释道，当晶体点阵排列不整齐时，材料之间会出现错位。此前，研究人员一般把Ⅲ–Ⅴ族半导体，沉积在一个覆盖有一层薄膜的硅晶圆上方，但晶格失配会产生压力从而导致瑕疵，降低所得到设备的性能。

而在最新研究中，研究人员摒弃了薄膜，让一个细小的、排列紧凑的Ⅲ–Ⅴ族化合物半导体组成的纳米线阵列垂直在硅晶圆上生长。李秀玲表示："这种纳米线几何图形通过使失配应变能真正通过侧壁消失，从而更好地摆脱了晶格匹配的限制。"

研究人员发现了不同铟、砷、镓组成的Ⅲ–Ⅴ族半导体生长所需要的不同环境。最新方法的优势在于，可以使用普通的生长技术，而不需要特殊的方法，让纳米线在硅晶圆上生长，也不需要使用金属催化剂。

这种纳米线的几何形状能通过提供更高的光吸收效率和载荷子收集效率来增强太阳能电池的性能，它也比薄膜方法用到的材料更少，因此降低了成本。

李秀玲相信，这种纳米线方法也能广泛地用于其他半导体上，使得其他因晶格失配而受阻的应用成为可能。其研究小组很快将展示优质高效的、基于纳米线的多结点串联太阳能电池。

2. 用纳米技术开发电子薄膜与元器件底板

（1）开发出纳米级砷化铟二维半导体量子膜。2011 年 11 月，由美国加利福尼亚大学伯克利分校的阿里·杰维领导的研究小组，在《纳米快报》上发表论文称，他们用纳米技术开发出一种全新的二维半导体，这是一种由砷化铟制造的"量子膜"，具有带状结构，只需简单地减小尺寸，就能从块状三维材料转变为二维材料。

当半导体材料的尺寸小到纳米级，它们在电学和光学方面的性质就会发生极大改变，产生量子限制效应，由此人们可以制造出被称为量子膜的二维晶体管。量子膜约为 10 纳米或更少，其运行基本上被限制在一个二维空间中。由于这种独特的性质，它们能在高度专业化的量子光学与电子应用领域大展所长。

目前，二维半导体方面的研究大部分要用到石墨烯类的材料。杰维研究小组通过另一种途径，制造出砷化铟"量子膜"。而且，新量子膜可以作为一种无须衬底的独立材料与各种衬底结合，而以往其他同类材料只能用于一种衬底。

他们先在锑化镓和锑化铝镓衬底上生长出砷化铟，把它置于顶层，并设计成任何想要的样子，然后将底层腐蚀掉，把剩下的砷化铟层移到任何需要的衬底上，制成最终产品。

研究小组为了测试产品的效果，把不同厚度（5 纳米到 50 纳米）的砷化铟量子膜转印到透明衬底上，对其进行光吸收实验，他们能直接观察到量子化的亚带，并绘制出每个亚带的光学性质。在测试它们的电学性质过程中，研究小组还观察到明显的量子限制效应，电子移动与传统的金属氧化物半导体场效应晶体管截然不同。

研究人员表示，该研究不仅给半导体家族增添了一种新材料，也有助于人们理解结构限制性材料的原理，带来更多的特殊材料，在二维物理基础设备研究方面迈出了重要一步。

（2）以碳纳米管溶液制造柔性电子设备底板。2011 年 12 月，美国能源部劳伦斯伯克利国家实验室的一个研究小组在《纳米快报》上发表论文称,他们开发出一种新技术能以较低成本大规模地生产柔性底板。压印电路后会成为各种各样的"智能设备",如能像纸一样折叠起来的电子屏、能监测表面裂纹及瑕疵的涂料、能治疗感染的医用绷带、能感知变质与否的食物包装等。

该研究小组利用半导体浓缩碳纳米管溶液生成具有优良电属性的薄膜晶体管网。研究人员用浓缩到99%的半导体单壁碳纳米管溶液作底层,再结合一种高弹性的聚酰亚胺聚合物作基底,基底用激光切成边长3.3毫米的六边形蜂巢图案,然后把硅和氧化铝层沉积到基底上,底板就做成了。

研究人员表示,在电子设备中要求开/关电流比率越高越好,这样传感器的像素就越清晰。而99%的高纯度提供了高达100的开/关电流比率。劳伦斯伯克利国家实验室材料科学分部的阿里·杰维教授说:"利用这种溶液工艺技术,我们能用单壁碳纳米管生成高度一致的薄膜晶体管阵列,制造出柔软灵活而有弹性的激活式矩阵底板。这一技术结合金属喷墨打印,有望降低生产柔性电子设备的成本。"

为了演示这种碳纳米管底板的功效,研究人员还制造了一种由96个传感器像素阵列组成的电子皮肤传感器,每个像素由一个薄膜晶体管控制开关,能感知24平方厘米范围的空间压力分布。新传感器的灵敏度比该实验室去年研发的纳米线电子皮肤传感器提高了10倍,将来还可以加入多种传感器和其他功能组件来拓展这种底板的应用,使其成为多功能人造皮肤。此外,该柔性电子设备底板还能用于太阳能电池、测步仪、衣物、柔性显示器等方面。

3. 用纳米技术开发电路元件

(1)利用纳米材料开发高功率高密度车用电容器。2005年6月13日—17日,在美国火奴鲁鲁召开的汽车电池会议上,美国Ener1公司报告称,他们正在利用纳米材料开发一种双层车用电容器技术。该公司是一家研发锂离子充电电池及燃料电池等产品的企业。

此次公布的双层车用电容器具有功率密度高的特点。比如,容量为21F、等效串联电阻为7.2mΩ的试制品,单位重量及单位体积的功率密度分别为5kW/kg和5kW/L。容量为36F、等效串联电阻为2.7mΩ的试制品,功率密度则分别达到7kW/kg和10kW/L。目前该公司正在开发的是容量为800F的双层电容器,单位重量的功率密度已经达到了11kW/kg。而其他公司的产品在功率密度上只有1~3kW/kg。

　　该公司介绍，此次通过采用名为"纳米多孔碳"的碳类电极材料以及新型超薄隔板，降低了电极和集电体之间的接触电阻，从而实现了上述特性。其中，纳米多孔碳具有可低成本生产的特点。隔板的厚度为 15 微米，多孔率为 75%。电解液采用有机材料。

　　（2）发明以纳米管为基础的固态超级电容器。2011 年 9 月，由美国莱斯大学实验室的化学家罗伯特·豪格，与卡里·品特等研究人员一起组成的研究小组，在《碳杂志》上发表研究成果称，他们发明了一种以纳米管为基础的固态超级电容器。它有望集高能电池和快速充电电容器的最佳性质于一个装置中，以适合极限环境下使用。

　　双电层电容器一般被称为超级电容器。它拥有比电池等用于调节流量或供应电力的快速突发的标准电容器多几百倍的能量，同时还有快速充电和放电的能力。但是基于液态或凝胶电解质的传统双电层电容器，在过热或过冷的状况下会发生故障。莱斯大学研究小组研发的超级电容器利用一种氧化物电介质的固态纳米级表层取代电解质，避免了这一问题。超大电容的关键是让电子的栖息地有更多的表面面积，而在地球上没有任何东西比碳纳米管在这方面的潜能优势更大。当投入运用时，纳米管会自组装成密集、对齐的结构。当被转化为自足的超级电容器后，每个纳米管束的长度是宽度的 500 倍，而一个小芯片可能有上千万个纳米束。

　　（3）在纳米尺度上证实忆阻器的存在。2008 年 5 月 1 日，由美国惠普公司实验室斯坦·威廉斯领导的一个研究小组，在《自然》杂志上发表论文称，他们已在纳米尺度上证实电路世界中的第四种基本元件记忆电阻器，简称忆阻器的存在，并成功设计出一个能工作的忆阻器实物模型。这项发现将有可能用来制造非易失性存储设备、更高能效的计算机，以及类似人类大脑方式处理与联系信息的模拟式计算机等铺平了道路，未来甚至可能会通过大大提高晶体管所能达到的功能密度，对电子科学的发展历程产生重大影响。

　　通常基础电子学教科书，都会列出三种基本电路元件：电阻器、电容器和电感器。然而，早在 1971 年，美国加利福尼亚大学伯克利分校的华裔科学家蔡少棠教授就从理论上预言了忆阻器的存在。忆阻器实际上就是一个有记忆功能的非线性电阻器。蔡少棠发表的论文《忆阻器：下落不明的电路元件》提供了忆阻器的原始理论架构，推测电路有天然的记忆能力，即使电力中断也一样。简单说，忆阻器是一种有记忆功能的非线性电阻。通过控制电流的变化可改变其阻值，如果把高阻值定义为"1"，低阻值定义为"0"，则这种电阻就可以实现存储数据的功能。

虽然该预测的提出已近 40 年，但一直无人能证实这一现象的存在。最近，威廉斯研究小组证实忆阻现象在纳米尺度的电子系统中确实是天然存在的，他们以《寻获下落不明的忆阻器》为论文标题来呼应蔡教授的预测。在这样的系统中，固态电子和离子运输在一个外加偏置电压下是耦合在一起的。这一发现可帮助解释过去 50 年来在电子装置中观察到的、明显异常的回滞电流–电压行为的很多例子。蔡教授对这项研究成果感到兴奋，称"从来没想到"他的理论被搁置 37 年后，还能得到证实。

研究人员表示，忆阻器器件的最有趣特征是它可以记忆流经它的电荷数量。蔡教授原先的想法是：忆阻器的电阻取决于多少电荷经过了这个器件。也就是说，让电荷以一个方向流过，电阻会增加；如果让电荷以反向流动，电阻就会减小。简单地说，这种器件在任一时刻的电阻是时间的函数，或多少电荷向前或向后经过了它。这一简单想法被证实，将对计算及计算机科学产生深远的影响。

研究人员说，忆阻器最简单的应用就是构造新型的非易失性随机存储器，或当计算机关闭后，不会忘记它们曾经所处的能量状态的存储芯片。忆阻器还能让电脑理解以往搜集数据的方式，这类似于人类大脑搜集、理解一系列事情的模式，可让计算机在找出自己保存的数据时更加智能。

当前，许多研究人员正试图编写在标准机器上运行的计算机代码，以此来模拟大脑功能，他们使用大量有巨大处理能力的机器，但也仅能模拟大脑很小的部分。研究人员称，他们现在能用一种不同于写计算机程序的方式来模拟大脑或模拟大脑的某种功能，即依靠构造某种基于忆阻器的仿真类大脑功能的硬件来实现。其基本原理是，不用 1 和 0，而代之以像明暗不同的灰色之中的几乎所有状态。这样的计算机可以做许多种数字式计算机不太擅长的事情，比如做决策，判定一个事物比另一个大，甚至是学习。这样的硬件可用来改进脸部识别技术，应该比在数字式计算机上运行程序要快几千到几百万倍。

研究人员表示，事实上，现在就可以用任何工厂来做这些东西，但是投资忆阻器电路设计要比建造工厂昂贵得多，而且，目前还没有忆阻器的模型，关键是要设计出必要的工具，并为忆阻器找到合适的应用。忆阻器需要多久才能应用于实际的商业器件，相对于技术问题而言，可能更多的是个商业决策问题。

如今，威廉斯研究小组在进行极小型电路实验时，终于制造出忆阻器的实物模型。他们像制作三明治一样，把一层纳米级的二氧化钛半导体薄膜，夹在由铂制成的两个金属薄片之间。这些材料都是标准材料，制作忆阻器的窍门是使其组成部分只有 5 纳米大小。

（4）研制出纳米级忆阻器芯片。2009 年 4 月，由美国密歇根大学电气工程与计算机科学系副教授吕炜领导的一个研究小组，在《纳米通信》上发表研究成果称，他们开发出一种由纳米级忆阻器构成的芯片，该芯片能存储 1 千比特的信息。这项成果将有可能改变半导体产业，更有希望研制出更小、更快、更低廉的芯片或电脑。

忆阻器是一种电脑元件，可在一简单封装中提供内存与逻辑功能。此前，由于可靠性和重复性问题，所展示的都是只有少数忆阻器的电路，而研究人员此次展示的则是基于硅忆阻系统，并能与互补金属氧化物半导体兼容的超高密度内存阵列。互补金属氧化物半导体，是一种大规模应用于集成电路芯片制造的原料。

虽然 1 千比特的信息量并不算大，但研究人员仍认为这是一大飞跃，这将使该技术更易于扩展以存储更多的数据。吕炜表示，在一个芯片上集成更多的晶体管已变得越来越困难，因为晶体管缩小导致功耗增加，且难以安排所有必需的互联，将器件差异做到最小的成本也很高。而忆阻器的结构更简单，它们更易于在一个芯片上封装更多的数量，以达到最高可能密度，对内存这样的应用更具吸引力。

基于忆阻器的内存芯片密度要比目前基于晶体管的芯片至少高出 10 倍。吕炜说，如此高密度的电路，其运行速度也非常快。例如，将信息存储在忆阻器内存上的速度要比存储在快闪内存上快 1000 倍。

忆阻器内存的另一优势是，在信息存储上，它不像现今的动态随机存取内存那样短暂。动态随机存取内存会随时间而消退，因此必须在 1 秒钟内重写好几次。而忆阻器内存则更加稳定，不需要被重写。

吕炜表示，忆阻器为通用内存的开发提供了可能。由于其被安放在集成电路上的密度是如此之高，因此也为研制出更坚固耐用的仿生逻辑电路带来了希望。人类大脑中的每一个神经元，通过突触与一万个其他神经元相连，工程师们无法凭借现今基于晶体管的电路达成这样的连接，但忆阻器电路或许具有克服这种问题的潜力。

（5）用纳米技术再次实现忆阻器设计的重大突破。2010年4月8日，由美国惠普公司纳米技术研究实验室资深专家斯坦·威廉姆斯主持的一个研究小组，在《自然》杂志上撰文表示，他们在忆阻器设计上取得重大突破，发现忆阻器可进行布尔逻辑运算，用于数据处理和存储应用。科学家认为，公众将在3年内看到忆阻器电路，其或许可取代目前似乎已经处于"穷途末路"的硅晶体管，最终改变整个电脑行业。目前，最先进的晶体管的大小为30纳米到40纳米，比一个生物病毒还小（一个生物病毒约为100纳米）。威廉姆斯表示，惠普现正着手研究3纳米级的忆阻器，开/关的时间只需要十亿分之一秒。他表示，3年内，该公司生产的基于忆阻器的闪存，1平方厘米将可以存储20G字节，这项技术有望成为低功耗计算机，以及存储系统发展的里程碑。

忆阻器是一种有记忆功能的非线性电阻器，1971年由美国加利福尼亚大学伯克利分校的电子工程师蔡少棠教授首次提出，但当时还没有纳米技术，他的发现因此被搁浅。直到2008年5月，惠普研究人员在《自然》杂志撰文指出，他们终于成功研制出世界首个忆阻器。通过向其施加方向、大小不同的电压，可以改变其阻值。如果利用其不同阻值代表数字信号，在半导体电路中实现数据存储也大有前途。

忆阻器不同于电容器、电感器和电阻器这3种基本电路元件的地方是，忆阻器在关掉电源后，仍能记忆通过的电荷。这意味着，如果突然停机，然后重新启动，用户关机之前打开的所有应用程序和文件仍在屏幕上。目前，这种用途还不能被任何电阻器、电容器和电感器的电路组合所复制，因此，有业内专家认为，忆阻器是电子工程领域第4种基本电路元件。研究人员2009年在美国《国家科学院学报》上撰文指出，他们设计出一种新方法，可以从三维忆阻器阵列中存储和恢复数据。新方案可让设计人员以类似搭建摩天大楼的方式堆叠成千上万个忆阻器，创造出逼近极限的超致密计算设备。

此外，忆阻器也不同于IBM、英特尔等公司研发的新型存储芯片相变存储器。相变存储器利用材料的可逆转的相变来存储信息。同一物质可在诸如固体、液体、气体、冷凝物和等离子体等状态下存在，这些状态都称为相。相变存储器，便是利用特殊材料在不同相间的电阻差异进行工作的。惠普公司表示，相变存储器的开关速度比较慢，可能需要更多的能量。

4. 研制出纳米级晶体管

（1）开发出35纳米晶体管。2004年8月30日，英特尔公司宣布，它已经在缩小晶体管尺寸上取得里程碑式的发展，并将使用这种晶体管制造下一代芯片。而该公司的此次声明打消了人们对半导体行业发展缓慢的担忧。

英特尔公司声称，这种尺寸仅为35纳米的晶体管比当前在最先进的芯片上使用的晶体管还要小30%，它已经采用了这种晶体管生产出一块全功能的70兆内存芯片。通过缩小晶体管和硅晶片上其他部件的尺寸，单个芯片上可装进更多的微型设备。因此，在不增大尺寸的情况下，可增加微处理器的动力，并提高内存芯片的数据存储能力。英特尔公司技术和生产部门的总经理周尚林说，通过使用新材料、新工艺和设备结构的革新，可应对芯片尺寸不断增大的挑战。

英特尔公司说，芯片具备最基本功能的平均尺寸是以65纳米为标志，而采用新技术生产的产品将在2005年发布。如果是这样，就应了英特尔公司创始人戈登·摩尔所提出的闻名于世的"摩尔定律"，他在20世纪60年代曾预测芯片的晶体管数量每两年将增加一倍左右。自从那以后该定律一直得到了验证。英特尔公司和其他半导体公司也一直依靠增加晶体管来提高芯片的性能。由于硅元素的物理性质限制，要保持这种发展速度越来越困难。

英特尔公司的高级职员马克·玻尔说，缩小芯片尺寸的工作越来越艰难。事实上由于芯片的散热和能耗问题，当前很多芯片制造商都几次推迟发布90纳米技术生产的芯片。对于下一代芯片产品，英特尔公司说它采用了新材料和其他技术解决了这些问题。该公司还开发出被称为睡眠晶体管的产品，可关闭一块芯片上不准备使用的扇区的电流。因此减少了能耗和热量的产生，并延长了以电池为动力的设备在两次充电之间的间隔时间。

（2）研制出非硅基纳米级全门三维晶体管。2011年12月5日至7日，由美国普渡大学电子和计算机工程学教授叶培德领导，哈佛大学研究人员参加的一个联合研究小组，在华盛顿举行的国际电子设备大会上宣布，他们使用Ⅲ－Ⅴ族化合物砷化镓铟代替硅，研制出全球首款纳米级全门三维晶体管，可用于开发出运行速度更快、更高效的集成电路和更轻便、耗电更少的手提电脑。

研究人员使用所谓的自上而下的方法制造出最新设备。叶培德表示，这一方法同传统制造过程兼容，与工业采用的精确蚀刻和定位晶体管内组件的方法类似，因此有望被工业界采用。

Ⅲ–Ⅴ族化合物是元素周期表中Ⅲ族的镓、铟等和Ⅴ族的砷、锑等形成的化合物，其有望取代电子移动速度有限的硅半导体，推动晶体管技术不断前进。叶培德说："科学家们一直希望，尽早使用Ⅲ–Ⅴ族化合物研制出晶体管。现在，我们使用电子移动性比硅高的砷化镓铟，制造出全球首款全门的三维晶体管。"

晶体管中，包含有一个名为"门"的关键设备。门使设备打开和关闭并引导电流。在现有芯片中，门长约为45纳米。不过，门长仅为22纳米的硅基三维芯片即将面世，研究人员也将于2015年推出门长为14纳米的晶体管。如果门长短于14纳米，同时还想让晶体管拥有更好的性能，使用硅可能无法做到，这意味着科学家们需要引入新的设计方法和材料。

叶培德说："由Ⅲ–Ⅴ合金制造的纳米线有望让我们将门长缩短至10纳米。新发现证实，使用Ⅲ–Ⅴ化合物制造出的晶体管的导电能力，有可能达到硅基晶体管的5倍。"

另外，制造出更小的晶体管也需要新的绝缘层，其对设备的关闭至关重要。如果门长缩短至14纳米，传统晶体管内使用的二氧化硅绝缘体就无法正确工作，可能会"漏电"，而其中的一个解决办法是使用绝缘值更高的材料（二氧化铪或氧化铝）代替硅。在最新研究中，研究人员采用原子层沉积方法研制出一种由氧化铝制成的介质膜绝缘层。原子层沉积法这一新设计有助于研制更薄的介质层，而介质层越薄，意味着电子的流动速度越快，需要的电压也越少，因此耗电也更少。

（3）研发有望突破摩尔定律限制的纳米级真空晶体管。2012年7月，由匹兹堡大学纳米科学与工程研究所首席研究员金洪古领导的研究小组，在《自然·纳米技术》杂志上宣称，他们打算用真空替代硅电子设备作为电子传输媒介，据此研发出的纳米级新式真空管，有望突破摩尔定律的藩篱，彻底改变电子学的面貌。

1947年，科技界研制出半导体晶体管，以替代笨重且低效的真空管。此后，研究人员一直在不断研制运行速度更快、效率更高的半导体，以制造出性能更优异的电子设备。摩尔定律指出，当价格不变时，集成电路上可容纳的晶体管数目约每隔18个月便会增加一倍，性能也将提升一倍。

金洪古表示："晶体管的尺寸限制让科学家们很难研制出性能更好的电子设备，我们希望通过研究晶体管和它的先辈真空管来改变这一情况。"

金洪古解释道，晶体管的极限速度由"电子转移时间"（一个电子从一个设备到达另一个设备所耗费的时间）所决定。然而，在半导体设备内行进的电子通常会遇到障碍而且在固体媒介中会发生散射。金洪古说："因此，避免这种散射或者碰撞的最好办法，可能是根本不使用媒介，让电子在真空或者纳米尺度空间的空气内运动。"

然而，传统的真空电子设备需要高压，而且与很多应用设备都不兼容。因此，该研究小组决定对真空电子设备的结构进行重新设计。最终，他们发现，电子被捕获进一个具有一层氧化物或者金属的半导体接口处后，就很容易被抽进空气中，藏匿于该接口处的电子会形成一层电荷，而且该电子层内部的带电粒子之间的库伦排斥力也会使电子很容易从硅中释放出来。他们通过施加很少量的电压，有效地从硅结构中提取出电子，随后再将电子置于空气中，使它们能在纳米尺度的通道内行进，而不会遇到任何的碰撞或者发生散射。

金洪古表示，据此，我们能研制出一类新的低能耗、高速度的纳米级真空晶体管，而且它也能同目前的硅电子设备兼容，另外还可以通过增加新功能来完善现有电子设备的功能。

二、集成电路领域纳米技术的新进展

1. 集成电路领域出现的纳米新技术

（1）在元器件上实现纳米电路的新突破。2004 年 7 月，《新科学家》杂志网站报道，由美国哈佛大学查尔斯·利伯领导的一个研究小组开发出一种新技术，他们利用镍蒸气，制造出相互间可直接连接形成电路的纳米级电子元件，从而省去以往必须使用比这些纳米元件本身要大上百倍的结合扣的麻烦，使纳米电路的优势得以充分发挥。

尽管研究人员早已能够利用碳纳米管制造出单独的纳米级电子元件，但在其与硅晶体管相连的过程中，传统方法的使用让这种纳米电子电路的性能大打折扣。现有的晶体管通常是采用在两层导体材料中间夹杂半导体硅的方法制成，新技术的突破口就在于把半导体硅的一部分变成导电性能良好的硅化镍。

据报道，研究人员在直径 20 纳米的硅电线外面镀上镍金属，然后把它加热到550℃，使硅和镍相结合，再通过蚀刻技术去除多余的镍金属，由此形成了硅化镍电线。经测试，这种硅化镍电线有着非常好的电传导性，且宽度仅仅相当于一张纸厚度的万分之一。

利伯说，如果只把硅电线的一部分镀上镍金属，这样加热后得到的纳米电线一部分仍是半导体硅，而另一部分就成为导体硅化镍，利用这一技术可以制造一些简单的电子元件，如场效应晶体管等。

利伯希望下一步开发出能够进行复杂运算的集成电路。他同时表示，在半导体工业领域，新技术目前还无法取代现有的电子元件。

（2）制成纳米导线集成电路。2005年4月，由美国哈佛大学化学教授查尔斯·利伯和电气工程助理教授唐西·汉姆领导的一个研究小组，在《自然》杂志上发表论文称，他们借助低温制造技术，用纳米导线在一块玻璃芯片上制造了最基础的集成电路时钟振荡电路。这一技术既不需要高温，也不需要硅芯片，将来可能取代硅芯片集成电路制造技术。

该研究小组报告，他们利用玻璃芯片和一种掺有纳米导线的溶液，通过低温下的普通照相制版蚀刻技术，依次制成逻辑变相器和由变极器组成的时钟振荡电路。经实验检测，他们制成的时钟振荡电路频率达到11.7兆赫，是目前用有机半导体材料制造的时钟振荡电路频率的20倍。利伯说，这一技术使用常见的、低成本和轻质材料来制造纳米导线集成电路，不仅是玻璃可以做芯片，塑料也可以。这样的芯片可以大大促进计算设备在生活中的应用，"使高效的电子设备进入我们生活的每个方面"。

（3）让碳纳米管在集成电路上"听从安排"。2006年5月，美国IBM公司一个研究小组在《纳米通信》杂志发表的文章称，他们开发出一种特殊纳米芯片制造工艺技术，使碳纳米管制成的晶体管在集成电路上"听从安排"。这是碳纳米管计算机研究方面取得的重大突破。

研究人员表示，新的研究成果突破碳纳米管计算机研发的"瓶颈"。碳纳米管制成的晶体管（简称碳纳米晶体管）在集成电路上的"自由散漫"分布，导致其难以像硅芯片那样应用于制造大规模集成电路，这一直以来也是科学家开发碳纳米管计算机的主要障碍。

研究人员表示，他们开发出能控制碳纳米晶体管位置，并使其按照设计意图排列的独特工艺。他们首先利用半导体印刷技术制成金属铝线，这些铝线能够起到像硅晶体管"开"与"关"的门电路作用。其次，对这些铝线进行氧化处理，使铝线表面留有很薄的氧化铝层，让它们成为碳纳米管吸附的材料。在经过有关溶剂浸泡后，碳纳米管按照设计的方向均匀地吸附到氧化铝薄层上，研究人员再在铝薄层的垂直面上加入钯等原料，最后做成碳纳米晶体管。

据介绍，在硅芯片晶体管接近其物理性能极限的当今，单壁碳纳米管被认为是未来替代硅芯片原料最佳候选材料。碳纳米晶体管将可以应用于大型集成电路，有助于研发超级运算速度和低能耗的微处理器。预计碳纳米晶体管的运算速度，将比目前看好的下一代硅芯片的还要快 10 倍，而且耗能更少。

（4）用纳米技术开发出大规模集成电路低耗电化技术。2006 年 6 月 13 日，在美国火奴鲁鲁开幕的大规模集成电路技术研讨会上，富士通研究所和富士通公司组成的一个研究小组宣布，他们用纳米技术开发出 45 纳米工艺逻辑大规模集成电路的低耗电化技术。该技术与此前的 45 纳米工艺技术相比，可将耗电大约削减 30%。另外，与 90 纳米工艺逻辑大规模集成电路相比，芯片面积和耗电可分别减至原来的约 1/4。

研究人员介绍，此次的低耗电化是通过结合以下三项技术实现的。特点是：均为原有材料和原有构造的扩充技术，能够以低成本实现。

首先，为了降低沟道电阻，开发出效果比原来更高的变形硅技术。也就是说，通过导入缝隙，加大由晶体管上部的覆膜向沟道部分施加的压力。这样就会加大沟道部分的变形，从而降低沟道电阻，增加信号电流。

其次，开发出双层构造的栅绝缘膜技术。氮浓度高的绝缘膜虽然可以减少泄漏电流，但存在能够保持可靠性的寿命会缩短的问题。因此，此次采用由氮浓度低的绝缘膜和氮浓度高的绝缘膜构成的双层构造。通过这一构造，在将栅极泄漏电流减少一半的同时，把寿命比原来提高约 100 倍。

再次，在热处理工序中采用激光瞬间热处理技术，通过把原来的灯光改为激光，使高温且以毫秒为单位的短时间下的热处理成为可能。这样便可抑制源极及漏极部分中的杂质扩散，从而将寄生电阻减少了一半。

如果同时采用以上三项技术，便可把工作电压从原来 45 纳米工艺技术的 1V，降至现在的 0.85V。这一效果就相当于削减 30% 的耗电。今后，两家单位还将开发使用该技术的逻辑大规模集成电路的量产化技术，实现低耗电、长寿命的 45 纳米工艺系统大规模集成电路。

2. 拟用 DNA 纳米结构开发功能更强大的微处理芯片

2009 年 8 月 16 日，由美国 IBM 公司阿尔马登研究中心主管斯派克·

拉亚恩领导，加州理工学院研究人员参与的一个研究小组，在《自然·纳米技术》杂志上发表研究成果称，他们准备利用人工 DNA 纳米结构，制造下一代更小、功能更强大的微处理芯片。众所周知，微处理芯片广泛应用于计算机、手机和其他电子设备。

目前，芯片制造商正在争先恐后研制更小、更便宜的产品，思量着如何降低芯片的成本。然而，IBM 公司却另辟蹊径，宣布与高校研究人员一起，试图在人工 DNA 纳米结构组成的廉价架构上制造微处理芯片。

研究证明，DNA 分子能够"自我组装"，溶解成细小的正方形、三角形和星形结构。IBM 的研究人员利用了这一点，找到方法在这些结构上制造特殊的有黏性的点，这些点可以将碳纳米管、纳米线和纳米粒子紧密联结起来，形成微电路。

拉亚恩表示，这是半导体行业中首次利用生物分子来处理数据，这表明，DNA 之类的生物结构，实际上提供了一些循环重复的模式，半导体行业可以利用这一点。

目前，芯片越小，设备越贵。拉亚恩表示，如果人工 DNA 纳米架构能够批量生产，那么，芯片制造商完全可以摒弃上亿美元的复杂制造工具，转而使用不足 100 万美元的、基于 DNA 的溶解和加热设备。不过，拉亚恩表示，这种新型芯片至少要 10 年后才可能面世，即使公司开始采用人工 DNA 纳米结构来搭建框架，这些框架比传统工具搭建出来的小很多，但这项技术仍然需要多年的实验和测试。

第三节　电子设备领域纳米技术的新进展

一、用纳米技术开发计算机及其部件

1. 用纳米技术研制微型计算机

提出超立方体可充当纳米计算机结构。2008 年 4 月，由美国俄克拉荷马大学的塞缪尔·李与劳埃德·胡克等人组成的研究小组，在《计算机学报》发表的研究成果中，提出一种 M 维超立方体结构，有可能成为搭建纳米计算机的结构框架。

纳米计算机依靠的是量子规律支配的部件，因此需要新的构架。纳米逻辑器件必须能够处理单个电子，并且具有三维架构。超立方体的独特结构，使其能适合平行计算的需要。

正方形是二维超立方体，正方体是三维超立方体，而 M 维超立方体是每个结点有 M 条连线的超立方体变量，M 随计算需要的状态量的个数而定。不同于一般意义上的超立方体的是，M 维超立方体的边与边可以不正交，如此才能在三维空间中得以实现。

计算机中的逻辑门由 M 维超立方体的结点充当，电子通过连线传导。结点有两种：状态结点和传导结点，每个结点都可以被开启和关闭。位于连线中间的传导结点关闭时，可以把立方体的一部分同别的部分隔开。依靠它，如果一项操作需要更多状态量，超立方体可以增加维数，每增加一维，状态结点数量就增加一倍，反之就减少维数。

在实验中，一个 M 维超立方体可以拆成两个平行连接的超立方体，也可以同另一个超立方体结合，因此它就能像积木一样，搭建任意大小和复杂度的逻辑门。

2. 开发计算机部件领域纳米技术的新进展

（1）开发出提供巨大存储空间的纳米存储技术。2005 年 5 月，有关媒体报道，碳纳米管的直径非常小，只相当于分子量级。如果每个纳米颗粒都存储一比特（bit）的计算机数据，那么碳纳米管的存储容量将十分巨大。科学家们也在不断试验，争取早日制造出由纳米技术生产的计算机记忆存储工具。

美国德克萨斯州农工大学和伦塞勒工学院的研究人员设计出一种纳米技术闪存记忆模型。这种记忆装置每平方厘米可以存储 40G 数据，每立方厘米可以存储 1000 兆兆数据。一兆兆是 1000G 比特，或者说是 26 张高密度 DVD 的容量。

其中每一个存储单位都由一对互相交叉的碳纳米管组成，碳纳米管中填满铁或其他磁性物质。碳纳米管是由碳原子组成的薄片卷曲而成。碳原子具有良好的电子特性，且碳纳米管的直径不到一纳米。

研究人员通过磁化物质控制电流的方法存储数据，这种方法与普通的硬盘存储读取模式相同。

德克萨斯州农工大学一位电气工程学研究人员说道，由纳米管交叉组成的阵列中，每一个交叉点都可以存储一个比特的数据 0 或 1。假如人们将与目前常用微处理器所使用的半导体管数目相同的碳纳米管交叉起来，那么它的存储容量将为一百万 G 字节。

通常来说，中间层为无磁性介质，两边包裹着磁性物质的存储单元，所能通过电流量取决于磁性物质的磁力线方向。每一个电子运动都会产生磁场。当电子穿过与其产生的磁力线平行的磁性介质时，电子就可以顺利通过。而当相反情况发生时，所有电子都会被阻挡。

每两个碳纳米管呈直角相交。需要向纳米管写入数据时，读写装置会向纳米管相交的结点发出正向或负向的电流脉冲，以改变结点的磁场方向。读取数据时，读写装置则会发出一个较微弱的电流脉冲，这个脉冲或者总是正向，或总是负向。假如所在结点的磁场方向与读写装置发出的微弱电流脉冲相反，那么此电流脉冲就会突然减弱。所通过电流的强度就代表着计算机中的二进制存储单位 0 或 1。

因为碳纳米管非常小，由碳纳米管制成的存储设备将具有巨大的存储容量和极高的存储速度。或许最高存取速度可以达到每秒钟 1000G 字节。由纳米工艺制成的存储设备耗电量也会非常低。

研究人员下一步工作，是要研究这种记忆体，在各种条件下的性能差异，以找出能够发挥最佳性能的制造方法。然后他们将努力把单个的纳米管存储单元集成起来，排列成三维结构，并用他们制成计算机存储设备。

碳纳米管存储设备将具有巨大的市场潜力，但是科学家必须把理论转化为实际，而这个过程通常需要很长时间才能完成。诺贝尔奖获得者杰克·基尔比曾经在理论上证实，可以把半导体管集成在一起，制成计算机芯片，而研究人员通过这个理论，制造出第一个计算机芯片用了 15 年的时间。研究人员目前的研究成果，就如同当年人们第一次想象出半导体管一样，这只是纳米存储技术发展的第一步。

（2）研制出能存储三位数值的纳米线存储器。2008 年 7 月，传统存储器件仅能存储"0""1"两位值，而由宾夕法尼亚大学工程与应用科学系助理教授里奇·阿加沃等人组成的研究小组，研制的一种以纳米线为基础的新型信息存储器件，能存储"0""1"和"2"3 位数值。这一创造，可能催生新一代高性能信息存储器。

阿加沃称："用纳米线制造电子存储器有很多优点，类似于我们制造的非二进制形式的纳米线存储器，可能会使未来存储器件的存储密度大大增加。"

与以晶体管为基础的传统存储器一样，以纳米线为基础的传统存储器，一直以二进制为发展方向。而以纳米线为基础的非二进制存储器存储密度更大，用更少的纳米线就可获得惊人的存储能力。这将使需要具有存储能力的电子器件，也几乎是所有电子器件，变得更加紧凑。另外，更少的纳米线也意味着制造工艺会更加简单。

研究人员所使用的纳米线具有一种"核壳"结构，它恰似同轴电缆，由两种相变材料组成。纳米线的中心部位是锗/锑/碲化合物，而圆柱壳由碲化锗组成。

（3）推出可保存数据 10 亿年的存储芯片。2009 年 6 月 10 日，美国加利福尼亚大学、劳伦斯伯克利国家实验室组成的一研究小组，在《纳米通信》杂志上发表研究报告说，他们研制出一种新的计算机内存芯片，其数据存储量要比常规硅芯片高数千倍，且预估寿命将超过 10 亿年。

把更多的数字图像、音乐和其他数据装入 USB 和智能电话中的硅芯片，就像是将更多的草莓塞进同样大小的纸箱里。塞得越多，损坏的速度就越快。现今内存卡中，每平方英寸 10 吉至 100 吉的数据，预估寿命只有 10 年至 30 年。而对电子行业来说，未来的 iPod、智能收集和其他设备，需要更高的数据存储密度。

研究人员称，这种最高存储密度芯片，可在几分之一秒的时间内，保存超高密度的数据。此内存芯片将铁纳米粒子封闭在一个中空的铁纳米管内。在电场作用下，纳米粒子以非常高的精度来回穿梭。由此创建出一个可编程的内存系统，像硅芯片一样，它可记录数字信息，并使用常规电脑硬件将其复现。

实验和理论研究表明，该芯片的存储密度，可高达每平方英寸 1 万亿字节，且其温度稳定度超过 10 亿年。

（4）推出世界首块可编程纳米处理器。2011 年 2 月 10 日，美国哈佛大学化学系原主任查尔斯·李波，以及麦特公司等研究人员一起，在《自然》杂志上发表研究成果称，他们研发出世界上首块可编程的纳米处理器，该纳米线路不仅能够进行电子编程，还能实现一些较基本的计算和逻辑推理功能，朝着复杂的用人工合成纳米元件组装计算机线路迈出关键一步。

李波表示，这项研究之所以在电路的复杂性和功能性方面，取得重大突破，是因为这种电路与目前主流电路的构建方法完全不同，它是采用自下而上的方法构建成的。研究人员利用最新技术设计，并合成全新纳米线组件。这些纳米线组件展示出构建功能性电子线路所需的可重复性，而且完全可以升级，这就使得组装更大型、功能更强大的纳米处理器成为可能。他们同时还证明，这些超薄纳米电路可以采用电学方法进行编程，让其执行大量基本运算和逻辑功能。

（5）用纳米技术研制新型非易失性铁电存储器。2011 年 10 月，由普渡大学布瑞克纳米技术研究中心主任、电子与计算机工程学教授约格·阿彭策尔与博士生萨普塔瑞斯·达斯等人组成的研究小组，在《纳米快报》杂志上发表研究成果称，他们正在用纳米技术研制一种新的计算机存储设备，即铁电晶体管随机存取存储器，它将比现在的商用存储设备更快捷，且比占主流的闪存能耗更低。

这种最新的存储设备将由硅纳米线和铁电聚合物集合而成。铁电材料是指具有铁电效应的一类材料，它是热释电材料的一个分支。铁电材料及其应用研究已成为凝聚态物理、固体电子学领域最热门的研究课题之一。科学家也已了解到铁电材料的原子结构，可使其自发产生极化现象。

研究人员解释道，施加电场后，铁电聚合物会发生极化，极性的改变可用来指代 0 和 1，而数字电路正是以由二进制代码 0 和 1 组成的序列来存储信息的。

达斯说："现在，我们已总结出理论，也通过实验展示该存储设备将如何在电路中起作用。不过，研究目前还处于萌芽阶段。"

这种铁电晶体管随机存取存储器，将能执行计算机存储器的三大功能：写入信息、读出信息并将信息保存一段时间。铁电晶体管随机存取存储器，同现在最先进的铁电随机存取存储器一样，都能进行非易失性存储。这是静态随机存取存储的一种形式，这意味着，当计算机关闭或失去其外部电源时，存储器中的内容仍然可以保存下来。不过，后者目前虽已经商用，市场占有率却很低，而新技术使用铁电晶体管代替铁电电容器，将能够毫无损失地读出数据。此外，与目前占据市场主流的非易失性计算机存储芯片即闪存相比，该设备有望减少 99% 的能耗。

3. 用纳米技术发明会做多种表情的机器人

2009 年 2 月 27 日，英国媒体报道，在美国加利福尼亚大学举行的科技、娱乐与设计会议上，展出了一款"感情机器人"。它以科学家爱因斯坦长相为模型，由美国机器人大师大卫·汉森一手打造。"爱因斯坦"机器人的头部与肩膀的皮肤，看上去与真人的皮肤没有什么两样。这种皮肤由一种特殊的海绵状橡胶材料制成，它融合了纳米，以及软件工程学技术，连褶皱都非常逼真。另外，该机器人目光炯炯有神，可以做出各种表情，这让现场的与会者都惊讶得目瞪口呆。

据介绍，汉森制作的"爱因斯坦"机器人，面部装有31处人造运动肌，因此可以做出相当丰富的面部表情。而且，这款机器人"脑中"装有一个专门识别人脸表情的软件，这样机器人就能随时根据人类的情绪变化，来改变自己的表情与人互动。

汉森介绍说，目前"爱因斯坦"机器人可以识别悲伤、生气、害怕、高兴，以及疑惑等情绪。机器人拥有表情，可以说是科技界一大重要突破。

二、用纳米技术研制放大器与通信设备

1. 用纳米技术研制放大器

（1）推出功耗最低的纳米功率运算放大器。2009年8月，美国国家半导体公司宣布，推出一款全新的纳米功率运算放大器，可提供业界最低功耗552nW，即使供电电压低至1.6V，仍可保证正常操作。

据悉，该款型号为LPV521的运算放大器，属于美国国家半导体PowerWise系列，由于其功耗极低，可以延长系统的电池寿命，因此更适用于便携式电子设备及低功率电子产品，包括无线远程传感器、供电线路监控系统，以及微功率氧气和气体传感器。

（2）试制新型"激声"放大器。2010年9月，有关媒体报道，在庆贺激光诞生50周年之际，科学家正在研究一种新型的相干声束放大器，其利用的是声而不是光。科学家最近对此进行演示，在一种超冷原子气体中，声子也能在同一方向共同激发，就和光子受激发射相似，因此这种装置也被称为"激声器"。

声子激发理论是2009年由马克斯·普朗克研究院与加州理工学院的一个研究小组首次提出的，目前尚处于较新的研究领域。其理论认为，声子是振动能量的最小独立单位，也能像光子那样，通过激发产生高度相干的声波束，尤其是高频超声波。他们首次描述了一个镁离子在电磁势阱中被冷冻到大约1/1000开氏温度，能生成单个离子的受激声子。但是单个声子的受激放大和一个光子还有区别，声子频率由单原子振动的频率所决定而不是和集体振动相一致。

在新研究中，葡萄牙里斯本高等技术学院的J. T. 曼登卡与合作团队，把单离子声子激发的概念扩展到一个大的原子整体。为了做到这一点，他们演示了超冷原子气体整合声子激发。与单离子的情况相比，这里的声子

频率由气态原子的内部振动所决定，和光子的频率是由光腔内部的振动所决定一样。无论相干电磁波，还是相干声波，最大的困难来自选择系统、频率范围等方面。研究人员说，该研究中的困难是要模仿光波受激放大发射的机制，但产生的是声子，而不是光子。即通过精确控制超冷原子系统，使其能完全按照激光发射的机制来发射相干声子。

新方法将气体限定在磁光陷阱中，通过 3 个物理过程产生激态声子。首先，一束红失谐激光将原子气体冷却到超冷温度；其次用一束蓝失谐光振动超冷原体气体，生成一束不可见光；最后使原子形成声子相干发射，此后衰变到低能级状态。研究人员指出，最后形成的声波能以机械或电磁的方式与外部世界连接，系统只是提供一种相干发射源。

高相干超声波束的一个可能用途是，在 X 射线断层摄影术方面，能极大地提高图像的解析度。研究人员说："激光刚开发出来时，仅被当做一种不能解决任何问题的发明。所以，对于激声我们现在担心的只是基础科学方面的问题，而不是应用问题。"

2. 用纳米技术研制通信天线

（1）通过纳米技术发明能捕捉可见光信号的天线。2004 年 9 月，《应用物理通信》杂志报道，美国波士顿学院的一个研究小组利用纳米技术，发明了能捕捉可见光信号的天线。这一发明可能有助于开发利用可见光传输电视信号的技术，同时可以把太阳能高效转化为电能的设备。

可见光天线与现有的无线电天线的原理是一样的。接收无线电信号的天线需要与电波的波长有特定的比例，当天线感受到无线电信号时，就会在内部激起电流。由于无线电波波长很长，因此无线电天线通常体积非常大，而且要被安置在高处。然而，可见光的波长只有数百纳米，人们以前无法制造这样小尺寸的天线，满足接收可见光信号的要求。波士顿学院研究小组通过纳米技术，利用碳纳米管制成微型天线。试验表明，这种新天线能够接收可见光，在可见光的作用下其内部会产生电流。

专家认为，利用这种新天线有可能进一步开发出通过可见光传输电视信号等的新技术。另外，这种新天线也为把太阳能转化为电能提供了一条新思路。

（2）研制出负折射率等离子纳米天线。2011 年 12 月 22 日，由普渡大学布瑞克纳米技术研究中心纳米光子学部门主管弗拉基米尔·萨里切夫教授领导的研究小组，在《科学》杂志上发表研究成果称，他们的实验证明，纤细的等离子体纳米天线阵列，能采用新奇的方式对光进行精确的操控，改变光的相位，创造出负折射现象。这项成果有望使研究人员研制出功能更强大的光了计算机等新式光学设备。

萨里切夫说："通过大大改变光的相位，我们能显著改变光的传播方式，因此，为很多潜在的应用打开大门。"光的相位是指光波在前进时，光子振动所呈现的交替波形变化。同一种光波通过折射率不同的物质时，相位就会发生变化。

2011 年 10 月，由哈佛大学电子工程学教授费德里科·卡帕索领导的研究小组在《科学》杂志上撰文指出，他们利用一种新技术诱导光线路径，使得沿用多年的斯涅耳定律受到挑战。斯涅耳定律指出，当光从一种介质进入另一种介质时，在这两种介质的交界处，相位不会突然发生变化。而哈佛大学的实验表明，通过使用一种新型结构的"超材料"，光的相位和传播方向都会发生巨大变化。这一研究发现使预测光线由一种介质进入另一种介质时，会出现有别于经典的折射和反射定律，可以创建负折射现象，光的偏振也可以得到控制。

普渡大学的研究小组则更近一步，制造出纳米天线阵列，并大大改变光波波长介于 1 微米（百万分之一米）到 1.9 微米之间的近红外线附近光波的相位和传播方向。萨里切夫表示："我们把哈佛大学的研究拓展到近红外线区域，近红外线，尤其是波长为 1.5 微米的光线对通信来说至关重要，通过光纤传送的信息使用的就是这个波长，最新研究在通信领域将非常实用。我们也证明，这并非单频效应，适用于很多波段，因此，可广泛应用于很多技术领域。"

这种纳米天线是蚀刻在一层硅上方的金做成的 V 型结构，它们是一种等离子体结构的超材料，宽 40 纳米。研究人员也已证明，他们能让光通过一个宽度仅为光波波长五十分之一的超薄等离子体纳米天线层。

研究人员解释，每种材料都有自己的折射率，可描述光在其中的弯曲程度。包括玻璃、水、空气等在内的所有天然材料的折射率都为正数，而新的超薄等离子体纳米天线层能导致光线大大改变其传播方向，甚至产生负折射现象，使用传统材料则无法做到这一点。

这一创新有望让人们引导激光并改变激光的形状，应用于军事和通信领域；有助于研究人员开发出使用光处理信息的光子计算机中的纳米电路，以及功能强大的新型透镜等。

第五章　光学领域纳米技术的新成果

本章阐述美国在光学研究与光学技术、光电子元器件、光学仪器设备方面的纳米技术创新信息。美国在光学研究与光学技术领域的研究，主要集中在借助纳米技术提高光学观察或检测能力，运用纳米技术获得光学研究新发现，推进纳米光刻技术研究，发明纳米级光学显微成像技术等。美国在光电子元器件领域的研究，主要集中在用纳米技术研制新型光学材料，研制光子电路；用纳米天线开发出发光真空管，用纳米技术研制发光二极管。美国在光学仪器设备领域的研究，主要集中在用纳米技术研制显微镜镜头，改善显微镜性能；研制纳米激光器部件和纳米激光器；用纳米技术研制显示器、隐形设备、捕光设备，以及探测和检测设备等。

第一节　光学研究与光学技术领域的纳米新成果

一、光学研究领域纳米技术新进展

1. 借助纳米技术提高光学观察或检测能力

（1）通过纳米技术用飞秒成像首次观察到等离子波运动。2005 年 6 月，匹兹堡大学的物理学兼天文学教授赫尔沃耶·派提克，纳米科技工程学院电子与计算机工程学教授洪古金，以及该校纳米科技工程学院研究人员组成的一个研究小组，在《纳米快报》上，发表论文《纳米结构化银膜中对表面等离子体波运动的飞秒成像》。

他们的论文阐述了利用一种显微镜技术在纳米结构化银膜中，首次观察到等离子波的运动，并且清晰度是传统技术的一万亿倍。有关专家指出，这项成像新技术正引领等离子体光学研究的进步，并且有可能会带来更好的半导体材料。

研究人员表示，无论是古老的彩色玻璃制作工艺，还是如今先进的等离子体光学领域，它们都需要依靠纳米级大小的金属离子共振。当光线照射到这样的粒子时，会在金属的表面激发出一种被称为"表面等离子体波"的电磁场，并且会引起电子呈波状振动，最终产生彩色玻璃上鲜艳的色调。

但是，由于电子运动的速度几乎和光线一样，所以科学家们很难观察这样的振动运动，而且从来没有观察到运动过程。那么，匹兹堡大学研究人员是如何观察到等离子波运动的呢？

派提克和洪古金两人认为，结合超快激光和电子光学方法，得到高分辨率的成像是可行的。于是，他们使用一对十飞秒（一千万亿分之一秒）激光脉冲，从纳米结构化银膜中激起电子发散。然后，他们通过扫描脉冲延迟录制下了每帧330百亿亿分之一秒的表面等离子体波场的录像。他们的研究得益于等离子体光学领域的进步。派提克称，如今每块半导体芯片里面的线路，长达"一英里"。当电子携带着电子信号在这些线路上传输时，它们每行进10纳米就会发生碰撞。这种现象也是造成芯片散发过多热量的部分原因。如果利用等离子体波来传递信号的话，这一问题可能会得到解决，并且会使芯片变得更快，能量散发更少。

（2）利用纳米粒子和激光探测器实时检测单个病毒。2005年12月，国外网站报道，美国罗彻斯特大学光学研究所的两名研究人员开发出一种可以在一微秒内检测和确认单一病毒和其他纳米粒子的方法。

研究人员表示，他们是通过使用两束激光产生干涉效应来进行测量的，也就是通常所说干涉测量法。但使用这种方法进行实时检测的关键在于感应器。研究人员说，一个分光器可以把一束532纳米波长的激光，分解成一个基准光束和一个可用来对准纳米通道的光束。他们用电渗法，把一个病毒或一粒纳米粒子推过这个通道。因为通道的尺度和聚焦的范围限制，一次只能有一个病毒或一粒纳米粒子通过激光束，激光将会照亮病毒或粒子。对纳米粒子来说，其外部形态取决于粒子的属性，如大小和透明度。

研究人员说，聚合纳米粒子发散出光和基准光后，再把聚合后的光束放在分离式光电探测器下即可得到两个光电压。因为聚合光位于探测器的中心位置，两边都带同样的电压。左边的值减去右边的值就会给出零信号，因此信号无须对应参照值。只有在干涉效应产生的散射光才会改变信号的零值。

研究人员认为，一个 500 微米的小孔可以最小化外部光源，这种光会影响到测量结果。这样，分离式探测器可以确保最好的信噪比。另外，早先的方法使用散射光，其信噪比与散射光功率的六次幂成正比，因此粒子消失得很快。新方法的信噪比取决于激光束的指向不定性，而不是难以控制的激光功率的噪声。由于光的振幅取决于纳米粒子的属性，研究人员通过测定光的振幅，就可以得知纳米粒子的属性。

研究人员表示新的方法改进了传统的检测方法。按传统方法，病毒或粒子必须是静止不动的，信号必须有个参照值，所以无法做到实时检测。

现在研究人员正在继续研究他们的探测方法，他们希望能证明这种方法是可行的。未来他们计划使用这一技术来侦测空气中的微粒子。

2. 运用纳米技术获得光学研究新发现

（1）发现用飞秒激光加工纳米结构可控制金属表面液体流向。2009年 7 月，由美国罗彻斯特大学的光学副教授郭春雷主持，他的助手阿纳托里·沃罗贝耶夫等人参加的一个研究小组，在《应用物理快报》上发表论文称，他们利用飞秒激光加工技术制成的纳米结构金属薄板，可有效控制液体流向，促使液体流向高处。研究人员认为，这一技术在医疗诊断、计算机处理器冷却，以及金属"抗菌"等方面具有不可估量的价值。

郭春雷研究小组采用超高速激光来改变金属表层，在金属表层形成纳米级的凹点、凹线。这种超高速激光被称为飞秒激光，可产生仅持续几飞秒时长的脉冲。一飞秒等于千万亿分之一秒，一飞秒相对于一秒来说，就如同一秒对应 3200 万年。郭春雷称，在这转瞬即逝的爆发过程中，激光所释放的能量都聚集在一个针尖大小的点上。

这种金属表面的吸水过程有些像用纸巾吸取溢出的牛奶，或者像葡萄酒杯内因酒精气化而结成的露珠，通过分子间的相互吸引和蒸发来促使液体移动，对抗地球引力。通过飞秒激光加工制成的纳米结构，改变了液体分子与金属分子相互作用的方式，使它们能够或多或少地互相吸引，这取决于所设置的结构状况。在某一尺度上，相比于液体分子之间的相互依附，金属纳米结构会更易于与液体分子黏合，使液体快速散布于金属表面。液体扩散时会受到蒸发作用影响，分子相互作用的过程便形成金属的快速吸水效果。如在金属表面加上激光蚀刻的沟槽，则会进一步增强对液体的控制能力。

郭春雷称："想象一下，把一个巨大的水路系统缩小到微芯片上，就犹如在微处理器上印制电路。我们可以用极微量的液体进行化学或生物学研究。有了这样的微系统，就可以使血液能精确地沿着某一个路径到达传感器。皮肤上的　个划伤可能就含有足够多的细胞可用来进行微量分析，患者不用再担心护士抽取整管的血液用于测试。"

目前，加工 9 英寸大小的金属片要耗费 30 分钟或更多时间。研究小组正在努力提高技术水平，提升加工速度。尽管飞秒激光具有难以置信的强度，却可以靠日常电源提供动力。这意味着，一旦工艺水平提升，加工精度提高后，实施起来应该是相对简单的。

郭春雷研究小组还加工出了"抗菌金属"，这是一种表层具有疏水性的金属（在化学里，疏水性指的是一个分子，即疏水物，与水互相排斥的物理性质），能够减少水分子和金属分子之间的吸引力。由于大多数细菌都含有水分，所以它们无法在一个疏水性金属表面生长。

（2）发现纳米金属膜小孔具有"封孔透光效应"。2011 年 11 月，由美国普林斯顿大学机电工程教授斯蒂芬·周领导的一个研究小组，在《光学快递》杂志上发表研究论文称，他们发现堵住金属板上小孔能阻挡光线通过的常识到了纳米尺度就不再管用了。他们在实验中看到，如果用盖子遮住纳米金属膜上的小孔，不仅挡不住光线，反而会增加透射光的数量。这一发现在光学仪器、超灵敏探测研究领域有着广阔的应用前景。

该研究小组在一项实验中，他们使用了一种 40 纳米厚的金薄膜，上面布有直径 60 纳米、间距 200 纳米的微孔阵列。每个微孔都用小金盘盖住，小金盘比微孔要大 40%，只在金属膜表面和盘之间有极微缝隙。他们先从薄膜下面照射激光，检查上面透过的光线，发现透过的光比没有盖子时要多 70%。再从上面照射而在下面检测，结果同样。

斯蒂芬·周解释说："我们原以为小金盘能挡住所有的光，没想到会有更多光线通过。小金盘好像变成了一种能捕获并辐射电磁波的'天线'，它捕获了小孔一边的光从另一边辐射出来。光波通过金属表面经过盖子后大大增加。当激光遇到分子会产生微弱的信号，而用有微孔阵列的金属薄膜和金属盘，会使微弱的信号增强，在识别物质时更加敏感。"

斯蒂芬·周还指出，这一结果可能带来巨大的影响和应用价值。

一是遮光效果。在非常灵敏的光学仪器，如显微镜、望远镜、分光仪及其他探测器中，如果想用在玻璃上涂金属膜的方法来遮光，结果可能适得其反。研究人员若想堵住所有的光线传播，需要重新思考他们所用的技术。例如，在光刻印刷中，光会在玻璃板的金属膜上刻下细微花纹形成模板，引导光线通过某些位置而挡住其他地方，但由于这种封孔透光效应，工程师们要再检查一下模具是否达到预期的遮光效果。

二是这种新技术能增加光透性。例如，在近红外显微镜中，让光线通过直径仅有十亿分之几米的微孔会增加透过光的数量，也就增加了观察目标的信息量，研究人员就能看到更多精微的细节。

（3）通过纳米技术首次证实二维半导体存在普适吸光规律。2013年8月，由美国劳伦斯伯克利国家实验室材料科学部专家阿里·贾维领导，电气工程师伊莱·雅布洛诺维奇等参加的一个研究小组，在美国《国家科学院学报》上发表研究论文称，他们首次证实所有的二维半导体普遍适用于一个类似的简单吸光规律。他们利用超薄半导体砷化铟薄膜进行的实验发现，所有的二维半导体，包括受太阳能薄膜和光电器件行业青睐的Ⅲ-Ⅴ族化合物半导体，都有一个通用的吸收光子的量子单位，他们称为"AQ"。

从太阳能电池到光电传感器再到激光器和各类成像设备，当今许多的半导体技术都是基于光的吸收发展起来的。吸光性，对量子阱中的纳米尺度结构来说，尤为关键。量子阱是由带隙宽度不同的两种薄层材料交替生长在一起形成的，具有量子限制效应的微结构，其中的电荷载流子的运动被限制在一个二维平面上，能带结构呈阶梯状分布。

贾维说："我们使用无需支撑的厚度，可减至3纳米的砷化铟薄膜作为模型材料系统，来准确地探测二维半导体薄膜厚度和电子能带结构对光吸收性能的影响。我们发现，这些材料的阶梯式光吸收比与材料的厚度和能带结构无关。"

他们把超薄的砷化铟膜印在由氟化钙制作的光学透明衬底上，砷化铟膜吸收光，氟化钙衬底不吸光。贾维说："这样我们就能够根据材料的能带结构和厚度，来研究厚度范围在3～19纳米薄膜的吸光性能。"

贾维研究小组，借助劳伦斯伯克利国家实验室先进光源的傅里叶变换红外分光镜，在室温下测出从一个能带，跃迁到下一个能带时的光吸收率。他们观察到，随着砷化铟薄膜能带的阶梯式跃迁，AQ值也以大约1.7%的系数相应地逐级递增或者递减。

雅布洛诺维奇称："这种吸光规律对于所有的二维半导体来说，似乎是普遍适用的。我们的研究结果加深了对于强量子限制效应下的电子-光子相互作用的基本认识，也为了解如何使二维半导体拓展出新奇的光子和光电应用，提供了独特视角。"

二、光学技术领域的纳米新成果

1. 纳米光刻技术的新进展

（1）发明固体沉浸透镜纳米探针光刻技术。2004 年 9 月，有关媒体报道，光刻领域目前的热门话题是沉浸技术。而美国亚利桑那大学研究人员发明的所谓"固体沉浸"技术，又为这一技术增添了新内涵。该大学在光掩膜技术巴克斯研讨会上发表的论文中，描绘了通过采用固体沉浸透镜纳米探针使无掩膜光刻成为现实的方法。

据称，有了此项技术，该大学能用无掩膜光刻工具实现 20 纳米设计和高数字孔径。固体沉浸不使用水作为提高光刻工具分辨率的方法。相反，该技术与新颖奇特的方法联系更为紧密，如原子力显微镜和蘸笔光刻方法。

（2）开发出热化学纳米光刻技术。2007 年 9 月，由美国乔治亚工学院物理系助理教授爱丽莎·瑞尔朵主持的一个研究小组在媒体上发布信息说，他们已成功开发出一种纳米光刻术。这种新型纳米光刻术，不仅速度极快，而且能够用于包括空气和液体等多种工作环境。

据研究人员介绍，新的纳米光刻术被称为热化学纳米光刻术（TCNL），它在电子业、纳米应用流体学和医学等多领域均具有潜在应用前景，能帮助工业界在速度和规模上，商业化生产包括纳米电路在内的宽范围的纳米图案结构。

研究人员表示，新的工艺实际上相当简单。他们把原子力显微镜的硅材料探针加热，并让它在薄高分子膜上"行走"，从而获得电路图。探针尖的热量导致高分子膜表面发生化学反应，改变了薄膜的化学性质，从原来的"厌"水物质转变成现在的"亲"水物质，因此能与其他分子牢固地粘贴在一起。

新的热化学纳米光刻术速度相当快，每秒钟"刻写"长度超过数毫米。现在广泛采用的蘸笔纳米光刻术（DPN）"刻写"速度，仅为每秒钟0.1 微米。利用新工艺，研究人员能够在不同的环境中"刻写"最小宽度仅为 12 纳米的图案。除"刻写"尺寸小、速度快和可在多环境中工作外，热化学纳米光刻术的另一个特点，是它不像常规纳米光刻术那样，需要其他的化学物质或强电场。此外，采用 IBM 公司开发的原子力显微镜探针组热化学纳米光刻术还具有大规模生产的潜能，可让用户同时用上千个针尖独立地"刻写"图案。

瑞尔朵称："热化学纳米光刻术属于高速和多功能技术，它帮助我们更进一步，迈向商业化所需的光刻速度。由于我们只是加热以改变其化学结构，而不需要将任何材料从原子力显微镜探针转移到高分子膜表面，因此这种方法要比常规方法快得多。"

（3）推出软干涉纳米光刻技术。2007 年 9 月，由美国西北大学奥多姆教授领导她的同事参与的一个研究小组，在完成美国国家科学基金会资助的项目过程中，相关研究成果作为封面文章发表在《自然·纳米》杂志上。他们在纳米制作技术领域获得重大进展，通过把干涉光刻和软光刻技术结合在一起，推出称为软干涉纳米光刻技术的新型制造技术，可以用来扩展纳米生产工艺以大批量制造等离子体超材料和器件。

研究人员表示，与现有的技术相比，软干涉纳米光刻技术具有许多明显的优势。作为一种大规模制作纳米材料的创新和廉价方法，利用它制成的新颖的先进材料为开发和应用特殊与突发光学特性铺平道路。

这项研究中的光学纳米材料称为"等离子超材料"，因为其独特的物理特性源于形状和结构，而不仅仅是材料的成分。自然世界中的两个等离子超材料的例子是孔雀羽毛和蝴蝶翅膀，其鲜艳的图案是基于几百纳米水平的结构变化导致它们吸收或反射光。

奥多姆研究小组通过开发新的纳米制作技术，成功地制作出一个带有几乎无限阵列齿孔的金膜，这些小齿孔只有 100 纳米，是一根头发的 1/500 至 1/1000。在一个放大的尺寸上，这个多孔金膜看似瑞士奶酪，除齿孔外都井然有序，而且能在大尺度的距离上扩展。研究人员现在已能够脱离其他技术，以低廉的价格在大型的薄片上制作这些光学材料。

这项研究令人兴奋之处，不仅在于它揭示了一种廉价的新型光刻技术，而且它能够生产具有有趣的特性的高质量光学材料。举例来说，当这些齿孔被光刻成一个微型"补丁"时，它们表现出显著不同的光传输性能。补丁会出现聚光现象，而无限阵列的齿孔则不会。

它们的光传输特性可以通过改变齿孔的几何形状来改变，而不用再"烹制"一个含有新成分的材料。这一特性对实现按需调节传输性能，非常具有吸引力。这些材料还非常适合于制作光传感器，从而为制作超小光源打开大门。

此外，经过精心组织，它们还可以作为模板来制作自己的副本，或是制作其他纳米级的有序结构，如纳米粒子阵列。

据称，软干涉光刻技术项目是一个高风险、大潜力的革新课题，早期的研究成果显示了光明的前途，可以预想光器件制作的全新时代即将到来。

2. 发明纳米级光学显微成像技术

（1）发明达到纳米级分辨率的光学显微成像技术。2006 年 8 月 9 日，由哈佛大学文理学院化学教授，兼任霍华德·休斯医学研究中心研究员的庄小威领导的，哈佛大学的迈克尔·拉斯特、马克·贝茨等参与的一个研究小组，在《自然·方法》网络版上发表研究成果称，他们发明了一种新的显微成像技术，得到比传统光学显微镜高 10 倍以上的纳米级分辨率，向科学家们梦想的对生物分子和细胞的超分辨、实时成像技术迈进了一大步。

庄小威告知，这项新技术称为随机光学重建显微法，现在能够达到 20 纳米的分辨率，并且随着今后的改进，将能够把分辨率推进到分子尺度。

随机光学重建显微技术的成功主要归功于一种荧光团，它是一种能够几百次地反复在各种颜色的光照下使用的，能够驱动为荧光态和暗态的发光分子团。这种荧光团由庄小威、贝茨和同事提姆·布罗瑟在 2005 年共同发现。

庄小威称："科学家们早就注意到个别荧光团能够以纳米精度固定。但是，这些荧光团发出的光彼此很难分开，于是很难对这些目标进行分辨。在我们发现这种神奇的可开关的荧光团后，我们认识到它提供了一个解决方案。"

该研究小组的方案是一次只激发一小部分的荧光团，对它们进行成像，来以纳米分辨率确定它们的位置。

拉斯特和贝茨把荧光团连接到一个可以设计成依次连接多种生物分子的抗体上。然后，把连接了荧光团的生物样本曝露在变波长的连续闪光下，分别激发不同子集的荧光团。得到许多不同子集的荧光团发光的图像后，再把这些图像合成一张能够清晰分辨荧光团的图。

庄小威称："目前整个随机光学重建显微技术的图像处理过程需要几

分钟的时间。但是我们有信心，能够加快到实时成像的速度。我们的下一步研究方向是分子分辨的、多色的、实时活体成像的随机光学重建显微技术。"

（2）发明能观测小于纳米尺度结构的 X 射线显微成像方法。2006 年 11 月，由美国阿贡国家实验室与高分辨射线显微镜公司研究人员联合组成，由物理学家保罗·芬特领导的一个研究小组，创造了新的 X 射线显微成像方法。这种方法，可以观测分子水平的结构，测量小于一纳米的长度。

研究人员表示，他们通过把 X 射线反射法与高分辨率 X 射线显微成像法相结合，发现能研究纳米级别结构之间的相互作用，纳米级别物质常表现出不同的性质。更好地理解纳米结构的相互作用可以帮助我们治疗疾病，保护环境，使我们生活更加安全。

以上新技术能帮助我们更多地了解表面分界反应，如吸收、腐蚀、催化反应等。特别地，这一方法能扩展 X 射线的能力，可以实时直接观测小于纳米尺度的表面性质。并且它是非侵入性的，可望用于地形学的扫描成像，而不用探针尖端非常靠近表面。

该研究小组专门研究 X 射线光学与 X 射线显微成像系统。他们利用相衬原理，实现了小于纳米尺度的成像。这一突破借鉴了之前用于电子显微镜的技术，能直接观察固体表面的各种变化。

保罗·芬特表示："能够看到一个纳米级别的结构对于 X 射线显微技术是一个重要的基准。理解界面反应对于科学技术的诸多方面，从金属的腐蚀到环境污染，都是有着重要意义的。"

3. 光学技术领域的其他纳米新成果

（1）首次实现在纳米光缆中传输可见光。2007 年 1 月 8 日，由美国波士顿大学物理学家贾科布·丽博齐斯基主持的一个研究小组，在《应用物理学快报》上发表研究成果称，他们在粗细仅为头发数百分之一的纳米光缆中，实现了可见光的传输。这一技术能为多个领域带来革命性的突破。

研究人员说，这挑战了一条重要的定理：光无法穿过比自己波长小得多的孔。事实上，该研究小组把波长在 380～750 纳米的可见光，在直径比 380 纳米还要小得多的光缆中实现了传送。

研究人员表示，这一成果能应用于很多新技术，包括高效低成本的太阳能电池、微型光开关等。这一技术甚至能帮助盲人重见光明。在 2004年，该研究小组曾经发明能捕捉微波的微天线，同这次的成果的工作原理一样。研究人员设计了小型的同轴光缆，它能把电话和网络信号传输到千家万户。

丽博齐斯基说："我们的同轴光缆的不同之处在于能传输可见光。"同轴光缆，通常由中心的电线和外包的绝缘层构成，然后再包上一层金属壳。这种技术能使光缆传输波长比光缆直径大得多的电磁信号。利用这一基本原理，物理学家制造了纳米同轴光缆：用碳纳米管制成的直径约 300纳米的同轴光缆。

在这种纳米光缆的一端，突出了一个"光天线"，而另外一端，则可用于测量光天线接收到的光。科学家能传输非常宽的可见光谱的光。克里斯·柯姆潘教授说："这种纳米同轴光缆的最大好处，在于能把可见光挤压到一个非常小的几何尺度。"

（2）用纳米粒子发明可随意改变颜色的光电技术。2007 年 7 月，由加利福尼亚大学河滨分校殷亚东领导的一个研究小组，在《应用化学》上发表文章，宣布他们用小型磁性晶体包覆塑料外壳形成纳米颗粒，然后颗粒在溶液中自聚集成光子晶体。当施加一个外部磁场时，晶体光学特性会发生改变，因此通过调整磁场强度，就可以精确改变这些晶体的颜色。

这里所说的晶体与传统晶体并不一样，它们属于胶质晶体。胶质晶体制造成本较低，并且可以大尺度生产，因此适合于光子晶体。光子晶体类似于电子学中的半导体材料，它们也有带隙、禁带等。这些光学特性取决于晶体的空间关系。以往的研究主要是针对禁带可通过外部刺激，得到快速、精确调节的光子晶体。但是这些要求还无法实现。其中一种可能的刺激是磁场，如果晶体由磁性材料制成，如氧化铁。但问题在于磁化只有在颗粒达到较大尺度时才能保持，殷亚东小组找到了解决办法：在纳米氧化铁颗粒外包覆聚乙烯外壳。

这样做的结果是纳米晶体在溶液中自聚集成胶质光子晶体。磁场力作用于每一个单个团簇，改变了团簇间的晶格距离。通过改变磁场强度，以及磁体距离，胶质晶体的颜色就可以在整个可见光谱区域内变化。整个过程迅速且可逆，因为团簇的纳米晶体很小，当磁场关闭后，它们能立刻失去磁性。这可用于通信、显示器、感应器等领域。

（3）用纳米技术提高光负折射率超材料性能。2010 年 8 月 5 日，由美国普渡大学比尔克纳米技术中心教授弗拉基米尔·沙拉耶夫率领的一个研究小组，在《自然》杂志上发表研究成果称，他们运用纳米技术，促进光负折射率超材料的性能提高，使其可增强光线，从而扫除了超材料在光学技术领域大展拳脚的根本障碍。这项研究成果预示着，研究人员能据此研发出功能超强的显微镜、计算机，甚至隐形斗篷。超材料是具有天然材料所不具备的超常物理性质的人工复合结构或复合材料。负折射率超材料的研发工作一直困难重重，主要原因在于很多入射光线要么流失，要么被超材料中所含的金和银吸收，这使得超材料一直很难被用于制作光学设备。经过3年多努力，沙拉耶夫研究小组终于消灭了这只"拦路虎"。

研究小组用渔网样薄膜，与银、氧化铝叠层研制出新的光学超材料。他们把银和不传导的氧化铝交替层堆叠在一起，在薄膜上挖出直径100纳米的小洞，小洞交织在一起呈现出渔网图样。研究人员接着蚀刻掉银层之间的一部分氧化铝，并代之以一种由能增强光线的彩色染料制成的"增益介质"。

沙拉耶夫称，此前曾有研究人员尝试在渔网薄膜的顶部应用不同的增益介质，但这些方法并没有明显减少光线损失。该研究小组把染料放置在渔网薄膜的银层之间，此处的光"定域场"远远强于薄膜表面，从而把增益介质的效率提高了50倍。

在自然界发现的所有材料都具有正折射率。折射率被用来衡量电磁波从一种媒介进入另一种媒介时光线被弯曲的程度，弯曲意味着存在光线损失。

沙拉耶夫表示，新研制的超材料具有改变光线传播方向的能力，光线在这种材料中会出现"负折射"，而且，因为拥有增益介质，新的光学超材料还可以增强入射的光线。他指出，制造这种材料是一个非常复杂的过程。研究人员必须精确地移除尽可能多的氧化铝层，以便为染料腾出空间，同时又不破坏整个结构。

研究人员称，新的超材料能大大推动变换光学领域的进展。可能的应用包括研制出二维超级透镜（这种透镜能把光学显微镜的精度提高10倍，能够看见小到DNA的物体）、先进传感器、新型聚光镜（用来制作更高效的太阳能聚集器）、使用光而不是电子信号，来处理信息的计算机和电子产品，甚至隐形斗篷等。

（4）发明在硅表面生长纳米激光器技术。2011年2月，由美国加利福尼亚大学伯克利分校电学工程与计算机科学教授张康妮·哈斯南领导的一个研究小组，利用新技术直接在硅表面生长出极微小的纳米柱，形成一种亚波长激光器。这一成果将为制造纳米光学设备，如激光器、光源检测仪、调制器、太阳能电池等带来新的突破。研究人员通过金属–有机化学蒸发沉积的方法，在400℃条件下，用一种Ⅲ–Ⅴ族材料铟镓砷，在硅表面生长出纳米柱。这种纳米柱有着独特的六角形晶体结构，能将光线控制在它微小的管中，形成一种高效导控光腔。它能在室温下产生波长约950纳米的近红外激光，光线在其中以螺旋形式上下传播，经过光学上的相互作用而得以放大。

哈斯南指出，这种亚波长激光器技术将对多科学领域产生广泛影响，包括材料科学、晶体管技术、激光科学、光电子学和光物理学，促进计算机、通信、展示和光信号处理等领域光电子学的革命。同时，希望进一步加强这些激光的特征性能，以实现光子和电子设备的结合。

第二节　光电子元器件领域纳米技术的新进展

一、用纳米技术研制光学材料与光子电路

1. 用纳米技术研制新型光学材料

（1）用碳纳米管开发出光吸收率最高的材料。2008年1月，美国《纳米通信》杂志网站报道，由美国莱斯大学的阿贾扬等组成的一个研究小组，开发出一种纳米材料，它对可见光的吸收率超过99.9%，是目前已知的颜色最黑的材料。

据悉，这种材料对可见光的反射率仅为0.045%，不及普通黑色油漆反射率的百分之一，约相当于此前公认的颜色最黑的镍磷合金材料反射率的1/4。

研究人员介绍说，新材料实际上是一种由碳纳米管形成的"毯子"，这些碳纳米管像直立的草一样排列，这种排列方式能够有效地吸收光。研究人员还对这种材料的表面进行了处理，使其变得比较粗糙和不规则，从而进一步降低了材料的光反射率。

研究人员指出，由于这种材料几乎能吸收所有入射的可见光，因此它在太阳能的收集和利用方面可能具有较大应用潜力。此外，由于它的光反

射率较低，因此也有望用于改善一些光学天文观测仪器的观测质量。

有关专家进一步指出，这种材料能显著减少用于探测宇宙中最微弱和最遥远光的深空设备的发射光数量，因此，它最有可能用做太空传感装置的光抑制剂。另外，因为材料越黑，其辐射的热量就越多，所以这种涂层也可作为冷却剂，用在一些为太空装置移除热量并将热量辐射回深空的设备中。在宇宙探索中，这些太空装置必须在超冷环境下工作，以收集宇宙深处物体发出的非常微弱的远红外信号。如果这些装置的冷度不够，其产生的热会淹没微弱信号。而且，这种涂层比其他吸光材料更轻，而对任何发往太空的装置来说，重量都是一个非常关键的因素。

研究人员说，目前他们仅研究了新材料反射和吸收可见光的能力，下一步计划研究这种材料是否也能有效吸收红外线、紫外线或用于通信的电磁波。如果研究证明这种材料能有效吸收雷达电磁波，将意味着它也许可用于隐形战机等军事领域。

(2) 研制出无光学闪烁现象的新型纳米晶体。2009 年 5 月，由美国罗切斯特大学化学系副教授托德·克劳斯领导，柯达公司、美国海军实验室和康奈尔大学研究人员参与的一个研究小组，在《自然》杂志网站发布研究成果信息称，他们破解了光学闪烁现象背后隐藏的基本物理原理，研制成一种能持续发光的纳米晶体，并已合成出具有各种组成的纳米晶体。

许多分子，以及只有 10 亿分之一米大小的晶体，都能吸收和发射光子。与向外辐射光子不同的是，在其吸收光子的随机期，能量将被转化为热量，导致能量的白白流失。而这些"黑暗"时期与其辐射光子的正常时期交替出现，就会造成分子及晶体的"闪烁"现象。

研究人员说，10 多年来，由于光学闪烁现象，科学家在以单个分子制成可持续发光的光源领域的尝试一直未果。而今，他们终于攻破了这道科技难题。此项成果很有可能为研制更廉价与更多用途的激光，以及更明亮的 LED 照明设备等打开大门。

研究人员在对已合成的新型纳米晶体进行逐一检查后，并没有发现预想中的闪烁现象。即使在持续监测 4 个小时后，仍未发生一次闪烁，这是前所未闻的现象，因为常规晶体在几毫秒至几分钟内，就会发生闪烁现象。研究显示，新型纳米晶体的特殊结构正是"闪烁"现象不再发生的重要原因。常规纳米晶体的核心为一种半导体材料组成，其外面的保护壳则为另一种材料组成，两种材料间具有明显的分界线。而新型纳米晶体的核心为镉和硒组成，保护壳则由锌与硒组成，两者之间存在着均匀的过渡结构，可有效阻止纳米晶体对光子的吸收，从而使其辐射的光子流与吸收的光子流保持稳定。

克劳斯表示，目前，制造不同颜色的激光，仍要基于不同的材料和工艺流程，而新型纳米晶体只需一次制造过程便可制成不同颜色的激光，即只需改变纳米晶体的大小就可改变光的颜色，简便易行。新型纳米晶体可实现更高水平的生物标记追踪，还可为制造廉价灵活的激光器和亮度更高的 LED 照明设备奠定基础，并有望取代现有的有机发光二极管照明系统。未来在一个平面上涂刷不同大小的纳米晶体，就能创造出像纸一样薄的显示器，或是一面以任意颜色照亮房间的墙。

2. 用纳米技术研制光子电路

（1）研制出纳米带光波导。波导通常指一种在微波或可见光波段中传输电磁波的路径，用于无线电通信、雷达、导航等无线电领域。2004年 9 月，有关媒体报道，利用纳米线制作发光或探测光子器件的技术已越来越纯熟，然而纳米线波导一直未被成功地研制出来。现在美国加利福尼亚大学柏克莱分校，以及劳伦斯伯克利国家实验室，已经成功利用氧化物结晶构成的纳米带作为器件间的光信道，并以此为基础研制出纳米带光波导。

劳伦斯伯克利国家实验室的杨培东表示，过去两年来，该实验室已发展出纳米级激光器及探测器，但独缺可以连接这些器件的次波长波导。在众多适用于制作波导的方法中，超长的纳米线被证实是一个低损耗的光波导材料。该研究小组利用结晶氧化锡纳米带作为波导；纳米带长约 1500微米，横截面为矩形，大小从 15 纳米×5 纳米到 2 微米×1 微米。研究人员表示，宽度及厚度约 100～400 纳米的纳米带，最适合用来引导可见光及紫外光。纳米带不但可作为可见光及紫外光的低光损耗波导，且有别于易碎的氧化锡块材，具有良好的韧性，这使得制作光路变得容易许多。

（2）用纳米技术研制以光造激子为基础的电路。2008 年 6 月，由美国加利福尼亚大学圣迭戈分校物理教授莱昂尼德·布托夫及其同事组成的研究小组，在《科学》杂志网络版上发表研究成果称，他们用纳米技术证明一种称为激子的粒子，因其在衰变时可发出闪光，有可能被应用于一种新形态的运算，从而加快通信速度。

研究人员表示，已用纳米技术制造出数个基于激子的晶体管，这些晶体管有望成为新型计算机的基本模块，他们所装配出的电路，也成为世界上第一个使用激子的运算装置。

晶体管是电子设备的基本模块，目前均使用电子来传递计算所需的信号。但几乎所有的通信设备都使用光或光子来传送信号，通信语言需要从电子转换成光子，因而限制了电子设备的运行速度。

布托夫称，新型晶体管使用激子来处理信号，如同电子一样可由电压来控制，但并不需要在电路的输出端转换成光子。由光在砷化镓之类的半导体中制造出来的激子，可将带负电的电子从一个带正电的空穴中分离。如果这一对仍有连接，它就会形成激子。当电子与空穴重新结合时，激子就会衰变，其能量将以一道闪光释出。

布托夫等使用了一种特别类型的激子，电子与其空穴被限制在相距数个纳米的不同量子阱。这样的设置创造出利用电极提供电压来控制激子流动的机会。这些电压"门"制造出的能量冲击，能够暂停激子的移动或允许它们的流动。一旦能量壁垒被移除，激子就能够行进到晶体管的输出端，并转换成光，直接馈入通信电路，排除了转换信号的需要。研究人员表示，这种激子到光子的直接耦合，连接了运算与通信之间的缺口。

研究人员通过把激子晶体管结合形成数种类型的开关，从而创造出一种简单的集成电路，它能精确地指挥信号沿着一个或数个路径前进。因为激子的速度很快，所以这些开关能迅速翻转。到目前为止，已证明可实现200皮秒（1皮秒为1万亿分之一秒）量级的切换时间。虽然激子运算本身也许并没有电子电路来得快，不过当信号送往另一台机器，或在一个芯片上以光学连接的不同部位间传递时，速度优势就会显现出来。

该研究小组研制的电路表明，激子可用来进行运算，但在实际应用时，将需要使用不同的材料。砷化镓激子电路只能在低于−233℃的寒冷温度下运行，这是因激子结合能而产生的限制。温度高于此，电子将不会与它们的空穴结合而在结构中形成激子。研究人员表示，通过选择不同半导体材料可增加运行温度。

（3）用纳米技术研制由光子电路元件组成的"超电子"电路。2012年2月，由美国宾夕法尼亚大学电子和系统工程学院的纳德·恩西塔领导的研究小组，在《自然·材料》杂志上发表研究成果称，他们通过纳米技术，用光子取代电子，制造出首个由光子电路元件组成的"超电子"

电路，实现用更小且更复杂的电路来精准地控制电荷的流动。

不同配置和组合方式的电子电路具有不同的功能，从简单的光开关到复杂的超级计算机。电路由不同的电路元件，包括能非常精确操纵电路中电子流动的电阻器、感应器和电容器等组成。电子电路和光子也都遵循描述电磁场行为的基本公式，即麦克斯韦方程组。

恩西塔说："如果我们使用电磁光谱内波长更短的波，如光，我们或许能使电路更小、更快、更高效。"现在，他的研究小组制造出首个由光子电路元件组成的"超电子"物理演示电路，使这一梦想成为了现实。

"超电子"中的"超"指的是超材料：嵌入材料中的纳米图案和结构，使它能采用以前无法做到的方法操控波。他们在最新实验中利用亚硝酸硅制造出梳状的长方形纳米棒阵列。这种新型纳米棒的横截面和其间的孔隙形成的图案能复制电阻器、感应器和电容器这三个最基本电路元件的功能，只不过其操纵的是光波。恩西塔指出："如果我们拥有光子版本的电路元件，我们就能制造出操纵光的电路。"

在实验中，他们用一个光子信号（其波长位于中红外线范围内）照射该纳米棒，并在波通过时用光谱设备进行测量。他们使用不同宽度和高度组合的纳米棒重复该实验后证明，不同大小的光电阻器、感应器和电容器都可以改变光"电流"和光"电压"。恩西塔表示："纳米棒的一部分既扮演感应器，又扮演电阻器，而空气间隙则扮演电容器。"

除了可通过改变制造纳米棒的维度和材料改变光子电路的功能外，改变光的方向也可改变上述"超电子"电路，而传统电子学则无法做到这一点。这是因为光有偏振，即在波中振动的电场，其在空间拥有确定的方位。在"超电子"电路中，电场与光子电路元件相互作用且被其改变，因此，改变电场的方位可以改变电路。

恩西塔研究小组，正在为这类复杂的"超电子"学建立理论基础。他表示："电子学的另一个成功因素同其模块化有关，我们能通过安排不同的电路元件，制造出无数个电路。因此，我们也希望设计出更复杂的光学元件，以获得具有不同功能的光子电路。"

（4）用纳米技术研制迄今能耗最低的全光开关。2012年5月3日，物理学家组织网报道，美国马里兰大学的埃多·沃克斯领导的研究小组与国家标准与技术研究所研究人员，在《物理评论快报》杂志上发表研究成果称，他们用纳米技术研制出能耗最低的一款全光开关。它有望成为光子学和电子学"联姻"的纽带，科学家们可据此研究出能工作的光电通信协议。

新开关能引导光束从一个方向到达另一个方向，整个过程只需耗费120皮秒（120万亿分之一秒），而且能耗仅为90阿焦（即1×10^{-18}焦耳），是目前能耗最低的全光开关，其能耗仅为此前日本研制出的全光开关的20%，是其他全光开关的1%。

大多数电子设备的核心部件是晶体管，它是一种固体半导体器件，在其中一个门信号被施加到附近细小的导电通路上，以此打开和关闭信息信号的传送通道。而在光子学内，固体器件全光开关既能像门一样，打开或关闭光通过附近波导的通路；也能像路由器一样，将不同方向上的光束打开或关闭。美国研究小组使用置于共振光腔内的一个量子点（相当于一个门）制造出该全光开关。该共振光腔是一个拥有很多小洞的光子晶体，只允许少数光波通过该晶体。量子点由铟和砷组成，仅为1纳米大小，使在其内部移动的电子只能散发出波长不连贯的光。当光沿着附近的波导行进时，其中的一些光会进入共振光腔内，同量子点相互作用，正是这种相互作用改变了波导的传输特性。尽管140个光子都需要在波导内来产生开关行为，但其实只有6个光子做到了。

二、用纳米技术研制发光管

1. 用纳米天线开发出发光真空管

2006年5月，美国应用等离子公司开发出了尺寸不足10微米的可发光真空管。它是利用电子与电磁波共振的表面等离子体现象而实现。该公司最初设想，把它作为集成电路中的发光元件，应用于芯片间的光布线和服务器通信。尽管外形尺寸和发光原理不同，但这种发光元件的结构，与向水银气体照射电子束使之发光的荧光灯十分类似。具体来说，就是在内部呈真空状态的微细封装中，配备称为"纳米天线"的元件，由阴极向它放射能量约20千电子伏的电子束使之发光。

纳米天线利用光刻技术，按一定间隔在硅芯片表面上形成多列突起，并利用电场电镀法镀上一层银。据应用等离子公司表示，只要向它照射电子束，在银和硅的交界处就会产生电子压缩波（表面等离子体），由此即可放射电磁波。

该公司市场开发经理、副总裁亨利·戴维斯称，与过去的真空管和荧光灯不同的是，此次的发光元件非常小。例如，封装的外形尺寸只有 10 微米×10 微米×0.5 微米。而且，可在超高速下工作，从理论来讲最高可达到 750 太赫兹。

与发光二极管和半导体激光元件等相比，该发光元件的优点是：①从远红外到紫外光，可选择多种发光波长；②发光效率非常高，是发光二极管的数倍。

据应用等离子公司称，主要由纳米天线的突起间隔和排列方式决定发光波长，甚至能令一条纳米天线，以多种波长进行发光。而决定发光二极管和半导体激光元件发光波长的半导体带隙，只能通过改变半导体组成才能改变。例如，其组成仅限于砷化镓、氮化镓、氮化铝，即Ⅲ－Ⅴ族等元素组合。

研究人员表示，发光效率高是因为和金属与半导体中的电子不同，真空条件下电阻低。这种方式下的发光效率，取决于有多少电子被捕捉到纳米天线上。

2. 用纳米技术研制发光二极管

（1）开发出纳米晶体发光二极管。2004 年 6 月，由美国洛斯阿拉莫斯国家实验室科学家组成的研究小组，在《自然》杂志上发表研究成果称，他们研究出一种刺激微小纳米晶体发光的新方法，该方法可用于制造亮度更高、能耗更低、寿命更长的显示设备、交通信号灯和室内照明灯等。

利用半导体材料制造的发光二极管寿命很长，能耗只有普通灯泡的 1/5，已经应用于交通信号灯等设备。但他们倾向于发蓝光，要得到白光必须经过转换，这便降低了效率。为了解决这个问题，人们把半导体材料制造成微小的纳米晶体，这类晶体称为"量子点"，调整其尺寸就能改变他们发出的光的颜色。

但是，纳米晶体表面需要涂一层有机分子，这会阻碍外来电子刺激量子点发光。美国研究小组把硒化镉量子点放置在一种称为"量子阱"的设备上，利用量子阱为媒介间接刺激量子点发光。粗略计算表明，新方法能使发光二极管的效率比目前的产品高出一倍。

量子阱有着三明治一样的结构，中间是很薄的一层半导体膜，外侧是两个隔离层。用激光朝量子阱闪一下，可以使中间的半导体层里产生电子和带正电的空穴。通常情况下，电子会与空穴结合放出光子。研究人员把量子阱的上层制造得特别薄，厚度不足 30 埃（1 埃为一百亿分之一米），这样就可迫使中间层产生的电子与空穴结合时，以变化的电场而不是光子的形式释放能量。电场的作用使邻近的量子点中产生新的电子和空穴，从而令他们结合并放出光子。

（2）利用纳米碳管成功研制出超亮发光二极管。2005 年 12 月，由美国 IBM 公司与杜克大学联合组成的一个研究小组，成功地使单壁式纳米碳管发出高亮度的红外光。他们让纳米碳管的一部分悬挂在二氧化硅基板之上并在单载子操作下，结果使碳管悬空与受支撑处形成的接面发出高亮度的红外光。

研究人员认为，纳米碳管发光的原因在于纳米碳管被支撑与悬空部分的接面附近，碳管的能带会弯曲，产生的电场会加速载子，并进而生成激子（即束缚成对的电子及空穴）；当电子与空穴对再结合时就会发光。根据研究人员的计算，这种激发方式的效率，是分别从两端注入电子与空穴再结合效率的 1000 倍以上。

这项研究证明，在低维度纳米结构中，电子与空穴具有非常强的吸引力，而载子与原子振动间的耦合很微弱。同时它也第一次证明，在一维系统中，分子内热载子（高能载子）的撞击激发现象。由于纳米碳管发出的是波长 1~2 微米的红外光，因此具有应用在光通信上的潜力，同时，发光波长可以通过改变碳管直径加以调整。此外，未来这些纳米碳管发光体，也可与同样以碳管或以硅制成的电子组件，整合在同一个芯片上，成为新的电子或光电组件。

（3）用纳米技术研发下一代发光二极管。2007 年 3 月，有关媒体报道，由美国橡树岭国家实验室纳米材料科学中心科学家大卫·乔和甘领导，他的同事及田纳西大学研究人员组成的一个研究小组，正在利用纳米技术帮助研发下一代的高效发光二极管系统。发光二极管在生活中无处不在，从交通指示灯到汽车尾灯，以及手机显示器等，它的原理是当电流通过时就会发出荧光。目前最成熟的发光二极管技术是基于晶体的，特别是氮化铟和镓。但是，该研究小组正在致力于研究下一代的发光二极管，这些装置将由很薄的聚合物或有机分子薄膜构成。这些有机发光二极管将被设计成能折叠的薄层，能用于下一代的电子显示器。而目前的有机发光二极管只能用于小型的显示器，如手机，数码设备等。所以科学家们期望某一天能利用廉价的方法制造大型的现实屏幕。在橡树岭国家实验室，科学家用碳纳米管及磁性纳米线制造二极管，以提高光的发射。在初期测试中，碳纳米管提高聚合物有机发光二极管的电致发光效率，并且降低能耗。而磁纳米线控制电子自旋，进一步增加效率和可靠性。而且橡树岭国家实验室科学家还利用一种称为激光气化的技术来制造更纯的纳米管。

美国能源部对这一项目进行了 60 万美元的资助，该研究小组期望把新材料的研究用于创造新的有机发光二极管，将其能耗降低一半。乔和甘称："制造更节能的设备的解决方案，可能就建立于纳米科学基础上。接下来的一年，我们将研究为什么纳米材料能提高这些性能。我认为，将来有机发光二极管将无处不在。"

（4）发明微小而高效率的纳米紫外发光二极管。2007 年 5 月，有关媒体报道，由美国国家标准技术局的科学家和马里兰州大学及霍华德大学联合组成的一个研究小组，发明了一种制造微小、高效率发光二极管的技术。

该发光二极管发出的是紫外光，这对很多纳米技术，包括数据存储都非常重要。而且装配过程也非常适于将来投入商业化生产。

这些纳米级别的元器件，对下一代高密度低成本科技（包括传感器和光通信等）而言，是不可缺少的。而紫外发光二极管，对数据存储和生物传感非常关键。由氮化铝、氮化镓、氮化铟等半导体构成的纳米线，是制造这种发光二极管的理想材料，但是美国国家标准技术局科学家阿布舍克莫拉·莫塔叶德称："目前发光二极管使用的是单个制造技术，非常不适于推广到商业化生产。"

因此，该研究小组使用了批量生产技术，如湿蚀刻、金属沉积等。并且利用了电场来排列纳米线，以消除逐个分离它们的这一精密又耗时的任务。

新型发光二极管的最大特点是：它们由单一成分氮化镓构成。每个发光二极管包含 p 型氮化镓薄膜和其上的 n 型纳米线。因此，由相同成分形成的 p-n 结，相比成分不同的，拥有更高的效率，而且耗电量更低。

当在 p-n 结上施加合适的电压时，它就会发出峰值为 365 纳米的光，其发光范围属于紫外区域。研究小组制造并测试了超过 40 个这种发光二极管，每个都显示出相似的发光性能。同时，新型发光二极管还拥有良好的热稳定性，在室温下连续运作 2 小时效率也没有下降。研究人员表示，他们的这一技术还可用于制造其他的纳米结构产品。

（5）开发纳米线紫外发光二极管。2007年6月，由美国国家标准技术研究院与马里兰大学及霍华德大学联合组成的研究小组，开发出微小、高效、纳米线紫外发光二极管。有关专家指出，发光二极管对数码存储器和生物传感器件非常重要。

（6）利用纳米线大幅提升发光二极管效能。2011年10月，由美国佐治亚理工学院材料科学和工程系教授王中林领导的一个研究小组，在《纳米快报》杂志上发表研究报告称，他们利用氧化锌纳米线，大幅提升氮化镓发光二极管把电流转化为紫外线的效能。这个装置被认为是首个通过压电-光电效应在压电材料中产生电荷，从而使自身性能大幅提升的发光二极管。

研究人员表示，他们通过在纳米线上施加机械应变，在其中制造了压电电势。该电势被用于调整电荷的传输，并加强发光二极管的载子注入。这种压电电势对于光电设备的控制，被称为压电-光电效应。这一效应，可增加电子和空穴重新结合，以产生光子的速率，并通过提升发光强度和增加注入电流，加强设备的外部效能，使其提升4倍之多。

王中林表示，从实际情况来看，这个新效应可对光电过程产生诸多影响，包括提升照明装置的能源效率等。传统的发光二极管一般使用量子阱等结构囚禁电子和空穴，这需要两者长时间保持足够靠近以进行重组。电子和空穴靠近的时间越长，发光二极管装置的效率就越高。虽然一般发光二极管的内部量子效率能达到80%，但传统的单p-n结点薄膜发光二极管的外部效率却只有3%。

研究人员说，新装置内的氧化锌纳米线构成了p-n结的n，氮化镓薄膜则可作为其中的p。自由载子将被囚禁在这个界面区域内。压电-光电效应可在对设备施加0.093%压应力的情况下，使发光强度提升17倍，令结点电流增强4倍，从而使光电转化率提高约4.25倍。而在合适外应力的作用下，新装置的外部效率可达7.82%，大大超过传统发光二极管的外量子效率。

王中林指出，研究小组制成的发光二极管能发出波长约为390纳米的紫外线。他认为，未来可延伸至可见光范围，适用于各类光电设备。目前，高效的紫外线发射器在化学、生物、航空航天、军事和医疗技术领域都有需要。他还认为，此次研究开辟了利用压电-光电效应调整光电设备的新领域。大幅提升发光二极管照明设备的效率，有望带来可观的能源节约，这对在绿色和可再生能源技术领域的应用而言，十分重要。此外，这一发现还能应用于其他由电场控制的光学器件上。

（7）开发出超快纳米级发光二极管。2011年11月15日，美国斯坦福大学工程学院的一个研究小组，在《自然·通信》杂志上发表研究成果称，他们研制出一种超快的纳米级发光二极管，能够以每秒100亿比特的速度传输数据，并比当前以激光为基础的系统装置能耗更低。研究人员表示，这是为芯片上的计算机数据传输，提供超快、低能耗光源的重要步骤。

低能耗的电控光源是下一代光学系统的关键，这能够适应计算机行业日益增长的能源需求。传统上人们认为，只有激光才能以极高的数据传输速率和超低能耗进行通信。而此次研发的单一模式发光二极管，能发射单一波长的光与激光十分相似，能像激光一样执行相同任务，且消耗的能量更低。

研究人员在新装置的中心，插入了若干座砷化铟"小岛"。当电脉冲通过时，它们能产生光。这些"小岛"的周围包裹着光子晶体，它们是在半导体上蚀刻的微孔阵列，能像镜子一般把光线弹射聚集至装置的中央，使它们囚禁于发光二极管内，并被迫按单一频率产生共鸣，从而形成单模光。现有光源设备基本是由激光发光器与外部调制器两个装置构成。两种装置都需要消耗电力，而新款二极管把发光器和调制器的功能整合到一个装置内，大大降低了耗能量。科学家表示，新款设备可达到目前最高效设备能源效率的2000倍至4000倍。平均而言，新款发光二极管装置，能以每比特0.25飞焦的耗能量传输数据，而当下典型的低能耗激光设备，每比特传输也需要消耗500飞焦，其他技术则耗能更多。

第三节　光学仪器设备领域纳米技术的新进展

一、显微镜领域纳米技术的新进展

1. 显微镜镜头方面纳米技术的新成果

（1）研制出具有超高分辨率的超材料纳米镜头。2010年1月，由美国东北大学电子材料研究所所长斯瑞尼瓦斯·斯瑞达教授领导的一个研究小组，在《应用物理快报》上发表研究成果称，他们开发出一种新型纳米镜头，打破了衍射极限，从而获得现有技术尚无法达到的所谓超高分辨率成像。该纳米镜头是由超材料纳米线阵列制成的。

传统镜头利用普通光波来构建物体的影像摒弃了包含在"易逝"光波中的物体的精细、微小的细节。因此，像显微镜之类的传统光学系统，无法对非常小的、纳米尺寸的物体进行精确成像。

该研究小组利用不同的方法，在对纳米线进行组织和包装后，设计出一个新型的镜头。研究人员通过对数百万条直径仅为 20 纳米的纳米线，进行精确的调整和布置，成功控制了光线通过镜头的方式。由于该镜头可以同时利用，普通光波与"易逝"光波来构建图像，因此它可描绘出纳米尺寸物体的高分辨率清晰图像。

研究人员表示，这是到目前为止所能实现的最好的超级镜头，是高解析光学成像领域取得的重大进展。该技术，可用以提高生物医学成像和光刻技术的能力。目前研究人员已掌握了量产此种超材料纳米镜头的能力。

（2）用纳米技术制成能平面聚焦的"超级镜头"。2013 年 3 月，有关媒体报道，尽管存在不少困难，但研究人员已经开始着手设计，一些能发挥作用的光学"超材料"元件。例如，由美国南安普敦大学光电研究中心副主任、物理学家尼古拉·正路德福领导的一个研究小组，发表文章称，他们新研制的纳米"超材料"零件由电控制，能显著提升传输或反射光波的能力，这些超材料零件由金薄膜蚀刻而成，这种设备有望成为高速光纤通信网络中的开关。

2012 年 8 月，美国哈佛大学的实验物理学家费德里科·卡帕索展示了一款平面的"超材料"镜头，它能像玻璃镜头那样，把红外线聚焦到一点上。卡帕索表示："我不敢说这完全是新鲜事物，但我相信，我们是全球首个把平面光学用于商业产品的研究小组。"

传统镜头通过让光穿过不同厚度的玻璃产生折射，从而让光聚焦到一点，而卡帕索小组研制出的镜头，则让光通过一个金"超材料"元件组成的二维阵列做到这一点。这一"超材料"元件阵列，由为微芯片工业而研发的电子束光刻技术，从一块 60 纳米厚的硅晶圆上蚀刻出来。金元件被固定，因此，装配后不能再被调整。但是，通过在制造过程中，选择特定的大小和间距，物理学家们能让给定波长的光，以精确的方式，正确地聚焦到某一点上。

不过，卡帕索警告称，这样的平面镜头，距离商用或许仍然要等上数十年。部分原因在于，硅本身是一种坚硬且易碎的材质，不容易蚀刻，为此，研究人员们正在探索更坚固且柔韧、更容易在生产线上进行处理的替代品；他们也在寻找更好地对纳米元件进行蚀刻的方法。

但卡帕索对此非常乐观，他认为一旦这一技术被我们掌握，很显然，我们可以将其用于智能手机的照相机里。现在，电池和镜头是导致智能手机很难变纤薄的主因，如果使用平面照相机镜头，智能手机可以做得"像信用卡一样纤薄"。而且，这种平面镜头，也避免了玻璃镜头很容易产生的偏差，这意味着他们最新研制出的这种平面镜头，有望被用来制造更好、无偏差的显微镜。

尽管这种镜头，也会存在衍射极限的问题，但它们最终会变得很好。衍射极限指的是传统镜头无法捕获照射在物体上的比光的波长更小的"蛛丝马迹"。对可见光来说，这一极限约为200纳米，但是，由"超材料"制成的"超级镜头"能超越这样的极限，这就使科学家们能够看到被拍摄对象亚波长范围内的信息，如活体细胞内的病毒，或不断发生变化的结构等。

其实，早在2005年，由美国加利福尼亚大学伯克利分校的物理学家张翔领导的研究小组，就最先演示了一款概念性的"超级镜头"。它使用的"超材料"是由一层35纳米厚的银置于铬和塑料组成的纳米层中形成的纳米"三明治"。

2. 显微镜方面纳米技术的新成果

（1）用纳米技术让扫描隧道显微镜变快百倍。2007年11月，由美国康奈尔大学物理学副教授舒瓦布牵头，波士顿大学研究人员参与的一个研究小组宣称，他们利用纳米技术开发出一种新测量方法，能够让扫描隧道显微镜成像速度加快100倍，可以清晰地观测到原子的细微变化情况。

研究人员表示，这是一个简单的改动，其原理基于目前在纳米电子学中应用的一种测量方法，却使得扫描隧道显微镜拥有了新的能力，包括感应单个原子大小的小点的温度，以及探测精确到0.00000000000001米（这是比原子直径小3万分之一的距离）的微型变化。扫描隧道显微镜是根据量子力学中的隧道效应原理，通过探测固体表面原子中电子的隧道电流，来分辨固体表面形貌的新型显微装置。1981年，世界上第一台具有原子分辨率的扫描隧道显微镜诞生后，人类实现了从半导体技术到纳米电子学等许多领域的重大发现。

然而，由于电流可以在十亿分之一秒中发生变化，因此扫描隧道显微镜的测量速度极其缓慢。而且限制因素并不仅仅在于信号方面，还在于信号分析中涉及的基本电子学。理论上，扫描隧道显微镜可以跟电子通过隧道一样迅速地收集数据，以一千兆赫的速率（每秒 10 亿周波）。然而，典型扫描隧道显微镜的运行速度，常常因电线中的电容或储能电容器的限制，而减慢至 1 千赫（每秒 1000 周波），而这些电线正是其读出电路系统的组成部分。

为此，研究人员们曾尝试过许多复杂的补救方法。舒瓦布表示，不料最后的解决方法竟是惊人的简单。研究人员表示，通过增加一个额外的射频波源，并通过一个简单的网络向扫描隧道显微镜发送一个波，然后就可以依据返回至射频波源的波的特点，探测隧道接口（即探针和固体表面之间的距离）的电阻。这项技术被称为反射计，它使用标准的电线作为高频波的通道，这种高频波不会受电线电容的限制而减速。

该装置还为原子分辨率温度测量法和运动探测法提供了可能，可以用来测量比原子小 3 万倍距离的运动。舒瓦布称："频率的基本极限，与人们的操作之间有 6 个量级。有了射频配合，速度就可以增加 100 到 1000 倍，希望能或多或少得到些视频图像。有了这个技术我们就可以用扫描隧道显微镜来进行许多物理实验。我坚信，10 年后，将出现一大批射频扫描隧道显微镜，被用来进行各种各样的实验。"

（2）研制出新型 X 光纳米显微镜。2011 年 8 月，由美国加利福尼亚大学圣地亚哥分校物理学副教授奥里格·夏佩克领导，该校磁记录研究中心电学与计算机工程教授埃里克·富勒顿等参加的一个研究小组，在美国《国家科学院学报》上发表论文称，他们开发出一种新型 X 光显微镜，不仅能透视材料内部结构，而且洞察之细微达到了纳米水平。该显微镜有助于开发更小的数据存储设备，探测物质化学成分，拍摄生物组织结构等。

夏佩克指出，X 光纳米显微镜不是通过透镜成像，而是靠强大的算法程序计算成像。他解释说，这种数学运算方法相当复杂，其原理有点像哈勃太空望远镜，就是让最初看到的模糊图像变得清晰鲜明。X 光探测到物质的纳米结构后，会生成衍射图案，计算机按照运算法则，把这种衍射图案转化为可辨认的精细图像。

研究小组为了测试显微镜透视物体的能力和分辨率，用钆和铁元素制作了一种层状膜。目前，信息技术行业多用这种膜来开发高容高速、更微小的内存设备和磁盘驱动器。

夏佩克说，这两种都是磁性材料，如果结合成一体，就会自然地形成纳米磁畴。在显微镜下面能看到它们形成的磁条纹。层状的钆铁膜看起来就像一块千层酥，层层褶皱形成了一系列的磁畴，就好像一圈圈指纹的凸起。

夏佩克解释道，这还是第一次能在纳米尺度观察到磁畴，而且不需要任何透镜。这对开发更小的数据存储设备非常关键，磁比特可以做得更小，也就是说让磁纹变得更细，从而开发出磁畴更小的材料，就能在更小的空间里储存更多数据。

富勒顿指出，在目前的磁盘表面上，1 个磁比特约 15 纳米大小。他们的显微镜能直接拍摄到比特位，这对拓展未来的数据存储能力打开了新空间。此外，这种显微镜还能用于其他领域。通过调节 X 光的能量，可用它来观察材料内部有哪些元素，这在化学上是非常重要的。在生物学领域，用 X 光给病毒、细胞及各种不同的组织拍照，要比用可见光拍出来的效果好得多。

夏佩克说，在计算机工程领域，我们希望能以可控的方式造出新型磁性材料和数据存储设备；在生物和化学领域，能在纳米水平操控物质。要达到这些目标要求，必须从纳米水平理解材料的性质，而 X 光显微技术让人们真正在纳米水平看到了物质内部。

二、激光器领域纳米技术的新进展

1. 研制纳米激光器部件的新成果

研制出可用于激光器的高反射率纳米镜子。2007 年 6 月，美国加利福尼亚大学伯克利分校，光电、纳米结构与半导体工艺中心对外宣称，他们研制出高反射率的纳米镜子。这种镜子的厚度只有 0.23 微米，反射率超过了 99.9%，更为重要的是，这种镜子的制作工艺简单、成本低。

对任何激光器而言，用来形成激光共振腔的镜片，都是非常关键的部件。例如，用于垂直腔表面发射激光器（VCSEL）的高反射镜子反射率达到 99%，在这种激光器设备中使用的镜片称为分布式布拉格反射镜（DBR）。

　　该反射镜通常由两种折射率不同的材料构成，这两种材料交替生长，形成一个具有多个层对的结构。分布式布拉格反射镜镜片的反射性能，由结构中的层数、每层的厚度、结构中所用两种材料的折射率，以及每一层的吸收和散射特性决定。通常情况下，构成分布式布拉格反射镜层对的两层材料间折射率差别越大，这个层对的反射率就越高。因此，要达到上述高反射率，如何选择两种折射率差别较大的材料等使整个生产工艺非常复杂，制作成本也大大提高了。另外，尽管两层之间的反射率很高，当构成镜片的层数达到 80 层，厚度 5 微米时，反射率就大大降低了。

　　而美国研究人员研制的新纳米镜子是基于在高指数亚波长光栅中的分布式布拉格反射器，其厚度是分布式布拉格反射镜的 1/20。因为在这种光栅中只有两个反射层，一个是空气，另一个是铝镓砷化物，同时，这样的反射层不是连续性的，而是带有沟槽的栅状结构，沟槽的深度小于入射光波的波长，使光波能穿透半导体空气层，从而形成强反射，反射率也超过了 99.9%。其最主要的优点是高指数亚波长光栅的制作工艺简单。另外，新镜子的光谱范围更广，这也为未来的广泛应用提供了可能。

　　研究人员指出，纳米镜子能大幅度提高光学系统设计效率和下一代激光器件的性能，将在未来光通信领域获得广泛应用。

2. 研制纳米激光器的新成果

　　（1）发明量子点纳米激光器。2006 年 4 月，由美国加利福尼亚大学圣芭芭拉分校与意大利帕维亚大学的物理学家组成的一个国际研究小组，在《物理评论快报》杂志上研究成果称，他们发明了一种只有纳米尺度大小的微缩型激光器，它的光学损失很小，可以用于发展集成光子学线路。

　　与一般的闪光相比，激光器可以发射出强度非常大的准直单色光。产生足够的受激发射一般需要大量的增益材料。研究人员已经设计出这种新的纳米器件，它只需要两个到四个量子点，就可以发射出品质非常好的激光束。单个量子点有非常确定的跃迁能量，而大量的量子点放在一起显示出的发射能量谱占有很宽的频谱，因为各个量子点的尺寸大小都不一样。大量的量子点因为具有很宽的发射能量谱，可以用来作为大体积激光器中理想的增益材料。但是当激光器小型化之后，因为多个量子点的跃迁能量都不一样，所以很难与光学腔发生共振。

　　科学家们发现了一种方法解决这个难题，他们把量子点嵌入光学晶体纳米腔中，它能把光线限制在非常小的体积中。光学晶体可以通过在半导体材料（如砷化镓）薄膜上钻孔制成，这种特殊的设计可以在纳米腔内产生一个分布非常协调的电磁场，这个电磁场可以使嵌入其中的量子点产生的电磁场的重叠最优化，并且增强光学腔的性能。

这个新的设计极大地抑制了各个量子点跃迁能量的不同，使得它们与周围的电子载荷相互作用。因为这种相互作用可以提供额外的能量，所以量子点可以自动调节发射光线的颜色，与光学腔发生共振。由于这种相互作用非常显著，所以相对于其他任何一种半导体激光器，这种纳米激光器的发射阈值都有百倍的改进。

另外，科学家们还发现，这种由几个量子点构成的激光器的光学效率比高密度量子点器件的光学效率还要高。激光器的自发发射耦合因子的光学效率理论上为1.0，这种新发明的纳米激光器可以达到0.85，而多层量子点激光器只能达到0.1到0.2。

（2）发明世界最小纳米激光器。2009年8月，由美国诺福克大学材料研究中心物理学教授米哈伊尔·诺基诺夫主持的一个研究小组，在《自然》杂志上发表研究成果称，他们发明了一种有史以来最小的激光器，它含有一个直径仅为44纳米的纳米粒子。该器件因能产生一种称为表面等离子的辐射而被命名为"等离激子激光器"。这项新技术可允许光子局限在非常小的空间内，一些物理学家据此认为，就像晶体管之于现今的电子产品，等离激子激光器也许将成为未来光学计算机的基础。

诺基诺夫表示，现今最好的消费电子产品可在大约10吉赫兹的速度上运行，但未来的光学器件的运行速度，可达到几百太赫兹范围。一般来说，光学器件难以实现小型化是因为光子无法限定在比其一半波长更小的区域内。但以表面等离子形式与光作用的器件，就能将光限定在非常紧密的位点上。

诺基诺夫称，目前，科学家正在基于等离子的新一代纳米电子设备的理论研究上努力探索。与以前的其他等离子器件不同的是，等离激子激光器能有效地产生和放大这些光波。

等离激子激光器包含一个直径仅为44纳米的单纳米粒子，激光器的其他不同部分的功能则与常规激光器无异。在普通激光器中，光子通过可放大光线的增益介质在两个镜面间反弹。而等离激子激光器中的光，则围绕一个等离子形式的纳米粒子核中的金球表面进行反弹。

常规激光器的大小取决于其使用的光波长，反射面间的距离不能小于光波长的一半，在可见光范围大约为 200 纳米。等离激子激光器则是利用等离子体解决了此局限。诺基诺夫称，等离激子激光器也许将能做到一个纳米大小，但任何小于这一尺寸的纳米粒子，其功能就会丧失。

美国乔治亚州大学物理学教授马克·斯托克曼称，和目前最快的晶体管相比，等离激子激光器虽具有同等的纳米尺度，但其速度要快上 1000 倍，这为制造速度超快的放大器、逻辑元件和微处理器提供了可能。

诺基诺夫表示，等离激子激光器不仅能在光子计算机领域找到用武之地，也能在现今使用常规激光器的领域得到应用。更为现实的应用领域就是磁性数据存储业。现今用于硬盘的磁性数据存储介质，已达到其物理极限。扩展其存储能力的方法之一，就是在其记录过程中，用非常小的光点对介质进行加热，而这必须使用纳米激光器才能做到。

（3）制造出高效的无阈值纳米激光器。2012 年 2 月 9 日，由美国加利福尼亚大学圣地亚哥分校，电子和计算机工程系的教授耶沙亚胡·费曼主持，雅可布工程学院的梅赛德·哈佳维克汉等人参与研究的一个研究小组，在《自然》杂志上发表研究报告称，他们研制出迄今最小的室温纳米激光器。同时，还制造出一台效率很高的无阈值激光器，它能让所有光子都以激光形式进行发射，不浪费任何光子。

费曼解释道，所有激光器都需要源于外部特定数量的抽运功率，来发射相干光束或激光。产生激光还必须满足阈值条件，也就是相干输出要大于产生的自发辐射。

然而，激光器越小达到发射激光的阈值所需的抽运功率越大。为了解决这一问题，研究人员为新激光器设计了一种新方法，使用共轴纳米腔内的量子电动力效应来减轻阈值限制。该激光腔包含一个金属棒，它被一圈金属镀层所包裹，通过修改该激光腔的几何形状，研究人员制造出这种无阈值纳米激光器。

新设计也使他们制造出迄今最小的室温激光器。新的室温纳米尺度的共轴激光器，比两年前《自然·光子学》杂志介绍的最小激光器，小一个数量级，整个设备的直径仅为半微米。

研究人员表示，这两台激光器需要的操作功率都非常低，这是一个重要的突破，这些小尺寸且超低功率的纳米激光器，可成为未来微型计算机芯片上的光学电路的重要元件。费曼表示，这些高效的激光器可被用于增强未来光子通信使用的计算芯片的能力，光子通信领域需要使用激光器在芯片上遥远的点之间建立通信链接。这种激光器需要的抽运功率更少，也意味着传送信息需要的光子数量也更少。

哈佳维克汉认为，这种无阈值激光器还能被缩小，这使其能从更小的纳米设备那儿捕获激光，因此，它们能被用于制造和分析比目前激光器发出的光波波长更小的超材料。超材料的应用范围从能看见单个病毒或DNA分子的超级镜头到能让物体周围的光弯曲使它"隐身"的隐形设备。

费曼表示，这些激光器背后的原理仍需探究。且更大的挑战在于如何把复杂的光泵替换为电泵，以便将激光器完全集成到光电器件中，因为电泵的性能更好。

三、显示器与隐形设备领域纳米技术的新进展

1. 显示器领域纳米技术的新成果

（1）研制成有机发光二极管"纳米显示器"。2008年5月，由美国西北大学和普渡大学联合组成的一个研究小组，研制出一种新型纳米技术显示器。它把有机发光二极管嵌入透明的纳米线中，可以直接安装在汽车挡风玻璃上，还可以在真实物体上覆盖多层信息。它可与计算机配合使用，也可以使用在眼镜上，让用户在街上行走的时候能看到餐馆信息，并且不用停步就能看看菜单。由于这种显示器透明且能弯曲，还可用于制造电子报纸和电子书，能持续不断地更新视频和图片，非常流畅。

此纳米技术显示器中的全部柱状物能产生绿光，亮度和大多数电视机差不多，但研究人员表示，还不能显示单个的像素。该研究小组正在与汽车制造商联系，计划将此技术提供给一家新成立的公司，期望5年内实现批量生产。研究人员表示，此纳米技术显示器的应用，将能匹敌液晶显示器，最先会出现在手表和手机的显示器上，之后将用于大型电视机的显示器上。

（2）用纳米技术研制出安装在隐形眼镜里的全球最小显示器。2009年11月，美国华盛顿大学的电子专家巴巴克·帕尔维兹在电子电气工程师协会生物医学电路与系统会议上，展示其研究成果：他用纳米技术研制出具有显示器功能的隐形眼镜。这项可将虚拟世界叠加在真实景象之上的最新技术，可望给用户带来前所未有的奇妙体验。

这款可戴在眼中的显示器，把显示器与隐形眼镜巧妙地结合在了一

起。他在隐形眼镜里构建了一个微小的 LED 显示屏，可将移动电子设备的图像和文字直接投射到眼镜里，从而摆脱了笔记本电脑、手机和 PDA 等移动信息设备的局限性。帕尔维兹希望，该设备能将大量图像呈现在用户眼前 50 厘米至 100 厘米的距离，让虚拟世界里的各类信息在现实视野所及之处就能一览无遗。

在研制过程中，如何使用对眼睛无害的材料来制作电路并把它与隐形眼镜结合在一起，成为研究人员面对的一个很大的挑战。帕尔维兹擅长运用纳米生物技术与纳米组装技术制造微小电子器材，他运用自己的技术专长，专门设计了一组特殊的电路元件，并创造性地利用毛细作用进行电路的组装，成功解决了这一难题。针对用来制作隐形眼镜的聚合物，不能承受高温，以及微细加工所用的化学品的情况，他把直径仅 1/3 毫米的 LED 等专门设计的电路元件预先安装在具有生物相容性的有机基板上。在隐形眼镜的表面则先用金属线做成电路，并蚀刻出与每一个元件形状相容的孔洞，然后让液体在隐形眼镜的表面扩散，并将这些自由竖立的元件放置到液体中。在毛细作用力下，元件根据本身形状嵌入镜片表面相应的槽隙中，完成了细微电路的自我组装过程。

研究人员面临的另一项考验是如何为隐形眼镜内的微型 LED 提供电力。帕尔维兹起初设计了两种方式：一种是通过在隐形眼镜上安装天线，然后接收无线电波来产生能量；另一种则是使用光电电池。经过几个月的研究，他最终选择了天线，并获得了成功。不过，帕尔维兹仍然需要继续改善信息和电力的传递，他希望将来这两者都通过手机来供应。

早在 1968 年，美国国防部高级研究计划署信息处理技术办公室主任伊凡·萨瑟兰德在麻省理工学院的林肯实验室，研制出第一个头盔显示器"达摩克利斯之剑"。这个采用阴极射线管的头盔显示器第一次扩展了人们的虚拟视野，用户能看到叠加在真实环境之上的线框图。后来该技术被广泛应用于战斗机飞行员的头盔和虚拟现实设备中。

此后，科学家们一直在不断改进这种显示器，以使它变得更轻巧，图像更清晰。截至 2009 年 6 月，德国弗劳恩霍弗光学微系统研究所的研究人员研制出眼镜显示器。他们把一个互补金属氧化物半导体传感器与一个微型的有机发光二极管投影仪，放入一块很小的芯片中，然后把这个芯片安装到眼镜框上。接收到指令后，微型有机发光二极管投影仪会将图像投射到佩戴者的视网膜上，从而让佩戴者看到高分辨率和高清晰度的图像，并感觉到图像就在距离自己 1 米远处。该芯片还附带目光追踪功能，能通过追踪佩戴者的眼球位置，确定佩戴者指令，大大增强了显示器的互动性。

而现在，帕尔维兹运用纳米技术开发出了能戴在眼睛里的显示器。这一微型显示器的应用前景十分广阔。在所谓的增强现实领域，即所有需要辅助信息的地方，如导航箭头、建筑物的描述、图形操作说明或语言翻译等，都可以得到广泛应用。对此，新西兰坎特伯雷大学创新评估专家马克·比林赫斯特说："一个隐形眼镜将现实世界与虚拟图形无缝地衔接起来，这是一个巨大的进步。尽管这一想法要实现商业化还有待时日，但该原型是在这个方向上迈出的重要一步。"

2. 隐形设备领域纳米技术的新成果

（1）用硅纳米材料研制出可让物品隐身的"隐身斗篷"。2009 年 5 月，由美国加利福尼亚大学伯克利分校，材料科学部首席科学家和该校纳米科学和工程研究中心主任张翔领导的一个研究小组，在《自然·材料学》杂志上发表实验报告称，他们运用纳米技术成功地让置于"隐身斗篷"中的物品"消失"。

张翔研究小组用硅纳米材料制造出一种"斗篷"，普通的光学检测将无法发现放置在斗篷下的物品，尽管我们依然能看到这个"斗篷"，但"斗篷"下的物品已经"消失"得无影无踪了。当照射到一个平面的光线被"改变方向"折射出去，就意味着这个物品在视觉中隐身了。

张翔说："我们通过使用新的纳米材料找到了制造隐身衣的新思路。我们的'斗篷'在光学检测下的表现，不仅表明隐身衣是可以实现的，而且也是光学视觉转换的重要一步，它打开了一扇新的研究之门，让我们能够操纵光线，制造出功能更加强大的显微镜和运算速度更快的计算机。"张翔研究小组的隐身装置，包括复合材料与复合金属材料、电介质，它非凡的"隐身"本领更多是来自独特的结构，而不是物质组成。他们发明了两种新的纳米级材料：用银和镁的氟化物交替分成构成一种渔网状的新材料，以及从多孔氧化铝中生成的纳米银线。这两种材料都可以改变光线的方向，这是自然物所不可能具备的特性。

尽管之前复合金属材料已经成功让"斗篷"从微波频率中隐身，但迄今，研究人员还没有完成隐身衣的关键步骤：实现光学意义上的隐形。因为金属材料吸收了太多的光线。

张翔研究小组研制的新隐身"斗篷"，完全由绝缘材料制造，在光学频率中，它们往往是透明的。"斗篷"由矩形的硅片制成，厚250纳米。这可以作为一个光波导，光线仅限于在这个垂直高度中，向前后两个方向自由传播。在纳米硅材料上，研究人员精心设计了一些孔：每个孔直径为110纳米，这就使得"斗篷"周围的光波发生完全弯曲，就好像河水流过岩石一样。研究小组在实验报告中说，这个隐身"斗篷"覆盖的区域为3.8微米左右。它表明，当光线的方向发生改变，物品的隐身是可以实现的。现在，隐身斗篷可以在波长1400～1800纳米操作，这几乎是近红外部分的电磁频谱，略长于光线，人类的肉眼可见。张翔表示，由于介质组成和设计，隐身"斗篷"比以前容易制造，且具有（覆盖区域）向上的拓展性。他还乐观地断言，研究者可以制造出新的材料，以更精确地制造这种隐身装置——换句话说，是实现真正意义上的视觉隐身。

张翔称："在这个实验中，我们已经证明了光线折射导致隐身的原理在二维物体中是适用的。我们的下一个目标是制造在三维空间中适用的'斗篷'，并使这种装置能尽快投入实际运用。"这项研究的经费由美国陆军研究办公室和美国能源部科学办公室资助。

（2）用纳米技术研制出首个可见光隐身斗篷。2011年6月，由美国加利福尼亚大学伯克利分校教授张翔领导的一个研究小组，在《纳米快报》杂志上发表研究成果称，由于材料技术的限制，目前大多数隐身斗篷只对红外线等非可见光有效，即便能在可见光下实现隐形的也需要借助一定的条件，但是他们运用纳米技术突破了这一难点，让隐身斗篷下的一个300纳米高、6微米宽的物体，从全波段可见光中"消失"。许多先前的研究都使用金属超材料作为制造隐身斗篷的"布料"，但在光学频率中，金属会吸收过多的光线并造成显著损失。2011年2月，英国伯明翰大学的研究人员用具有双折射光学性质的方解石晶体，来制造隐身斗篷并获得了成功，但该装置只对可见光波段具有某种特定偏振属性的光有效，即该装置只有在特定光线的照射下才能"隐形"。

张翔说，在这项新的研究中，他们采用一种被称为"拟保角映射"的技术，让一个300纳米高、6微米宽的物体，在可见光全波段中实现"隐形"。由于这种隐身斗篷上有一层覆盖物，研究人员称其为"地毯斗篷"。其中"地毯"在外观上，如同一个平滑的镜面，通过一定的技术手段，观察者在可见光中无法察觉其下的覆盖物。

要实现隐身，首先必须改变经过物体四周的光线，使其无法形成反射。为达到这一目的，研究人员设计了一种具有可变折射率的材料，并把它转化为一种自然界中先前并不存在的超材料。这种材料分为两层，衬底是一层透明的纳米多孔二氧化硅，其上是一片氮化硅波导。为达到改变折射率的目的，研究人员还在氮化物上蚀刻出很多小的孔洞，以构成所需的图案。通过这种材料，斗篷便可以改变光线的路径，完全遮住下面物体的轮廓，从而达到隐身的目的。

张翔称，该装置是首个可在可见光波段中有效的隐身斗篷，新技术使可见光领域内的光学转换技术又前进了一步。除伪装外，研究人员将能更自如地操控光线，从而制造出更先进的显微镜和计算机。

（3）运用纳米技术产生的等离子体激元开发隐形设备。2012 年 5 月，由美国斯坦福大学和宾夕法尼亚大学组成的一个研究小组，在《自然·光子学》网络版上发表研究成果称，他们发现了等离子体激元的新用途，首次用它创建出一个可以探测光同时也可以隐形的新设备，应用于先进的医学成像系统和数码相机中，可生成更为清晰、更准确的照片和影像。

等离子体激元，即在光激发下的金属纳米结构中自由电子气集体振荡，是目前可以突破光的衍射极限来实现纳米尺度上对光操纵的新型量子态，为光学元器件和芯片的小型化，以及未来信息领域超越摩尔定律，带来曙光。该研究小组首次把等离子体激元这一概念，用于光电子探测隐形设备。研究人员称，在它上面的反光金属涂层可使一些东西看不见，使这种设备不可直观，由此创建出一种隐形的光检测器装置。该设备的核心是由薄薄的金帽覆盖硅纳米线。研究人员通过调整硅中的金属比例，即一种调谐其几何尺寸的技术，精心设计了一个"电浆斗篷"，其中金属和半导体中的散射光相互抵消，从而使该设备不被看见。该技术的关键在于，在薄金涂层中建立一个偶极子与硅的偶极子在力量上可对等。当同样强烈的正负偶极子相遇时，它们之间相互抵消，系统就会变得不可见。

研究人员称："我们发现，一个精心设计的金壳极大地改变了硅纳米线的光学响应。在金属丝中光吸收略有下降，而由于隐形效果，散射光会下降100 倍。实验同样证明，在计算机芯片中常用的其他金属，如铝和铜也会具有同样效果。之所以能够产生隐蔽性，首先是金属和半导体的调整。而如果偶极子没有正确对齐，隐形效果则会减弱甚至失去。所以只有在适量材料中的纳米尺度下，才能做到最大程度的隐形。"

研究人员预测，这种可调的金属半导体设备在未来将用于许多相关领域，包括太阳能电池、传感器、固态照明、芯片级的激光器等。例如，在数码相机和先进的成像系统中，等离子体激元的隐形像素，可能会减少由于相邻像素之间破坏性串扰产生图像模糊的状况，从而生成更清晰、更准确的照片和医学影像。

四、捕光设备领域纳米技术的新进展

1. 发明可捕获多种粒子的纳米光学天线

2012 年 1 月，由伊利诺斯大学香槟分校，机械科学与工程副教授凯曼尼·图森特领导，研究生布瑞恩·洛克斯沃斯等人参加的一个研究小组，在《纳米快报》上发表论文称，他们发明了一种新式光镊：用激光照射一种蝴蝶结形的纳米光学天线阵列，调节激光的照明属性就成为一种灵巧的光镊，镊住各种粒子并能把不同粒子按大小排列。

纳米光学天线是一种能把光频电磁波高效耦合到亚波长尺度的纳米光子器件，在小面积聚光方面独具优势。图森特介绍："我们首次演示了利用金质蝴蝶结形纳米天线阵列，实现多种形式的光捕获，能操控从亚微米到微米大小的物体。"

研究小组根据经验，绘制了"光捕获相位图"，利用该图成功演示多种形式的捕获反应，包括在整个纳米天线范围内，用单束光镊住单个粒子、用单束光镊住排成二维六边形的多个粒子、将粒子按大小排列、将从亚微米到微米的粒子以三维形式堆叠起来等。

洛克斯沃斯称："与其他等离子镊相比，金质蝴蝶结形纳米天线阵列，不仅能捕获粒子，还能通过调节光学参量，如低输入能量的密度、波长和极性来操控粒子。"

图森特补充道："实验显示，只要很低的能量密度，就能实现各种控制，我们能用普通的激光笔就做到这些。利用热效应结合光压力，能一次镊住几十个粒子。"

研究人员表示，蝴蝶结形纳米光学天线有很强的聚束和增强效应，可作为一种高效光镊，允许在水性环境中以极低密度的能量输入，实现对亚微米和微米级粒子的高速控制。这些特性对光流应用，如芯片实验室设备，以及光物质形成、胶体动力学基础物理研究方面非常有用，还能在控制生物物质时，降低对样本的拍摄伤害。

2. 用纳米技术研制捕光器的新成果

（1）利用纳米技术模拟绿色硫细菌研制捕光器。2012 年 8 月，由美国麻省理工学院电子研究实验室多瑟·艾斯勒领导的一个研究小组，在《自然·化学》杂志上发表研究成果称，他们制造出一个人造捕光系统，并对其进行研究。该系统模拟绿色硫细菌的捕光方法，绿色硫细菌生活在海底，此处几乎没有光，但它能设法捕获到达海底深处的光的 98% 为己所用。研究人员表示，更好地理解这个基本的捕光过程有助于找到全新的捕获太阳能的方法。

艾斯勒研究小组研制出的人造系统是一个由染料分子组成的自组装系统，该染料分子能形成完全一样的双壁纳米管。这些纳米管的宽度仅为10 纳米，但长度为宽度的数万倍，而且，其大小、形状和功能同绿色硫细菌用来从海洋深处收集光线的接收器一样。

艾斯勒表示，这种纳米管很难有实际用途，主要是供科学家们进行试验以研究基本的捕光原理，为捕光设备寻找到最合适的材料，从而设计出新的捕光系统。她称："如何有效地捕获太阳光，是自然界最大的秘密之一。我们研制出的这套人造系统，或许有望破解这个问题。"

艾斯勒解释道，与其他内部每个结构都会有些许差异的自组装系统不同，该双壁纳米管的形状和大小完全一致。这一特性使得该系统成为一个完美的模型，研究人员能研究其整体的性能，而不需要研究每个纳米管对光如何反应。

该研究小组希望通过实验，解开一个基本的问题：这两个同轴的双壁纳米管圆柱体是作为一整套捕光系统来工作，还是每个圆柱体各行其是。为此，他们通过让外层壁分子氧化，从而让其中的一个圆柱体失去活性。艾斯勒称："管状结构毫发未损，但外壁不再有光反应，只有内壁仍有光反应。"随后，通过比较两个圆柱体一起工作时与仅仅一个圆柱体工作时的光反应情况，研究人员能确定两个圆柱体之间的相互作用。艾斯勒说："两个圆柱体可以看成是两个独立的系统。"

艾斯勒表示，更深入地了解这种人造结构将有助于研究人员研制出更高效的捕光设备。她称："数百万年的演化才让微生物的捕光系统达到最佳状态，理解它们的基本工作原理，将有助于我们制造出更好的人造捕光系统。我们的目的，并不在于提高现有太阳能电池的效率，我们想师法自然以便制造出全新的捕光设备。"

（2）研制出迄今最薄的纳米捕光器。2013 年 7 月，由美国斯坦福大学化学工程学研究员卡尔·赫格主持，化工教授斯泰西·本特参与的一个研究小组，在《纳米快报》杂志上发表论文称，他们研制出迄今最薄的有效可见光捕光器。这种纳米器的厚度仅为普通纸的千分之一，最新设备有望降低太阳能电池的成本并提高其光电转化效率。

本特称："太阳能电池越薄需要的材料越少，成本也就越低。我们目前面临的挑战是，在减少太阳能电池厚度的同时，不损失其吸收太阳光，并将之转化为清洁能源的能力。最新设备做到了这一点——非常纤薄的一层材料，就几乎可把特定波长的入射光全部吸收。"

理想的太阳能电池应该能把可见光光谱上的所有光收纳其中，即从波长 400 纳米的紫色光波到波长 700 纳米的红色光波，以及不可见的红外线和紫外线。在最新研究中，科学家们制造出了一些纤薄的圆片，其上布满了 5200 亿个约 14 纳米高、17 纳米宽的圆形的金纳米点。

在这项研究中，赫格研究小组使用原子层沉积过程，在圆盘上添加了一层薄膜涂层，利用这一技术，他们能整齐划一地包裹粒子，并将薄膜厚度控制到原子级。由此，可以仅仅通过改变纳米点周围涂层的厚度，来调谐系统，这也是最新研究的一个亮点。

随后，赫格研究小组让这些经过调谐的金纳米点，吸收波长为 600 纳米的橘红色光。赫格解释道："金属粒子有一个共振频率，可对其调谐让其吸收特定波长的光，我们对新系统的光学属性进行了调谐以便让其吸光率达到最大。"

最终得到的结果创造了新纪录。赫格说："这种有涂层的圆盘对橘红色光的吸收率高达 99%；金纳米点本身对光的吸收率也高达 93%。每个点的体积约等于 1.6 纳米厚的一层金的体积，这就使它成为迄今最纤薄的可见光吸收设备，其厚度仅为目前商用薄膜太阳能电池吸光器的千分之一。"

本特补充道，他们的下一个目标是希望通过实验证明，这一技术能用于实际的太阳能电池中，最终目标是使用最少量的材料来吸收最多的太阳光，研发出性能更好的太阳能电池和太阳能燃料设备。

另外，他们也在考虑用其他比金便宜的金属制造纳米点阵列。赫格表示："选择金是因为其在实验中的化学性能更加稳定。尽管金的成本实际上可以忽略，但银也不失为一个好选择，因为银更便宜，而且光学表现也更好。"

五、探测和检测设备领域纳米技术的新进展

1. 探测设备方面纳米技术的新成果

（1）研制出纳米激光热电探头。2005年1月，由美国国立标准和技术研究所、国立可再生能源研究所联合组成的一个研究小组，在《应用光学》杂志上发表报告称，他们运用纳米技术研制出一种新型激光热电探头，这可能是有望最快投入使用的纳米技术进展之一。

激光热电探头把激光的能量转换成热能和电流，使其可以用标准能量单位来测量，它对制造业、医药、电信，以及宇航工业中的激光技术应用至关重要。

研究人员告知，他们用喷雾涂层法在探头表面喷涂了一层碳纳米管，碳纳米管涂层下面是热电转换材料。当激光照射到探头时，碳纳米管吸收激光中的光能，并将其转换成热能，而热电转换材料受热后可以发出电流，从而测出激光的能量。

研究人员说，碳纳米管材料由于其材质和晶体结构的特性，可以比普通的探头涂层材料更有效地吸收激光中的能量，光热转换效率高，而且可以更有效地防止激光造成的材料损害。

他们认为，碳纳米管材料具有抗老化、抗硬化等特性，应用领域广泛，如研发出探测大规模杀伤性武器的高灵敏度探测器，或者应用于新型的燃料电池。目前，研究人员正在对比试验，各种不同的碳纳米管成分及结构，对探头性能的影响。不久之后，这一技术将投入使用。

（2）用纳米技术开发灵敏度提高两倍的量子点红外探测器。2010年5月，由美国伦斯勒理工学院物理学教授林善瑜领导的一个研究小组，在《纳米快报》杂志网络版上发表论文称，他们开发出一种基于光电子纳米技术的，新型量子点红外探测器。这种以金为主要材料的新型元件，可大幅提高现有红外设备的成像素质，将为下一代高清卫星相机和夜视设备的研发提供可能。

由美国空军科研局资助的这一项目，通过在传统量子点红外探测器元件上增加金纳米薄膜和小孔结构的方式，可将现有量子点红外探测器的灵敏度提高两倍。

研究人员称，红外探测器的灵敏程度从根本上取决于在去除干扰后所能接收到的光线的多少。目前，大多数红外探测器都以碲镉汞技术为基

础。该元件对红外辐射极为敏感，可获得较强信号，但同时也面临着无法长时间使用的缺憾（信号强度会逐步降低）。

在这项新研究中，研究人员使用了一个厚度为 50 纳米、具有延展性的金薄膜，在其上设置大量直径 1.6 微米、深 1 微米的小孔，并在孔内填充具有独特光学性能的半导体材料，以形成量子点。纳米尺度上的金薄膜，可将光线"挤进"小孔，并聚焦到嵌入的量子点上。这种结构强化了探测器捕获光线的能力，同时也提高了量子点的光电转换效率。实验结果表明，在不增加重量和干扰的情况下，通过该设备所获得的信号强度，比传统量子点红外探测器增强两倍。下一步，他们计划通过扩大表面小孔直径和改良量子点透镜方法，对设备加以改进。研究人员预计，该设备在灵敏度上至少还有 20 倍的提升空间。

林善瑜说，这一实验为新型量子点红外光电探测器的发展，树立了一个新路标。这是近 10 年来首次在不增加干扰信号的情况下，成功使红外探测器的灵敏度得到提升，极有可能推动红外探测技术进入新的发展阶段。

红外传感及探测设备在卫星遥感、气象及环境监测、医学成像，以及夜视仪器研发上，均有着广泛的应用价值。林善瑜在 2008 年时曾开发出一种纳米涂层，将其覆盖在太阳能电池板上，可使后者的阳光吸收率提高到 96% 以上。

2. 检测设备领域纳米技术的成果

（1）用多壁碳纳米管"最黑"材料制成高精度激光功率检测器。2010 年 8 月，由美国国家标准技术研究院与纽约石溪大学联合组成的一个研究小组，在《纳米快报》上发表研究论文称，他们利用世界"最黑"材料森林状多壁碳纳米管做涂层，研制出一种激光功率检测器，可用于光通信、激光制造、太阳能转换，以及工业和卫星运载传感器等先进技术领域的高精度激光功率测量。

这种新型检测器几乎不会反射可见光。在波长从 400 纳米的深紫，到 4 微米的近红外线波段，反射少于 0.1%，在 4~14 微米的红外光谱中，反射少于 1%。这与伦斯勒理工学院 2008 年报告的超黑材料相似。

该研究小组正是受到伦斯勒理工学院论文《世界最黑人造材料》的启发，对精细碳纳米管进行较为稀疏的排列，把它作为一种热检测器的涂层，制成了用于测量激光功率的设备。碳纳米管是热的良导体，提供了一种理想的热量检测器涂层。虽然镍磷合金在某些波段能反射更少的光，但不能导热。

纽约石溪大学的合作研究人员在一种热电材料钽酸锂上，制造出碳纳米管涂层，涂层吸收激光转换成热量，温度上升产生了电流，通过测量电流大小能确定激光的功率。涂层越黑，光吸收的效果越好，测量结果就越精确。其独特之处在于，纳米管是生长在热电材料上，而其他研究中是生长在硅材料上。

研究小组曾用多种材料来做检测器涂层，包括扁平状的单壁纳米管。最新的涂层是一种竖直的森林状多壁纳米管，每根细管直径小于 10 纳米，长约 160 微米，多壁纳米管有助于吸收随机散射光和任何方向的反射光。

由于技术上要求检测器能测量的反射光谱更加广泛，研究小组用 5 种不同的方法，花数百小时来测量越来越弱的反射光，结果精确度都能达到要求。研究人员计划把设备的刻度运行范围扩展到 50 微米甚至 100 微米波长，这或许可为太赫兹射线功率测量提供一种标准。

（2）用纳米技术制成让机场安检变得更方便的"超材料"相机。2013 年 1 月，由美国杜克大学，物理学家戴维·史密斯领导的研究小组宣布，他们已经用纳米技术研发出一款"超材料"相机，它不需要镜头或任何移动零件，就能制造出微波压缩图像，这一设备或许有助于降低机场安检的成本和复杂性。

在目前的机场安检内，扫描设备必须对物体周围或物体之上的一台微波传感器，进行彻底扫描，才会产生大量数据，而在对这些数据进行处理之前必须要将其存储起来。而史密斯研究小组研制出的设备，则不需要存储很多数据。该设备会朝物体以 10 次/秒的速度发送多种波长的微波束，从而为物体拍摄多张快照。当微波被物体反射回来后，会落在一条用纳米技术制成的，纤薄而狭窄的四方形铜质"超材料"元件上，每一块元件能被调谐，从而或阻止或让反射的辐射通过。每块元件，会将一张被扫描物体的简化快照传输进一个传感器内，传感器再对每幅快照发出的辐射总强度进行测量，随后输出一系列数值，这些数值能被进行数字化处理，从而构建出一张该物体经过高度压缩的图像。

不过，史密斯研究小组也承认，这仅仅迈出了第一步。迄今，展示出的图像都很粗糙，只是简单的金属物体的二维图像。研究人员表示，获得复杂物体的三维图像是科学家们面临的巨大挑战。但是，如果这一挑战能被克服，机场或许会让目前笨重且昂贵的安检设备下岗，用大量纤薄廉价且同计算机紧密相连的"超材料"照相机来代替。研究人员表示，这一转变，有望让安检扫描扩展到机场的各个房间、过道、走道，以及其他敏感的设施内。

目前，史密斯研究小组的主要目标是研发出一种坚固且有市场潜力的"超材料"设备，它并不局限于无线电、微波或红外波长。如果这一技术能同可见光合作，它们将变得更有用，可以用于光纤通信或面向消费者的照相机和显示器内。

史密斯研究小组成员史蒂芬·拉润彻表示"要做到这一点并不容易。"他解释道，对任何给定类型的光波，只有元件及它们之间的间隔比该光波的波长小，"超材料"才能施展和发挥它们神奇的能力。因此，我们使用的波长越短，"超材料"元件的块头就应该越小。

在光谱的微波和无线电区域内，做到这一点相对来说还比较容易：这一范围的波长从几分米到几米不等；但一款光学的"超材料"元件的测量单位则低至微米以下。不过，拉润彻表示，测量波长更短的光波也并非不可能，今天的高性能微芯片内就包含仅仅几十纳米宽的零件，不过，与这些从本质上来说静止不变的零件不同，很多应用领域里使用的"超材料"元件，需要通过软件来按需改变其属性，所以，这也大大增加了其制造难度。

六、其他光学设备领域纳米技术的新进展

1. 开发出超精密短波光脉冲纳米级时钟

2005 年 5 月，由光学专家叶军任负责人，成员来自美国国家标准技术研究院与科罗拉多大学"联合研究所"的一个研究小组，开发出世界上迄今最精密的纳米级时钟。这台时钟可始终如一地产生紫外光脉冲，其持续时间为几毫沙秒。这一成果可望在化学、物理学和天文学领域的超精密测量中，成为重要的测试工具。

在物理学上，1 毫沙秒相当于 1000 万亿分之一秒。这种由短波光脉冲构成的纳米级时钟，能帮助人们观测和识别出特定原子的光辐射能级，测定化学反应时间，以及测定纳米尺度的物体等。这种新装置还能帮助科学家实时拍摄精细结构图像，一旦把众多图像汇集在一起，科学家就能详细分析了解很多现象。

叶军称："这种紫外光源有极高的分辨率。从技术层面上讲，产生这种紫外光系统不仅简单而且成本低，不需要常用的放大器系统。"

该新装置可产生"频率梳"，即它产生的频谱像有均匀间隔，如同梳子一样。这种短波光学"频率梳"可望比当今微波原子钟要精密100倍。所以，"毫沙秒梳"拥有最精密光学钟的"梳齿"。该研究小组开发的装置，采用了被称为"高谐波发生"过程，以把红外激光脉冲转变成紫外光脉冲。紫外光可拥有几十纳米的波长。

过去，科学家依靠低重复率的放大器，以达到足够高的光强度，但损失了梳结构的一致性。该研究小组采用把低脉冲能量高重复率的毫沙秒激光，与高质量共振腔相耦合的方法，解决了上述的问题。激光通过真空室中的6个定制镜子之间电离气体实现来回反射，使光强度增强了1000倍，又保持"梳"的结构不变。镜子具有高度反射性，并能对光进行有效聚焦。由于采用标准激光器做振荡器，而不使用复杂的放大器方法，因此该系统比传统短波光源更简单。

2. 发明把光子变为机械能的纳米装置

2009年5月14日，由美国加利福尼亚州理工学院物理学家奥斯卡·派因特尔领导的一个研究小组，在《自然》杂志上发表研究报告称，他们研制出一种纳米装置，能够在遭遇激光时产生振动。这种设备非常灵敏，甚至能够感知单个光子的能量。研究人员相信，它将加速光学通信系统的发展，同时帮助科学家更为精密地探知物质的一些基本属性。

研究人员表示，偏振光束似乎没有实现机械功的能力，这是因为光子作为光波的载体是没有质量的，但是它们在原子水平上能够达到一个惊人的数量。例如，科学家目前已经能够利用激光捕捉、控制及操作单个的原子。现在的问题，是相同的原理是否能够作用于纳米量级，其成分要比原子水平大得多，但在大小上仍然仅相当于一米的十亿分之一。这也正是本研究小组试图要解决的问题。

为此，研究小组制造了一对外部覆盖着硅微芯片材料的厚度仅为几百纳米的支架。接着，研究人员利用化学手段在每个支架的表面腐蚀了一连串的小洞。他们把这一装置称为"拉链空穴"，这是因为它与一个拉链看起来很像。派因特尔说，这些小洞能够引导和捕捉激光束的能量，同时使装置产生振动。而振动的频率取决于激光轰击支架的强度。

这一装置的表现就像是一部音频扬声器，扬声器隔膜的振动取决于放大器传送的电子信号的强度。相反，像扩音器一样，拉链空穴能够通过自身的振动改变光的强度。派因特尔指出，总体而言，这些功能使得拉链空穴能够扮演一部完全由光控制的微型无线电发射机和接收机的角色，但它同时要比类似大小的电子装置拥有更大的操作范围。他还称，由于这种装置的振动发生频率，在每秒钟 1000 万次到 1.5 亿次之间，因此能够极大地改善原子力显微镜的分辨能力。用这种装置来研究分子和原子，每秒钟可以完成数千次操作。

德国加兴市马普学会量子光学研究所的物理学家托比亚斯·克盆贝格表示，科学家可以利用这种纳米量级的装置，探究物质在量子范围的属性，而这是普通电子装置无法实现的。因此，这种装置在基础研究和新应用上都具有光明的前景。

3. 用纳米技术开发出彩色等离子偏振器

2012 年 2 月，由哈佛大学工程和应用科学学院电子工程系副教授肯尼斯·克罗泽尔及其同事组成的研究小组，在《纳米快报》杂志上发表研究成果称，他们能通过精确控制光学纳米"天线"的形状，使其针对不同颜色的光线和角度不同的偏振，做出差异化的反应，从而设计出新型的可控滤色器——彩色等离子偏振器。这一进展有望应用于显示器制造和生物成像等，甚至可被用于制造货币上的隐形安全标志。

传统的红、绿、蓝三原色滤光片，被用于制造具有固定输出颜色的电视和显示器等，并通过色彩混合制造出更丰富的色调。与之相反，基于纳米"天线"制成的滤色器的每个像素都是动态的，能在入射光的偏振改变时，生成不同的颜色。

该研究小组设计了金属纳米粒子的大小和形状，使显示的颜色依赖于照射光线的偏振。克罗泽尔称，纳米粒子可被看作天线，就像被用于无线通信的天线一样，但尺寸更小，也能在可见的频率中进行操作。

为了证明这种技术的可能性，研究小组制出了局域表面等离子体。通过变化入射光的偏振角度，字母在局域表面等离子体上会逐渐改变颜色，从黄色变为蓝色。在光线未发生偏振或光线偏振至 45 度时，字母处于隐形状态，字母和背景均为灰色；在偏振至 90 度时，字母会显现为生动的黄色，并以蓝色为背景；偏振至 0 度时，字母的颜色又会颠倒过来变为蓝色，并以黄色为背景。

克罗泽尔表示，这项工作的不寻常之处在于制成的滤色器可根据光线的偏振角度做出反应。这种彩色等离子偏振器结合了两种结构，每一种都有不同的光谱响应，而人眼能够看到两种光谱响应混合而成的颜色。虽然目前想看到所制作样本中的色彩效果，仍需扫描电子显微镜放大，但大规模纳米印刷技术的发展，有望制造出肉眼可直接观看的样本。

第六章 材料领域纳米技术的新成果

本章分析美国在无机材料、有机材料、复合材料和典型纳米材料石墨烯等方面的纳米技术创新信息。美国在无机材料领域，主要集中在研制金属与陶瓷材料、碳素材料和玻璃等方面纳米技术的新进展。美国在有机材料领域，主要集中在纤维与织物、塑料与聚合物、涂料与胶黏剂等方面纳米技术的新成果。美国在复合材料领域，主要集中在树脂基复合材料、金属基与黏土基复合材料、碳基复合材料，以及材料鉴定与检测等方面纳米技术的新进展。美国在典型纳米材料石墨烯领域，主要集中在研究开发石墨烯本身，石墨烯应用于电子信息领域、光学领域、新能源领域，以及淡化海水等方面取得的新成果。

第一节 无机材料领域纳米技术的新成果

一、金属与陶瓷材料领域纳米技术的新成果

1. 研制具有不同密度的黄金纳米粒子材料

2004 年 9 月，有关媒体报道，由美国北卡罗莱纳州立大学化学工程学教授简·根策领导，材料学博士布汗特，以及美国商务部国家标准暨技术研究所物理学家丹尼尔·菲舍尔等参加的一个研究小组，使用分子模板在覆盖一层有机硅烷的硅石上，已首次研制出具有梯度的黄金纳米粒子材料。

该材料在美国能源部所属布鲁克海文国家实验室全国同步加速器光源进行测试时，提供了约比人类发丝直径小千倍的纳米粒子，并获得它能沿着表面形成密度以梯度递减的首要证据。

布汗特宣称，这种材料具有多样用途，可望应用于电子学、化学及生命科学等一系列领域。

根策阐述道，为制造这种材料，研究小组首先在长方形的硅石表面，调制一层极薄的有机硅烷。此后，这种分子头状部分黏合于表面而尾状部分伸出，产生了如同等待黄金纳米粒子附着其上的钓钩作用。这些由靠近表面一端的供应源，以蒸气形态垂直射出的分子，随着离供应源距离的增加而以递减的密度，缓慢沉降于表面上，因而产生了充当分子模板的梯度。紧接着的步骤，是指导这种材料浸泡于黄金纳米粒子溶液中。而黄金纳米粒子的每一粒子，都涂有一层具负电荷化学物质。在此溶液中，有机硅烷分子的尾状部分带有正电荷，因而具负电荷的黄金粒子，就会附着于具相反电荷的尾状部分上。

为了将黄金粒子的梯度可视化，布汗特及其同事使用了原子力显微镜。该显微镜中的细微探针沿着表面移动，随表面的隆起处与凹槽来揭露其构造特征。为检视有机硅烷分子的梯度，研究小组使用一项称为近缘 X 射线的技术吸收细微结构物。在将被 X 射线吸收的细微结构物中，极强的 X 射线光源射向该材料，之后由该材料所发出而被高灵敏度探测器收集的电子，提供了有关有机硅烷分子在表面上的浓度资料。

布汗特表示，有必要证实黄金粒子与这些具黏性的基底层，两者皆依循相同基底的梯度模板。倘若这些粒子附着于具黏性分子的基底层，出自这两种技术的结果预期是一致的，而其结果恰好显示了上述的预期。

根策指出，该方法作为辨认的特征是，这些粒子依循了由有机硅烷具黏性的基底层，所提供预先设计的化学模板。操控该基底层模板的能耐，令他们得以调制出具有不同特性的有梯度的纳米粒子结构物。有梯度结构物的主要优点是，大量结构物能被组合于单一基质上，而被用来供作高产能的加工处理。譬如，能为被用作催化剂的纳米粒子簇，进行试验的化学家节省时间。

菲舍尔表示，由不同数量组成的纳米粒子簇能被置于单一表面上，且于化学反应中，科学家们能仅测试此表面一次，而无须各别重复每一簇的测试。这种材料，也能被用作侦测对纳米粒子具特定亲和力的物种传感器，或作为选择特定尺寸的粒子筛选装置。

目前，该研究小组正就具不同黏性的物质与纳米粒子之类似材料的属性进行探索。布汗特认为，这种研究极为新颖，乃至于适合此种材料的潜在应用仍有待探索。

2. 合成用于硅晶片抛光的球形陶瓷纳米材料

2006 年 6 月 9 日,《科学》杂志长篇报道了美国费罗集团公司的奉向东博士与佐治亚理工学院的王中林教授等领导的研究小组的一项研究成果。据悉,他们首次合成具有规则球状的单晶,并成功运用于硅晶片高精度平面的碾磨。这一重大发明,不仅在理论上首次论证了形成球形单晶陶瓷纳米材料的可能性,而且在实际应用中,大大提高硅晶片抛光表面的质量。

奉向东是费罗公司的资深研究员,新技术开发部主管,公司纳米核心技术主任。王中林是佐治亚理工学院校董事讲座教授,中国国家纳米科学中心海外主任。

目前,基于硅晶片的集成电路制造在现代半导体工业中占有相当大的比重。随着电子蚀刻技术的发展,现在所能生产的单个晶体管的尺寸,已经达到 50 纳米以下。高度密集的电路和器件要求硅晶片达到原子尺度的平整,并没有任何缺陷。化学机械碾磨法是半导体工业中广泛采用的打磨工艺。到 2005 年,这一工艺所需的纳米颗粒,已占据所有纳米材料市场的 60%。二氧化铈纳米颗粒则是化学机械碾磨法工艺的主要打磨材料之一。然而,目前所能合成出来的二氧化铈纳米颗粒,均是有棱有角的不规则晶体颗粒。这些棱角限制了硅晶片打磨表面的平整度并带来划痕和缺陷,为进一步提高集成电路上的器件密度及电路质量带来了困难。球状的纳米颗粒是最为理想的打磨材料,但是这一形貌具有较高表面能的晶面,非常难以实现。

最近,奉向东等利用火焰喷射高温分解法首次合成出球形的钛掺杂的单晶纳米颗粒。这一成果是迄今第一例球形的氧化物陶瓷纳米颗粒,并同时具有单晶性质。这是在工业化大规模无机合成领域的一个重大突破。在此合成工艺中,含铈和钛成分的乙醇溶液,以雾状喷入燃烧腔内,并迅速被点燃。燃烧过程可产生两千多度的高温,使其中金属成分也能同时燃烧,生成金属氧化物的纳米粉尘。通过燃烧区后,温度迅速降低,从而纳米粉尘得以完成化学反应,结晶并生长。这一过程中,纳米颗粒的生产速率,可达到 300 克/小时。

王中林教授及其同事通过高分辨电子显微镜研究发现,单晶球状二氧化铈纳米颗粒的形成与钛的掺杂密切相关。没有钛掺杂的产物,呈不规则的多面体结构,而加入 6% 以上的钛后的产物则呈规则的球形。在纳米球的表面，附着有一层 1～2 纳米厚的无定形非晶壳层。

扫描透射显微镜的分析证明这一薄层为二氧化钛。当仅有铈参与反应时，单晶二氧化铈颗粒的生长趋向于将能量最低的面作为外表面，因此所得产物为棱角分明的多面体结构。而当引进钛元素后，结晶过程中则包括了二氧化铈和二氧化钛两相。在燃烧腔两千多度的高温下，二氧化钛由于熔点较低（−1800℃），而呈熔融状态，包围在固态的二氧化铈核周围。在二氧化铈晶体整个生长过程中，液态的二氧化钛外壳，为使表面能达到最低，而使整个晶粒一直保持规则的球形。生长过程的高温，使部分钛进入二氧化铈的晶格之中形成掺杂结构。试验证明，掺杂钛的二氧化铈纳米球颗粒，具有更好的研磨性质。以碾磨表面覆盖有 1000 纳米氧化硅的硅晶片为例，纯二氧化铈的碾磨速度为 195 纳米/分钟，而掺杂有 12.5% 钛的二氧化铈的碾磨速度，则达到了 301 纳米/分钟。同时，硅晶片表面的划痕也降低了 80%。

二、碳素材料领域纳米技术的新成果

1. 用石墨做纳米元件基础材料

2006 年 3 月，由美国佐治亚理工学院和法国科学院组成的研究小组，在《化学物理杂志》上发表撰文称，他们利用石墨层成功地制造出晶体管、电子回路与集成电路的原理模型。他们制造的电子设备既具有碳纳米管的优点，又可以用现在的微电子技术制造。如果最终取得成功，将会为纳米技术的大规模工业应用奠定基础。

对于石墨人们都不陌生，铅笔的笔芯就是由它做成的。近日，研究人员又为石墨找到了一个大用场：他们把石墨制成新的电子元件，使它可能成为新一代纳米级电子元件基础材料。

利用石墨层薄片制造碳纳米管，可以得到纳米管的所有性能，因为这些性能是由石墨层及它对电子的约束形成的，并不是由纳米管结构形成的。石墨层碳纳米管只是把石墨层卷成圆柱形结构。

研究人员把硅碳化合物薄片在真空中高温加热，使硅原子从表面逸出，表面留下一层薄石墨层。他们利用目前的电路印刷技术，把石墨层刻成线路宽度达 80 纳米的石墨层电路。电路显示出高电子流动性，并且在室温条件下显示出性能稳定性。研究人员利用这种方法，还制造出全石墨层平面场效应晶体管，以及量子干涉装置。

研究人员预计石墨层碳纳米管及石墨层电路会有很大的应用潜力。它比用多种材料制成的电子器件会产生更多的接触面，具有只用一种材料就可制造出一个系统的巨大优势，它不但不会在接触面引起电阻及发热，还可以用现有微电子技术制造它们的系统。

研究人员表示，他们想制造的元件并不是硅基电子元件的翻版，而是以一种全新的方式看待电子学。他们的最终目标是制造出用电子以衍射方式，而不是传播方式运动的集成电路，这样将能生产出耗能很小而效率很高的小设备。

2. 研制下一代纳米电子设备的碳素新材料

2012 年 6 月，由美国西北大学麦考密克工程学院制造专业理教授奥拉西奥·埃斯宾诺萨主持，博士生欧文·罗等人参加的一个研究小组，在《自然·纳米技术》杂志上发表的论文中，研究了纳米电子领域近 10 年来取得的进步，详述了各种不成功模式，以及克服这些缺点的可能方法，并对该技术的前景、当前面临的主要挑战进行了综合性探讨。

根据摩尔定律，半导体芯片上集成的晶体管数量每两年就会翻一倍，其能耗也迅速增加。而且传统的硅电子设备在极端环境，如高温或辐射条件下，也无法保证运行。为了支持设备升级并降低能耗，研究人员一直在寻找替代技术或混合型技术，其中纳米电子交换技术正逐渐显出光明的前景。过去 10 年来，科学家对开发混合型或独立型的纳米电子设备，倾注了极大热情。

埃斯宾诺萨称："纳米电机交换器由纳米结构组成，如碳纳米管或纳米线，在静电力作用下会发生机械转向，从而连通或断开电极。"这种交换器可以设计得像硅晶体管那样工作，既能单独运行，也能制造混合型纳米电机–硅设备，同时满足超低能耗和耐高温辐射环境的需求。

研究人员指出，纳米电子行业面临着一项长期挑战，就是要造出百万级的碳纳米管阵列，这是进一步制造纳米电子设备所必需的，而现代硅电子设备能在一块芯片上做出数十亿的晶体管。他们在论文中详述了到目前为止生产纳米阵列的多种方法，以及实现大规模生产纳米电子–集成电路芯片混合型设备的途径。

此外，要让单独的纳米电子可靠运转数百万次极为困难，但这是消费性电子产品所必需的。欧文·罗称："如果给纳米电子设备使用普通的金属电极，交换器启动后转不到 10 次就会停下来。"他表示，解决方法很简单，只要用一种导电的、类似于钻石的碳薄膜替换金属电极，就能大大提高设备对转数的承受能力。目前的转数已超过 100 万次，这一改进是推动纳米电子设备进入现实的关键一步。这种新材料，由西北大学、桑迪亚国家实验室集成纳米技术中心、阿尔贡国家实验室纳米材料中心合作研究，相关论文已发表在《先进材料》杂志上。

从大型服务器到汽车、手机，传统的硅基集成电路得到广泛应用，这离不开半导体工业数十年来的持续升级。埃斯宾诺萨还指出，新材料的选择，将大大提高下一代纳米电子设备的坚固性和稳定性，推动电子产业规模继续升级，为各行各业服务。无论是混合型还是独立式，都需要来自工程、基础科学和材料科学领域的推动力。

三、玻璃领域纳米技术的新成果

1. 利用纳米技术研制自洁玻璃

（1）利用纳米技术发明能自我清洁的玻璃。2005 年 2 月，有关媒体报道，美国俄亥俄州大学的一个研究小组发明了一种拥有自我清洗能力的玻璃。有了这种玻璃，人们再也用不着为擦玻璃窗而烦恼了。

研究人员表示，他们这一新成果是利用荷塘中荷叶上滚动着水珠这一原理研制出来的，并且纳米技术成为这一新发明的核心要素。

在纳米技术领域，各种小装置正在以超乎想象的速度接踵而至。能发动机器人的纳米电池比一分的硬币还小；肉眼看不见的传感器，却灵敏到能检测有毒化合物的"蛛丝马迹"。但是这些纳米小玩意，都面临着同一问题：摩擦，而且传统的润滑油对纳米产品也不适用。研究人员正是在研究摩擦问题的过程中，意外获得这种抗污性的挡风玻璃的。

研究小组负责人表示，他有一次正在候机的时候突发奇想：荷叶能违背摩擦定律，我们为什么不模仿这一自然奇观，并加以改进呢？一般地，摩擦低的物质，其表面具有疏水基团，这些疏水基团的排水性正是抵抗摩擦的关键所在。所以，为了降低纳米产品在运行中的摩擦，需要在其表面涂上疏水性物质。

研究表明，荷叶运送水珠的特性在于其表面覆盖的凹凸不平的纹理，这种纹理状凸起能阻止水珠黏附在其表面。但是，荷叶表面纹理状凸起的尺寸大小，是多少才是最合适的呢？该研究小组开发了一个计算机模型，根据这一模型，可以获得不同物质和不同用途所需要的凸状大小，结论是，这些凸状涂层的物质都非常小，正是纳米级尺寸。

一些商家寻找的是这种商业化产品，把它喷射到挡风玻璃或微型引擎上来降低摩擦。由于任何物质都存在损耗的问题，他们又开发出一种模型，可以根据不同用途，选择不同尺寸的凸状涂层。目前，一家大型商家已经开始与研究小组洽谈，以大大降低公司这方面的开发成本，许多公司也表示了对这一技术的兴趣。而发明这一技术的研究人员关注的是，这一挡风玻璃将再也不需人工清洗。

（2）发明不用频繁擦拭的纳米无雾玻璃。2006 年 3 月，有关媒体报道，由美国马萨诸塞州一家科研机构驻波士顿技术中心负责人迈克尔·鲁博尼尔领导的研究小组，发明了一种新技术，可以让玻璃永远不会沾上雾气，应用这种新技术制成的玻璃可以做眼镜、汽车的挡风玻璃、家里浴室中用的镜子，使我们不用再对它们进行频繁的擦拭。

此前，研究小组曾经研制成功对光的反射率只有 0.2% 的纳米纤维材料。通常所用的纤维材料，对光的反射率都在 2% ~3%。

研究小组进一步研究，发现这种材料还可以吸引小水滴，而这种小水滴，正是在玻璃表面产生雾气的元凶。研究人员利用这种材料合成了一种新的玻璃纤维。这种玻璃纤维在纳米程度上，有许多网状的小缝隙可以吸引水滴。研究人员称其原理与海绵有些类似。使用这种新材料，可以使玻璃上的水变成薄薄的一层而不是滴状，从而永远告别玻璃上的雾气。

研究人员介绍说，这种新材料的粒子直径只有 7 纳米，比普通可见光的波长要小几百倍，可以保证其透明程度。研究人员用一系列办法，如把材料粒子的正负极颠倒相连接，把许多层新材料叠合在一起，这样可以让这种新材料更加坚固耐用，而且还可以耐 500℃ 的高温。

（3）开发出自洁不反光纳米结构玻璃。2012 年 4 月，美国麻省理工学院的一个研究小组在美国化学会的《纳米》杂志上刊登研究成果称，他们在玻璃表面创建出一种纳米结构，使其几乎消除了反射。由于它没有眩光，而且表面的水滴能如小橡胶球一样反弹，令人几乎无法辨认出这是玻璃。

该玻璃的表面结构为高 1000 纳米、基底宽 200 纳米的纳米锥阵列。研究人员采用了适于半导体的涂料和蚀刻技术的新式制造方法，先在玻璃表面涂上几个薄膜层，其中包括光阻层，然后连续蚀刻产生圆锥形状。由于生产过程简单，无须特定方法，便可在玻璃或透明聚合物薄膜表面形成这种结构，只增加了极小的制造成本，该研究小组已经对这一生产过程申请了专利。

研究人员说，研发的灵感来自大自然中荷叶表面构造、沙漠甲虫甲壳，以及蛾的眼睛，这种新型玻璃集多种功能于一身，可自洁、防雾和防反光。虽然通过显微镜观察，玻璃表面的纳米尖锥阵列显得很脆弱，但计算表明，它们应该可以抵抗大范围的力量，包括强暴雨雨滴的敲打和直接用手指戳。研究人员希望通过廉价的制造工艺，把它应用于光学器件、智能手机和电视屏、太阳能电池板、汽车挡风玻璃，甚至建筑物的窗户屏幕。

研究人员解释说，虽然经过疏水性涂层处理，但太阳能光伏板表面仍容易积聚灰尘和污垢，6个月后效率损失可达40%，如果采用这种玻璃制造电池板，可更有效地防水，并更长久地保持面板的清洁。此外，疏水涂层不能防止反射损失，而新材料有这个优势，由于更多的光线能透射过其表面而不被反射掉，电池板的效率将会更高。

这种新型玻璃还可应用于光学器件，如显微镜和照相机，在潮湿的环境中工作时，可具有抗反射和抗雾能力。在触摸屏设备方面，这种玻璃不仅可消除反射，还可抵挡汗渍玷污。研究人员说，如果以后其成本降到足够低，便可大规模用作车的挡风玻璃，可自清洁窗户的外表面污垢和砂砾、消除眩光、增强能见度，并防止内表面雾化。

英国牛津大学格林坦普尔顿学院高级访问研究员安德鲁·帕克评价说："据我所知，这是第一次从自然界中常见动物和植物的多功能表面，学习高效制造来优化抗反射和抗雾设备。未来这种'师法自然'的方式很可能会构造一个更加绿色的工程学。"

2. 利用纳米技术研制智能玻璃

借助纳米技术研制出按需透光的智能玻璃。2013年8月，由美国劳伦斯伯克利国家实验室化学家迪莉娅·米莉蓉领导的一个研究小组，在《自然》杂志上发表研究论文称，他们借助纳米结晶技术，开发出一种能让门窗更聪明的智能玻璃。这种玻璃里面嵌入了一层超薄纳米涂层，可按需调整进入玻璃的光线，能做到明暗可控、冷热可调，有望大幅降低建筑的空调和照明开支。

与现有的技术不同，该涂层可实现对可见光与产生热量的近红外光的选择性控制，以便在不同的气候条件下，最大限度地保证舒适性和节约能源。

米莉蓉说："在美国，我们所消耗的所有能源中大约有 1/4 用于建筑的照明、取暖和制冷。目前城市中的不少建筑都被大量的玻璃所覆盖，新材料的使用将大幅提高这类建筑的能源使用效率。"

米莉蓉研究小组，此前因研制出能够阻挡近红外光而让可见光通过的隔热玻璃，而为世人所知，该技术的关键在于电致变色效应。新研究要求他们的技术达到一个新高度，做到对可见光和近红外光的独立控制。这意味着使用者能够在不增加额外热量的情况下，保证室内的采光，从而减少对空调和人工照明的依赖。

新技术的核心是一种经过重新设计的电致变色材料，由氧化铟锡纳米晶体和嵌入在玻璃基质中氧化铌组成。除了能分别控制可见光和近红外光，采用这一技术的窗户还能按需切换到遮光模式，即同时屏蔽近红外光和可见光，或全明模式即让所有光线毫无阻挡地进入室内。

研究人员发现，纳米晶体在玻璃中微小区域的协同交互作用，可增强电致变色效应，这意味着，可以在不牺牲性能的前提下，进一步降低涂层的厚度。最关键的是，这种纳米晶体玻璃界面的原子连接方式，导致了玻璃基质结构的重排，它拓展了玻璃基体的内部空间，使电荷的移动和进出更加容易，这也为新型电池材料的研发提供了思路。而从材料设计的角度来看，他们证明了能够用在单一同质材料中增加不同材料的方式，来赋予其新特性。

第二节　有机材料领域纳米技术的新进展

一、纤维与织物领域纳米技术的新成果

1. 特种合成纤维方面纳米技术的新进展

（1）用纳米技术制成氧化钛纤维"超级纸"。2006 年 10 月，美国阿肯色大学一个纳米研究小组用纳米技术研制成功一种耐高温、耐腐蚀，并且具有杀菌功能的超级纸张。

据研究人员介绍，这种超级纸中最主要的成分是纳米级的氧化钛纤维。它的性质稳定，可耐受高温和酸碱的腐蚀。这种纳米纤维不仅物理和化学特性出类拔萃，而且用来制造纸张不需要特别的条件，其晾晒过程与

制造普通纸时没有任何差异。

研究人员表示，制造纳米级的氧化钛纤维也不需要运用非常高深的技术。只需把氧化钛粉末和其他一些物质混合在一起，并在一个温度为150℃~250℃的特殊容器中加热数天即可。之后，在将制成的纳米管放入蒸馏水中清洗、冷却，便成了氧化钛纳米纤维。

据介绍，用纳米级氧化钛纤维制成的纸张可以经受住700℃的高温。这就意味着，它可通过高压蒸煮或是烤箱进行消毒。这种新型纸张，可用剪刀随意裁剪或是进行折叠，同时还不会影响其稳定性。

研究人员介绍称，这种纸的应用领域非常广泛，既可被用于制造可多次使用的抗菌材料，也可用来制造耐火壁纸和广告宣传画。

（2）开发出纳米苯乙烯与丙烯共聚物纤维材料。2008年12月，美国纳米纤维科技公司联合在添加剂方面具有经验的制造商，以及研制聚合物有丰富经验的阿克伦大学合作，研制出纳米非织造纤维材料——纳米苯乙烯与丙烯共聚物。

纳米苯乙烯与丙烯共聚物跟其他纳米非织造材料的区别是运用专利技术，把不同类型的粒子或添加剂植入纳米纤维基体或包裹在纳米纤维内。通过改变聚合物纳米纤维和添加剂的类型，可以得到所想要的性能。

纳米纤维公司的劳拉·弗雷泽博士说，纳米苯乙烯与丙烯共聚物纤维材料，适合多种不同的应用。例如，把一定物质植入聚合物纳米纤维网络形成水凝胶，可吸收大量的液体，同时保持其强度和弹性。另一个显著特点是，纳米苯乙烯与丙烯共聚物可以大规模的生产，而其成本远远低于传统的纳米纤维，使之在商业市场同类产品中成为最实用的材料。

纳米苯乙烯与丙烯共聚物纤维材料，应用范围包括：电缆工业，化妆品，过滤，医疗，军事和个人护理产品等。

2. 纺织材料方面纳米技术的新进展

（1）用纳米技术发明高科技"智能纺织面料"。2005年5月，由美国北卡罗来纳州立大学纺织工程、化学与科学系助理教授胡安·奚内斯卓沙领导，波多黎各大学研究人员参与的一个研究小组，在《纳米技术》杂志上发表研究成果称，他们运用纳米技术把纳米层附着在天然纤维上，开发出一种"智能纺织面料"，适用于军事安全和其他很多领域。

这些纳米层的厚度仅为20纳米，由不同种类的聚合体构成，能够对通过的物质进行控制，这一过程被称为"选择性传输"。

奚内斯卓沙指出："这些纳米层都是针对不同的化学物质量身定做的。在阻止芥子气、神经毒气或工业化学制品通过的时候，可以允许空气、水分的通过来保持面料的透气性。"由于该智能纺织品的原材料对化学毒剂具有吸引力，因此可以有效地阻止化学毒剂的通过。

用这种面料制成的衣服可以起到高度可靠的保护作用。研究人员把数百个纳米层附着在纤维上，而且不会影响衣服的舒适度和可用性。这一技术早已在半导体工业应用，但从未使用于纺织品领域。

纳米层通过静电力黏附在天然纤维上，就跟磁体依靠电磁电荷来吸引和排斥其他物质的方式一样。

奚内斯卓沙称："这一智能纺织面料技术有巨大潜在的应用领域。例如，涂有关节炎药物的手套；具有抗菌层、可防止伤口感染的军事制服；潜水艇舱位中的抗菌被褥，用于防止疾病传播；针对多种化学和生物毒剂的防护衣。"其他用途还包括：涂有抗痒聚合高分子电解质的尿布、涂有抗敏药物的卫生纸。

该研究项目得到美国纺织技术研究院的资助，最近还获得了来自北卡罗来纳州纳米技术筹划指导委员会的拨款。

（2）研发能自动去污杀菌的纳米涂料服装面料。2007年1月，美国空军的一个研究小组研发出一种能自动清洁的纤维面料，上面的纳米涂料不但能防水防污，而且还能杀菌。美军研究人员的这项研发成果意味着，运动服或其他衣着可穿多次，无须经常清洗。

英国服装制造商亚历克绣公司已赢得特许权，把这种新科技用在制造相关服饰上，该公司正同几家大型运动服制造商洽谈，可能率先以运动服饰的形式推向市场。

亚历克绣公司董事阿尔蒙德声称，有自洁功能的运动服可能在一年之内出现在商店的橱窗里。他称："我们预料，运动服将是采用这种纳米涂料面料的最大领域之一。我们正同一些名牌运动服厂家洽谈采用这种纤维面料，不过，另有数百家公司也向我们申请特许权，我们正在研究它们的建议。"他补充道："同我们洽谈的包括医院床上用品、护士制服和飞机空调过滤网制造商。"

这种纳米涂料以微波处理后可永久附着在纤维上，只有涂料的化学物质消失，自洁功能才会消失，不过就算失效，只要把纤维浸在化学涂料溶液中，就能恢复原先的效果。

斯特林大学纳米科技研究院总裁扎克斯尔称："这种抗菌特点在厨房和医院大可派上用场，因为细菌对抗生素的抗药性是一个头痛问题。"

据悉，用美国空军研发的这种纳米涂料制造贴身衣物，证实即使连续穿数周也无妨。美国空军科学家欧文斯指出，以 1991 年波斯湾"沙漠风暴"战争为例，当时美军最主要的伤亡因素，其实是细菌感染而非意外事故或中了友军炮火。美国空军当初研发这种涂料，是要预防士兵受到生物炸弹袭击。

（3）利用纳米技术研制抗菌防臭纺织品。2007 年 3 月，美国纱线制造商奥马拉公司总裁蒂莫西·马拉在一次公开活动中表示，奥马拉公司将采用美国纳米视野公司的纳米级抗菌防臭剂"智能银"，生产新型 ECO-FIL 纱线系列产品。纳米视野公司在纳米结构材料的应用与解决方面处于领先地位，它也在最近对外公布该项合作计划。"智能银"技术是利用纳米科技，开发可与天然及合成纤维与织物兼容，并具永久抗菌防臭性的助剂，而 ECO-FIL 纱线是唯一已经过回收聚酯瓶处理再制纤维而产生的长纤纱。

蒂莫西·马拉称，ECO-FIL 纱线是利用回收聚酯瓶再加以处理制造循环而成。目前，制造商可提供客户以回收物质所制成的成衣产品，它不仅兼具客户所要求的效用，而且可通过"智能银"技术供应永久防臭的防护机能。

另外，纳米视野公司销售和营销主管丹尼斯·施耐德表示利用"智能银"生产的 ECO-FIL 长纤纱，是完全符合环保要求的再生产品。ECO-FIL 长纤纱，与"智能银"抗菌防臭剂的结合，将可使制造商提供优质、高机能性与符合环保的产品。

此外，利用"智能银"技术可让衣服不再有臭味，是因在制造产品的过程中，混合加入能杀掉臭气元凶的细菌等微生物的银质原料，以达到产品具备杀菌防臭的效果，可减少清洗衣服的次数，而银质原料来自传统银矿原本废弃不用的次级矿沙，亦极符合环保要求。

质地柔软、外观华丽并容易上色的环保 ECO-FIL 纱线，可供成衣及家用纺织品使用，不需额外加工或合成原料，所以不会破坏地球自然资源，也不会造成化学药剂等对人类与环境有害的污染问题。

由于 ECO-FIL 长纤纱逐渐受到户外成衣制造商的好评，证明"智能银"技术非常适宜用来生产 ECO-FIL 纱。

"智能银"具有银金属的永久和高效抗菌的机能，可提供设计师在寻求防臭机能的同时，也可兼顾所需的染色性、触感、拉伸性、耐久性及可制造性，且容易在现有的纺织生产设备中使用。

纳米视野公司是为客户量身定做纳米材料的工程公司，其所生产的"智能银"品牌，是世界所公认能给予天然及合成纤维与织物抗菌防臭防护的领先品牌。

二、塑料与聚合物领域纳米技术的新进展

1. 塑料方面纳米技术的新成果

（1）研制出多功能可自我清洁的纳米塑料。2007年6月，由美国俄亥俄州立大学化学物理教授阿瑟·爱泼斯坦主持的一个研究小组，在《自然纳米技术》刊物上发表文章宣布，他们研制成一种细小的纳米塑料，将在多个技术领域发挥重要作用。

研究人员称，我们开发的产品远看像玻璃一样平整透明，近看却是由极为细小的纤维织成的"地毯"。它具有自我清洁功能，可以导电，也可以用做操控DNA链的生物工具。

爱泼斯坦介绍说，利用他们正在申请专利的技术可以在一个基底表面上生长不同长度、不同直径大小的塑料纤维，并用不同的化学处理方法来修饰纤维的分子结构，改变它们的化学性能。这样做的好处是，可以用多种不同的方式来构建聚合物纤维。研究发现，这些塑料纤维几乎可以涂覆在任何物体表面上。

这种技术实际上包括两个不同的聚合物分子生长过程：先是在一块平面基底上生长出微小的斑点，作为聚合物生长的"种子"。然后，从"种子"开始，让纤维沿着垂直于平面的方向生长，当研究人员关闭化学反应时，纤维便停止生长，这样，便得到一块由高度完全相同的纤维组成的"地毯"。

研究人员发现，通过不同的化学处理可以使纤维亲水或憎水，也可以使其亲油或憎油，这使得纤维可应用于多个不同的领域。例如，门窗玻璃上涂覆了憎水憎油的纤维，水、油及其他脏物就无法黏附在上面，因此将长期保持洁净。与此相反，亲水性的纤维却是很好的防雾涂料，因为它们可以把水滴拉平，使其平铺在玻璃表面上。

更有趣的是，如果水滴中含有卷曲的DNA链，在亲水的纤维表面，

DNA 卷曲的链将伸展开，并且悬挂在纤维上，就像晾衣绳一样。爱泼斯坦认为，可以利用这些塑料纤维，作为研究 DNA 如何与其他分子相互作用的平台，同时也可以利用伸展的 DNA 链构建新的纳米结构。

另外，通过选择某些分子结构，纳米塑料纤维表面经过处理可以导电。研究人员已经可以利用纳米塑料纤维，为一个有机发光装置充电，这将为透明塑料电子材料研究铺平道路。

（2）发明可加快生物降解的纳米改良塑料。2007 年 12 月，由美国康奈尔大学材料科学与工程系伊曼纽尔·贾内利斯教授领导的研究小组，在《生物大分子》杂志上发表论文称，他们发明了一种新的可生物降解的"纳米杂交"聚羟基丁酯（PHB）塑料，其分解速度比现在的任何塑料都要快。

贾内利斯研究小组对聚-β-羟丁酸塑料进行改良，他们把纳米级的黏土颗粒（或称纳米黏土），掺入聚-β-羟丁酸塑料中，然后与未经改良的聚-β-羟丁酸塑料进行比较。结果发现，改良聚-β-羟丁酸塑料的强度明显高于未改良聚-β-羟丁酸塑料。更重要的是，改良聚-β-羟丁酸塑料的降解速度要比未改良聚-β-羟丁酸塑料快许多。经"纳米杂交"的聚-β-羟丁酸塑料，在 7 周后几乎全部分解，而作为其对照物的未改良聚-β-羟丁酸塑料，却看不到分解的迹象。研究人员还发现，通过控制聚-β-羟丁酸塑料中的纳米黏土掺杂量，还可对其生物降解速度进行精细调控。

聚-β-羟丁酸塑料可由细菌制得，被广泛认为是石化塑料的绿色替代品，可用于包装、农业和生物医药等行业。不过，由于聚-β-羟丁酸塑料的易碎性和其生物降解速度难以预测，尽管在 20 世纪 80 年代就有商业化的产品，但其实际应用还很有限。专家称，聚-β-羟丁酸塑料纳米复合物的首次发明，将推动聚-β-羟丁酸塑料在更广泛的范围内得以应用。

2. 聚合物方面纳米技术的新成果

（1）开发出性能优异的纳米电光聚合物。2004 年 9 月，有关媒体报道，美国鲁迈莱公司开发出一种创新性的纳米电光聚合物，它是一种高分子化合物材料，具有优异的先进、高性能材料的功效。这种新型聚合物的功效，大约是目前制造有源光器件所采用的无机材料的 5 倍，有助于大幅提高从电信到高速计算机等工业应用中光器件的性能。

鲁迈莱公司行政总裁托马斯·米诺表示："我们相信这种纳米技术的突破，尤其与本公司开发的材料有关时，能够对光学设备，以及光学内联市场的发展产生重大影响。本公司已经吸引了业内最好的研究人员并与之合作，而且我们仍然期待伟大的科学能够带来使产业变革的商业产品。"

这次电光聚合物的突破是鲁迈莱公司与华盛顿大学之间的合作成果。华盛顿大学教授拉里·达尔顿与亚历克斯·杰恩利用纳米修整技术提高电光活性，从而产生比现有材料更大的功效。

作为合作的一部分，鲁迈莱公司的研究团队采用了内部开发的材料，已在电信工作波长上取得 160pm/V 的电光系数，这一数字比现有材料约高出 20%。

米诺表示："随着我们转向这些纳米工程材料，它们杰出的性能将使设备设计有更多的选择。例如，我们可以降低工作电压、提高带宽、缩小尺寸并降低光学调制器与光学互联的成本。此外，聚合物经处理可纳入设备体系中，如干涉仪、定向耦合器，以及微环共振器。聚合物材料的显著优势，是使这些不同设备的制造能变得较为容易与精确。"

鲁迈莱公司利用这种技术与材料已开发多种新产品。这些新产品将使该公司可以扩张或进入新市场。例如，该公司已开发对有线电视光学连接，以及无线/光纤混合光学网络具有高度线性反应的调制器。此外，潜在客户正在评估能在城域应用、发射机应答器，以及远程光纤光学网系统中以 10~40 千兆赫运作的外部调制器。所有这些产品，在北美、欧洲，以及亚洲的上升市场上都有巨大潜力。

(2) 开发出适于纳米加工的快速干燥聚合物。2008 年 2 月，由美国伦斯勒理工学院物理教授陆道明领导的一个研究小组，在《真空科学与技术：B 辑》上刊登研究成果称，他们与普利斯特公司合作开发出一种适于纳米加工的新型聚合物，它具有低成本可快速干燥等特点。

研究人员表示，这种新材料名叫环氧硅氧烷聚酯树脂 (PES)。利用该材料，可大幅降低半导体制造与计算机芯片封装的成本并提高效率。特别是，它能够使新一代低成本芯片纳米压印光刻术成为可能。陆道明称，有了这种新材料，芯片制造商将能削减从生产到封装过程中的数个生产步骤，从而实现成本的降低。

目前，广泛采用的光刻是利用光与化学物质的混合，在硅的微小面积上产生复杂的微米与纳米级图案。作为此过程的一部分，称为重分布层的聚合物薄膜对器件的功效相当重要，它沉积到硅芯片上，以减缓信号传输延迟，并保护芯片免受环境差异与机械因素的影响。

陆道明研究小组开发的新环氧硅氧烷聚酯树脂材料，正是这样一种薄膜，与半导体工业领域通常所使用的现有材料相比，它则具备多种优势。此外，这种新型环氧硅氧烷聚酯树脂材料，也适于作为紫外线芯片纳米压印光刻术所使用的聚合物薄膜。陆道明称，在传统技术中使用环氧硅氧烷聚酯树脂，以及在向下一代器件逐步转移的同时仍使用该聚合物，保持这种一致性将有助于减缓过渡期。对半导体业界来说，"一鱼两吃"相当具有吸引力。

现在，制造商通常将苯丙环丁烯与聚酰亚胺作为重分布层的聚合物，因为它们具有低吸水性、热稳定性、低固化温度、低热膨胀性、低介电常数，以及低漏电性等优点。研究人员表示，环氧硅氧烷聚酯树脂可提供比这些材料更显著的优势，尤其是在固化温度与吸水性方面。

环氧硅氧烷聚酯树脂的固化温度为165℃，比上述两种材料要低35%，因此制造过程中需要的热更少，这将直接转化为制造费用成本的降低。环氧硅氧烷聚酯树脂的另一项优势是吸水性不到0.2%，这比其他材料来得少。此外，环氧硅氧烷聚酯树脂可充分附着在铜上，而且如果需要的话，还可使它较不易碎。这些属性都让环氧硅氧烷聚酯树脂，成为重分布层应用及紫外线纳米压印光刻技术大有可为的候选者。

（3）研制出分子多面体纳米材料。2011年7月21日，由美国纽约大学化学系主任麦克·沃德领导，纽约大学化学系、分子设计研究所与意大利米兰大学材料科学研究所研究人员联合组成的一个国际研究小组，在《科学》杂志上发表论文称，他们携手制造出首个分子多面体纳米材料，这种具有突破性的结构，有望让研究人员研制出新的工业产品和消费产品，包括磁材料和光学材料等。

研究人员一直在想方设法，"迫使"分子组合在一起形成有规则的多面体，但一直没有成功。由古希腊数学家阿基米德发现的阿基米德立体引起研究人员的注意。阿基米德立体，是使用两种或以上的正多边形为面的凸多面体，其每个顶点的情况相同，共有13种。阿基米德多面体也叫截半多面体，即在正多面体中，从一条棱斩去另一条棱的中点，所得出的多面体。使用分子合成出这样的结构，一直是一个巨大的挑战。

该研究小组携手合成了一个截半八面体，也是13种阿基米德立体中的一种。而且，这种结构能像罩子一样"罩住"其他分子，两者结合在一起能形成新的或功能更强大的材料。

在这种分子多面体的研制过程中，研究人员让72个氢键，组合成两类六边形的分子"瓦片",并让 8 个分子"瓦片"组合成一个截半八面体。尽管研究人员经常会用到氢键,因为其在构建复杂的结构方面"多才多艺",但是,与将原子紧紧结合在一个分子内的键相比,氢键要弱一些,这就使由氢键构成的更大结构变得不可预测,稳定性也更差。

然而,在最新这项研究中,研究人员使用的氢键,由分子的离子属性来保持稳定,而且没有产生其他结果,因此,构建出的这个截半八面体被证明非常稳定。实际上,这个截半八面体,能进一步组合成拥有纳米孔的晶体,就像广为人知的由非有机物组成的分子筛一样,可按分子大小对混合物进行分级分离。

沃德表示,他们已经证明,可以通过设计,"迫使"分子组合在一起形成一个多面体,下一步将扩展这项研究,使用同样的设计理念来制造其他分子多面体。如果获得成功,最终将能制造出具有非凡特性的新材料。

三、涂料与胶黏剂领域纳米技术的新进展

1. 涂料方面纳米技术的新成果

研制成功抗静电涂料纳米铟粉末。2008 年 9 月,美国元素公司推出最新的纳米级金属铟粉末产品。该产品可作为抗静电透明涂料,以及表面材料的添加剂进行使用。它完全能够满足以上涂料产品的大规模、商业化生产要求。

该产品具有抗静电、透明和耐摩擦和划痕的出色性能,是新一代电子包装材料、平板展示平台、洁净室内表面材料等理想的添加材料。

另外,这种纳米铟材料还具有导电性能。这一特性也使得它能够成为未来光伏电池(太阳能电池)、医疗器械,以及生物科技成像产品的绝佳原材料。

2. 胶黏剂方面纳米技术的新成果

(1)开发能黏接难连接材料的纳米黏合剂。2007 年 5 月 17 日,由美国伦斯勒理工学院材料科学和工程系嘎纳帕·瑞曼纳斯教授领导的一个研究小组,在《自然》杂志上发表文章称,他们基于自组装纳米链技术,开发出一种能将通常不能连接的材料黏接起来的纳米黏合剂。这种新的纳米黏合剂能影响新一代计算机芯片制造,以及能源生产等诸多方面。

据悉,纳米黏合剂涂层不足 1 纳米,其价格也不贵,它能经受相当高

的温度。事实上，当被加热时，纳米黏合剂分子键更强。虽然黏合剂的材料目前已商业化，但是研究小组开发的黏合剂处理新方法，极大地改变了黏合剂涂层的厚度和抗热的能力。

如同众多科学发现一样，瑞曼纳斯研究小组此次新发现也具有偶然性。多年来，他们一直在探索两种不同材料间的分子链层，以用其来提高计算机芯片半导体器件的结构集成度、功效和可靠性。研究小组认识到具有碳柱的分子链能改善黏性，并防止相邻物质的原子因受热出现混合，并最终发现含有这种分子链的纳米材料，能用于生产黏合剂，以及润滑剂和物质表面保护膜。

实际上，纳米黏合剂本身在400℃时就会出现降解，与黏接的物质表面脱落。瑞曼纳斯研究小组为解决这一问题，采用铜膜和硅膜夹纳米黏合剂的"三明治"结构。试验发现，该结构在高于400℃的环境中，黏合剂不但没有降解，反而黏性更强，黏连度比低温时提高了5倍至7倍。

试验还发现，温度在达到700℃之前，"三明治"结构的纳米黏合层的黏性随温度增高而继续增强，这种特性有助于其在工业中获得广泛用途，如黏住高温物体（喷气发动机或巨型电站涡轮内部）表面的涂料。瑞曼纳斯表示，纳米黏合剂将是连接任何两种材料通用且廉价的手段，它将在商业上拥有广泛的用武之地。

（2）发明超黏超薄的新型纳米胶。2012年3月，由美国加利福尼亚大学戴维斯分校生物医学工程教授潘廷睿等人组成的一个研究小组，在《先进材料杂志》上发表论文称，他们发明了一种超薄且黏性极强的纳米胶，可用于加工新一代微晶片。

潘廷睿称："一般胶在脱落时，像半导体薄片这样的材料，本身会随之断开，并且传统的胶水在两个表面间会形成一个厚层。然而，新型纳米胶可以传热和被印刷，或应用于模型里，形成只有数个分子厚的层面。"

这种纳米胶基于具有一种名为聚二甲基硅氧烷的透明材料制成。当其在光滑表面剥落后，会留下一层超薄的黏稠状残渣，这通常会被研究人员视作一种令人讨厌的东西。而潘廷睿研究小组意识到这种残渣可用来替代胶，通过氧化处理其表面会增强黏接性能。

潘廷睿表示这种纳米胶可以用来将硅片黏合成一堆，做出新型的多层计算机芯片；也可将其应用于家庭，如制成双面胶带或把物体黏在瓷砖上。目前这种胶只适用于光滑的表面，并且可以用热处理去除。

第三节　复合材料领域纳米技术的新成果

一、树脂基复合材料领域纳米技术的新进展

1. 研制电子信息方面的树脂基纳米复合材料

（1）开发可作手机外壳的聚碳酸酯纳米复合材料。2004 年 7 月，美国康奈尔大学一个研究小组研究成功一种高性能聚碳酸酯纳米复合材料，可用做手机外壳，拓宽了聚碳酸酯的新用途。

该研究小组还在开发用于移动电话机的高抗冲聚碳酸酯系纳米复合材料，已解决纳米黏土的表面处理问题，确保其在聚碳酸酯母体树脂中分散更均匀，并且在工程塑料相对高的加工温度下不分解。与现有方法处理的纳米黏土比，新方法处理的纳米黏土复合材料制备的不褪色或几乎不褪色，而且物性也得到改善，特别是韧性比一般聚碳酸酯系纳米复合材料高30%。聚碳酸酯纳米复合材料工业化应用不多，一方面，由于较难预测其性能，如能否仍保持聚合物和纳米黏土原有的性能优点等；另一方面，纳米材料成本较高，这成为其工业化推广的障碍。据了解，目前聚碳酸酯系和尼龙系纳米复合材料已有工业化产品，但聚碳酸酯系纳米复合材料还未进入市场。

（2）研制可导电的纳米柔软复合材料。2006 年 3 月，由美国纽约伦塞利尔理工学院材料科学和工程系教授阿加言、斯瓦特克·卡等人组成的一个研究小组，在《纳米通信》杂志上发表研究成果称，他们开发出一种新的工艺，把碳纳米管的强度和导电性能与传统聚合体的弹性结合起来，生产出能够充当导体的弹性纳米柔软复合材料，它可用于电子纸，以及检测化学和生物物质的传感器等多种设备，具有广泛的应用前景。

阿加言表示，利用新工艺方法可以把碳纳米管阵列同柔软的聚合体矩阵相结合，而不会对碳纳米管的外形、大小及分子排列等特性造成影响。由于碳纳米管阵列分子之间作用力较弱，很容易发生变形。研究小组首先把碳纳米管阵列，置于一个单独的平台上，然后向阵列中注入柔软的聚合体，当聚合体变硬时，将其从平台上剥离，就会留下一层有弹性的柔软复合材料，排列有序的碳纳米管就被嵌在其中。阿加言称，这层材料可以弯折或者卷起来，导电性能不受影响，这使得它成为一种制作电子纸，以及

其他弹性电子器件的理想材料。

斯瓦特克·卡表示，这种从固定平台上剥离出纳米柔软复合材料的新工艺用途广泛，可以生产黏性结构材料和尼龙搭扣材料，还可用于电子器件内部碳纳米管的连接。例如，研究小组目前正同阿克伦大学合作，采用类似方法研制人造壁虎脚，即用碳纳米管模仿壁虎脚上的刚毛，其黏性是真壁虎脚的 200 倍。研究人员还希望，通过这种工艺，研制微型压力传感器及气体探测器。

研究人员同时发现，这种有弹性的纳米柔软复合材料具有一种极其优异的物理特性：场发射，可用来生产高分辨率的电子显示器。通常情况下，碳纳米管是很好的场发射器，但当多个碳纳米管排列过于紧密时，彼此之间的电场会相互干扰。而采用新方法把碳纳米管植入聚合体中，使得场发射器的研制开发有了更大的空间。

2. 开发防护装备方面的树脂基纳米复合材料

（1）用纳米技术开发出抗撕裂的纺织复合材料。2007 年 2 月，美国麻省理工学院一个纳米技术研究小组，研发出一种具蜘蛛丝弹性和强度特性的聚合纳米纺织复合材料，可使用于包装材料、抗撕裂织物与生物医学装置。

据悉，由于美国军方对该材料在抗撕裂织物，或其他身体防护装备等应用极感兴趣。已透过麻省理工学院军事纳米技术研究中心与美国国家科学基金会对该项研究提供资助。

研究小组开发一种把纳米黏土包埋在弹性聚合物的方法，该方法系将黏土粒子溶解在水中后，使得水成为溶剂，进而溶解聚氨基甲酸酯，并将聚合物溶解后，形成新的混合材料，之后再将溶剂去除。

最后，结果为硬化的粒状纳米黏土复合材料，分散在更强和更坚韧的一个有弹性的基材里，使片状纳米黏土任意地分布在材料中，因此，制成的纳米复合材料即使加热到温度超过摄氏 150℃ 以上亦极少变形。

美国军方对以该纳米复合材料用以取代目前美军所使用的肥厚且笨重的包装亦感兴趣。此外，布料厂商亦同时表示对该纳米复合材料感兴趣，该材料可制成类似尼龙纤维或莱卡等弹性纤维。

这项新纳米复合材料的制作方法也可应用在具有生物兼容性的聚合物上，并可供制作心导管治疗手术所使用的冠状动脉支架，以及其他生物医学装置。尽管工程人员已能生产弹性或强度的材料，却一直难以制造出弹性与强度两者兼具的材料。

（2）用硅胶纳米颗粒研制液态性防弹服材料。2007 年 4 月，有关媒体报道，北美地区最大的防弹服生产商，已首次特许获得一项新技术：液态性织物处理技术，即剪切增稠液体技术，可以显著增强服装的防护性能。这种防护服是由一种智能化高性能纺织材料制成，它很好地解决了穿着舒适性与遇撞击时的功能性要求之间的矛盾。美国士兵所穿的一般防弹服，通常是由 20~40 层芳纶纤维织物制成，带有硬质陶瓷嵌片。这种材质，对躯干以外其他需要活动自如的部位，显得臃肿和坚硬，并且防弹背心及其芳纶纤维材料在防护刺戳和榴霰弹等方面并非特别有效。

新发明的"液态性防弹服"，其内含的剪切增稠液体，是由混于非蒸发性液体（乙二醇和聚乙二醇）中的硬质硅胶纳米颗粒浸渍于织物纤维的剪切增稠液体形成的材料。在通常低能量状态，即未受到撞击时，它正常流动；当受到触发或碰撞，其纳米颗粒材料会变硬，提供无法估量的防护作用。

3. 研制医学方面的树脂基纳米复合材料

研制出可反复愈合的触敏复合纳米材料。

2012 年 11 月 11 日，由美国斯坦福大学化学工程系鲍哲南教授领导的一个研究小组，在《自然·纳米技术》杂志上发表研究成果称，他们研制出首个具有敏锐触感，且在室温下能迅速、反复愈合的人工合成纳米材料。这项成果将可能导致更智能假肢，或更有弹性的可自我修复个人电子产品的出现。

研究人员一直在竭力模仿人类皮肤的卓越性能，如皮肤的触感，它能发送给大脑关于压力和温度的精确信息，以及高效的自愈能力。鲍哲南研究小组，成功地把上述两项性能集成在单个合成材料中。

在过去的 10 年中，人造皮肤研究取得重大进展，但即使是最有效的自我修复材料仍具有重大缺陷。有些因必须暴露在高温条件下而无法实用，有些虽在室温下可以愈合，但修复创口会改变其机械或化学结构，所以它只能使用一次。最重要的是，还没有出现一种自愈合材料具有良好的电导性。该研究小组经由两种成分的混合，成功地达到两全其美的效果，具有塑料聚合物的自我修复能力和金属的导电性。他们使用的塑料，包含氢键连接的长链分子，这些分子很容易打散，当其重新连接时，氢键就能自我重组和恢复材料的结构。研究人员在这种弹性聚合物中，添加了微小的金属镍颗粒，以增加其机械强度。镍颗粒的纳米级表面是粗糙的，这对材料形成导电性至关重要。它每个突出的边缘，都聚集了一个电场，使电流更容易从一个粒子到达下一个粒子，从而使塑料聚合物具备电导性。

研究人员对该材料在受损后机械强度和导电性的恢复能力，进行检测。他们取用薄带状材料，并将其切成两半。把它们放在一起轻轻按压几秒钟后，材料可恢复其原始机械强度和导电率的75%；如果按压30分钟，材料性能的恢复接近100%。更重要的是，同一样品可在同一个地方反复切削，经过50次切削和修复，样品的柔韧性和伸展度仍完好如初。

该研究小组还探讨了这种材料的压敏特性。电子在材料中形成电流的过程，类似于在石头间跳跃越过小溪。镍颗粒就扮演了石头的角色，它们间的距离，决定了一个电子需要多少能量，才能从一块石头跳跃到另一块。合成皮肤上的扭曲或按压，会改变镍颗粒间的距离，也就改变了电子跳跃的难易程度。这些细微的电阻变化可被转换成皮肤受到压力和张力的信息。研究人员表示，这种材料可探测到握手产生的压力变化。

鲍哲南表示，这种材料对下压和屈曲都非常敏感，因此，未来的假肢在关节处将有更好的弯曲度。覆有此材料的电气设备和电线也可自我修复，使电力维护变得不再困难和昂贵，尤其是在难以到达的地方，如建筑物墙壁或是车辆内。研究小组的下一个目标，是使材料更透明和更具弹性，以适于电子设备或显示屏的包装和覆盖。

二、金属基与黏土基复合材料领域纳米技术的新成果

1. 金属基复合材料方面纳米技术的新进展

研制出抗辐射纳米复合材料设计模型。

2009年6月，美国媒体报道，麻省理工学院材料科学和工程系助理教授迈克尔·德姆库维茨发明了纳米复合材料设计模型。他期望用自己的模型研制出的纳米复合材料，能够耐高温、抗辐射，并承受超强的机械负载，最终目标是把这些纳米复合材料，用于包括核电站、燃料电池、太阳能和碳存储等能源应用领域。

复合材料是两种或两种以上不同物质以不同方式组合而成的材料。虽然复合材料从问世至今只有短短数十年的历史，但由于它可以发挥各种组成物质的优点，克服了单一材料的缺陷，因此得到了广泛应用。德姆库维茨发明的这个设计模型，可以促进纳米复合材料的快速发展。通过该模型，人们有

望获得纳米复合材料具有其组成物质所没有的、全新的材料特性。

德姆库维茨表示，能源生产的各个环节都需要能够承受极端条件的材料。他研发的设计模型，提供了根据所需的材料性能设计纳米复合材料的新方法。他认为，虽然目前社会上有不少设计模型，能够构建材料的结构并预测材料的特性，但是这类仍需要经过反复制造和测试循环的新材料开发方法，存在着耗资庞大且花费时间长的缺点。

在材料学领域，详细设定所需的材料特性，然后预测何种结构能够具有这些特性，被科学家称为"逆问题"。德姆库维茨开发的纳米复合材料设计模型，解决了材料科学家面对的"逆问题"，有望大大地加快材料设计过程。

德姆库维茨利用自己的模型进行纳米复合材料设计的首选目标是抗辐射材料，让它帮助核电厂提高效率和安全。

通常，当金属材料暴露在辐射环境中时，中子等高能粒子与金属中独立的原子会发生碰撞，结果是将原子从晶格中击出，被击出的原子又会与其他的原子相撞，导致后者失去自己的原位。如此连续运行的结果，是金属中有的区域出现大量失去原子的"空穴"，有的区域出现多出原子的"缺陷"，这种缺少和多出原子的缺陷群致使金属材料易碎和弱化。

据德姆库维茨介绍，确保纳米复合材料具有抗辐射能力的关键在于组成复合材料的不同物质层与层之间的界面。当不同的物质层越来越薄时，不同物质间的界面就决定了复合材料的特性。也就是说，不同物质的界面，使得复合材料表现出原组成物质所不具备的新奇特性。

德姆库维茨表示，在某些纳米复合材料中，"空穴"和"缺陷"受到了界面的限制，它们紧紧相贴，因此被高能粒子击出的原子，最终又填充到"空穴"中，金属的晶体结构恢复至常态。在某些条件下，复合材料表现得如同没有受过辐射影响一般。

抗辐射复合材料最终可能用来取代不锈钢用于核反应堆内，有望延长核反应堆的寿命，同时允许核反应堆在更强的辐射剂量下工作。目前反应堆仅仅使用了1%的核燃料，抗辐射复合材料的利用，有望让反应堆使用更高比例的核燃料，减少核废料量。

德姆库维茨在利用模型设计的具有多层界面的抗辐射纳米复合材料过程中，发现铜和铌组成的复合材料具有抗辐射的能力。2008年，他曾在《物理评论快报》上发表文章，认为该纳米复合材料能吸收中子并转为辐射性材料，因而不能用于核反应堆。此外，德姆库维茨的设计模型，还可以用于了解其他复合材料是否也拥有这样的性能。

德姆库维茨表示，尽管拥有纳米复合材料设计模型，但在未来确定具有抗辐射的候选纳米复合材料后，在新材料被批准用于核反应堆之前，研究人员仍需要数年的时间对其进行测试。因此，任何具有潜力的新材料大约还需要至少 10 年的时间才能被启用。

2. 黏土基复合材料方面纳米技术的新进展

（1）研制出聚合物与纳米黏土相结合的复合塑料。2005 年 1 月，有关媒体报道，总部设在美国新泽西州莫里斯镇的霍尼韦尔公司，用自己开发的有机溶胀相溶剂，成功制取聚合物与纳米黏土相结合的复合塑料。这种复合塑料性能大大优于单纯的聚合物。以往，生产这种复合塑料比较困难，因为这些组成互不相容，而霍尼韦尔公司开发的有机溶胀相溶剂有助于这一掺混过程，采用常规挤压设备可以一步法生产出几乎任何热塑性塑料的复合塑料。

该工艺过程使用熔融混配方法，采用相溶剂把纳米黏土与聚合物组合在一起。相溶剂为有机基团取代的铵或鏻阳离子的混合物，这种相溶剂可使特定聚合物与黏土小片状体颗粒之间达到良好的结合，相溶剂有助于黏土熔混，实现良好的剪切混合，减少聚合物分解，因分解很少，致使生成废弃物极少。

由热塑性塑料生产的纳米复合塑料可用于医疗和电子部件、汽车零部件、建筑材料、机械部件和食品包装。与常规填充剂需采用高负载力相比，这种聚合物与纳米黏土结合而成的复合塑料，可在很低负载力下大大改进模量，使所制造的轻量级部件具有高刚性。它也改进了阻气性能，用于食品和农药包装已经获得美国食品及药物管理局的认证。它已工业化推出多种薄膜产品。

霍尼韦尔国际公司是一家在技术和制造业方面占世界领先地位的多元化跨国公司，在全球，其业务涉及航空产品及服务；住宅及楼宇控制和工业控制技术；自动化产品；安防产品；特种化学、纤维、塑料、电子和先进材料，以及交通和动力系统及产品等领域。

（2）研制成用于防护和阻燃的黏土纳米复合织物。2005 年 11 月，有关报道称，美国科技人员研制成功一种纳米新材料，它以黏土和棉为原料，通过纳米技术制成。该纳米材料特点是，有优异的耐热性能、耐久性和柔软性。

研究人员表示，这种纳米新材料的制作方法是在棉纤维中混入高岭石黏土纳米粒子，通过加入可回收用的溶剂将棉溶解，之后回收溶剂，干燥混合物，使得黏土纳米粒子嵌入棉基质中。

据测定，该黏土纳米织物的耐热性高出未漂白棉织物约20℃～30℃。整理后的织物中含有1%～10%的黏土成分。这种材料可用于防护性服装或家用防火绝缘体。该织物的价格可与目前市场上的阻燃织物相竞争。而且，该材料的生产对环境友好，所用助剂可被完全回收，生产过程是一个封闭的系统。

（3）研制出新型尼龙黏土纳米复合材料。2005年12月，美国热塑性复合材料公司（RTP）研制出一种新型尼龙黏土纳米复合材料。这种尼龙纳米复合材料是在尼龙6树脂中添加3%～5%的有机黏土，经过特殊方法制作而成。

该新型尼龙纳米复合材料，特别适合用于生产轻质零部件，其抗冲击强度与纯尼龙6树脂基本相同，但它的抗拉强度，比纯尼龙6树脂提高约63%，而其热挠曲温度提高约53%。

三、碳基复合材料领域纳米技术的新进展

1. 研制电子信息方面的碳基纳米复合材料

（1）发明以单壁纳米碳层为基础的复合材料。2006年7月20日，由美国西北大学教授罗德尼·罗夫等人组成的一个研究小组，在《自然》杂志上发表研究报告称，他们开发出一种能从天然石墨中提取单壁纳米碳层，并把单壁纳米碳层掺和在聚合塑料、玻璃或陶瓷中的新工艺。运用这种方法可以制造出多种碳基复合材料。

单壁纳米碳层是仅有一个原子厚的碳晶体薄片。由于碳原子均匀分布在二维平面上，这种材料有优异的电学、机械和化学特性，是纳米技术的基础材料，碳纳米管就是由单壁纳米碳层"卷"起来形成的。但是，迄今科学家还没有找到大规模制造单壁纳米碳层的方法。

罗夫研究小组报告说，天然石墨可以成为制造单壁纳米碳层的合适原料。他们解释，石墨实际上也是由无数单壁纳米碳层，像鳞片那样"叠"起来的，不过层与层之间的化学键很弱，使得石墨材料非常脆弱、柔软。

为此，罗夫等人用化学方法把组成石墨的单壁纳米碳层"剥"下来，

并均匀分布在载体材料中，从而合成了一种新型复合材料。研究人员称，他们把单壁纳米碳层掺和在聚苯乙烯之中，制造出的复合材料具有特殊的性质。例如，当单壁纳米碳层在复合材料中的比例为 0.1% 时，它几乎是绝缘的，而当比例达到 1% 时，就变成了良好的导体。

罗夫等人认为，这种以单壁纳米碳层为基础的聚合塑料也呈现优异的机械特性，可应用于电气、航空、航天等许多工业领域。此外，用他们开发的方法，还可以把单壁纳米碳层掺杂在玻璃、陶瓷等许多其他材料中，形成新的复合材料。

（2）研发超强的碳基纳米纸复合材料。2008 年 10 月，美国媒体报道，美国佛罗里达州立大学一个研究小组正在开发一种神奇的纳米纸复合材料。这种纳米纸复合材料看上去像复写纸，密度是钢的 1/10，强度却能高达钢的 500 倍。研究人员认为，这种纳米纸复合材料，未来有望为从电视机到飞机的制造，带来革命性的变化。

据悉，这种神奇的纳米纸复合材料名叫"巴克纸"，它由粗细只有人头发直径五万分之一的管状碳分子制成，具有铜一样的导电和散热性能。研究人员表示，已在研制方面取得重要进展，"巴克纸"有望很快走进人们的现实生活。

报道称，用"巴克纸"这种复合纳米材料可生产更轻、更节能的飞机和汽车、效能更强大的计算机、清晰度更好的电视等多种产品，从而有可能引发材料学和制造业的一场革命。

报道说，"巴克纸"的缺点在于造价昂贵，目前只能在实验室中小批量生产，而且在强度等方面还没有达到理想的程度。因此，研究人员希望能尽快完善生产技术，使"巴克纸"的生产成本迅速降低，尽快达到与目前最好的复合材料竞争的程度。

2. 研制仿生学或医学方面的碳基纳米复合材料

（1）用纳米碳管制作隔热隔水新布料。2009 年 7 月，美国明尼苏达大学一个纳米材料研究小组在《材料化学杂志》发表研究报告称，他们取得一项突破性研究成果，用纳米碳管研制出一种可以防止开水烫伤的隔热阻水新材料。这一成果有助于保护老人、小孩，以及行动不便等容易被开水烫伤的人群。

科学家一直致力于研究相关仿生材料，如荷叶之类的自然表面等。这些叶子上有一种不易被水沾湿的蜡质覆盖层，同时，其钉状表层结构也有助于捕捉水滴下微小气囊，从而阻止水渗透。

香港理工大学刘玉洋及其同事对多项研究结果进行分析发现，纳米碳管具有强大的隔水作用，但这种材料在隔热方面似乎不起作用。

明尼苏达大学研究小组为了提高材料的隔热作用，把纳米碳管加入特氟龙树脂（聚四氟乙烯，常用于炊具不粘锅涂料），之后将棉布粘上该混合物。结果发现，该物质对 75℃（足够导致烫伤）的热水、牛奶和热茶都具有隔热作用。此外，滴落在该材料上的滚烫的水滴或奶滴，都会呈球形并滚落。

法国里尔科技大学里尔力学实验室研究员菲利普·布鲁尼特对这项研究给予很高评价。他表示，该材料具有极广的应用价值。

（2）用纳米技术研制出光控碳基水凝胶。2013 年 6 月，由美国加利福尼亚大学伯克利分校生物工程副教授李承旭牵头的一个研究小组，在《纳米快报》发表研究成果说，他们受到植物朝着光源生长的向光性现象启发，开发出一种碳基水凝胶，能通过光照控制，模拟手指关节的弯曲和爬行运动。

这种水凝胶是一种水凝胶制动器。水凝胶制动器能对刺激产生可逆反应，目前，在包括软体机器人在内的许多领域已有应用，但在反应速度、时间与位置的精确控制方面，还有待改善。李承旭称，像他们的这种变性凝胶，可用在药物递送、组织工程等方面，未来也可在软体机器人领域大展身手。

研究人员把人工合成的弹性蛋白质与层状石墨烯结合为一体。暴露在近红外光的照射下时，这种石墨烯层会发热，进而影响合成蛋白质，合成蛋白质变冷会吸水，而变热时会释放出水分。这两种材料合在一起形成了纳米复合生物高聚物，或称为一种水凝胶。研究小组把它设计为一面的透气性比另一面更强；透气性更强的这一面，吸收和释放水分，就比另一面更快。

李承旭称："通过把这些材料相结合，我们能更精确地控制水凝胶模拟植物细胞，对光照的扩展和收缩反应。"由于水凝胶不规则地收缩，受光照射时就会发生弯曲，并且还能根据光的位置、强度和路径不同，显示出迅速且可调整的运动，包括像手指似的弯曲和爬行。他们用这种材料做成一只手的形状，演示了水凝胶手指在光照下好像人的手指那样弯曲。

研究人员还指出，本项目也显示出，人们通过合理设计蛋白质，结合人工纳米粒子，来创造宏观尺度功能材料的能力。

四、材料鉴定与检测领域纳米技术的新进展

1. 借助纳米识别器快捷鉴定新材料

2005 年 11 月，由美国麻省理工学院材料科学和工程系助理教授范·弗利特领导的研究小组，在《高级材料》杂志上发表研究成果称，他们借助纳米识别器，研究出一个仅需几天就可测试出多达 600 种不同物质的办法，而这种测试用传统的技术将需时数周。

这种新的测试工作流程可以快速鉴别哪些牙齿填充物不会破碎，哪些坦克装甲抵御导弹轰炸的能力更强，以及其他各种材料的机械属性，如韧性和坚硬度等。

2004 年，曾有报道称，使用一种机械装置可以在 25 毫米宽、75 毫米长的载玻片上，沉积超过 1700 个生物材料微点，这是 500 种不同材料的 3 倍多。而只需一天就可以制作 20 个这种载玻片。由这些载玻片组成的纳米识别器，可用来测试哪种材料对人类胚胎干细胞的生长和分化的促进作用最大。这告诉人们，借助纳米识别器，可以快速鉴定每种生物材料的属性。这种技术也正是弗利特研究小组所使用的关键技术。

研究人员说，他们在纳米识别器中，使用一个坚硬微小的探针刺入所测的材料中，深度不及人类的头发直径。通过测量所使用的力和探针进入材料的深度，研究人员可以深入了解材料的属性。

研究小组制造出大约 600 个不同的聚合体。每个点混合了两种不同的单体材料，或称结构组件，这样就可以测量出材料中每种成分的属性来。使用纳米识别器，仅需 24 小时就可得到数据。如果使用传统方法，将需要数周时间来分析这么多种材料。研究人员需要对已经发现的材料进行提纯，以找出这些材料的最佳属性，这需要很长时间。

2. 发明在纳米水平检测材料形变的辐射检测技术

2011 年 6 月，由美国国家电子显微分析中心专家、加利福尼亚大学伯克利分校材料科学与工程系副教授安德鲁·米诺、加利福尼亚大学伯克利分校核工程系副教授彼得·霍斯曼领导的一个研究小组，在《自然·材料学》杂志上发表研究成果称，他们开发出一种辐射检测技术，能在纳米水平，检测核辐射对材料机械性能造成的改变。该技术有助于设计反应堆装置，开发建造核设施的新型工程材料，并在日常维护检测中，减少

所需的材料用量。

核能是一种长效的未来清洁能源，美国约 20% 的电力和近 70% 的零排放电力来自核能。同时，世界上许多国家的核设施不仅用于发电，还用于研究、材料测试或生产医疗用的放射性同位素。这些设施的建造材料和结构不同，维护检修至关重要。日本福岛核事故使人们更加重视核技术的安全性。许多国家呼吁对核电站进行"压力检测"，以确保其安全运行。

米诺表示，对材料本身而言，纳米尺度的机械性质检测比大尺度下的检测精度更高。研究人员利用纳米检测技术，对一块直径仅 400 纳米的辐射样本的形变进行了精确检测。该技术真正把核材料检测领域变得更开放。

在该研究中，米诺研究小组用高能质子对铜样品进行辐射，以模拟辐射作用对铜的机械性质造成的伤害。利用投射电子显微镜力学检测设备，研究小组能以纳米级的分辨率，将样本的形变精确定位到一个原子的水平。辐射在铜内部造成的三维空间上的裂隙，改变了其晶体结构，这被称为脱位。这种作用导致被辐射材料脆化易碎，降低了材料的耐压能力。进一步利用纳米级的强度值可计算出大块材料的性质。

霍斯曼指出，这种纳米尺度的检测技术，有助于延长核反应堆的寿命。研究人员把安全问题转化到对核设施材料的检测手段上，能用较小的样本精确测出材料的机械属性，比如一个工作了 40 年之久的核设施中的建造材料，以确保其未来的安全运行。

米诺补充，理解材料性质的衰退是力学问题的基础，也给研究人员提供了一个模型系统来发现建造核能设施的新材料。通过研究材料力学性质的缺陷，研究人员能设计出更加抗辐射损伤的材料，带来更安全的核设施。

第四节　典型纳米材料石墨烯研制的新进展

一、研究开发石墨烯的新成果

1. 研究石墨烯的新进展

（1）确定人造石墨烯指南。2012 年 6 月，由美国纽约布法罗大学维博尔尼牵头，加拿大、法国和捷克等研究人员参加一个国际研究小组，在《新物理学杂志》上发表的研究成果显示，在一项新研究中，已经确定人造石墨烯所需的主要标准，为在实验中合成这种材料提供了指南。

研究人员指出，尽管石墨烯具有非凡的特性，但并不完美。然而，它是一个非常好的样品，可以基于它改造出具有新特性的完美材料。所以，制定标准是非常必要的。

维博尔尼补充，在未来的实验中，人为制造石墨烯将充满挑战，却是可行的。我们没有看到任何阻止制造石墨烯的主要障碍，但技术上却相当棘手，如找到一定数量参数的合适材料，包括载流子密度、调制电势强度和晶格常数等。我们的工作是系统地解决问题，把数量上的实验结果与理论上明确的标准相比较。

人造石墨与天然石墨相比具有一定的优势，如其晶体结构形式，可以是多种多样的。正如研究人员解释的，天然石墨烯的晶体结构是固定的，包括一个完美的蜂窝晶格，碳与碳的距离为 0.142 纳米。与此相反，通过电子束光刻的方式，可将人造石墨烯形成半导体多分子层，而不是只有一个精确的晶格形式或一个晶格常数。

研究人员称，下一步计划在实验室用可行的方法创造人造石墨烯，以进一步将晶格常数降低到几十纳米。为了实现这一目标，他们打算利用更高分辨率的电子束光刻或聚焦离子束技术，并希望广泛存在的实验技术（红外/赫兹、可见光谱或电子运输），能够在人造石墨烯中，提供狄拉克费米子的证据。

（2）发现在石墨烯表面能激发出等离子体振子。2012 年 6 月 21 日，由美国加利福尼亚大学圣地亚哥分校物理系教授迪米特里·巴索夫领导的研究小组，在《自然》杂志网络版上发表研究报告称，他们发现借助红外线光束，能沿着石墨烯表面激发出电子波，并证明他们能通过简单的电路控制这些被称为等离子体振子的振荡波的长度和高度。

这是首次在石墨烯上观察到等离子体振子，也是在无法使用光的紧密空间内，利用等离子体振子进行信息处理的重要一步。就像光能够通过光纤携带复杂的信号一样，等离子体振子也能被用于传输信息。但等离子体振子仅能在更紧密的空间里携带信息。巴索夫表示："每个人都怀疑等离子体振子会不会出现，但眼见为实，我们拍摄的图像能够证明它们的传播，以及外界对其的控制。"

为了制造这套设备，研究人员从石墨中剥离出石墨烯，并把它放置在二氧化硅芯片上揉搓。随后把红外线激光照射在石墨烯表面以激发等离子体振子，并利用超灵敏的原子力显微镜悬臂对这些波进行测量。

虽然发射的波基本无法测量，但当它们到达石墨烯的边缘时，能够反射出像水波纹一样的波。从边缘返回的振荡将增加或抵消随后而来的波，创造出独特的干涉图样，从而揭示出这些波的波长和振幅。此外，科学家还能通过控制附着在石墨烯表面的电极，以及芯片下的纯硅层形成的电路，来改变干涉图样。

研究人员表示，因为光的波长就有数百纳米，因此不可能将光限制在纳米级别内。但利用光却能激发长度范围在 100 纳米左右的表面等离子体，其能以超高的速度从芯片的一边穿越至另一边。科学家称，这是测量到的最短的等离子体振子波长之一，然而这种波可以像它们在黄金等金属中传播得一样远。与基于金属的等离子体振子不同，石墨烯等离子体振子能够按需进行调整。

通过监控石墨烯等离子体振子，研究人员能够了解电子在这种新形式的碳中发挥什么作用，其基本相互作用又将如何管控它们的特性。巴索夫强调："石墨烯光电子学与信息处理非常具有前途，我们希望此次的研究能为未来相关技术的发展提供帮助。"

2. 开发石墨烯出现的新技术

（1）开发印证摩尔定律的石墨烯新技术。2010 年 4 月，有关媒体报道，由美国南佛罗里达大学，马蒂亚斯·巴泽尔和伊万·奥列尼克领导的一个研究小组，开发出一种新技术，能够把石墨烯（单层碳原子薄膜）上的窄带变成细小的金属线，并称这种只有几个原子粗细的"导线"，有可能让已到"暮年"的摩尔定律重现生机。

根据摩尔定律，集成电路上可容纳的晶体管数目，约每隔 18 个月便会增加一倍，性能也将提升一倍。

研究人员称，此前科学家就有过类似设想，希望能以石墨烯取代目前在集成电路中广泛使用的硅。但由于石墨烯的表面较为粗糙，且边缘处的化学自由键极难控制，因此难以在其内部生成仅为原子大小的窄带。

该研究小组在新的研究中找到一种完善的解决方案。试验中，研究人员利用单晶镍基的自组特性，把两片具有原子精度的石墨烯加以融合，最终得到理想的窄带状石墨烯材料。通过这种特殊的方法，研究人员已经能将一条八边形或者五边形的碳环嵌入石墨烯薄片中。

随着半导体晶体管的尺寸接近纳米级，其副作用也逐渐显现，以硅为基础的半导体晶体管的发展前景正在受到来自各方面的质疑。不少学者声称"摩尔定律"肯定不会在下一个40年继续有效。目前来看，虽然这项技术还不大可能立即得到应用，但它为未来研发出更小、更强的电子设备提供了一条新的有效途径。

（2）推进石墨烯纳米电路技术研究。2010年6月11日，由美国乔治亚理工学院物理系副教授爱丽莎·雷多、伊利诺伊大学香槟分校机械科学和工程系的副教授威廉·金等人组成的一个联合研究小组，在《科学》杂志上撰文称，他们在利用石墨烯制造纳米电路领域获得突破：设计出简便、快速的纳米电线制造方法，能够调谐石墨烯的电学特征，使氧化石墨烯从绝缘物质变成导电物质。这被认定为石墨烯电子学领域的一项重要发现。

纳米电路的研究人员之所以对石墨烯的研究颇具热忱，是因为与硅相比，电子在石墨烯内移动时会受到更小的阻力，而硅晶体管的尺寸也已经接近了相关物理定律的极限。虽然石墨烯纳米电子学可比硅基电子学速度更快且消耗更少的能量，但此前无人知晓如何制造可扩展或可重复的石墨烯纳米结构。

该研究小组测试了两种氧化石墨烯，一种由碳化硅制成，另一种则由石墨粉构成。研究人员使用了热化学纳米光刻技术，以提升纳米量级的石墨烯的温度，从而设计出类似石墨烯的纳米电路。当温度达到130℃时，氧化石墨烯变得更具传导性，并能从绝缘物质转变为更具传导性的纳米线等石墨烯类似物质。这些性能都是该技术颇具成效的标志。

雷多称："研究表明，通过使用原子力显微镜尖端局部加热绝缘的氧化石墨烯，我们可把纳米线的大小降至12纳米，并能把它的电子特性调谐至4个传导量级以上。实验过程中也并未出现尖端磨损或是石墨烯样本损坏的情况。"

威廉·金认为新技术有三大优势：一是整个过程只需一步完成，单纯通过纳米加热就可把绝缘氧化石墨烯转化为功能性导电材料；二是此技术可适用于多种类型的石墨烯；三是新技术效率极高，可在极短时间内合成纳米结构，对纳米电路的制造十分有益。

研究人员还表示，从氧化石墨烯到石墨烯的简单转换是制造导电性纳米线的重要途径，它不仅可应用于软性电子学领域，还有望用于生产与生物兼容的石墨烯电线，可被用于测量单个生物细胞的电子信号。

（3）把碳纤维直接变成石墨烯量子点的新方法。2012 年 1 月，由美国莱斯大学研究生高薇、丽贝卡·阿伯托等人组成的一个研究小组，在《纳米快报》网络版上发表研究成果称，他们开发出一种可将普通碳纤维，直接制成石墨烯量子点的新方法。

研究人员表示，这种一步到位的技术，比现有的石墨烯量子点研制工艺更为简化，所得到的量子点不足 5 纳米，具有高溶解性，大小可以通过设定制造时的温度来加以控制。专家估计这项成果，未来在电子、光学和医学领域将有巨大的应用潜力。

量子点的概念是在 20 世纪 80 年代提出的，是一种半导体纳米结构，带隙取决于大小和形状，可用于研制计算机、发光二极管、太阳能电池、激光器，以及医疗成像设备。

莱斯大学的研究人员选择性地让碳纤维发生氧化，并用透射电子显微镜进行观察。他们看到的石墨烯斑点，更确切地说，应该是从化学处理过的碳纤维中提取的纳米级氧化石墨烯。高薇称："我们称它们为量子点，但它们是二维的，因此我们实际上获得的是石墨烯量子盘。"

用其他如化学分解或电子束光刻等技术，获得的量子点价格昂贵，且制造一小批石墨烯量子点需要数周时间。新方法的最大优势在于，只需一个步骤就能得到大量子点，且所用原料价格便宜，是很容易买到的碳纤维。

进一步实验显示，这些量子点的大小，以及与此相关的光致发光特性，可以在相对较低的制造温度下进行控制。在 120℃、100℃和 80℃时，可获得发蓝色、绿色和黄色冷光（荧光）的量子点。

高薇表示，发冷光（荧光）的特性使得这些石墨烯量子点在成像、蛋白质分析、细胞跟踪和其他生物医学领域应用前景广阔。在休斯敦 MD 安德森癌症中心和贝勒医学院对两个人类乳腺癌细胞系进行的测试显示，这些量子点很容易进入细胞的细胞质中，并且不会影响细胞的增殖。

阿伯托称："与荧光体相比，石墨烯量子点的优势是发出的荧光更稳定，不会出现光漂白，因而不易失去其荧光性。这可能成为进一步探索生物成像的一个有趣途径。未来，这些石墨烯量子点可能发挥更大的作用，因为它们也可以应用于传感领域。"

研究人员还发现，这些量子点的边缘往往表现为锯齿状。而石墨烯片的电学性质是由其边缘形状决定的，锯齿状表明它们具有半导体特性。

（4）生产形状尺寸可控石墨烯量子点的新方法。2012 年 5 月，由美国堪萨斯州立大学化学工程系维卡斯·贝里教授领导的研究小组，在《自然·通信》杂志上发表研究报告称，他们开发出一种新方法，可生产出大量形状和尺寸可控的石墨烯量子点，这或将为电子学、光电学和电磁学领域带来革命性的变化。

由于边缘状态和量子局限，石墨烯纳米结构（GN）的形状和大小将决定它们的电学、光学、磁性和化学特性。目前，自上而下的石墨烯纳米结构合成方式，有平版印刷术、超声化学法、富勒烯开笼和碳纳米管释放等。但是，这些方法，都具有生产率低、形状尺寸不可控、边缘不光滑、无法轻易转移至其他基底或溶解于其他溶剂等问题。

贝里研究小组利用钻石刀刃对石墨进行纳米切割，使其变成石墨纳米块，这是形成石墨烯量子点的前提。这些纳米块随后将呈片状脱落形成超小的碳原子片，生成的 ID/IG 比值介于 0.22 和 0.28 之间，粗糙度低于 1 纳米的石墨烯结构。研究小组通过高分辨率的透射电子显微镜和模拟证明，生成的石墨烯纳米结构边缘笔直、光滑，而通过控制石墨烯纳米结构的形状，如正方形、长方形、三角形和带状等，以及尺寸（不超过 100 纳米），研究人员能够大范围控制石墨烯的特性，使其应用于太阳能电池、电子设备、光学染料、生物标记和复合微粒系统等方面。

贝里表示，新型石墨烯量子点材料在纳米技术领域具有巨大的发展潜力，他们期望能通过此次研究进一步促进石墨烯量子点的发展。

3. 研制出石墨烯新品种

研制出全新碳基半导体"一氧化石墨烯"。

2012 年 4 月，有关媒体报道，由美国威斯康辛大学米尔沃基分校力学工程教授陈俊鸿、物理学教授马瑞加·加达得兹斯卡、研究人员埃里克·马特森、表面研究实验室的主任迈克尔·梅韦纳等人组成的一个研究小组，发现了一种全新的碳基材料：一氧化石墨烯（GMO），它由碳家族的神奇材料石墨烯合成，该半导体新材料有助于碳取代硅，应用于电子设备中。

石墨烯的导电、导热性能极强，远超硅和其他传统的半导体材料，而由硅制成的晶体管的大小正接近极限，科学家们认为，纳米尺度的碳材料，可能是硅的最佳替代品，石墨烯未来有望取代硅成为电子元件材料。

但目前由于石墨烯太昂贵而无法大规模生产，它的应用非常有限，且迄今与石墨烯有关的材料，仅以导体或绝缘体的形式而存在。

陈俊鸿表示："石墨烯研究领域的主要驱动力之一，是使这种材料成为半导体，我们通过对石墨烯进行化学改性，得到新材料一氧化石墨烯。它展示出的特性表明，要比石墨烯更容易大规模生产。"

该研究小组在开发陈俊鸿研制出的一种混合纳米材料时，无心插柳得到了一氧化石墨烯。起初，他们的研究对象是一种由碳纳米管组成的、表面饰有氧化锡纳米粒子的混合纳米材料，陈俊鸿用这种混合材料制造出了高性能、高效率而廉价的传感器。

为了更好地了解这种混合材料的性能，研究人员需要想方设法，让石墨烯变身为它的"堂兄弟"，即能大规模廉价生产的绝缘体氧化石墨烯（GO）。氧化石墨烯由石墨烯不对齐地堆叠而组成。实验中，陈俊鸿和加达得兹斯卡在真空中把氧化石墨烯加热以去掉氧。然而，氧化石墨烯层中的碳和氧原子没有被破坏而是变得排列整齐，变成了有序的、自然界并不存在的半导体一氧化石墨烯。

马特森称："我们认为氧会离开，留下多层石墨烯，但结果却并非如此，让我们很吃惊。"

加达得兹斯卡表示，因为一氧化石墨烯是单层形式，因此它或许可应用于与表面催化有关的产品中。他们着手探索它在锂离子电池阳极的用途，一氧化石墨烯有可能提升锂离子阳极的效能。

该研究小组接下来需要了解，什么触发了这种材料的重组，以及什么环境会破坏一氧化石墨烯的形成。梅韦纳说："还原反应会去除氧，但实际上，我们获得了更多氧，因此，我们需要了解的事情还有很多。"他指出，目前研究小组仅在实验室小规模制造出了一氧化石墨烯，并不确定在大规模制造过程中会遇到什么问题。

4. 研制石墨烯电子产品的新成果

（1）研制出开关频率提高千倍的石墨烯晶体管。2011 年 2 月，美国南安普敦大学纳米研究小组的扎卡里亚·摩卡塔德博士，在《电子快报》杂志上发表研究成果称，他使用世界上最纤薄的材料石墨烯研制出一种晶体管，新晶体管拥有创纪录的开关性能，将开关频率提高 1000 多倍，这使得它可以广泛应用于未来的电子设备和计算机中，使其功能更强，性能更优异。

摩卡塔德把石墨烯设置成二维的蜂巢结构，并由此研发出该石墨烯场效应晶体管，该晶体管拥有一个独特的管道结构。

该校电子和计算机科学系主任哈维·鲁特表示："这是一个重要的突破，它对下一代计算机、通信和电子设备的研发，具有重要意义。借此，我们可以超越目前已有的互补金属氧化物半导体技术，研发出更加高级的晶体管。将几何形状引入石墨烯管道内是一个新想法，该方法在让石墨烯场效应晶体管保持结构简单的同时，获得卓越的性能，因此，可以很容易实现商业化生产。"

摩卡塔德现正在进行更进一步的研究，以了解致使电流在该石墨烯晶体管管道内，停止流动的机制。

（2）研发出具有卓越稳定性的石墨烯晶体管。2011 年 4 月 8 日，由 IBM 公司电子专家林育明等人组成的研究小组，在《自然》杂志撰文指出，他们研发出新的石墨烯晶体管，其频率为 155GHz（吉赫），比 2010 年 2 月推出的 100GHz 石墨烯晶体管的速度增加了 50%，而且体积更小。

石墨烯是只有一个碳原子厚度的单层片状结构，可由石墨剥离而成。石墨烯不仅是已知材料中最薄的一种，还非常牢固坚硬。作为单质，它在室温下传递电子的速度比已知导体都快，因此，它有望替代硅作为顶级电子材料来制备速度更快的晶体管。

以前，研究人员通过将石墨烯薄层置于一个绝缘衬底（如二氧化硅）的上方，来制造石墨烯设备，然而，这种衬底会削弱石墨烯的电学性能。现在，IBM 公司的研究人员找到新办法，将衬底对石墨烯电学性能的影响减至最低。

研究人员把一个"类金刚石碳"放置在一个硅晶圆衬底上，制备出新的石墨烯晶体管。这种"类金刚石碳"是无极性介质，也不会像二氧化硅那样捕获或驱散电荷，因此，新石墨烯晶体管在温度发生改变时，包括像太空中那样的极低温度下，显示出卓越的稳定性。

IBM 表示，这种新的高频石墨烯晶体管，将在手机、互联网或雷达等通信设备领域，大展拳脚。而且，现有的制备标准硅设备的技术，也可以用于制造新的晶体管。这意味着，新石墨烯晶体管可以随时进行商业化生产。

该晶体管的研制，是 IBM 承接的美国国防部高级研究计划局的一项任务的一部分，美国军方希望该研究能有助于他们研发出高性能的无线调频晶体管。

（3）研制出有望替代硅晶片的首款石墨烯集成电路。2011年6月，由美国IBM公司托马斯·沃森研究中心专家林育明领导的研究小组，在《科学》杂志上发表研究成果称，他们研制出首款由石墨烯圆片制成的集成电路，向开发石墨烯计算机芯片前进了一步。有关专家认为，这项突破可能预示着，未来可用石墨烯圆片来替代硅晶片。

不少研究人员在研制石墨烯晶体管和接收器中，遇到几大障碍：首先，石墨烯这种纤薄的单原子层薄片，很难同制造芯片所用的金属和合金匹配到一起。其次，在蚀刻过程中，石墨烯很容易受损。

林育明研究小组找到一种新方法，他们通过在一块碳化硅晶圆的硅面上种植石墨烯，清除了这些障碍。接着，他们把石墨烯包裹进一个聚合物内，进行必需的蚀刻过程，随后再用一些丙酮把这些聚合物清除掉。

研究人员表示，该晶体管门的长度仅为550纳米，整个集成电路仅为一颗盐粒那么大。而且，这种生产过程也可用于其他类型的石墨烯材料，包括把化学气相淀积石墨烯膜合成在金属膜之上，也可用于光学光刻以改善成本和产能。

据介绍，这块集成电路是一个宽频无线电频率混频器，即无线电收音机的关键组件。科学家们表示，它混频最多可达10G赫兹，而且可以承受125℃的高温。

该研究小组认为，这块集成电路还可以运行得更快。届时，由这类集成电路制成的芯片，可以改进手机和无线电收发两用机的信号，未来，手机或许能在一般认为无法接收信号的地方工作。

IBM公司的研究人员表示，石墨烯场效应晶体管替代硅可能还需要一段时间，他们下一步将继续改进这种集成电路的性能，其中包括使用对石墨烯导电性不会造成损害的各种不同金属。

（4）研制成超强功能石墨烯电容器。2012年3月16日，美国加利福尼亚大学洛杉矶分校科学家麦歇·卡迪领导的研究小组，在《科学》杂志上发表论文称，他们实现了一个突破，用简单通用设备制造出超强功能的石墨烯电容器。

研究人员先是精心制作了两张氧化石墨薄膜，然后把它们分别放入普通DVD驱动器中，经驱动器激光照射后，它们被还原成了两张石墨烯薄膜。这两张石墨烯薄膜的导电性能很强（1738西门子/米），单位重量表面积很大（1520平方米/克），并且强度高、柔韧性好。

　　把它们放入电解液中（多种电解液都适用），它们本身即成为电容器的两极而被充电，在几秒钟的时间里，存储了超过普通手电用电池的电能。这种电容器重量轻、储电量大、充电时间短、反复充放电 1 万次不影响性能，并且即使在高压强下也能稳定放电，性能远远超过目前任何电化学电容器。有专家评论说，如能将制造薄膜的成本降下来，石墨烯电容器和充电电池必将创造人类新的未来。

　　（5）制造出全石墨烯无缝集成电路架构。2013 年 10 月，由美国加利福尼亚大学圣巴巴拉分校电子和计算机工程系教授、纳米电子设备研究实验室主任高斯塔夫·巴纳吉领导，纳米材料专家康家豪等人参与的一个研究小组，在《应用物理快报》杂志上发表研究成果称，他们研制出一种新的集成电路架构并做出模型。在这一架构内，晶体管和互联设备无缝地结合在一块石墨烯薄片上。这项研究成果，将有助于科学家们制造出能效超高的柔性透明电子设备。

　　目前，用来制造晶体管和互联设备的都是大块材料。因此，很难让集成电路变得更小，而且大块材料，也容易导致晶体管与互联设备之间的"接触电阻"变大。而这两方面都会降低晶体管和互联设备的性能，并增加能耗。基于石墨烯的晶体管和互联设备极具前景，所以急需解决这些基本问题。

　　巴纳吉表示："石墨烯除了是目前最纤薄的材料之外，它还有一个可调谐的带隙。狭窄的石墨烯带能被用来制造半导体；而宽的石墨烯带是金属。不同的石墨烯带可以制成不同的设备，制成的设备可以无缝地结合在一起，这样也可以降低接触电阻。"

　　在实验中，巴纳吉研究小组使用非平衡格林函数来对包含如此多异质结构的复杂电路架构进行性能评估，并研究出一种方法设计出这种"全石墨烯"的逻辑电路。康家豪表示："对电子，通过由不同类型石墨烯纳米带制造的设备和互联设备的情况，以及跨过其接口的情况，进行精确的评估，是我们的电路设计成功并达到最优化的关键。"

　　石墨烯研究领域的著名学者、哥伦比亚大学物理学教授菲利普·吉姆表示："这项研究通过使用一种全石墨烯的设备：互联架构，为传统集成电路会遇到的接触电阻问题，提供了一种解决办法，这将显著简化基于石墨烯的纳米电子设备集成电路构建过程。"

　　结果表明，与目前的集成电路技术相比，新的全石墨烯电路的噪声容限更高，且耗费的静态功耗低很多。另外，巴纳吉表示，随着石墨烯研究领域不断取得进展，这种全石墨烯电路有望在不久的将来成为现实。

二、电子信息领域应用石墨烯的新进展

1. 电子信息材料方面应用石墨烯的新成果

（1）研制成石墨烯和碳纳米管的混合材料。2009 年 5 月 13 日，由美国加利福尼亚大学洛杉矶分校纳米系统研究所材料学和工程学教授杨阳、化学和生物化学教授理查德·卡纳、博士生文森特·董等人组成的一个研究小组，在《纳米通信》杂志上发表研究成果称，他们寻找到制造石墨烯和碳纳米管混合材料的新方法。这种混合材料有望作为太阳能薄膜电池和家用电器设备的透明导体，比现在使用的具有相同功能的其他材料更具柔软性且价格更低。

在包括平板电视、等离子体显示器和触摸屏，以及太阳能薄膜电池等许多电器设备和产品中，透明导体是不可分割的组成部分。目前常用的透明导体为铟锡氧化物，但由于铟锡氧化物十分昂贵，刚性强且易碎，存在不少局限性。

研究人员表示，对带有活动部件的电器设备，石墨烯和碳纳米管混合材料是铟锡氧化物理想的高性能替代品，完全可与目前常用的铟锡氧化物相媲美。石墨烯是一种良导体；碳纳米管在保证导电性的前提下用料非常少，因而是良好的透明导体。研究小组新开发的，单步骤把两种材料混合的方法，具有简易、廉价的特点，产品可满足多种需要的材料，包括在具有柔软性领域的应用。

此外，这种混合材料也是高分子太阳能薄膜电池电极的理想候选材料。利用高分子材料产生太阳能薄膜电池的优点之一，是高分子材料的柔软性。然而，将铟锡氧化物用于高分子太阳能薄膜电池电极后，薄膜电池的效率会因薄膜电池的卷曲而降低，柔软性的优势难以发挥。用这种新研制的混合材料代替铟锡氧化物后，薄膜电池在效率不变的情况下，仍可保持本身的柔软性。柔性太阳能薄膜电池可以用于多种材料，如住房的窗帘。研究人员认为，新开发的混合材料的潜在用途并非仅体现在电器活动部件的物理排布上，通过深入研究，它有望成为未来光学电子设备的基础构件。

（2）用石墨烯解决半导体材料的散热问题。2012 年 5 月 8 日，由美

国加利福尼亚大学河滨分校伯恩斯工程学院电子工程学教授亚历山大·巴兰金领导的一个研究小组，在《自然·通信》杂志上发表研究成果称，他们开发出一种新技术，可借助石墨烯实现大功率半导体设备的大幅降温，解决在交通信号灯和电动汽车中使用的半导体材料散热问题。

自20世纪90年代以来，半导体材料氮化镓（GaN）就被用于强光的制造，并因为高效和可耐高电压工作而被用于无线设备中。然而就像所有大功率操作设备一样，氮化镓晶体管会散发出相当多的热量，需要对其快速而有效的移除。研究人员已尝试过倒焊芯片和复合基底等多种热量管理途径，但效果都不理想。如何为这些设备降温仍困扰着学界，氮化镓电子工业的市场份额和应用范围，也因为难以散热而受到限制。

基于纳米设备实验室开发的新技术，将使这一情况得到改善。研究小组在进行微拉曼光谱温度测量时发现，通过引入由多层石墨烯制成的交替散热通道，能使在高功率运转情况下的氮化镓晶体管中的热点降低20℃，并将相关设备的寿命延长10倍。

巴兰金表示，这代表热量管理领域的变革性进展。与金属或半导体薄膜不同，多层石墨烯即使在自身厚度仅为数纳米时，也能保持良好的热力性质，这使它们成为制造侧面导热片和连接线的极佳备选。研究人员在氮化镓晶体管上设计并构建石墨烯"被子"，使其能从热点处移除和传导热量。计算机模拟则显示，采用热阻更强的基底能使石墨烯"被子"更好地在氮化镓设备上发挥作用。

2. 研制石墨烯传感器的新成果

（1）研制出廉价石墨烯海绵传感器。2011年11月，《大众科学》网站报道，美国伦斯勒理工学院的研究人员研制出一款纤巧、便宜且能重复使用的新式传感器，它由石墨烯泡沫制成，性能远超现在市面上的商用气体传感器。而且，在不远的未来，研究人员能在此基础上研制出更优异的炸弹探测器和环境传感器。

新传感器突破了阻止传感器应用和发展的诸多限制。最近几年，在操作纳米结构并用其制造性能卓越的探测器，以精确追踪空气中的化学物质方面，科学研究已经取得重大的进步。然而，以往研制的各式各样的传感器，尽管从理论上而言相当不错，但并不实用。

现在，伦斯勒理工学院的研究人员使用石墨烯泡沫研制出这种邮票大小的新型传感器。他们把石墨烯，即单层碳原子，种植在泡沫镍结构上，随后移除泡沫镍，留下一个类似泡沫的石墨烯结构，它具有独特的电性，能够用于执行传感任务。

把它暴露于空气中时，空气中的粒子会被吸收到泡沫表面，而且每个这样的粒子会用不同的方式影响石墨烯泡沫，对其电阻进行微小的改动。让电流通过其中并且测量电阻的变化，就能知道泡沫上依附的是什么粒子。研究人员让大约 100 毫安的电流通过该泡沫，结果发现，这种石墨烯泡沫能够导致粒子解吸，也就是说，粒子自动从传感器上剥落下来，清除这些粒子传感器就可以重复使用了。

研究人员对传感器进行微调，让它来探测氨水（自制爆炸物硝酸铵的关键成分），该石墨烯泡沫传感器在 5~10 分钟，就能探测到这种富有攻击性的粒子，而且效率是现有市面上最好探测器的 10 倍。研究人员接着用它来探测有毒气体二氧化氮（爆炸物分解的时候也会释放出这种气体），结果表明，其效率也是目前商用传感器的 10 倍。

（2）开发可检测航天器结构性缺陷的微型石墨烯传感器。2012 年 12 月 5 日，物理学家组织网报道，由美国航空航天局戈达德太空飞行中心技术专家苏丹娜领导，该中心机械系统分部首席助理杰夫·斯图尔特等人参与的一个研究小组，以石墨烯材料开发出只有原子大小的微型传感器，可用于检测地球高空大气层的微量元素，以及航天器上的结构性缺陷。

两年前，该研究小组就开始以石墨烯为基础，研究开发制造纳米大小的探测器，以探测大气层上空的原子氧和其他微量元素从飞机机翼到航天器总线一切的结构性压力。斯图尔特称："石墨烯最值得称道的是其自身属性，这为研究提供了大量的可能性。坦率地说，我们才刚刚开始。"

一年多以前，该研究小组开始研发基于化学气相沉积（CVD）技术的石墨烯设备。他们在一个真空室中放置一个金属基体并注入气体，生成所需的薄膜。现在，他们已可以成功地生产出高品质的石墨烯片。苏丹娜说："这种材料最有前景的应用之一，是作为一种化学传感器。"

现在，该研究小组开发出小型化、低质量、低功耗石墨烯传感器，可以测量大气层上空中的氧原子量。而大气层上空中的氧原子量来自太阳紫外线辐射分解氧分子时所创建，其生成的相关元素具有高度腐蚀性。当卫星飞过大气层上空，会受到这种化学物质以每秒约 8 千米的时速攻击，从而严重破坏航天器的常用材料，如聚酰亚胺薄膜。

虽然科学家们相信，氧原子组成了低地球轨道上稀薄大气层的 96%，但是在测量其密度，以及更准确地确定其在大气阻力中的作用时发现，它可能导致轨道航天器过早地失去高度降至地球。研究人员称："我们仍然不知道，氧原子在航天器上创建的拖曳力的影响；不知道原子与航天器之间转移的动量是多少，而这是很重要的，因为工程师可根据这种影响来评估航天器的寿命，以及飞船在重新回到地球大气层之前会飞多长时间。"

苏丹娜表示，石墨烯传感器对此提供了一个很好的解决方案。当石墨烯吸收氧原子，材料的电阻会产生变化，石墨烯传感器可迅速测量出一个更精确的密度。她表示："这真令人兴奋，我们希望可以计算频率阻值的变化，大大简化测量氧原子的操作步骤。"

苏丹娜称，这种化学传感器不仅可测量氧原子，而且可测量甲烷、一氧化碳和其他行星的气体，以及从行星内部释出的气态物质。

3. 研制石墨烯探测器的新成果

2012 年 6 月 3 日，美国马里兰大学纳米物理和先进材料中心的一个研究小组，在《自然·纳米技术》杂志上发表研究报告称，他们开发出一种新型热电子辐射热测量计，这种红外光敏探测器能广泛应用于生化武器的远距离探测、机场安检扫描仪等安全成像技术领域，并促进对宇宙结构的研究等。

研究人员利用双层石墨烯研制出这款辐射热测量计。石墨烯具有完全零能耗的带隙，因此它能吸收任何能量形式的光子，特别是能量极低的光子，如太赫兹或红外及亚毫米波等。所谓光子带隙，是指某一频率范围的波，不能在此周期性结构中传播，即这种结构本身存在"禁带"。光子带隙结构能使某些波段的电磁波完全不能在其中传播，于是在频谱上形成带隙。

石墨烯的另一特性也使它十分适合作为光子吸收器：吸收能量的电子仍能保持自身的高效，不会因为材料原子的振动而损失能量。同时，这一特性还使得石墨烯具有极低的电阻。研究人员正是基于石墨烯的这两种特性设计出了热电子辐射热测量计，它能通过测量电阻的变化而工作，这种变化是由电子吸光之后自身变热所致。

通常来说，石墨烯的电阻几乎不受温度的影响，并不适用于辐射热测量计。因此研究人员采用了一种特别的技巧：当双层石墨烯暴露于电场时，它具有一个大小适中的带隙，既可将电阻和温度联系起来，又可保持其吸收低能量红外光子的能力。

三、其他领域应用石墨烯的新进展

1. 光学领域应用石墨烯的新成果

2012 年 5 月，由美国圣母大学电学工程系副教授邢慧丽、研究生森赛尔·罗德里格斯等人组成的研究小组，在《自然·通信》杂志上发表论文称，他们通过实验证明，利用石墨烯原子层可以有效操控太赫兹电磁波，并制作成一台基于石墨烯材料的太赫兹调制器样机，为开发紧密高效且经济的太赫兹设备与操作系统开辟了广阔舞台。

人们每天都在用着电磁能量，看电视、听广播、用微波炉做爆米花、用手机通话、拍 X 光片等，电子产品和无线电设备中的能量，大部分是以电磁波形式传输的。太赫兹波处于微波和可见光频率之间，在日常生活中有着重要应用。例如，在通信设备中，用太赫兹波能携带比无线电波或微波更多的信息；在拍 X 光片的时候造成的潜在伤害更小，所提供的医学和生物图像分辨率也比微波更高。

罗德里格斯称："太赫兹技术前景光明，但一个最大的瓶颈问题是缺乏有效的材料和设备来操控这些能量波。如果有一种天然二维材料能对太赫兹波产生明显反应，而且可以调节，就给我们设计高性能太赫兹设备带来了希望。而石墨烯正是理想的材料。"

石墨烯是仅有一个原子厚度的半导体材料，具有独特的电学、机械力学和热学性质，在诸多领域都有着潜在的应用价值，如最近开发的快速晶体管、柔性透明电子产品、光学设备，以及目前正在开发的太赫兹主动元件。

研究小组演示了他们用于概念论证而制作的第一台样机，这台基于石墨烯材料的调制器，可在石墨烯内部实现带内跃迁，是目前唯一能做到这一点的太赫兹设备。

邢慧丽指出，石墨烯自发现以来，一直被当作新研究的理想平台，但至今它在现实中还很少应用，操控太赫兹波就是其应用之一。在 2006 年时，他们曾想用二维电子气体来操控太赫兹波。现在是首次通过实验证明了这种设备，今后将进一步开展这方面的研究。

2. 新能源领域应用石墨烯的新成果

（1）研制出可提升电池性能的石墨烯纳米复合材料。2011 年 7 月，由美国劳伦斯伯克利国家实验室分子基地新材料专家张跃刚领导，姬立文等研究人员参与一个研究小组，在《能源和环境科学》杂志上发表论文称，他们制造出一种由石墨烯和锡层叠在一起组成的纳米复合材料。研究人员指出，这种可用来制造大容量能源存储设备的轻质新材料，可用于锂离子电池中，其"三明治"结构也有助于提升电池的性能。

张跃刚认为，电动汽车需要轻质电池也要求这种电池能快速地充电，且其充电能力不会因持续充放电而有所降低。这种最新研制出的石墨烯纳米复合材料可改进电池的性能。

石墨烯是从石墨材料中剥离出来、由碳原子组成的二维晶体，只有一层碳原子的厚度，是迄今最薄也最坚硬的材料，其导电、导热性能超强，远远超过硅和其他传统的半导体材料。很多人认为，石墨烯可能取代硅成为未来的电子元件材料，在超级计算机、触摸屏和光子传感器等多个领域"大显身手"。张跃刚研究小组此前的研究也都专注于石墨烯在电子设备上的应用。

在这项研究中，该研究小组把石墨烯和锡进行交替层叠，制造出这种纳米复合材料。他们把一层锡薄膜沉积在石墨烯上，接着在锡薄膜上方放置另一层石墨烯，然后不断重复这个过程制造出了这种复合材料。他们还对材料进行了热处理，通过在一个充满氢气和氩气的环境中将其加热到300℃，锡薄膜转变成很多柱子，增加了锡层的高度。

姬立文表示："对这个系统来说，锡薄膜形成这些锡纳米柱非常重要。而且，我们也发现，最上层石墨烯和最底层石墨烯之间的距离也会不断变化以适应锡层高度的变化。"

新纳米复合材料中石墨烯层之间的高度变化，会对电池的电化学循环有所改善，锡高度的变化会改进电极的性能。另外，这种适应性也意味着电池能被快速地充电，而且重复充放电也不会降低其性能，这对电动汽车内的可充电电池来说非常关键。

（2）利用石墨烯纸大幅度缩短锂电池充放电时间。2012年9月，由美国伦斯勒理工学院纳米材料专家尼基领导的一个研究小组，在美国化学学会《纳米》杂志上发表研究成果称，他们把世界上最薄的材料石墨烯制成一张纸，然后用激光或照相机闪光灯的闪光震击，将其弄成千疮百孔状，致使该片材内部结构间隔扩大，以允许更多的电解质"润湿"及锂离子电池中的锂离子获得高速率通道的性能。这种石墨烯阳极材料，比如今锂离子电池中常用的石墨阳极充电或放电速度快10倍，未来可驱动电动车。

可充电的锂离子电池作为行业规格产品，用于手机、笔记本电脑和平板电脑、电动车等一系列设备中。锂离子电池具有高能量密度，可以存储大量的能量，但遭遇低功率密度时则无法迅速接收或释放能量。为了解决这个问题，尼基研究小组创建了一种新型电池，不仅可以容纳大量能量，还能很快地接收和释放能量。

研究人员说，锂离子电池技术的主要障碍在于，有限的功率密度和无法快速接收或释放大量的能量，而这种在结构设计上有"缺陷"的石墨烯纸电池，可以帮助克服这些障碍。该成果一旦商业化，将对电动汽车和便携式电子产品中，新电池和电气系统的发展，带来显著影响。这种电池，也可以大大缩短手机、笔记本电脑等便携式电子设备，以及响应器充电所需要的时间。

新型电池的制作方案是先创建一大张石墨烯氧化物纸，其厚度与一张日常打印纸相当，并可制作成任何尺寸或形状，然后把石墨烯纸暴露在激光下和数码相机闪光灯的闪光下。激光或闪光的热量穿透纸面造成微小爆炸，石墨烯氧化物中的氧原子被驱逐出结构，石墨烯纸变得满目疮痍：无数裂缝、孔隙、空洞等瑕疵，逸出的氧气形成的压力也促使石墨烯纸扩大了5倍的厚度，由此，在单个石墨烯片中创建了很大的空隙。

研究人员发现，这种被损坏的单层石墨烯纸可成为锂离子电池的阳极，锂离子使用这些裂缝和孔隙作为捷径，在石墨烯中快速移进移出，极大提高了电池的整体功率密度。他们通过实验证明，该阳极材料比传统锂离子电池中的阳极充电或放电速度快10倍，而不会导致其能量密度的显著损失，甚至在超过1000个充电/放电周期后，仍能持续成功运行。另外重要的是，石墨烯薄片的高导电性，使得电子能够在阳极进行高效传输。

研究人员说，这些石墨烯纸阳极很容易调整，可以制作成任意的大小和形状，而且将其暴露于激光或照相机闪光灯的闪光下是一种简单、廉价的复制过程。他们下一步，将用高功率的阴极材料与石墨烯的阳极材料配对，以构建一个完整的电池。

（3）创造石墨烯太阳能电池能量转化率纪录。2012年5月24日，由佛罗里达大学著名物理学教授亚瑟·赫巴德、研究生缪晓常等人组成的一个研究小组，在《纳米通信》网络版上刊登研究成果称，他们通过对石墨烯材料进行掺杂处理，获得具有能量转化率较高的掺杂石墨烯太阳能电池。

在工业界看来，石墨烯太阳能电池是未来获得廉价且耐用太阳能电池的最佳途径之一。但是过去的试验发现，石墨烯太阳能电池的能量转换效率仅约为 2.9%。

该研究小组介绍说，石墨烯材料掺杂处理所用的物质是三氟甲基磺酰胺。掺杂后的石墨烯太阳能电池能量转化率高达 8.6%，创造了石墨烯太阳能电池能量转换的纪录。

缪晓常在分析能量转化率提高的原因时表示，掺杂导致石墨烯薄膜导电能力更强，同时提高电池内的电位，这让石墨烯太阳能电池的光电转换效率更高。同过去人们尝试的掺杂物相比，新的掺杂物三氟甲基磺酰胺性能稳定，即作用持续时间长。缪晓常和同事在实验室研发的掺杂石墨烯太阳能电池，为镶有金边的 5 毫米见方的小窗，小窗由硅材料表面镀单层石墨烯组成。

石墨烯和硅结合时，形成电子单向导通的肖特基结，在光照时，它是石墨烯太阳能电池中实现光电转换的区域。肖特基结通常由半导体表面镀金属而成。但是，佛罗里达大学生物和工程纳米学研究所在 2011 年发现，石墨烯材料能够代替金属与半导体形成肖特基结。

赫巴德说，与普通金属不同，石墨烯是透明和柔性材料，它成为太阳能电池重要组成部分，具有极大的潜力。人们希望在未来，太阳能电池能够用于建筑外部和其他产品中。他同时认为，石墨烯太阳能电池的能量转化率，能够通过如此简单且廉价的处理方法得以提高，展现了它的光明前景。

研究人员表示，如果石墨烯太阳能电池的能量转化率达到 10%，且保持生产成本足够低，那么它们将成为市场上有力的竞争者。

目前，该研究小组研制的石墨烯太阳能电池样品基底是硅半导体材料，用于大规模产品生产并不经济。不过，赫巴德表示，他看好将掺杂石墨烯与更廉价、更具有柔性的基底材料相结合，这些基底材料包括全球众多实验室正在开发的高分子膜。

3. 淡化海水方面应用石墨烯的新进展

2011 年 7 月，由美国麻省理工学院，材料科学与工程学院副教授杰弗里·格罗斯曼领导，研究生科恩·达努奇等人参加的一个研究小组，在《纳米快报》杂志上发表论文称，他们借助石墨烯，开发出一种海水淡化的新方法。该方法简单有效，在成本上也远低于现有的其他技术，让人们在海水淡化上又多了一种选择。

在世界上许多地方，淡水的供应正在日趋减少，随着人口的增长，这一问题还将持续严峻。因此，有不少人把目光转向几乎是无限供应的海水，各种海水淡化技术也应运而生，但到目前为止，它们还都过于昂贵，无法大范围、低成本推广。

格罗斯曼称，许多人都在关注海水淡化技术，并做出不少成绩，但从材料科学角度研究脱盐的并不是很多。

在新研究中研究小组通过精确控制多孔石墨烯的孔径，并向其中添加其他材料的方法，改变石墨烯小孔边缘的性质，使其能够排斥或吸引水分子。这样，该特制的石墨烯就如同筛子一样，能快速地滤掉海水中的盐，而只留下水分子。新工艺的关键是非常精确地控制石墨烯孔洞的大小。研究人员称，最理想的大小是1纳米，不能太大也不能太小，如果太大了，盐便会和水分子一起通过筛子，起不到过滤的作用；如果太小，水分子就无法通过这些小孔。计算机模拟结果显示，这种石墨烯筛子的性能非常优秀，能够快速地完成海水淡化过程。

达努奇表示，此前也有不少研究小组开发过类似的石墨烯筛子，但在尺寸和用途上区别很大。例如，用多孔石墨烯来过滤DNA（脱氧核糖核酸）或分离不同类型的气体等。但在这些研究中对石墨烯孔洞的精度要求较低，技术较为简单，无法适用于海水淡化。

目前，海水脱盐最常用的是反渗透技术。其工作原理是用一种特制的膜来过滤海水中的盐。但由于这些薄膜上的小孔极为致密（比新技术中所采用的多孔石墨烯密1000倍），需要非常大的压力迫使海水通过薄膜，因此，在淡化海水的同时还需要消耗不少的能源。相比之下，在相同的压力下，新技术在过滤速度上，可比反渗透薄膜技术快数百倍，或者它能在同样过滤速度下，节约更多的能源。

研究人员称，目前，他们正通过计算机对整个过程进行最后的模拟和调试，以确定其最佳参数。今年夏天首批采用该技术的石墨烯滤网原型就将问世。

格罗斯曼说，由于石墨烯的原材料廉价且易于获取，这使该技术在成本上具备了天然优势。另外，它又是已知最硬的材料，与目前所使用的反渗透膜相比更结实耐用。

第七章　能源领域纳米技术的新成果

本章阐述美国在电池、太阳能开发利用、氢能与其他能源方面纳米技术的创新信息。美国在电池领域，主要集中在用纳米技术研制锂电池、钠电池与燃料电池，并通过纳米技术提高电池的性能和质量。美国在太阳能开发利用领域，主要集中在用纳米技术研制新型太阳能集热装置；用纳米技术提高太阳能电池质量，改善太阳能电池性能，并以纳米技术研制微型太阳能电池；开发制造太阳能电池用的纳米材料，发展太阳能电池的纳米制造技术。美国在氢能领域，主要集中在发展制氢方面的纳米技术，同时，开发贮氢系统的纳米技术。另外，美国还运用纳米技术，加强机械能、风能、天然气、生物质能、核能与热能等领域的开发与利用。

第一节　电池领域纳米技术的新进展

一、锂电池领域纳米技术的新成果

1. 运用纳米技术研制新型锂电池

（1）研制出病毒纳米线构成的微小锂离子电池。2006 年 4 月 7 日，由美国麻省理工学院材料科学工程与生物工程教授安吉拉·贝尔雪、材料科学工程教授江叶明、化学工程教授保拉·哈蒙德，以及材料科学工程研究生、化学工程博士后等人组成的一个研究小组，在《科学》杂志上发表论文称，他们利用病毒的特殊结构，研制出一种极细的纳米线，它能用于锂离子电池中。

研究人员表示，他们通过控制病毒中的基因，诱使病毒生长并自动组装成功能电子学元件。这项研究的目的，是要研制出在尽可能小或轻的电池中储存尽可能多的电能，贝尔雪研究小组发明的这项技术可以制成各种大小的电池。

电池都是由被电解质隔开的两个电极组成的。在这项研究中,贝尔雪研究小组使用了一种非常复杂的方法制造阳极。他们在实验室中控制一种常见的病毒基因,使微生物可以不断聚集氧化钴和金。因为这些病毒带负电,所以它们可以在带正电的聚合物表面,铺成非常薄的柔软膜。这种致密的病毒膜可以作为电池的阳极。病毒在聚合物表面排列成的细线,直径只有 6 纳米,长度有 880 纳米。

贝尔雪称:"我们可以做出更大直径的纳米线,但是都只能是 880 纳米长。一旦我们可以改变病毒基因生长电极材料的过程,我们就能简单地用很多完全相同的病毒样本组装成真实的电池。"她还称:"对于金属氧化物,我们选择了氧化钴,因为它的电容量非常大,这意味着制成的电池有很大的能量密度,相对于以前使用的电池,相同大小和重量新电池的能量密度是它的两到三倍。另外,加入金是为了进一步提高纳米线的能量密度。"另一个重要的优势在于,贝尔雪研究小组的纳米线在室温常压下就能制成,而不需要昂贵的高压设备。

能量密度是电池的非常重要的一个指标。能量密度低是电动汽车发展中主要的障碍,因为相对于汽油来说,电池太重提供的能量也太少了。尽管如此,电池技术仍然在不断改进,也许某一天就能与不断上涨的油价竞争。

这项研究最初的想法是从"纳米结构材料可以改进锂离子电池的电化学性能"中产生的。贝尔雪称:"氧化钴有非常好的电化学循环性质,所以可以考虑作为锂离子电池中的电池。"在早期的研究中,贝尔雪研究小组发现,微生物可以识别正确的分子,并把它们组装起来。哈蒙德称:"利用自组装过程中病毒功能性质的静电学本质,我们可以制出非常有序排列的薄膜,它结合了病毒和聚合物系统两者的功能。"

(2)用纳米材料研制成轻薄柔韧的质纸锂电池。2007 年 8 月,由美国伦斯勒理工学院化学家罗伯特·琳哈特领导,材料学家普利克尔·阿加延,以及工程师奥卡拉姆·纳拉马苏等人参与的一个研究小组,在美国《国家科学院学报》上发表研究成果称,他们用纳米材料研制成功一种如纸般轻薄又十分柔韧的电池。该种电池,有望成为一种集柔韧、便宜及环保于一身的新型能源。

传统电池具有三个要素:由阴阳离子组成的电解液、由两个不同材料构成的电极,以及一个能让阴阳离子通过向相反方向运动的隔离膜。很多研究人员都曾试图制造体积更小、更柔韧的电池，但均未取得大的突破。很大一部分原因在于，很难将电池的这几个要素组合到更薄的材料中去。

在最新的研究中，该研究小组运用纳米技术把纤维素作为新的实验对象。他们把用来造纸的纤维素溶解在盐溶液里，加入碳纳米管并使混合物干燥。由此产生一种似纸的薄膜，一面为白色，另一面因含有碳纳米管而呈现黑色。研究小组接下来用六氟磷酸锂溶液把纤维素浸湿，并用金属锂覆盖薄膜的白色面。一种新型纸电池诞生了，碳纳米管和金属锂分别代表两个电极，所用溶液提供了电解液，而纤维素的作用就类似于隔离膜。

研究人员称，在2伏的电压下，这种新型纸电池每克能产生10毫安的电流。用这种电池能带动电扇及点亮二极管灯泡。如果把多个这种电池叠放在一起，能量也会成倍增加。琳哈特表示，与其他类的柔韧电池不同，这种纸电池是十分完整的。

这种电池的好处还有很多。在零下70℃至150℃的温度区间，它都能正常使用。它保留了纸的柔韧性，又因为90%都是纤维素，所以批量生产将十分便宜。另外，它的毒性很小，很适合在起搏器等医疗器械上使用。加拿大艾伯特大学的电子工程师杉迪潘·蒲拉马尼克，对此项发明评价甚高。他认为，这种新型电池将会给手机和笔记本电脑提供更好的能源，不过研究人员还需找到一种合适的大规模生产的方法。

（3）用纳米技术研制出可喷涂在物体表面的锂离子电池。2012年6月28日，美国莱斯大学的一个研究小组在《自然》网络版上发表研究论文称，他们用纳米技术开发出一种几乎可以喷涂在任何物体表面上的锂离子电池。这种可充电电池组成的喷漆，每一层都代表着传统电池的组件。

传统的锂离子电池，把活性层包装进筒式或其他便携式容器里。而莱斯大学的研究人员找到一种方法，可将其涂到任何物体表面之上，从而开启了可以把物体表面变成存储设备的可能性。

研究人员表示："这意味着传统包装的电池已经让位于更为灵活的方法，增加了各种新的存储设备的设计和集成的可能性。最近以来，很多人有兴趣用改进外形因素的方式，创造新式电源，而这种喷涂电池朝这一方向前进了一大步。"

该材料可以喷刷到浴室的陶瓷砖、柔性聚合物、玻璃、不锈钢甚至啤酒杯上。在最初的实验中，将几个基于浴室瓷砖的太阳能电池并联连接，它可以把实验室中的光转换成电源。电池可单独给一套发光二极管供电6

个小时，同时电池提供了稳定的 2.4 伏电压。研究报告称，手涂电池在 ±10% 的目标内其性能显示出一致性；在经过 60 次充放电循环后，其容量只有非常小的下降。

该研究小组用数个小时制定配方、混合和测试这种包含 5 层结构的涂料，这些层面分别是两个电流集电器、阴极、阳极和在中间分隔的聚合物。每一层都经过优化处理。一是正电流收集器是一种纯化的单壁碳纳米管与炭黑粒子分散于 N–甲基吡咯烷酮的混合物；二是阴极中包含钴酸锂、碳和超细石墨（UFG）粉末黏合剂；三是 Kynar Flex 树脂、聚甲基丙烯酸甲酯（PMMA）和二氧化硅聚合物分离涂料分散混合在溶剂中；四是阳极里含有锂钛氧化物和黏合剂中的超细晶混合物；最后一层是负电流收集器，采用市售的导电铜漆，可用乙醇稀释。

研究人员说："最难的部分是实现机械稳定性和使分离器发挥关键的作用。研究发现，纳米管和阴极层黏着得很好，而如果分隔器没有机械稳定性将会剥离基板。添加聚甲基丙烯酸甲酯，可以给予分离器正向的附着力。一旦经过喷涂，瓷砖和其他物品被注入电解液，热封后会带电。"

研究人员已经申请了技术专利，并打算继续完善。他们正在积极寻找在露天更容易创造喷涂电池的电解质，并且他们还设想将这种电池设计成锁扣式瓦片，以采用任何数量的方式配置瓷砖。

2. 运用纳米技术提高锂电池质量

（1）通过纳米新技术提高锂电池十倍的储电量和充电率。2011 年 11 月，由美国西北大学哈罗德·孔带领的一个研究小组，在《先进能源材料》杂志上发表研究成果称，他们通过改进纳米技术研制出一种针对锂离子电池的电极，允许电池保有比现有技术高 10 倍的电量，更可使带有新电极的电池充电率提升 10 倍。这样，将来手机电池带电可以轻松超过一周，每次充电只需 15 分钟。

储电量和充电率是两个主要的电池局限。储电量受限于电荷密度，即电池的两极能容纳多少锂离子。充电率则受限于锂离子从电解液到达负极的速度。

现有锂电池的负极由碳基的石墨烯片层层堆积而成，一个锂原子只能适配 6 个碳原子。为了增加储电量，研究人员曾尝试利用硅代替碳，以使硅可以适配更多锂，达到 4 个锂原子对应 1 个硅原子。然而，硅会在充电过程中显著扩展和缩小，从而引起充电容量的快速破裂和遗失。而石墨烯片的形状也会制约电池的充电率，它们虽只有一个碳原子厚，但很长。由于锂移动到石墨烯片中间需要耗费很长时间，离子"交通堵塞"的情况，在石墨烯片的边缘时有发生。

现在，研究小组通过改进纳米材料石墨烯片的堆叠方式，并通过在石墨烯片上制造纳米微孔的纳米新技术，解决了上述问题。

研究小组先在纳米材料石墨烯片之间加入硅簇，通过稳定硅以保持最大的充电容量。这样，利用石墨烯片的弹性配合电池使用中硅原子数量的变化，使得大量锂原子存储于电极中。硅簇的添加可使能量密度更高，同时也能降低因硅扩展和缩小引发的充电容量损失，可谓两全其美。

研究小组接着利用化学氧化过程，在石墨烯片上制造出 10 纳米至 20 纳米的微孔，称为"面缺陷"，因此锂离子将会沿此捷径到达负极，并通过与硅发生反应，存储在负极。这将使电池的充电时间缩短 10 倍。

哈罗德·孔表示，这项纳米新技术，能使锂离子电池的充电寿命延长 10 倍，即使在充电 150 次后，电池能效仍是现有锂离子电池的 5 倍。这一技术有望在未来 3~5 年内进入市场。

（2）发明能量密度提高三倍的碳纳米纤维锂空气电池。2011 年 7 月，由美国麻省理工学院机械工程和材料科学与工程系教授杨绍红领导，该校材料科学与工程系研究生罗伯特·米切尔、机械工程系研究生贝塔·加兰特等人参加的一个研究小组，在《能源和环境科学》杂志上发表研究成果称，他们研制出一种新式碳纳米纤维锂空气电池，其能量密度是现在广泛应用于手机、汽车中可充电锂离子电池的 4 倍。

2010 年，杨绍红研究小组通过使用稀有金属晶体，改进锂空气电池的能量密度。从理论上来讲，锂空气电池的能量密度大于锂离子电池，因为，它用一个多孔的碳电极取代了笨重的固态电极，碳电极能通过从其上方漂过的空气捕获氧气来存储能量，氧气与锂离子结合在一起会形成氧化锂。

这项新研究成果朝前迈进了一步，制造出的碳纳米纤维电极比其他碳电极拥有更多孔隙，因此，当电池放电时，有更多孔隙来存储固体氧化锂。

米切尔指出："我们利用化学气相沉积过程种植垂直排列的碳纳米纤维阵列，这些像毯子一样的阵列就是导电性高、密度低的储能'支架'。"

加兰特解释道，在放电过程中，过氧化锂粒子会出现在碳纤维上，碳会增加电池的重量，因此，让碳的数量最小、为过氧化锂留出足够的空间非常重要，过氧化锂是锂空气电池放电过程中形成的活性化学物质。

杨绍红称："我们新制造出的像毯子一样的材料，拥有 90% 以上的孔隙空间；它的能量密度是同样重量的锂离子电池的 4 倍。而 2010 年，我们已经证明，碳粒子能被用来为锂空气电池制造有效的电极，但那时的碳结构只有 70% 的孔隙空间。"

研究人员指出，因为这种碳纳米纤维电极碳粒子的排列非常有序，而其他电极中的碳粒子非常混乱，因此，比较容易使用扫描式电子显微镜来观察这种电极在充电中间状态的行为，这有助于他们改进电池的效能，也有助于解释为什么现有系统在经过多次充电放电循环后，性能会下降。但把这种碳纳米纤维锂空气电池商品化，还需进一步研究。

（3）用碳纳米管制成可折叠纸基高密度锂离子电池。2013 年 10 月 10 日，由美国亚利桑那大学材料科学与工程副教授坎迪斯·詹等人组成的一个研究小组，在《纳米快报》上发表论文称，他们用碳纳米管基本材料之一，开发出一种纸基锂离子电池，能做多次对折或折成类似地图折法的折叠型。由于折叠后变得更小，表面能量密度和电容可增加 14 倍。这种折叠纸基电池柔韧灵活，成本低，可用辊轴制造，有望进一步开发为多用途的高性能电池。

传统锂离子电池是用锂基粉末作电极，而这种折叠锂离子电池是用碳纳米管的墨水作电极，用一种实验室用的纤薄透气纸巾作基底，并涂上一层聚偏二氟乙烯涂层增强碳纳米管墨水和纸基间的黏附力。最后，电池显示出优良的导电性和相对稳定的电容。

研究人员对电池进行折叠实验，先简单对折，然后用更复杂的类似地图折法的折叠型。简单对折一次、两次和三次后，其表面能量密度和电容分别比未折叠的平面电池提高 1.9、4.7 和 10.6 倍；类似地图折法的折叠型效率更高：把一张 6 厘米×7 厘米的纸电池折成 25 层后，整体面积只有 1.68 平方厘米，而表面能量密度和电容均增加到 14 倍。

"我们用'面'密度来表示每英寸打印面积上能量密度的增加，"论文合著者、该校材料科学与工程副教授坎迪斯·詹解释说，"这与重量的能量密度不同。因为电池在折叠和展开时质量不会变，所以'面'密度能更清楚地表明我们指的是哪种密度。"

随着几何折叠算法、计算机工具和机器人操作的发展，更复杂的折叠型将会开发出来大规模制造并用于商业用途。坎迪斯·詹称，把折纸概念与纸基能源存储设备结合，会带来形状、几何设计，以及功能上的更新，这方面有着无穷的可能性。未来将开发出电源及其他组件集成为一体的可折叠设备。

二、钠电池与燃料电池领域纳米技术的新进展

1. 钠电池方面纳米技术的新成果

2011年6月，国外媒体报道，为了把太阳能和风能产生的电能并入电网，管理人员需要就近在太阳能和风能发电厂安装可大量储存电能的电池。常见的用于电子消费品和电动汽车上的锂离子充电电池具有良好的储电能力，但是由于价格昂贵而无法大量生产和应用。相比之下，钠离子充电电池是较好的选择，不过目前钠硫电池运行温度为300℃，这使得它既不节能又不安全。

近日，由美国能源部西北太平洋国家实验室刘军、来自中国武汉大学访问学者曹玉良领导的一个国际研究小组，把改进的目标确定为，设法采用廉价钠的同时，使用锂离子充电电池中的电极。他们通过对电极材料进行恰当的高温处理，开发出能提高钠离子充电电池电能和寿命的方法，从而有望让钠离子充电电池，成为替代电网中用于大规模储存电能的廉价的新途径。

研究人员表示，他们利用纳米材料制成能用于钠离子充电电池的电极。刘军称，钠离子电池使用食盐中的钠离子成分并在室温下工作，这将使得充电电池更为廉价且更加安全。

锂充电电池中的电极由氧化锰材料制成，其材料中原子之间存在许多小孔和通道。当电池在放电或充电时，锂离子能够在小孔和通道中穿行。事实上，锂离子的这种自由运动，保证了电池电能的储存或释放。不过，简单地用钠离子取代锂离子则无法正常工作，因为钠离子比锂离子大70%，它们无法在氧化锰原子间的小孔和通道中自由穿行。

研究人员在寻求增大氧化锰材料中原子小孔与通道的途径时，把注意力转向更小的物质：具有独特性能的纳米材料。他们把两种不同种类的氧化锰原子基础材料混合起来，一种的原子排列成金字塔状，两个金字塔结构的基底结合在一起后形同钻石；另一种的原子排列为正八面体。他们期望混合材料最终能形成大的S形通道和更小的五边形通道，以便让钠离子

通过。为此，研究人员把混合的材料，经过 450℃ 至 900℃ 的高温处理，然后分析处理后的结果，并检测何种温度处理效果最佳。利用扫描电子显微镜，他们发现，不同的温度下获得的材料的品质也不相同。750℃ 处理后的氧化锰形成了最佳的晶体，温度低时晶体看上去尚不成熟，温度高时晶体成较大的平板状。

研究人员借助美国能源部所属环境分子学实验室的透射电子显微镜观察到经过 600℃ 处理的氧化锰混合物形成的纳米导线上，有妨碍钠离子运动的凹坑，750℃ 处理后的混合物纳米导线均匀和透明。

然而，对研究人员而言，即使是外表最好看的材料，如果不能满足工作的需要，那么它也只不过是装饰品。为了解经过高温处理后获得的氧化锰纳米晶体是否既中看又中用，他们把它制成电极，放入含有能帮助氧化锰电极形成电流的钠离子的溶液中，然后不断地对实验用电池，进行充电和放电测试。

研究人员在用混合氧化锰纳米材料为电极的实验电池进行放电测试时，测量到每克电极材料峰值电量为每小时 128 毫安，此结果超过过去其他研究人员完成的实验。在以往的实验中，曾测量到峰值电量为 80 毫安时的结果，据悉，该电池也采用了氧化锰电极，但电极的生产方式不同。研究人员认为，过去实验出现较低峰值电量的原因是由于钠离子导致氧化锰结构发生变化，而在经过高温处理后的纳米氧化锰电极中，氧化锰的结构不会或很少发生变化。

除输出高峰值电量外，高温处理后获得的氧化锰纳米电极材料能够让电池保持充/放电循环能力，这在商业应用中十分重要。研究人员发现，经过 750℃ 处理获得的电极材料效果最好，在 100 次充/放电循环后，电池电量仅减少7%。而经过 600℃ 和 900℃ 处理后的材料，在相同的情况下电量损失率分别为 37% 和 25%。同时，即使是在 1000 次充/放电循环后，采用 750℃ 处理后的材料制作电极的电池电量，仅比最初的电量下降了 23%。对此，研究人员认为此纳米电极材料具有良好的工作性质。

此外，在对实验电池以不同速度进行充电的测试中，研究人员注意到充电速度越快，电池能保存的电力越少。这说明充电速度能够影响电池的储电能力。在快速充电时，钠离子并不能以足够快的速度进入电极通道并将它们填满。

2. 燃料电池方面纳米技术的新进展

（1）利用纳米材料改进燃料电池。2004 年 9 月，由威斯康星大学詹姆斯教授领导的研究小组在一份新闻公报称，他们可以利用纳米材料的催化作用来改进燃料电池的设计，无须继续使用去除一氧化碳的传统做法。

研究人员表示，燃料电池是通过电气化学反应从氢和氧中提取电能和热能，因此需要电解质膜、气体扩散层、分裂装置等多重复杂结构。低温燃料电池一般需要铂来作催化剂。但在发电过程中会产生一氧化碳。如果不加以处理，一氧化碳就会使铂催化剂失去效用。为此，制作燃料电池时就需要建立专门的系统，用于把一氧化碳转化成二氧化碳，但这一过程费时费力。

该研究小组开发的一项新成果将影响燃料电池的发展。他们在聚合电解膜上包上纳米材料。结果发现，铂会催化一氧化碳和水反应，生成二氧化碳等。这样，就不需要专门加温来排除掉一氧化碳了。

（2）推出制造纳米级燃料电池的新方法。2006 年 3 月，由美国威斯康星大学肯尼斯·勒克斯教授领导的一个研究小组，采用全新的方法解决了纳米级燃料电池中难题。它不但能提高纳米级燃料电池的性能，而且完全避免了工业生产的技术工艺。他表示，目前，最好的催化表面也只是二维的平面，每平方厘米也只能产生几百微安培电量。为了把这个数字增大几个数量级，就应该创造出三维结构的催化表面。

在当今社会，越来越多的便携式电子产品充斥着人们的生活，人们的生活和工作已经离不开 iPod、手机、PDA、数码相机、笔记本电脑这些数码产品。但目前存在的主要难题是电源问题，一块手机电池只能维持几百天时间，笔记本电脑的电池甚至只能维持几个小时。与传统电池相比，燃料电池的能量至少要高 10 倍。一个锂离子电池能提供 300 瓦小时每升的电量，而甲醇燃料电池却能提供 4800 瓦小时每升的电量。因此，东芝、IBM、NEC 等世界著名企业都投巨资研发燃料电池。

聚合物电解质膜燃料电池通过化学反应产生电流，首先化学源产生的氢原子在催化剂（如铂）的作用下，分解并产生电子。电解液将在这个过程中产生剩余的氢离子（质子）与燃料分离，并与大气中的氧气结合产生水。和催化剂接触的燃料越多，电池产生的电流越多，催化表面大小是燃料电池功效的关键。为了在有限的体积内，产生更多的电量，科学家在以前的研究中，试图在纳米级别研制燃料电池，硅蚀刻技术、蒸发技术等芯片制造业的工艺都被借鉴。但这些方法不但价格昂贵，而且受电池二维空间的限制。

勒克斯研究小组用全新的方法解决了这个难题。新方法不但能提高纳米级燃料电池的性能，而且完全避免了工业生产的技术工艺。勒克斯表示，目前最好的催化表面也只是二维的平面，每平方厘米也只能产生几百微安培电量。为了把这个数字增大几个数量级，就应该创造出三维结构的催化表面。勒克斯研究小组研制的燃料电池，通道非常常见，多孔的氧化铝过滤装置价格仅约 1 美元。这种过滤装置的圆柱形孔洞直径只有 200 纳米。研究小组用铂铜合金制造纳米导线，然后在硝酸中融解铜，产生一种随机的状态，使表面积最大化。

为了建立一个供能电池，研究人员首先需要在小孔中充满酸性溶液。将一张浸透电极液的滤纸（或者是电极液聚合体）放置于两层纳米电极之间用来传递氢离子。然后，可以将电极置于该复合体外表面的任何部位，以便容易形成电路。这些燃料电池可以连续或者平行排列，从而使各自提供出更高的电压或者电流强度。

当然，研究结果还不是完全令人满意。勒克斯估计仅仅只有 1/3 的电极具有活性，还有许多地方需要进一步改进。然而，即便如此，该模型具有的能量容积也比其两倍直径大的平版模型高许多。同时，这一模型还具有价格低等特点，总的材料花费仅为 200 美元。勒克斯称赞它，是一种真正简便的技术方法，能量供应相当于一个 AA 电池。

在将来如果可以熟练掌握燃料电池技术，那么我们就可以开发出一种廉价、可循环使用的电池用于我们的电子产品。当能量供应不足时，我们便可以直接去商店买一个燃料电池接替用！

（3）采用纳米工艺制成可用甲醇的燃料电池。2006 年 3 月，由美国匹兹堡卡内基·梅隆大学材料科学家普拉仙特·吉姆达领导的研究小组，在圣路易斯举行的美国科学促进会年会上展示的研究成果显示，他们正在以纳米技术研制一种使用甲醇的燃料电池系统。这种采用纳米工艺的燃料电池，仅有打火机大小，可用于汽车、笔记本电脑、手机及其他便携式电子设备。

大部分燃料电池都是氢燃料电池，但氢的制取成本很高，以目前的技术还不能达到大量生产。吉姆达研究小组使用可简易获取的甲醇和水为原料，在催化剂作用下，甲醇被电解为质子、电子和二氧化碳，质子通过质子膜到达电池的另一极产生电流。

吉姆达介绍，甲醇燃料电池的催化剂通常涂在由碳制成的基底上，这是因为碳成本低，具有良好的导电性能，能够耐受电池中的酸性环境。但是采用铂或者铂钌合金制成的催化剂颗粒，不但价格高、资源有限，与碳结合的稳定性也很差，很容易在碳基底的表面积聚成团，影响甲醇的电解过程，进而影响燃料电池的性能。因此，研究小组用氮化钛取代碳作为催化剂附着的基底。

研究人员把约 3 纳米大小的铂钌合金催化剂微粒，涂在直径 10 纳米的氮化钛颗粒上，两种微粒紧密结合在一起。吉姆达说，氮化钛的导电性能同样优异，附着在其上的铂钌合金催化剂表现出良好的稳定性。这些纳米级成分，能够保证燃料电池内部化学反应在尽可能大的接触面进行，如果通过进一步研究加以改进，有助于开发性能更高的电子设备。

美国航空航天局喷气推进实验室的电化学专家奈良认为，使用氮化钛是燃料电池研制工艺的极大改进。

三、电池领域其他方面纳米技术的新成果

1. 用纳米技术研制高性能和高质量新电池

（1）利用"病毒"成功打造高性能电池。2009 年 4 月，美国麻省理工学院发布消息，由该学院材料化学家安吉拉·贝尔奇领导，材料科学教授戈尔布兰德·赛德和化学工程副教授迈克尔·斯燧诺等人参与的一个研究小组，利用基因工程病毒首次研制成功"病毒"电池。贝尔奇表示，新的基因工程病毒电池与目前市场上流行的用于驱动混合动力汽车的先进充电电池，不仅在储能和动力性能上没有差异，而且它们还可以用来为众多的小型便携式电器提供电能。

在传统锂离子电池中，锂离子通常在由石墨构成的负极与由氧化钴或锂铁磷酸盐构成的正极间流动。需要说明的是，新的"病毒"电池并不是说用基因工程病毒来产生电能，而是利用它们制作出更理想的电池正极和负极，从而提高了电池的性能。

早在 3 年前，贝尔奇研究小组就曾发表文章表示，他们培育出一种基因工程病毒，该病毒能够通过把自身镀涂在氧化钴和黄金上，或自行组成纳米导线的方式形成电池阳极。

贝尔奇表示，在最新完成的研究工作中，研究小组集中精力制作高强

度的阴极，以便与过去制作出的阳极配对。相比阳极而言，阴极制作起来要困难得多，其原因是阴极必须是快速电极，并具有极高的导电能力。现实的情况是，多数制作阴极的材料却属于绝缘体。

为获得高导电能力的阴极，研究人员先把基因工程病毒镀涂到磷酸铁材料上，然后让病毒"抓住"碳纳米管，从而形成了高导电材料网。

研究人员利用的病毒名为噬菌体，它是一种常见的能够感染细菌但对人体无害的病毒，且能够识别并附着于某些特定的材料（如本次研究中的碳纳米管）上。借助经过基因工程处理的噬菌体，人们在磷酸铁纳米导线表面组合成导电的碳纳米管网。电子沿着碳纳米管网行进，渗透到电极，快速传递能量。

研究小组发现，加进碳纳米管后，阴极的重量没有太大的变化，但导电性却大幅度提高。在实验室的测试中，安装了新阴极材料的电池在不失去电容量的同时，其充电和放电速度提高了至少 100 倍。与目前的锂离子电池相比，其充电周期要略少些，但是研究人员期望今后新电池的寿命会更长。

目前，新电池的原型如同人们常见的纽扣电池。不过，由于利用了新的技术，研究人员有能力制造出重量极轻且韧性好的"病毒"电池，能满足各种不同电池座对其形状的要求。此外，生产含有基因工程病毒的新电池的工艺，既经济又有利于环境保护，其原因是"病毒"电池的合成温度在室温或室温以下，同时又不需使用有害的有机溶剂，且用于电池的材料没有毒性。

不久前，麻省理工学院院长苏珊·霍克菲尔德携带原型电池出现在白宫新闻发布会上。在白宫，她和奥巴马总统就政府资助先进的新清洁能源技术问题进行了交谈。

（2）研制出成本低寿命长的"纸电池"。2009 年 12 月，由美国加利福尼亚州斯坦福大学，材料科学与工程学助理教授崔屹参与的一个研究小组，在美国《国家科学院学报》上发表研究报告称，他们用由银和碳纳米材料制成的特殊墨水涂在纸张上，成功制成"纸电池"。这项成果为轻型、高效的新型能源存储带来希望之光。

研究人员在研究报告中表示："我们利用成熟的纸张技术，把可传导的纸用作集电器和电极，创造出了一种低成本、轻质且高效的能源储备途径。"有朝一日，纸电池可能用于手提电脑、手机或太阳能板。

　　崔屹指出："社会确实需要低成本、高效能的能源储存设备，如电池与简单的超级电容器等。"他又指出，用于纸电池的纳米材料是很特别的，是直径极小的一维结构，有助于纳米材料制成的墨水紧紧粘在纸张上，令电池和超级电容器非常耐用，纸电容器寿命可能长达 4 万个充电和放电周期。

　　研究人员表示，这种纸电池与传统电池相比，在储存能源和充电周期寿命方面的表现一样良好。实验显示，将碳纳米管纸张放入传统充电池可减少 20% 重量。加利福尼亚大学伯克利分校化学教授杨沛东认为，这项技术可在短期内商业化。

　　（3）用纳米技术把织物和纸张变成轻型电池。2010 年 2 月，由斯坦福大学工程师崔毅领导的一个研究小组把普通纸张或者织物，浸泡在一种特殊的注入纳米粒子的墨水中，开发出"e-纺织品（eTextiles）"，从而发现了一种廉价和高效地生产轻型纸质电池和超级电容器，以及延伸和传导纺织品的方法。研究人员表示，这种纺织品能够储存能源，同时保留普通纸张或者织物的力学性能。

　　崔毅研究小组甚至为他们的发明设想了众多的功能用途。未来家庭可能有朝一日使用储存能量的墙纸。小工具爱好者可以随时随地将小工具连接到他们的 T 恤衫给便携式小工具设备充电。能源纺织品还可以用于生产移动显示服装，生产具备反应功能的高性能运动服装，以及具备耐磨能力的军人全副武装。

　　开发这些高科技产品的主要成分是人眼看不见的纳米结构，纳米结构可以组装，让它们具备导电功能。这种组装的纳米结构有可能为目前市场上一些电存储设备遇到的问题，提供解决方案。

　　崔毅研究小组在实验装置中使用的纳米粒子类型，根据产品的预期功能而变化，其中钴酸锂是电池常用的一种化合物，而单壁碳纳米管则用于超级电容器。他称："能源存储是一个很老的研究领域，超级电容器、电池这些都是老东西。如何真正给这个领域带来革命性的影响？这需要相当多的不同思维。"

　　（4）研制出采用三维纳米电极的新型电池。2011 年 10 月 9 日，美国物理学家组织网报道，由美国伊利诺伊大学香槟分校材料科学和工程教授保尔·保恩领导，硕士生于新迪、研究员张惠刚等参与的一个研究小组，研制出拥有三维纳米结构电极的电池，充放电可在几秒内完成，而且快速充放电不会影响电池的能量密度。这项最新成果，有望彻底改变电池的设计方法。

研究小组把一个薄膜包裹成三维纳米结构的电极，让它能获得较大的有效容积和电流。演示结果表明，拥有这种电极的电池，能在几秒钟内快速地充电和放电，效率是块状电极电池的 100 倍。这意味着，把它用于电动汽车内时，其充电所需的时间可能和在加油站加油一样。更重要的是，快速充放电对电池的能量密度毫无影响。

保恩表示："这种能快速充放电的新电池，除了能在汽车领域大展拳脚外，也可以用于医药设备、激光器内和军事领域。"

研究人员介绍道，这种电极的制作过程是：首先，把细小的圆球涂在一个表面上，再把圆球紧紧包裹成一个网格状的结构，圆球之间的空隙和圆球四周都填满金属。其次，把圆球熔化，得到一个类似海绵的三维支架。再次，用电解法对三维支架的表面进行蚀刻，从而让海绵结构内的微孔增大，制造出了一个开放的框架结构。最后，再把活性物质薄膜涂在该框架上。

保恩称："最新研究与任何特定的电池类型无关，而是一种新的电池设计范式，它用三维结构来增强电池的性能。"

2011 年年初，张惠刚等在《自然·纳米技术》杂志上指出，他们研发出一种让电池快速充电的新方法，适用于锂离子和镍基电池。该方法着眼于减少离子到达电极间距离。结果显示，以镍氢电池为例，电极能在 2.7 秒内充满 75% 的电容量；20 秒内充到 90%，这一速度经过 100 次充放电循环后仍维持稳定。一个全尺寸的锂电池的电极，能在 1 分钟内充到 75%；2 分钟内充到 90%。

2. 用纳米技术研制高质量电池配件

2011 年 11 月 22 日，美国斯坦福大学一个研究小组在《自然·通信》杂志上发表论文称，他们利用纳米技术开发出一种电池阴极，可反复充电 4 万次，且电池容量损耗不大。

新能源技术的不断进步，使得能源行业对电池的需求不断增加。可大量快速充放电的电池，不仅能够适应电力需求的周期性波动，还可以存储太阳能、风能等间歇性能源。然而，目前的电池技术要么过于昂贵，要么充电次数不足以满足实际的需要。

由于电网电池需要的是大型储能电池，因此新电极采用了价格低廉、自然储量丰富的物质。电极由铜及铁基纳米材料构成，使用水性硝酸钾电解液充放电时，钾离子在电极间移动。研究人员首先用铜替代普鲁士蓝（亚铁氰化铁）的一半铁，然后将新化合物制成纳米晶体，覆盖在布状的碳基质上，最后将其浸入硝酸钾电解质溶液中。研究表明，新电极充电4万次后，其电池容量依然可以保持83%。目前，铅酸电池可充电数百次；锂电池可充电1000次左右。

新电极也存在弱点，其充电容量相对较低，为60毫安时，而锰氧化物阴极的充电容量为100毫安时。此外，以铜替代铁也会相对提高电极的成本。对电网而言，重要的是充放电的能源价格，新电极可充电上万次，可能会在充放电的能源价格上占据一定的优势。如果其充放电的能源价格低于钠硫电池，无疑将成为大赢家。此外，能源效率也十分关键，现在还不清楚新电极在充电时有多少能源损耗。

研究人员表示，该成果向制造新型低成本电池，使电网能够储存大量电能迈出了重要的一步。目前他们正在调制电池阳极，并着手开发电池原型。

第二节　太阳能开发利用领域纳米技术的新成果

一、太阳能集热领域纳米技术的新进展

1. 运用纳米技术研制太阳能集热新产品

（1）研制出能捕获90%以上光能量的纳米太阳能薄片。2011年5月，由美国密苏里大学化学工程学院副教授宾海罗·帕德里克和爱达荷国家实验室、科罗拉多大学电力工程教授加勒特·蒙代尔，马萨诸塞州的微控制公司等联合组成的一个研究小组，在《太阳能工程》杂志上发表研究成果称，他们开发出一种柔软的太阳能薄片，能捕获超过90%的光能量，并计划在5年内制造出可用于消费领域的样机。

该设备是一种纳米天线电磁收集器，能收集太阳光谱中的中红外光和可见光，而中红外波长是传统光伏太阳能电池无法利用的。该研究小组最初设计纳米天线电磁收集器的理念，就是把天线从无线电频率扩展到红外光和可见光领域。

研究小组开发出一种特殊的高速电路，能从收集的阳光和热量中提取电流，并找到经济的太赫兹纤维材料，可用于大规模生产简单的方形回路

纳米天线阵列。研究小组曾开发出一种可模压的小型薄片天线产品，能将工业过程中产生的热收集起来，转化为可用电力。他们把这种天线产品进行改造，变成利用光照的纳米天线电磁收集器设备。

帕德里克表示，我们的总体目标是收集利用尽可能多的太阳能，使其尽量达到理论可能性，并以一种廉价的成套设备方式进入商业化市场，让每个人都能利用它。

研究人员表示，如果能获得美国能源部的支持或私人投资，相信在5年内就能生产出太阳能产品，以弥补传统光伏太阳能电池板的不足。他们的产品是一种柔软的薄膜，可以和屋顶面板类产品结合起来，或用来定制专门的电力工具。此外，还能用于红外探测仪、光学计算、红外视距通信等领域。

（2）开发出太阳热能储存的纳米新材料。2011年7月，由美国麻省理工学院杰弗里·格罗斯曼与他的同事艾拉克斯·库帕克等人组成的一个研究小组，在《纳米快报》杂志上发表论文称，他们开发出一种新材料，能够按需储存和释放热能。以这种材料制成的储热设备，不但能量存储密度大，还具有成本低、运输方便、储能时间长的特点，有望开创一种捕获和存储太阳能的全新方式。

自20世纪70年代以来，研究人员就在寻找一种能以化学形式储存太阳能，而非把它转化为电能的材料。但相关研究直到近年才取得一些进展：2010年，格罗斯曼揭示了二钌富瓦烯的独特性质，并提出液态储热材料设想。二钌富瓦烯分子在被阳光照射时，内部结构会发生改变并将能量存储起来，形成一种亚稳定结构。当需要时，这些热量又能在特定催化剂的作用下被释放出来，同时其分子也会恢复为放热前的形态。这一过程可以不断重复。通过这种方法，可在甲地存储热量，乙地释放热量；也可以用产生的热量驱动蒸汽发电机发电。

但这种材料的缺点在于所含的钌元素稀有且昂贵，且由其制成的储热设备在能量密度上，还不及传统锂离子电池。这使这项技术一直无法获得大规模应用。

日前，格罗斯曼研究小组借助碳纳米管对这一技术进行完善，制造出一种可取代二钌富瓦烯的新材料。这种材料由偶氮苯和碳纳米管组成，除了具备二钌富瓦烯的优点外，还有价格低廉、热稳定性好的特点，在能量密度上更是超过锂离子电池。

研究人员把偶氮苯分子"捆绑"在碳纳米管上，形成一种碳纳米管化合物握。实验显示，该材料基能态到高能态之间形成的差值，分子从常态转变为容易发生化学反应的活跃状态所需要的能量都较为理想。实验显示，新材料在能量密度上可达 690 瓦小时/升，超过了传统锂离子电池（200 瓦小时/升 ~ 600 瓦小时/升），相对于仅采用偶氮苯的能量密度（90 瓦小时/升），也获得了极大的提升。

格罗斯曼称："这种材料非常有效，便宜却仍具有较高的能量密度，其优势在于将能量捕获和存储集成到一个步骤当中，用一种材料就能同时完成转化和存储两项任务。其缺点是只能提供热能而非电能，但这可以通过热电装置或蒸气发电机来弥补。"

北卡罗来纳大学化学系助理教授金井洋介表示，通过化学键来实现太阳能可逆存储近年来广受关注。新研究的创新之处在于，它创建了可用碳纳米管来制造这种材料的纳米模板，这为今后采用其他材料进行类似的研究铺平了道路。

（3）研制出能让房屋外墙发电的纳米太阳能涂料。2012 年 1 月，美国物理学家组织网报道，如果给房子外围粉刷一层涂料，它就能把光转化为电，为房间内的家用电器或其他设备所用，那将是一件多么美妙的事情啊。现在，由美国诺特丹大学化学和生物化学系教授拉夏特·卡马特领导的一个研究小组，研制出一种廉价的纳米太阳能涂料，可利用半导体纳米粒子量子点产生能量，把光转化为电，有望让我们实现外墙发电这一目标。

卡马特表示："我们想转化一下思路，超越目前的硅基太阳能技术。我们将能产生能量的纳米粒子量子点整合入一种可以涂开的化合物中，制造出这种单涂层太阳能涂料，它可以用于任何有传导能力的表面上，也不需要特殊的设备。"

研究人员经过层层筛选，最后将目光落在二氧化钛上。他们在二氧化钛纳米粒子表面涂上硫化镉或硒化镉，接着，把它悬浮在水与乙醇的混合液体中，制造出一种糨糊。当把这种糨糊刷在透明的导电材料上，并让其暴露于光线下时，它就会产生电。

研究人员指出，这种新式太阳能电池涂料最高的光电转化效率为仅 1%，远远低于目前商用硅基太阳能电池 10% ~ 15% 的转化率。但是，他们也表示："这种涂料的制造成本很低，而且可以大规模制造，如果能进一步提高其光电转化效率，就能真正满足未来的能源需求。"卡马特研究小组，也计划进一步改进新材料的稳定性。

2. 运用纳米技术提高光电转化率的新方法

2013年10月16日，由美国斯坦福大学电气工程系范汕洄教授牵头，伊利诺斯大学和北卡罗莱纳州立大学研究人员参与的一个研究小组，在《自然·通信》杂志上发表研究成果称，他们用纳米技术开发出一种热光电新方法，有望把太阳能电池的转换效率提高到80%。

传统太阳能电池的硅半导体只吸收红外光，而高能量光波，包括大部分的可见光光谱都以热能形式被浪费掉。虽然在理论上，传统太阳能电池的转换效率可达34%，但由于能量浪费，尽管其工艺不断完善和进步，其转换效率依然停滞在15%~20%。

该研究小组为突破太阳能电池受制于转换效率的困境，着手开发出一种全新的热光电系统。据范汕洄教授介绍，既然能让太阳能电池有效发电的热辐射光谱很窄，如果能够把太阳光压缩成为让太阳能电池有效发电的单色光，从理论上来说，太阳能电池的转换效率就能提高到80%的水平。与传统太阳能电池不同，新的热光电系统首先把太阳光压缩成红外光线，再通过太阳能电池将其转换为电能。该系统有一个中间组件，包括两个部分：一个是吸收器在阳光下可升温；另一个为发射器把热转换为红外光线，然后向太阳能电池照射。

把太阳光压缩成为单色光方法的关键是保持材料的纳米结构。在最初的实验中，当温度约为1000℃时，钨发射器的三维纳米结构出现崩塌。伊利诺斯大学的研究人员给钨发射器涂了一种称为二氧化铪的陶瓷材料，在1000℃高温下，其结构完整性保持了12个小时；在1400℃的高温下，其热稳定性保持了1个小时。

这是科学家首次证实，陶瓷材料有助于热光电领域及其他包括利用余热、高温催化和电化学能量储存等领域的研究。目前，他们正在测试其他陶瓷材料，以确定可为太阳能电池提供红外线的发射器。由于铪和钨在自然界的储量极为丰富，属低成本材料，制造耐热发射器的方法也十分成熟，科学家表示，这一成果将有力推动热光电领域的研发，帮助研究人员探寻更多新的陶瓷材料应用于这一领域。

二、太阳能电池方面纳米技术的新成果

1. 运用纳米技术提高太阳能电池质量

2012年3月，由美国佐治亚理工学院郭文希主持，中国厦门大学研究人员参与的一个研究小组，在《美国化学学会》会刊上发表研究论文称，他们研发出一种新技术，把一模一样的二氧化钛纳米棒"种植"在碳纤维上，利用这种简单低廉的材料，制造高质量管状太阳能电池。新方法与经常使用的溶胶−凝胶法相比更具优势，后者需要高温且会导致材料破碎。

与传统的平版太阳能电池相比，种植在碳纤维表面的由二氧化钛半导体纳米棒组成的奇特结构，拥有几个独特的优势。这种柔性管状太阳能电池能捕捉来自各个方向的光线，甚至有潜力编织进布料和纸张中，以应用于新奇的领域。

郭文希表示："这项研究，演示了一种创新性的在柔性衬底上种植成串二氧化钛纳米棒的方法。得到的产品，能被用到柔性设备上用于捕捉和存储能量。"

制造管状太阳能电池是一个挑战，因为需要进行很多步骤，包括将纯净的钛薄片变成二氧化钛纳米棒，用纳米棒覆盖碳纤维并将纳米棒整齐划一地排列在碳纤维上等。研究人员解释道，在碳纤维上铺展二氧化钛纳米结构的一个理想方法，是把二氧化钛纳米结构直接种植在碳纤维表面。

研究人员通过"溶解和种植"方法做到了这一点。该方法把钛变成垂直对齐的单晶体二氧化钛纳米棒，并铺展在碳纤维上。接着，为了进一步改善设备的性能，研究人员使用"蚀刻和种植"法，即使用盐酸并借用一种水热处理方法，把纳米棒蚀刻成为长方形的成串阵列。

随后，研究人员把由纳米棒覆盖的碳纤维，装配成管状染料敏化太阳能电池的光电阳极，并在实验中测试了其性能。结果表明，长方形成串的纳米棒配置，获得的光电转化效率为1.28%，而不成串配置的光电转化效率仅为0.76%。科学家们认为，差异源于成串纳米棒的表面积更大，能吸收的染料分子更多，导致激发的电子也更多。

表面积更大，让管状太阳能电池能捕捉来自各个方向的光线，使它们更适合用于太阳光强度有限的地区。这项新方法除了制造出太阳能电池，也能被扩展到制造光催化剂和锂离子电池。

郭文希表示："未来，我们或许仅仅使用碳材料和二氧化钛，就能制造出有潜力的，织入布料和纸张中的染料敏化太阳能电池。"

2. 运用纳米技术改善太阳能电池性能

（1）利用纳米同轴电缆技术研制出高性能太阳能电池。2007 年 5 月，美国国家可再生能源实验室（NREL）宣布，他们利用纳米同轴电缆技术研制出性能得以大幅度提高的高性能太阳能电池。有关专家指出，这是在高性能太阳能电池研制方面取得的重大进展，纳米同轴电缆技术将在微电子领域得到广泛运用，也可用于研制纳米计算机。

传统的太阳能电池工作原理很简单：当光照射到 p-n 结上时，产生电子–空穴对，在 p-n 结附近生成的载流子没有被复合而到达空间电荷区，受内建电场的吸引，电子流入 n 区，空穴流入 p 区，结果使 n 区储存了过剩的电子，p 区有过剩的空穴。它们在 p-n 结附近形成与势垒方向相反的光生电场。光生电场除了部分抵消势垒电场的作用外，还使 p 区带正电，n 区带负电，在 n 区和 p 区之间的薄层产生了电动势。但由于被激发的自由电子和空穴在同一区域，电子和空穴经常发生相互抵消现象，从而导致太阳能电池的效率很低。

研究人员为了使 p-n 结更薄，同时解决自由电子抵消问题，将两个半导体联合起来形成纳米同轴半导体结构。这样的纳米电缆可以有两种不同方式：一种的内芯是氮化镓（GaN），外层是磷化镓（GaP）；另外一种则相反。两种电缆的内芯直径大约为 4 纳米。

当光子投射到纳米电缆的外层后激发出电子，并在半导体材料之间发生了空穴与自由电子的高效率分离。同轴电缆结构既起到电池的作用，又起到普通电缆的作用，解决了电子的分离问题（因为氮、镓与磷具有不同的导电性）。最终，由于一系列复杂的量子效应，与内芯半导体发生相互作用的外层半导体可以接受更宽的可见光范围，从而大大提高太阳能电子的性能。除此之外，同轴纳米电缆可以在微电子技术特别是未来的纳米计算机中获得广泛应用。

（2）用硅纳米颗粒提升太阳能电池性能。2007 年 8 月，由美国伊利诺伊大学的物理学家穆尼尔·奈佛领导的一个研究小组，在《应用物理快报》杂志上发表研究成果称，他们一直致力于寻找更好的材料和方法来制造高性能的太阳能电池。最近，发现在硅太阳能电池表面生成一层硅纳米颗粒薄膜，能够提升它的能量转化能力，并且减少电池自身的发热量，延长使用寿命。

研究人员表示，他们主要针对的是吸收转化紫外光。对传统太阳能电池而言，紫外光线要么直接被渗漏出去，要么被硅器件吸收，但转化成的是热能而并非电能，这有可能影响使用寿命。2004 年，奈佛在《光子技术快报》发表的一项研究中证实，紫外光线能够与尺度合适的纳米颗粒有效地结合，产生电能。

为了达到实际应用的效果，奈佛研究小组进行了新的研究。他们首先利用自身开发的一项专利技术，把体积较大的硅转制成离散的纳米级颗粒，它们会发出不同颜色的荧光。而后，研究人员把这些颗粒分散在异丙基乙醇中，并抹在太阳能电池的表面。当乙醇蒸发后，电池表面就会最终形成一层紧密的纳米颗粒薄膜。

研究人员发现，如果太阳能电池表面覆盖的是厚度为 1 纳米的蓝色荧光纳米粒子薄膜，整个电池将能够多转化 60% 的紫外光线，不过可见光的转化率提升不到 3%。但如果电池表面覆盖的是厚度为 2.85 纳米的红色荧光粒子薄膜，那么紫外光线的转化率可增加 67%，而可见光的提升也能达到 10%。

奈佛认为，太阳能电池性能的这种改进应更多地归因于电池电压的提高而不是电流。他称，"我们的研究结论表明，薄膜内电荷传输和纳米粒子界面修正的重要性。"

（3）用碳纳米管研制自我修复的太阳能电池。2010 年 9 月 5 日，由美国麻省理工学院化学工程师迈克尔·斯特拉诺领导的一个研究小组，在《自然·化学》杂志发表研究成果称，他们运用碳纳米管等材料模仿树叶自我修复功能，发明能使太阳能电池具有自我修复功能的技术。有关专家认为这项研究成果，为生产廉价、具备自我修复功能、使用期限可以无限延长的太阳能电池打下了基础，它或许会在太阳能电池领域掀起一场大变革。

研究人员认为，阳光中的紫外线在与氧气混合后，会有很大的破坏力。经过长时间的照射，再坚固的物体都会慢慢瓦解。斯特拉诺称："即使是专门吸收阳光的植物叶片，在阳光下曝晒过久后，也会渐渐失去功效，更何况太阳能电池等其他的物体。"

研究人员介绍道，当植物全力地进行光合作用时，如果不采取防护措施，树叶也会被氧气和紫外线的破坏力毁坏。树上的树叶与太阳能板上的光伏电池一样，看上去都是在静止不动的情况下吸收阳光。然而，树叶其实有一个非常精彩的自我修复机制。由于阳光直射的破坏力实在太大，叶片内部的蛋白质每隔大约 45 分钟就必须循环一次，形成新的光合反应中心，替代已被日光烘烤近 1 小时的老光合反应中心，避免阳光带来的伤害。这是经过千万年的进化后，大自然赋予树叶的生存技能。这种快速的自我修复程序也让植物可以在充分享受阳光的同时，不至于"飞蛾扑火"。研究小组受到树叶的这种自我修复功能的启发，想到模拟树叶的这一技能，可以让一直被阳光烘烤的太阳能电池，能够实现自行修复。目前，人们对太阳能电池的研究，大都局限在如何提高转化效率、如何延长使用寿命上，却很少有人想到开发电池的再生功能，让其无止境地工作下去。斯特拉诺研究小组探索视野的独特性，引起其他业界同行的巨大兴趣。美国得克萨斯州农工大学纳米复合材料教授格伦兰，把这项技术称为是人造的翻版自然技能，同时认为它是开拓性的、对以后发展有巨大影响的研究，因为以前还从未有过类似的研究。

斯特拉诺研究小组在了解到树叶内光合作用中心的循环特点后，他们决定，与其制造使用寿命超长的太阳能电池，还不如向自然学习，走太阳能电池自我修复之路。试验开始阶段，研究人员使用的是一种紫细菌中采集阳光的光合反应中心。随后，他们把反应中心里加入一些感光蛋白质、脂类，用于形成系统结构；再用碳纳米管，当作导线传导产生的电力。这些工作完成后，所有零部件都将放入一个装满水的透析袋中。这种透析袋里的水含有胆酸钠，它是一种让所有部件凝聚的表面活性剂；透析袋里的隔膜只允许小分子通过。

研究小组发现，把表面活性剂过滤之后，所有的零部件会自动组装成一个整体，捕捉光线的同时能产生电流。研究人员解释称，这一自然组装之所以能够实现，是由这些部件的化学性质决定的，因为组装完成后，它们彼此之间恰巧都处于相对适合的位置。用于支撑结构的蛋白质包围脂类，形成一个小圆盘，而光合反应中心则在圆盘之上。小圆盘会顺着有小气孔的碳纳米管排列，小气孔的作用是让光合反应中心产生的电子顺利通过。如果把胆酸钠重新加入这一装置，装置就会自动分解；过滤胆酸钠后又有新的装置形成，如此循环。

斯特拉诺称："该过程的美妙之处在于，它是可逆的。也就是说，分开的零部件可以自行组装，而组装以后的装置也可以拆分成单个零部件。

就像是在玩智力拼图游戏时，所有的小部分自动拼成一幅完整的图片一样。"当一套装置失去活力后，只需加入表面活性剂将其拆分，再重新组装，就会重新恢复活力。在试验中，研究小组成功地让一套装置持续工作了1个多星期。

研究人员表示，目前看来，该装置还不能与太阳能硅电池竞争。但硅电池也是在经过几十年的研发后才有了今天的转换效率。如果在该装置上投入相同的资金、经历同样的时间，一定也能成就同样高效率，并且还能自我修复、可在弱光环境下工作的太阳能电池。

（4）用纳米材料研制出高透明太阳能电池。2012年7月，由美国加利福尼亚大学洛杉矶分校材料科学与工程系教授、加州纳米系统研究院可再生能源中心主任杨洋领导的一个研究小组，在美国化学学会《纳米》杂志上发表研究成果称，他们开发出一种新型透明太阳能电池，它既可给家庭及其他建筑的窗户提供发电能力，又不影响人们透过窗户欣赏外面的风景。

该研究小组研发的新型聚合物太阳能电池，对人眼来说具有近70%的透明度。利用光敏塑料制成的电池主要通过吸收红外光、非可见光来产生电力。杨洋表示，该高透明聚合物太阳能电池可用作便携电子设备、智能窗、建筑一体化光伏发电设备等的附加组件。

此前，研究人员已在透明或半透明聚合物太阳能电池方面做过很多尝试，但都止步于低透光性或低效能。此次，该研究小组纳入近红外光敏感聚合物，并使用银纳米线复合薄膜作为顶端透明电极。近红外光敏聚合物可吸收更多的近红外光，但对可见光不太敏感，从而兼顾了太阳能电池在可见光波长区域的性能和透明度。同时，透明导体由银纳米线和二氧化钛纳米粒子的混合物制成，取代了此前使用的不透明金属电极。这种复合电极使太阳能电池在溶液处理工艺中的装配更为经济。

研究人员表示，目前聚合物太阳能电池的研究已引起全球范围的高度关注。该新产品由塑料类材料制成，轻巧灵活且可大批量、低成本生产。

3. 运用纳米技术研制微型太阳能电池

（1）研制与碳纳米管传感器结合的微型太阳能电池。2008年11月，由美国南佛罗里达大学江晓梅领导的一个研究小组，在美国物理联合会出版的《可再生与可持续能源杂志》创刊号上发表文章称，他们用一种有机聚合物制成迄今最小的微型有机太阳能电池，并把它与碳纳米管化学物质传感器相结合，旨在证明它们有能力为检测化学物质泄漏，以及其他用途的微型设备提供服务。

传统的太阳能电池，如安装在屋顶的商品化太阳能电池，使用一种脆弱的硅层。计算机芯片也使用这种物质制成。相比之下，有机太阳能电池依靠的是一种聚合物，它具有和硅片一样的电性能，但是可以溶解并印刷在柔性材料上。

江晓梅称："我认为这些材料比传统的硅材料拥有更多的潜力，它们可以喷涂在暴露于阳光下的任何表面，例如，一件制服、一辆汽车或一幢房屋。"江晓梅和她的同事制造出 20 个微型太阳能电池组成的阵列，为一个用于探测危险化学物质和毒物的微型传感器供电。这个传感器被称为微机电系统设备，它是用碳纳米管制成的，而且已经用普通的电池供电的直流电源进行了测试。为它提供足够的能量并接入一个电路，通过测量化学物质，进入碳纳米管的时候，出现的电信号变化，这些碳纳米管可以灵敏地探测到特定的化学物质。化学物质的类型可以通过电信号的精密变化区别开来。该设备需要一个 15 伏的电源才能工作，而江晓梅的太阳能电池阵列目前在其实验室测试中，可以提供大约一半电压，也就是最多 7.8 伏。她表示，下一步就是对这种设备进行优化，从而提高电压，然后把这种缩微太阳能电池阵列，与碳纳米管化学物质传感器结合在一起。江晓梅估计，过不多久，研究小组将有能力让其下一代太阳能电池阵列达到这种供电水平。

（2）用纳米晶体制成可印刷的微型液体太阳能电池。2012 年 4 月，由美国南加利福尼亚大学文理学院化学副教授理查德·布切尔领导，博士后研究员戴维·韦伯等人参加的一个研究小组，在英国皇家化学学会出版的国际无机化学期刊《道尔顿汇刊》上发表研究成果称，他们用纳米晶体研制出一种便宜且稳定的液体太阳能电池，它的体形非常娇小，因而能以液体墨水的形式存在，可印刷或者涂抹在干净基底的表面。这种太阳能电池使用的纳米晶体，由半导体硒化镉制成，其大小约为 4 纳米，这意味着一个针头上就可以放置 2500 亿个电池，而且其也可以漂浮在液体溶液内。布切尔表示："就像印刷报纸一样，我们也可以印刷太阳能电池。"

液态纳米晶体太阳能电池与目前广泛使用的单晶体硅晶圆太阳能电池相比，其制造成本更加便宜，但它的光电转化效率要稍逊一等。不过，在最新研究中，研究人员攻克了制造液体太阳能电池面临的关键问题：如何制造出一种稳定且能导电的液体。

以前，研究人员需要让有机配位体分子依附在纳米晶体之上，以让纳米晶体保持稳定，并预防两者相互黏连在一起。但这些有机配位体分子同时也会把晶体隔绝起来，使整个系统的导电性能变得非常差。布切尔表示："这一直是该领域面临的主要挑战。"

为此，研究小组为这种纳米晶体研发出一种新的表面涂层。这种新的合成配位体，不仅在使纳米晶体稳定方面表现良好，而且它们实际上也变身为细小的"桥梁"，把纳米晶体连接起来并帮助它们传输电流。

另外，通过一个相对低温、不需要进行任何与熔化有关的过程，研究人员就可以将这种液体太阳能电池印刷在塑料而非玻璃表面，最终得到一种柔性太阳能电池板，其形状可以随需而变安装在任何地方。

布切尔表示，接下来他计划使用其他材料，而非有毒的镉，来制造纳米晶体。他指出："尽管对这项技术进行商业化生产还要等上几年，不过，他们已经很清楚地看到，这项技术可以同下一代太阳能电池技术完美地结合在一起。"

三、太阳能电池材料领域纳米技术的新进展

1. 研制用于制造太阳能电池的纳米材料

（1）开发可用于太阳能电池的碳纳米二极管。通用电气公司全球研究中心是通用电气公司专门进行科技研究的机构，近日它透露了碳纳米二极管技术的开发。碳纳米二极管技术将用于廉价太阳能电池技术的开发。这是 2004 年通用电气公司全球研究中心开发和宣布的新颖碳纳米二极管装置的改进。

通用电气公司资深纳米技术领导玛格丽特·布洛赫姆在一份声明中称："通用电气公司开发碳纳米二极管装置的成功，不仅仅表明通用电气公司是新时代电子技术的先驱，这一新技术的成功潜在地公开了一条太阳能研究的通道。在我们开发的碳纳米管装置中光电效应的发现，将导致在太阳能电池领域出现令人激动的突破。人们不仅可以获得太阳能电池更多的效率，在主流电池能量市场，消费者有了进行更多可行的选择余地。"

通用电气公司的研究人员发现，一个理想的二极管可以中止碳纳米管中间部分信号再结合的发生。这些试验结果显示出碳纳米管在接触基体时是非常灵敏的。这一发现为任何基于碳纳米管装置的工作原理提供了重要

的线索。

通用电气公司全球研究中心指出，在光能量转换成电流的过程中，通过测试碳纳米管的参数，科学家进一步详细阐述了理想二极管的性能，尽管提供的能量比光的波长小 1000 倍，但由于提高了理想二极管的参数，碳纳米管显示了重要的能量转换效率。

碳纳米二极管技术的开发是通用电气公司主要开发计划的一部分，通用电气公司保证在未来 5 年中用于新技术开发的投资水平将超过 2 倍，达到 7 亿至 15 亿美元。作为这一承诺的一部分，通用电气公司全球研究中心将积极安排光电技术的开发，研究阳光产生能量的成本效益和更多的效率。

（2）发明可制造太阳能电池的纳米柱。2009 年 7 月，由美国加利福尼亚大学电气工程和计算机科学教授阿里·杰威领导的一个研究小组，在《自然·材料》杂志上发表研究报告称，他们开发出一种用新材料研制的太阳能电池。这种太阳能电池可通过在铝箔上生长直立的纳米柱来制成，把整个电池封装在透明的胶状聚合物内后，就能制作出可弯曲的太阳能电池，成本低于传统的硅太阳能电池。

杰威表示，与传统硅和薄膜电池相比，纳米柱技术可使研究人员使用更为廉价和低质的材料。更重要的是，该技术更适于在薄铝箔上制作出可卷曲的太阳能电池板，从而降低了制造成本。一旦获得成功，其生产成本将可低至单晶硅太阳能板的 1/10。

这种太阳能电池是通过把统一的 500 纳米高的硫化镉嵌入碲化镉薄膜中制成的。这两种材料均是薄膜太阳能电池中经常使用的半导体。杰威研究小组的报告称，此种电池把光能转换为电能的效率可达 6%。此前，也有科学家使用了这种立柱设计思想，但其方法较为昂贵，且光电转换效率不到 2%。

在传统太阳能电池中，硅吸收光并产生自由电子，这些电子必须在受困于材料的缺陷或杂质前到达电路。这就要求使用极为纯净、昂贵的晶体硅来制造高效光伏装置。

纳米柱就承担了硅的职责，纳米柱周围的材料吸收光并产生电子，纳米柱将其运送到电路。这种设计以两种方式来提高效率：紧密封装的纳米柱捕捉柱间的光，帮助周围的材料吸收更多的光；电子以非常短的距离穿越纳米柱，因此没有太多的机会受困于材料的缺陷。这意味着可以使用低质量的廉价材料。

杰威研究小组制作的纳米柱电池首次使用经氧化处理的铝箔，创建出呈周期性分布的 200 纳米宽小孔，这些小孔作为硫化镉晶体直立生长的模板。然后，对碲化镉和顶端电极饰以铜和金的薄膜。它们通过一块玻璃板和电池相连，或是将其顶端投入聚合物溶液使其弯曲。

目前，研究人员正在探索使用可提高转换效率的材料。例如，顶端的铜-金层现在仅有 50% 的透明度，如果可让所有的光都透过，其效率就可增加一倍。因此，研究人员正计划使用像氧化铟这样的透明导电材料。另外，利用其他半导体材料作为纳米柱及其周围材料也在研究人员的考虑之中，这样的制作工艺能适于更广范围的半导体材料，其他材料组合亦可能会提高效率，更重要的一点，则是可以避免镉的毒性问题。

（3）研制出能降低硅太阳能电池成本的纳米锥。2012 年 6 月，美国斯坦福大学的一个研究小组在《纳米快报》上发表研究成果称，他们开发出一种由硅纳米锥和有机导电聚合物覆盖的混合型太阳能电池，既可以降低来自硅材料的成本，又可以削减由于制造工艺昂贵形成的开支，而且太阳能电池本身还有出色的性能。为制造经济可行的太阳能电池拓展了一条新途径。

研究人员介绍，混合太阳能电池使用纳米材质有两个好处：提高光的吸收，减少使用所需硅材料的数量。太阳能电池的纳米纹理涉及纳米线、纳米穹罩（圆顶）和其他结构。研究发现，纳米锥体结构提供了一个增强光吸收最佳形状的纵横比（纳米锥的高度/直径），因为它能够同时，对短波光的抗反射和长波长的光散射都发挥作用。

在以往使用纳米材质的设计中，结构之间的空间通常太小，以致无法填充聚合物。而新太阳能电池中，纳米锥的形状结构允许聚合物涂在开放的空间，减少了其他材料的需求。通过用一个简单的低温方法即可形成这种纳米锥体/聚合物混合结构，也降低了工艺成本。

研究人员在对新型太阳能电池进行测试并作出一些改进之后，他们发现，生产的器件效率达到 11.1%，这是在混合硅/有机太阳能电池中的最高数值。此外，短路电流的密度表明，这种太阳能电池产生最大的电流仅稍低于单晶硅太阳能电池的世界纪录，非常接近理论极限。

研究人员预测，由于混合硅纳米锥聚合物太阳能电池良好的性能和更简单的生产工艺，未来有一天，它可能会被视为经济上可行的光伏器件。

2. 用纳米技术推进太阳能电池材料机理研究

2011 年 9 月，由美国能源部劳伦斯伯克利国家实验室与加利福尼亚大学伯克利分校研究人员组成的一个研究小组，在《物理评论快报》上发表研究成果称，他们用纳米技术揭开铁电材料在光照条件下产生高压电的秘密。铁电材料是指具有铁电效应的一类材料，它是热释电材料的一个分支。铁电材料及其应用研究，已成为凝聚态物理、固体电子学领域最热门的研究课题之一。科学家已经了解到，铁电材料的原子结构可以使其自发产生极化现象，但至今尚不清楚光电过程是如何在铁电材料中发生的。如果能够理解这一光电机制，并应用于太阳能电池，将能有效地提高太阳能电池的效率。

研究人员所采用的铁电材料是铋铁酸盐薄膜。这种特别制作的薄膜有着不同寻常的特性，在数百微米的距离内，整齐而有规律地排列着不同的电畴。电畴为条状，每个电畴宽为 50 纳米到 300 纳米，畴壁为 2 纳米，相邻电畴的极性相反。这样，研究人员就可以清楚地知道，内置电场的精确位置及其电场强度，便于在微观尺度上开展研究，同时也避免了杂质原子环绕及多晶材料所造成的误差。

当研究人员用光照射铋铁酸盐薄膜时，获得比材料本身的带隙电压高很多的电压，说明光子可释放电子，并在畴壁上形成空穴，这样即使没有半导体的 p-n 结构，也可形成垂直于畴壁的电流。通过各种试验，研究人员确定畴壁在提高电压上具有十分重要的作用。据此他们开发出一种模型，可令极性相反的电畴制造出多余的电荷，并能传递到相邻的电畴。这种情况有点像传递水桶的过程，随着多余电荷不断注入锯齿状相邻的电畴，电压可逐级显著增加。

在畴壁的两侧，由于电性相反，就可形成电场，使载电体分离。在畴壁的一侧，电子堆积，空穴互相排斥；而另一侧则空穴堆积，电子互相排斥。太阳能电池之所以会损失效率，是由于电子和空穴会迅速结合，但是这种情况不会在铋铁酸盐薄膜上出现，因为相邻的电畴极性相反。根据同性相斥，异性相吸的原理，电子和空穴会沿相反的方向运动，而由于电子的数量远超空穴的数量，所以多余的电子会溢出到相邻的电畴。

铋铁酸盐薄膜本身，并不是一种很好的太阳能电池材料，因为它只对蓝色和近紫外线发生反应，而且在其产生高电压的同时，并不能产生足够高的电流。但是研究人员确信，在任何具有锯齿状结构的铁电材料中，类似的过程也会发生。

目前，研究人员正在调查和研究其他更好的替代材料。他们相信，该技术如果应用于太阳能电池，将使太阳能电池产生较高的电流，并能大幅度提升太阳能电池的效率，有望生产出性能强大的太阳能电池。

四、太阳能电池技术领域的纳米新成果

1. 提升纳米薄膜太阳能电池的制造技术

（1）突破纳米薄膜太阳能电池制造的技术瓶颈。2010 年 4 月，由美国俄勒冈州立大学化学工程系助理教授张志宏领导，韩国岭南大学研究人员参与的一个研究小组，在《当代应用物理》杂志上发表研究成果称，他们利用持续流动的微型反应器，突破铜铟硒纳米薄膜太阳能电池制造上的技术瓶颈。这项技术在实现铜铟硒纳米膜层厚度可控的同时，还可大幅降低太阳能电池的制造成本并减少废弃物。

以往使用铜铟硒制造光能吸收膜时需要使用飞溅、蒸发，以及电镀技术，这些过程耗时很长，且需要昂贵的真空系统，以及有毒的化学物质，因此成本很高。而另一种铜铟硒化学溶液沉积法尽管降低了成本，但生长溶液会随着时间流逝发生变化，很难控制光能吸收膜的厚度。

张志宏研究小组开发的这项技术，能够在一个持续流动的微型反应器中，让纳米薄膜厚度可控地沉积在不同的表面。比以前使用的化学溶液沉积法更加安全、快捷、经济。现在，研究人员已经证明，这套系统能够在短时间内、在玻璃衬底上，生产铜铟硒纳米薄膜太阳能电池。接下来，他们将完善这项技术，以便能够与基于真空的技术竞争，实现商业化生产。

值得一提的是，利用这种方式制造的薄膜太阳能电池，可直接用于屋顶制造。这将给未来的可再生能源及传统建材带来革命性变化。因为所有的太阳能应用最终都要考虑效率、成本和环境安全，而这种产品恰恰能够满足这些要求。

该研究小组也在研发使用纳米结构的光能吸收薄膜来制造太阳眼镜，它不仅成本更低，且防紫外线性能更好。研究人员认为，这项技术也能应用在照相机和其他光学设备制造上。

研究人员表示，他们旨在进行"太阳能电池的生产和应用的革新"，希望能够把成本降低 50%，减少生产过程对环境的伤害，同时创造更多的就业岗位。

（2）研制出增强纳米薄膜太阳能电池吸光技术。2012 年 1 月，由美国加利福尼亚理工学院应用物理和材料科学教授哈里·阿特沃特与其同事组成的一个研究小组，在《纳米快报》杂志上发表研究成果称，他们找到了一种巧妙的方法，使薄层能帮助太阳能电池超越射线-光极值。

尽管薄膜太阳能电池应用广泛，但它也有先天不足之处。它的薄膜越薄，制造成本越低，但当其变得更薄时，会失去捕光能力。阿特沃特研究小组表示，当薄层厚度等于或小于可见光的波长时，其捕光能力会变得很强。研究人员可据此研制出厚度仅为现在商用薄膜太阳能电池厚度的 1%、但捕光能力大有改善的薄膜太阳能电池。

该研究小组发现，当薄层的厚度小于可见光的波长（400 纳米到 700 纳米）时，薄层会同这些可见光的波特性相互作用，而不是把可见光看成一条直直的射线。阿特沃特说："当我们制造出的薄层厚度，等于或小于可见光的波长时，一切规则都改变了。"这样，一种材料的吸光能力，不再取决于厚度，而取决于光线和吸收材料之间的波作用。

通过计算和计算机模拟，研究小组证明，让一种材料对光更有"胃口"的技巧在于，制造出更多"光态"让光来占领，这些"光态"就像狭缝一样，能吸收特定波长的光。一种材料的"光态"数量部分取决于该材料的折射率，折射率越高，它能支持的"光态"就越多。

其实，早在 2010 年，斯坦福大学的教授范汕洄和同事，就把"光态"数确定为一种材料能吸入多少光线的主要因素。他们用一种折射率较高的材料把一种折射率低的材料包围，结果发现，高折射率材料的出现能有效提高低折射率材料的折射率，增强其捕光能力。

阿特沃特研究小组对上述结论进行延伸，这项研究表明，薄膜吸光器内挤满"光态"，会大大增强其捕光能力。而且，可通过几种方式，如用金属或晶体结构包住吸光层，或将吸光器嵌入一个更复杂的三维阵列中等，来提高吸收器的有效折射率。范汕洄表示："最新研究表明，我们可以采用多种不同的方法，有效地突破射线-光极值。"

美国托莱多大学的罗伯特·柯林斯表示，阿特沃特研究小组的研究是"非常关键的第一步"。但他也认为，这项技术还面临着诸多挑战，如需要额外的工业过程来制造这些超薄的薄膜，这会导致成本增加。

2. 发明降低太阳能电池耗材的纳米技术

（1）开发节省太阳能电池耗材的纳米夹层技术。2012 年 6 月 25 日，美国物理学家组织网报道，美国北卡罗来纳州立大学材料科学和工程系的助理教授曹林佑等人组成的一个研究小组，能够借助纳米夹层技术制成更"苗条"的薄膜太阳能电池，而不影响电池吸收太阳能的能力。同时，这也将大幅降低新型电池的制造成本，并可广泛应用于其他众多太阳能电池材料，如碲化镉和铜铟镓硒等。

研究人员能够借助纳米夹层技术，制成具有超薄活性层的太阳能电池。例如，他们可以在电池表面，创造厚度仅为70纳米的非晶硅活性层。曹林佑称："这是一项重大的改进，因为目前市场上同样使用非晶硅的普通薄膜太阳能电池，其活性层可达300纳米至500纳米厚，而活性层正是太阳能电池中吸收阳光并将其转化为电力或化学燃料的功臣。"

虽然新技术很大程度上依赖于传统的制造过程，但制造的成品有很大差异。首先需要借助标准光刻技术在基片上制成图案，这种图案可以描画由透明介质材料组成的结构轮廓，其测量值介于200纳米至300纳米之间。其次，研究人员将为基片和纳米结构涂覆一层极薄的非晶硅活性材料，并会在活性层的外层再涂上另外一层介质材料。

曹林佑表示，这项技术的一个重要方面就是纳米夹层的设计，可使活性材料位于两个介质层之间。纳米结构可作为十分有效的光学天线令太阳能聚集在活性材料上。这意味着研究人员能够使用更薄的活性层构建太阳能电池，而不会影响电池的效能，从而解决传统薄膜太阳能电池中活性层变薄会随之削弱电池能效的难题。

（2）发明能大幅降低太阳能电池硅用量的纳米蚀刻技术。2012年7月，由美国麻省理工学院机械工程系研究人员组成的一个研究小组，在《纳米快报》杂志上发表研究报告称，高纯度的硅占据传统太阳能电池阵列总成本的40%，因此研究人员长久以来一直在寻找可最大化太阳能电池输出功率同时降低硅用量的途径。现在，他们发现用纳米蚀刻技术能降低硅的厚度，可在保持电池高效的基础上，最高变薄90%，从而降低薄膜太阳能电池的制造成本。

研究人员称，这一途径的秘密在于用纳米蚀刻技术在硅表面形成微型倒金字塔图案。他们使用了两束重叠的激光束，以便在沉积于硅之上的光刻胶的表面，生成特别的微小刻痕。经过几个中间步骤后，氢氧化钾可溶解未被光刻胶覆盖的表面部分，从而在材料表面产生希望获得的金字塔图案。这些微小的刻痕每个都不足百万分之一米，却能够像厚度为自身30

倍的固体硅表面一样有效地捕获光线。这种可有效提升薄膜太阳能电池效能的新方法有望作用于任意的硅基电池。

有关专家表示，如果能够大幅降低太阳能电池中硅的用量，就能显著降低电池的生产成本。但问题是，当电池被打造得很薄时，其吸收阳光的能力将随之降低。不过，新方法却能克服这一问题。被研究小组称为"倒转纳米金字塔"的表面刻痕，能大大增加光的吸收量，而表面面积只会增加70%，从而限制了表面复合现象的发生。表面复合是指半导体少数载流子在表面消失的现象。半导体表面具有很强的复合少数载流子的作用，同时也使得半导体表面对外界的因素很敏感，这也是造成半导体器件性能受到表面影响很大的根本原因。

基于新方法获得的10微米厚晶体硅，能够达到与30倍厚的传统硅片近似的光吸收量。这不仅能够减少太阳能电池中昂贵的高纯度硅用量，还能减轻电池的重量，并因此节约所需的电池用料，有效降低薄膜太阳能电池的材料成本和安装成本。此外，新技术所使用的设备和材料也是现有硅芯片处理标准零件，因此无须更新制造设备，从而使制造的难度大幅降低，更加便于实施和操作。

研究小组表示，迄今他们只进行制造新型太阳能电池的第一步，即用纳米蚀刻技术在硅片上生产了具有图案的表面，并借助俘获的光线证实了它的效能提升，下一步则需要增加组件以生产真实的光伏电池，并证明它的能效可与传统太阳能电池相媲美。现今最佳的商用硅基太阳能电池的转化效率为24%，而研究小组期望新途径能够实现约为20%的能量转换效率，但这仍需进一步的实验进行检验。如果一切顺利，新系统可在不远的未来实现商用化，制造出更经济的薄膜太阳能电池，而超薄的设计也将使其应用范围更加广泛。

第三节　氢能与其他能源领域纳米技术的新进展

一、氢能领域纳米技术的新成果

1. 制氢方面纳米技术的新成果

（1）利用纳米管开发通过阳光从水中获取氢气的装置。2007年3月，由美国内华达大学材料科学和工程教授马诺仁简·米斯拉率领的研究小组，在实验室中成功开发出利用光能从水中获取氢气的小型试验装置。这个项目获得美国能源部提供的 300 万美元研究经费的支持。研究人员希望在不久的未来，能把试验装置转换成工业产品，为社会提供廉价的氢能源。

据悉，研制的小型试验性氢产生装置利用一种由 10 多亿根的纳米管构成的新材料，它具有从水中获取氢的巨大潜力。该小型试验性产氢装置现安装在内华达大学拉克索尔特矿石研究楼中。米斯拉表示，在实验室中，产氢时采用的是模拟阳光。

米斯拉表示，北内华达州具有十分充足的阳光，每年阳光灿烂的日子超过 300 天，是利用太阳能产生氢能的理想地。他称："我们能利用巨大的能源资源优势来生产氢气。在独特的北内华达州，每平方米日照平均光能大约为 1 千瓦，而内华州西部城市里诺的日照则更高。由于里诺的阳光更加明亮，我们有更理想的利用阳光产生氢的地方。"

（2）用纳米管发明光电解水造氢新技术。2007 年 8 月，由美国宾夕法尼亚州立大学材料研究所电机工程教授克雷吉·格兰姆斯领导的一个研究小组，在《纳米快报》上发表论文称，由自动排列、垂直定向的钛铁氧化物纳米管阵列组成的薄膜，可在太阳光的照射下将水分解为氢气和氧气。这种新的光电解水技术，费用低廉、污染少，而且还可以不断改进。

前些时候曾经报道过，在紫外线的照射下，钛纳米管阵列的光电转换效率可达 16.5%。二氧化钛通常用于白漆和遮光剂，由于它具有很好的电荷转移性和耐腐蚀性，因而有望成为廉价、长效的太阳能电池材料。不过，紫外线在太阳能光谱中只占大约 5%，研究人员需要找到一种方法，把材料的带隙移至可见光谱。

格兰姆斯研究小组推测，通过将低带隙的半导体材料：赤铁矿掺杂到二氧化钛膜中，可以吸收更大范围的太阳光。于是，他们把将掺杂有氟的氧化锡涂布到玻璃基质上，然后再将钛和铁溅射到其上面，从而制造出一种钛铁金属膜。该薄膜在乙烯乙二醇溶液中进行阳极电镀，接着经氧气退火 2 小时后结晶。经过对许多不同厚度、不同铁含量的薄膜进行研究，他们得到光电流强度为 2 毫安/平方厘米、光电转换率为 1.5% 的薄膜。这是利用氧化铁材料获得的第二高的光电转换率。

目前，研究小组正试图通过优化纳米管结构，以克服铁的低电子空穴迁移性。研究人员希望通过减少钛铁氧化物纳米管壁的厚度，具有赤铁矿带隙的材料，可获得接近 12.9% 的理论最大光电转换率。

发展洁净能源或替代新能源是未来能源建设的世界潮流，其中氢能是最佳选择。由于氢、氧结合不会产生二氧化碳、二氧化硫和烟尘等污染物，所以氢被看做未来理想的洁净能源，有"未来石油"之称。

（3）利用病毒搭建纳米组件从水中分离出氢。2010 年 4 月，由美国麻省理工学院材料化学家安吉拉·贝尔奇领导的一个研究小组，在《自然·纳米技术》杂志上发表研究成果称，他们利用病毒搭建纳米组件，把氢从水中分离出来，在把水变成氢燃料的漫漫征程中迈出了关键一步。

贝尔奇研究小组模拟植物利用太阳光分离水并制造化学燃料来促进自身生长的过程，对一个病毒进行基因改造，同时把它作为生物支架，将一些纳米组件搭建在一起，最终把水分子分离成氢原子和氧原子。

以往，研究人员使用太阳能电池板产生的电力来分离水分子，但该研究小组直接使用太阳光来制取氢。贝尔奇表示，虽然他们的最终目的是从水中得到氢气，但把氧气从水中分离出来面临的技术挑战更大，于是该研究小组首先开始攻克这一难关。

贝尔奇研究小组把病毒 M13 进行基因改造，让它吸附一个催化剂分子氧化铱和一个吸光物质锌卟啉，并同它们绑在一起，吸光物质源源不断地把阳光沿着病毒传递，于是该病毒就变成了类似电线的设备，能够高效地把氧从水分子中分离出来。

然而实验发现，一段时间后，该病毒"电线"会簇拥在一起，失去效力。于是，研究人员把它们变成凝胶状态，封入一个胶囊内，这些病毒因此能够保持自己的状态，从而维持了其稳定性和有效性。

这种方法使产生氧气的效率提高了 4 倍。研究人员希望能够找到同样地以生物学为基础的系统来完成这个反应的另一半过程：分离氢气。目前，从水中分离的氢被分成质子和电子。研究人员正在进行第二步攻关，把这些质子和电子变成氢原子或者氢分子。该研究小组也希望找到更常见、更便宜的物质来做催化剂，替代昂贵而稀少的铱。

贝尔奇表示，她们将在两年内研制出能够自我支持并持久耐用的模型设备，实现把水分离成氢气和氧气。

（4）黑纳米粒子可为光催化制氢反应提速。2013 年 4 月，由美国伯克利劳伦斯国家实验室环境能源技术中心科学家塞缪尔·毛领导，加利福尼亚大学伯克利分校研究人员参与的一个研究小组，在新奥尔良召开的美国化学学会年度大会上发表研究报告称，他们研发出一种原子尺度的"混乱工程"技术，可以把光催化反应中低效的"白色"二氧化钛纳米粒子变成高效的"黑色"纳米粒子。有关专家表示，这项技术有望成为开发氢清洁能源的关键。

塞缪尔·毛研究小组研发出的这项技术，通过工程方法把"混乱工程"引入半导体二氧化钛纳米晶体的结构中，使白色的晶体变为黑色，新晶体不仅能吸收红外线，还可以吸收可见光和紫外线。塞缪尔·毛在大会上指出："我们已经证明，黑色的二氧化钛纳米粒子能通过太阳光驱动的光催化反应产生氢气，而且创下了高效率的新纪录。"

塞缪尔·毛解释道："在实验中，我们让白色的二氧化钛纳米粒子承受高压的氢气，打乱了二氧化钛纳米粒子的结构，合成出的黑色二氧化钛纳米粒子，成为一种耐用且高效的光催化剂，而且也拥有了全新的潜能。"

氢气可广泛应用于清洁电池或燃料中，并不会加速全球变暖，但是，使用氢气面临的最大挑战是：如何高效且低成本地大规模制造出氢气。尽管氢气是宇宙中储量最丰富的元素，但纯氢在地球上少之又少，因为氢会同任何其他类型的原子结合。用太阳光把水分子分解成氢气和氧气，是理想的制造纯氢的方式。但这一过程需要一种高效且不被水腐蚀的光催化剂，二氧化钛能对抗水的腐蚀，但无法吸收紫外线，紫外线占据了太阳光10%的能量。

塞缪尔·毛研究小组的成果改变了这种现状，该技术不仅为制氢过程提供一种极富前景的新光催化剂，而且也消解了一些根深蒂固的科学观念。塞缪尔·毛称："我们的测试表明，一种好的半导体光催化剂，不必是瑕疵最小且能态仅仅在导带之下的单晶体。"

另外，在伯克利劳伦斯国家实验室先进光源中心进行的特性研究测量结果表明，在100个小时的太阳光驱动制氢过程中，有40毫克氢气源于光催化反应，仅仅0.05毫克氢被黑色的二氧化钛吸收。

（5）用纳米粒子催化剂让制氢过程一氧化碳接近零排放。2013年5月，由美国杜克大学工程学院机械工程和材料学助理教授尼克·霍特兹领导，他的研究生提提雷约·索迪亚等人参与的一个研究小组，在《催化学报》上发表论文称，他们在制氢反应中使用了新催化剂。结果表明，新方法能在产生氢气的同时将一氧化碳的浓度降低到接近零，而且进行新反应所需的温度也比传统方法低，因此更实用。

尽管氢气在大气中无所不在，但制造并收集分子氢用于交通运输和工业领域的成本非常高，过程也相当复杂。目前大多数制氢方法会产生对人和动物有毒的一氧化碳。

目前，较好的一种制造可再生能源的方法是使用从生物质中提取以乙醇为基础的原材料，如甲醇。当甲醇用蒸气处理后会产生一种可用于燃料电池的富含氢气的混合物。霍特兹称："这一方法的主要问题，也是会产生一氧化碳，而且少量一氧化碳很快就能破坏对燃料电池性能至关重要的电池膜上的催化剂。"

索迪亚称："现在，人人都希望能用可持续且污染尽可能少的方法，制造出有用的能源以取代化石燃料。我们的最终目的是制造出供燃料电池使用的氢。与传统方法使用金纳米粒子作为唯一的催化剂不同，我们的新反应使用金和氧化铁纳米粒子的组合作为催化剂。新方法可以持续不断地制造出氢气，产生的一氧化碳浓度仅为 0.002%，而副产品是二氧化碳和水。"

（6）用纳米技术制造廉价氢燃料。2013 年 7 月，由美国威斯康辛大学麦迪逊分校化学系博士后马克·洛克维斯基与教授金松一起领导的一个研究小组，在《美国化学会志》网络版上发表研究成果称，他们用纳米技术研制出一种新的二硫化钼结构，能充当水制氢反应中的催化剂，有望替代昂贵的铂来帮助人类早日迈进经济环保的"氢经济"时代。

从理论上而言，氢气是无碳、无污染的环保燃料。当燃烧氢气生成能量时，生成物只有水。但科学家们也已证明，用水制氢、再储氢并利用氢都非常困难。

该研究小组的最新发现或许让人们看到了些许曙光。他们用纳米技术制造出一种新的二硫化钼结构，研究表明，它可以显著为水制氢反应提速。

研究人员把二硫化钼的纳米结构沉积在一盘石墨上，随后用锂对二硫化钼进行处理，制造出另外一种具有不同属性的二硫化钼结构。研究人员解释道，就像碳既能制成供爱美女性佩戴的钻石，也能制成供小孩写字用的石墨一样，二硫化钼因其不同结构既能做半导体也能做金属。当二硫化钼在石墨上生长时，它是半导体；但当它经过锂处理就变成了金属。研究表明，金属状态的二硫化钼具有非常卓越的催化性能。

洛克维斯基称："像石墨由一堆容易剥离的薄片组成一样，二硫化钼也由能分开的薄片组成。以前的研究证明，具有催化活性的点位于薄片的边缘。钾处理的作用主要是：让二硫化钼从半导体状态转变到金属状态；让薄片分离，制造出更多边缘，增加具有催化活性的点的数目，使催化性能得以大幅提高。"

研究人员表示，新材料由常见的元素钼和硫组成，成本低廉。更重要的是，它完全避开了水制氢反应中的常用催化剂，即罕见且昂贵的铂。洛克维斯基称："为了降低水制氢反应的催化剂成本，大部分科学家采用的方法是通过制造微小颗粒来减少铂的使用，但我们完全不用铂，新材料的催化性能也很好。最新实验提出了一种新的提高催化剂性能的方法。"

金松表示："尽管新材料让水制氢反应的效率得以大幅提高，但与铂相比仍略逊一筹。接下来，我们将通过对这一过程的各个方面进行优化，以及探索相关化合物的潜能，找到方法提高新材料的性能。人类达到'氢经济'时代还面临诸多障碍，但氢燃料在高燃效和污染少等方面的优势如此明显，我们必须不断向前推进。我们已经制造出了几毫克这种催化剂，从理论上而言，可以对这种结构进行大批量生产。"

2. 贮氢方面纳米技术的新成果

（1）碳纳米管储存氢技术取得进一步突破。2006 年 2 月，有关媒体报道，由研究员安德斯·尼尔森领导，由斯坦福同步辐射光源、斯坦福大学研究人员组成的一个研究小组，已经通过开发出装氢气的小纳米碳管，实现储存氢技术取得新突破。

研究人员表示，碳纳米管比人类的头发丝还要细 5 万倍，它激发了研究人员对利用纳米电能设备的无限希望。该研究小组展示碳纳米管是安全、高效和存储致密氢气的有效工具。

研究小组的基本想法是：使用电把水分解为氢气（和氧气）原子，把氢气充入燃料电池中，再剥去氢原子内的电子，促使电子通过一种膜来产生电流去驱动汽车，而氢离子与氧原子重新合成水。

为了储存氢气，研究人员用氢束轰击一组碳纳米管薄壁。用不同的 X 光技术检查纳米管，看是否有氢原子与碳发生了化学键。结果发现大约 65% 的碳原子吸附了氢原子。尼尔森表示："我们可以得到如此多的碳氢化合键真是令人惊讶。它让我们产生了用其储存氢气的希望。"

单壁的碳纳米管实际上只有一个原子厚。所有的碳原子都位于表层，可以很容易附着。碳原子相互之间有两个化学键相连。进来的氢原子打破了碳双键，使得氢原子可以附在其中，而氢原子与碳原子间以单键相连。这种碳纳米管能够安全地储存氢，因为氢原子不是处于自由漂流状态而容易爆炸。

研究人员估计，氢化纳米管总重量的5%来自氢原子，他们现正在尝试加大其比例。美国能源部已经设置了目标，计划到2010年开发出含氢量为6%的材料。因为氢为最轻的元素，储存材料必须很轻才行——像碳一类的材料，这样才能保证储存的氢气占有较大的比例。

除了氢气的重量比例，研究人员也需要解决如何释放氢的问题。目前，氢碳化合键的分离温度在600℃以上，在这种情况下，碳纳米管与氢结合和使碳与氢分离的两个过程关，可能会给碳管造成缺陷。最好能在50℃～100℃就能释放出氢。添加金属催化剂和调整碳管的半径是潜在的解决办法。

（2）用纳米重力计发掘出新储氢材料。2008年4月，由美国维吉尼亚大学科学家菲利普斯和西瓦拉姆带领的研究小组，在《物理评论快报》上发表研究成果称，他们发现一种大有前途的新型储氢材料。据悉，研究人员利用纳米重力计质量检测技术，测量发现含钛过渡金属乙烯复合物可吸附高达12%重量比的氢气。这一数据大大高于美国能源部预定在2010年达到重量比为5.4%的储氢能力目标。

低成本、高容量的储氢装置是未来氢燃料电池商业化必不可少的条件。虽然科学家在过去几十年里，已研究过各种各样的材料，如碳纳米管、氢笼形水合物及其他纳米材料，但尚未发现一种令人满意的材料。

该研究小组发现的过渡金属乙烯复合物，即将成为储氢材料家族的最新成员。菲利普斯表示，一些理论认为，如果把一个钛原子用碳纳米结构隔离开来，钛可与3～5个氢分子产生弱键合。实验中，研究人员以钛乙烯结构为重点，理论预测钛：乙烯为1：1时，可达成12%重量比的储氢能力；钛：乙烯为2：1时，则可达成14%重量比的储氢能力，实验结果与之大致相符。

研究人员首先在乙烯气体中蒸发钛原子，钛原子与乙烯结合后，沉淀在表面声波质量感应器上。一旦沉积完成，研究人员把剩余乙烯从腔内除去，然后通入氢气。在整个过程中，研究人员用纳米重力测定技术，测量累积在感应器上的氢气量。由于表面声波元件的共振频率会随着氢气量的增加而降低，钛乙烯复合物所吸收的氢气量，便可简单地通过测量频率来精确测定。

研究人员指出，他们虽然已测量氢气的吸附，但尚未了解它们是怎样释出氢。研究小组计划把目前研究的材料，由毫微克往上增加，同时也希望能探究钛在苯或其他环状有机化合物气体中的键合机制。

二、机械能与风能领域纳米技术的新成果

1. 机械能方面：研制出可利用人体运动来发电的纳米纤维

2008 年 2 月 14 日，由美国佐治亚理工学院教授王中林领导的研究小组，在《自然》杂志上发表研究报告称，他们研制出一种能产生电能的新型纳米纤维。

报道说，王中林研究小组研制的这种纤维可以用来织布。神奇的是，用这种纤维织成的布可用于制造利用人体运动来发电的衣服、鞋和生物植入物，如起搏器等。

研究人员把这种新型纳米纤维命名为"芳纶纤维"。它是一种质地坚固重量轻的合成纤维，涂上四乙氧基硅烷，再在其上涂一层氧化锌，氧化锌向外生长形成许多凸起的晶体棒，就像卷式发梳上的梳齿。当有机械应力如弯曲、挤压、拉伸等，作用于这些氧化锌晶体"发梳"时，它们就会产生电压。

研究人员解释说，一些晶体的结构比较特别，缺乏对称性，当这种晶体受到压力而改变形状时，便会放出少量的电流，这就是压电效应。氧化锌就具备产生压电效应的特性。

研究人员研制了两种涂有氧化锌的纤维，其中一种上面的氧化锌晶体"发梳"被涂上了一层薄金，可作为电极，另一种的表面是未经处理的氧化锌晶体"发梳"。当这两种纤维相互摩擦时，涂金且较硬的"发梳"使没有涂金的"发梳"的梳齿弯曲，由于压电效应，氧化锌晶体上出现电荷。这两种纤维末端的电线可以将电流输送到照明装置上，从而实现机械能到电能的转换。

王中林称，目前，这种由两根纤维组成的纳米发电机的输出功率还很小，这主要是由于纤维的内阻较大，以及纤维之间接触面积较小造成的。目前，他们正努力提高这种基于纤维的纳米发电机的输出能量。

王中林认为，新成果为纳米发电机在生物技术、纳米器件、个人便携

式电子设备，以及国防技术等领域的应用，开拓了更为广阔的空间。

2. 风能方面：制成碳纳米管增强型风电叶片

2011 年 8 月 31 日，由美国物理学家组织网报道，由美国凯斯西储大学高分子科学和工程系博士后玛希尔·洛斯与他的合作者组成的一个研究小组，首次制造出碳纳米管增强聚氨酯风电叶片。与传统材料相比，该材料重量轻、强度大、耐久性好，有望成为制造下一代风力发电机叶片的理想材料。为了实现进一步扩大风力发电规模，更有效地利用风电资源，不少研究人员在致力于制造出更好的风电叶片，以提高风力涡轮机的效率。按理说，只要增大叶片面积，就能捕获更多的风能。但事情并非这么简单，如果叶片过重，推动转子转动就需要更大的风力，这意味着更多的风力被浪费在推动转子上而非发电。因此，更轻、更大、更结实耐用的叶片才是最佳选择。为此，洛斯研究小组制造出这种碳纳米管增强聚氨酯风叶。

研究人员说，力学性能测试表明，这种碳纳米管增强聚氨酯材料优于目前在风电叶片制造中所采用的树脂材料。通过对比，研究人员发现新材料每单位体积的重量要轻于碳纤维材料和铝，而在抗张强度上是碳纤维材料的 5 倍和铝的 60 倍。在抗疲劳测试中，这种增强聚氨酯复合材料叶片的寿命，比玻璃纤维增强环氧树脂材料长 8 倍。同时其断裂韧性也要优于玻璃纤维增强环氧树脂。

此外，在制造风电叶片的材料实验中，通过碳纳米管增强聚氨酯与玻璃纤维增强乙烯基酯树脂进行对比，它在每项测试中也都获得完胜的记录。

研究人员称，该项目现仍处于测试阶段，目前一切运作正常。下一步，研究小组将进一步对该复合材料中碳纳米管的分散性作测试，以使该材料达到最佳性能。这种碳纳米管增强聚氨酯风叶，将被安装在一台 400 瓦的风力涡轮发电机上进行测试。

凯斯西储大学教授伊卡·兹洛佐韦尔称，这种复合材料有望成为下一代风电叶片的理想材料，并为整个风电行业带来新的机遇。

三、天然气与生物质能领域纳米技术的新成果

1. 天然气方面：利用玉米棒芯制成纳米孔天然气储存装置

2007 年 2 月 20 日，由美国密苏里大学和中西部研究所工程专家组成

的一个研究小组，在天然气存储领域获得突破性进展，其负责人彼得·普法伊费尔在当地举行新闻发布会上称，他们巧妙地利用玉米棒芯，研制出一种纳米孔天然气储存装置，存储密度及压力指标都创下新纪录。

普法伊费尔介绍，他们以玉米棒芯为初始原料，制成一种"碳砖"，其内部布满复杂的形状不规则的纳米孔，存储天然气的密度创下新高，可轻松把相当于纳米孔自身总体积180倍的天然气储存在内，而内部存储压力只有普通天然气存储罐的1/7。

2000年，美国能源部设定了天然气储存装置"180∶1"的长远设计目标，以推动天然气燃料的应用研究。普法伊费尔称，碳砖纳米孔技术是第一种达到这一标准的存储技术。这一存储手段的新突破，对美国来说意义重大，有望大大推动天然气燃料在汽车领域的应用。

研发小组人员说，他们已经设计出一个试验装置安装到一辆皮卡车上试用。"我们将在此基础上设计出紧凑型的汽车天然气储箱，它与目前的油箱一样简洁实用"。

美国国内天然气储量丰富，不像石油那样依赖进口，而且汽车使用天然气为动力在环保方面效果良好。但目前，天然气在美国汽车中的应用十分有限，主要是受到天然气储存装置的局限。

通常的汽车天然气储存装置，需要把天然气高压压缩到一个大储罐中，这样才能存入足够多的天然气以保证连续行驶。现在，碳砖装置内部的纳米孔网络在较低压力下就能存储多得多的天然气，实用性大大增强。研发人员介绍称，较低的压力使得天然气储存装置的外形设计余地更大，可以设计成薄壁、直角的轻巧型气罐，附置于车底部，不占车内空间。

普法伊费尔表示，玉米去粒之后的棒芯在美国中西部各州产量很大。将来，人们可以把玉米粒用于加工生产乙醇，棒芯用于制造天然气储罐，这将极大地推动生物燃料的开发应用。

2. 生物质能方面：利用纳米技术使海藻细胞生产电流

2010年4月，由美国斯坦福大学生物燃料专家柳在亨率领的一个研究小组，在《纳米快报》杂志上发表研究成果称，他们利用纳米技术促使可进行光合作用的海藻细胞生成微弱的电流。有关专家认为，这项研究是在生产清洁、高效的"生物电"历程中迈出的第一步。

所谓光合作用是指植物、藻类和某些细菌等利用叶绿素，在阳光的作用下，把经由气孔进入叶子内部的二氧化碳、水或是硫化氢转化为葡萄糖等碳水化合物，同时释放氧气的过程。这一过程的关键参与者是被称为"细胞发电室"的叶绿体。在叶绿体内，水可被分解成氧气、质子和电子。阳光渗透进叶绿体，推动电子达到一个能量水平高位，使蛋白可以迅速地捕获电子，并在一系列蛋白的传递过程中，逐步积累电子的能量，直到所有的电子能量在合成糖类时消耗殆尽。

柳在亨表示，他们是首个从活体植物细胞中提取电子的研究小组。为此，研究人员使用了专为探测细胞内部构造而设计的一种独特的纳米金电极。把纳米金电极轻轻推进海藻细胞膜，使细胞膜的封口包裹住电极，并保证海藻细胞处于存活状态。在把纳米金电极推入可进行光合作用的细胞时，电子被阳光激发并达到最高能量水平，研究人员就对其进行"拦截"：把纳米金电极放置在海藻细胞的叶绿体内，以便快速地"吸出"电子，从而生成微弱的电流。研究人员表示，这一发电过程不会释放二氧化碳等常规副产品，仅会产生质子和氧气。

研究人员表示，他们能从单个细胞中获取仅1微微安培的电流，这一电流十分微弱。如果上万亿细胞进行1小时的光合作用，也只等同于存储在一节AA电池中的能量。同时，由于包裹在电极周围的细胞膜发生破裂，或者细胞遗失原本用于自养的能量，都可能导致海藻细胞的死亡。因此，研究小组下一步将致力于优化目前的电极设计，以延长活体细胞的生命，并将借助具有更大叶绿体、更长存活时间的植物等进行研究。

柳在亨称，目前研究仍处于初级阶段，研究人员正通过单个海藻细胞证明是否能获取大量的电子。他表示，这是潜在的、最清洁的能量生成来源之一，聚集电子发电的效率也将大大超越燃烧生物燃料所生成的能量，与太阳能电池的发电效率相当，并有望在理论上达到100%的能量生成效率。但这一方式在经济上是否合算还需要进一步的探寻。

四、核能与热能领域纳米技术的新进展

1. 核能方面：试用纳米材料把放射线转换为电能

2008年3月，英国《新科学家》周刊网站报道，美国洛斯阿拉莫斯国家实验室波帕·西米尔、戴维·帕斯顿等研究人员认为，把放射线直接转换为电能的材料可以开创宇宙飞船的新纪元，甚至还可以开辟以高功率核电池驱动的地面交通工具的新时代。

在核电站中，电力通常是利用核能加热蒸气，从而驱动发电涡轮机而

产生的。自20世纪60年代起，美国和苏联开始利用通过核裂变把热能转换成电能，从而为宇宙飞船提供动力的热电材料，或者使用放射性衰变材料，即"核电池"。"先锋"号太空探测行动使用的是核电池。

现代涡轮机的系列和型号增多也不再那么复杂，但热电材料的功率很低。美国研究人员称，他们开发出了高功率材料，可以把核燃料及核反应产生的放射线直接转换成电能，而不需通过热能。

西米尔称，把放射粒子的能量转换成电能效率更高。据研究人员计算，比起热电材料的功率，他们正在试验的材料，从放射性衰变中提取的能量最多可高出19倍。研究人员正在对多层碳纳米管进行测试。这种纳米管与金一起被氢化锂包裹起来。猛烈撞入金的放射性粒子，撞击出大量高能电子。这些电子，通过碳纳米管进入氢化锂形成电极，使得电流通过。

西米尔表示，这种多层碳纳米管最好是用来利用放射性材料产生电能，因为它们可以在放射性最大时被直接嵌入。但是它们也可以从核裂变反应堆的放射线中直接获得能量。用这种材料建成的设备，可以为宇宙飞船、飞机、地面交通工具等提供动力。

洛斯阿拉莫斯国家实验室的戴维·帕斯顿称："我认为，这项工作具有创新性，可能会对核动力的前景产生重大影响。"

2. 热能方面纳米技术的新成果

（1）制成可把人体热量转换成电能的纳米"动力毡"热电装置。2012年2月，由美国维克森林大学纳米技术和分子材料中心主任戴维·卡罗尔主持，研究员科休·伊特等人参与的一个研究小组，在《纳米快报》期刊上发表研究成果称，他们开发出一个被称为纳米"动力毡"的热电装置，只需触摸它，即可将人体的热量转换成电流，可给手机电池充电。

研究人员介绍称，这种装置是把微小的碳纳米管锁定于柔性塑料光纤之中，感觉像是面料。该技术利用的是温度差异产生电力来充电，如房间温度与人体温度的不同。

"动力毡"可置于汽车座椅上，以确保电池的电力需求；也可衬于绝缘管道或屋顶瓦片下，收集热量以降低煤气费或电费；或者衬在服装里作为微电子充电装置；抑或包扎在静脉受伤位置，以更好地满足跟踪患者的医疗需求。

卡罗尔称："试想一下，'动力毡'作为应急配套配件包缠在手电筒上，或给手机充电收听天气预报。这种装置可用于应对停电或意外事故等紧急情况。"

研究人员表示，热电的成本使其无法更广泛地应用于大众消费产品。标准的热电装置，使用更多的是一种被称为碲化铋的化合物，相关产品如移动冰箱和 CPU 散热器，高效地把热能转化成电能，但它每千克要花费 1000 美元。如果有一天将"动力毡"添加到手机盖上，成本可能仅需 1 美元。

目前，该织物堆积的 72 个管层可产生约 140 纳瓦功率。该小组正在评估几种更多添加碳纳米管层的方法，使其甚至在更薄的状况下提高输出功率。

休·伊特称："虽然在'动力毡'准备投入市场之前还有更多工作要做，已经想象到它可以作为温暖外套的热电内衬垫，当外界很冷时它可为人们驱寒保暖。如果'动力毡'效率足够高的话，还可为 iPod 提供电力，它的持久力绝不会令人失望。这绝对是指日可待的。"

（2）首个热电效应纳米级发电系统问世。2012 年 2 月，由美国麻省理工学院纳米技术研究小组副教授迈克尔·斯特拉诺与澳大利亚皇家墨尔本理工大学电子和计算机工程副教授科洛石·卡兰塔扎德组成的国际研究小组，在《IEEE：光谱学》杂志上发表研究成果称，他们在储能和发电技术领域取得了新突破。就同等尺寸而言，其新研制的实验系统产生的电力是目前最好的锂离子电池的 3 ～ 4 倍。

研究小组在沿碳纳米管测量其化学反应速度时，发现了这种反应可产生电力。目前，它正结合各自在化学和纳米材料技术上的专长，探求该现象的发生机理。

卡兰塔扎德表示，该基于碳纳米管的实验系统可产生电力，这是研究人员以前从未发现过的。对硝化纤维内的碳纳米管进行喷涂，并点燃其一端，掀起的燃烧波表明，纳米管是非常出色的热传导体。更妙的是，燃烧波创建了一个强大的电流。这是首个利用热电效应在纳米尺度产生电力的方法，从而有望解决发电装置微型化过程中的瓶颈问题。

（3）用纳米技术研制成转换效率最高的热电材料。2012 年 9 月 20 日，由美国西北大学与密歇根州立大学机械工程师组成的一个研究小组，在《自然》杂志上发表研究成果称，他们开发出一种稳定的环保型热电材料，热电品质因数（ZT）创下世界纪录，达到 2.2，可将 15% 至 20%

的废（余）热转换成电力，成为目前最有效的热电材料。

热电材料有着广泛的工业应用，包括汽车产业，可发挥从车辆排气管排出汽油的更多潜在能量；玻璃、制砖、炼油厂、煤炭和燃气电厂等重工业领域，以及大型船舶和油轮里持续运转的大内燃机等。这些领域的废热温度高达400℃到600℃，这个温度范围对使用热电材料正是最有效点。过去的热电材料把热能转换为电能的效率都不高，大多只有5%到7%左右，这限制了热电材料的应用。

新材料基于常用的半导体碲化铅，表现出的热电品质因数为2.2，热电转换效率达到15%～20%，这是迄今报告的最高效率。"好奇"号火星探测器采用的碲化铅热电材料，其热电品质因数为1，效率只有这种新材料的一半。

研究人员对碲化铅进行了一系列改造，先在其中加入钠原子提高其导电性；然后在材料中引入纳米结构，即碲化锶纳米晶体，以减少电子散射，增加材料的能量转换效率。他们还通过更广泛的声子频谱散射穿过所有的波长，减少了散热，使热电转换效率提高了近30%。声子是一种振动能量的量子，每一个具有不同的波长。当热流经材料时，声子的频谱会被分散在不同的波长（短期、中期和长期）。

研究人员称，每次声子散射的热导率降低，就意味着转换效率的提高。他们把分散短期、中期和长期波长的三种技术，结合于一种材料里同时工作，这是第一次同时在频谱范围内分散所有的三种光。这种成功地集成全尺度的声子散射方法超越了纳米结构，是一种非常创新的设计，适用于所有的热电材料。

第八章　生命健康领域纳米技术的新进展

本章分析美国在生命、癌症防治，以及其他疾病防治方面纳米技术的创新信息。美国在生命领域，主要集中在用纳米技术进行基因破译、基因检测和治疗；用蛋白质制造纳米产品，研制分析蛋白质的纳米设备；发明研究细胞的纳米设备，用纳米技术完善细胞疗法；开发研究病毒的纳米仪器，发明观察植物细胞壁的纳米技术。美国在癌症防治领域，主要集中在用纳米技术提高癌症检测和监测水平；用纳米粒子治疗癌症，把纳米技术与分子技术结合起来治疗癌症，把纳米粒子与交变磁场结合起来治疗癌症，把放射治疗与纳米技术结合起来治癌；用纳米技术研究治癌药物和设备。美国在其他疾病防治领域，主要集中在用纳米技术防治心脑血管疾病、神经疾病；用纳米技术防治流感、肠道疾病、糖尿病、骨科病和五官科疾病等；用纳米技术研制防治其他疾病的药物和医疗设备。

第一节　生命领域纳米技术的新成果

一、基因领域纳米技术的新进展

1. 基因破译方面纳米技术的新成果

（1）发明把 DNA 解链为纳米级有序结构的技术。2005 年 12 月，由美国俄亥俄州立大学分子生物学专业教授詹姆斯领导的研究小组，在美国《国家科学学院学报》网络版中发表研究成果称，他们发明一种方法，可以把长的 DNA 螺旋解链达到纳米级，并按照一种精确的模式进行组装。这些 DNA 链日后有望在电子，以及医疗设备等生物学领域中得以应用。

研究小组详细描述了如何利用微细的橡胶梳将 DNA 螺旋从水滴中分离出来的过程。

目前，虽然也有其他实验室制成 DNA 简单结构的模型，并且在基因测序和医疗诊断中加以应用。然而，是詹姆斯等首次把 DNA 解链为有序结构，并使其严格按照转录方式进行排列。他们使用相对简便的设备，使 DNA 解链的准确度达到纳米级。解链的 DNA 最长为 1 微米，而直径只有 1 纳米。

在这项技术中，研究人员把细小的橡胶梳插入含有 DNA 螺旋分子的一滴水中，当梳子被拔出的时候，DNA 螺旋就会沿梳子的表面进行解链。随后，将梳子放置在玻璃表面，根据放置方式的不同也就形成不同长度、不同形状的 DNA 链。因此，这项技术中使用的设备基本上只是一小块橡胶和一滴 DNA 溶液。

应用计算机芯片进行化学分子及疾病的检测时，第一步就是需要制成大量的 DNA 环路。詹姆斯等发明的这项技术，为低成本地实现这一目标打下基础。

俄亥俄大学大力支持这项技术的进一步研究。目前，研究人员正试图建立用于检测疾病特定分子标记的无线传感器。同时，他们还将与电子计算机工程专业的人员合作，来检测这种传感器的电子特征。他们也希望，可以应用这项技术建立一种 DNA 纳米装置，进行基因方面的相关研究。

（2）利用纳米孔方法改进基因组排序。2006 年 4 月，由美国加利福尼亚大学圣迭戈分校物理学副教授马西密连诺·维托拉、物理研究生约翰·拉格维斯特、迈克尔·祖莱克等人组成的一个研究小组，在《纳米快报》杂志上发表论文称，他们发展了一种快速、廉价的 DNA 排序技术。他们把 DNA 链通过一个非常小的纳米孔，然后测量得到的电学信号，从而确定 DNA 链上的各种基的排序。这项技术将使基于基因组的个性化医学发展，更接近于实际应用。

研究小组在论文中提出一种在几个小时内，测量人类基因组排序的廉价的新方法。他们把 DNA 链穿过一个非常小的孔，然后测量由此产生的电子学涨落。而用现在的 DNA 排序技术，对一个人的基因组排序，需花几个月的时间和几百万美元，所以研究人员们表示，他们的新方法可能会对医学产生革命性的影响。

维托拉称："利用现在的 DNA 排序技术对单个人的基因组进行排序并用于医学治疗太慢、太贵了，所以并不现实。我们的方法可能使这个梦想实现。"

研究小组对 DNA 分子的运动和电子学涨落进行数学计算和设计计算机模型，提出一种识别组成 DNA 链的四种不同的基（A，G，C，T）的方法。他们使用了直径大约一纳米的氮化硅孔，氮化硅在一般的纳米结构中很常用，使用也很方便。小孔旁边放置有两个金电极，它们可以记录下 DNA 链通过小孔时垂直于 DNA 链的电流信息。因为每种 DNA 基的结构和化学性质都是不同的，所以它们给出的电子学信号也不同。

以前用小孔测量 DNA 排序的方法之所以不成功，主要是因为 DNA 链上打了结或有弯折，这样就给信号引入了非常大的噪声。新方法利用了垂直于 DNA 链的电流的特性，它减小了 DNA 结构带来的信号涨落，所以它可以使噪声最小化。

祖莱克称：“如果自然界太刻薄的话，那么 DNA 链通过小孔给出的电子学涨落信号就给不出辨别 DNA 基的有用信息。但是，我们发明了一种特殊的方法，利用纳米孔与电极系统压低 DNA 链结构的影响，使得它不足以湮灭用于识别不同基的有用信号。”

尽管如此，研究人员们还是认为有一些障碍需要克服，因为没有人能做出带有特定结构电极的纳米孔，但是研究人员们认为这只是一个时间问题，总会有人能够做出这种元件的。纳米孔和电极都能单独的做出来，但是要把它们组装到一起一直是一个技术难题，这个领域发展很快，所以有望在不久的将来解决这个问题。

纳米孔方法除了速度快、费用少之外，它另一个重要的优势是错误率比现在的方法少。拉格维斯特称：“我们提出的 DNA 排序方法比现有的桑格方法的错误少。我们的方法，可以对含有几万个配对基的 DNA 链，甚至是一条完整的 DNA 链进行排序。过去的方法需要把 DNA 链切成很多小段，复制 DNA 分子，然后用很多排序工具，这都会引入很多额外的错误。”

维托拉称：“我们并不是把研究对象看做是 DNA，在我们眼中，它仅仅是一束原子和电子，我们可以预言并控制它们的行为。”

（3）纳米阵列技术使基因测序成本大幅度下降。2009 年 11 月 5 日，由美国完整染基因公司、哈佛医学院和华盛顿大学联合组成的一个研究小组，在《科学》网络版上发表相关成果称，他们利用纳米阵列技术，对个人基因组进行测序，其成本已降至不足 5000 美元。与此形成鲜明对比的是，2007 年前对个人基因组进行测序需要耗费 1000 万美元，2008 年的成本为 100 万美元。

研究人员利用完整染基因公司的纳米阵列技术，对 3 个个体的全基因组进行测序，测序的平均费用仅为 4400 美元。其中一位白人男子基因组的测序错误率，大约为十万分之一。

纳米阵列技术属于第三代测序技术，即采用高密度 DNA（玻璃板）纳米芯片技术，在芯片上嵌入 DNA 纳米球，然后用非连续、非连锁联合探针，锚定连接技术来读取序列。该技术的应用，可减少试剂的消耗和成像时间。

完整染基因公司首席科学家瑞德·德玛拉克表示，该公司目前正在搭建医疗基因组平台，了解疾病同基因的关系。而在接下来的 5 年内，研究人员将削减成本，以让所有人都能够进行基因测序，让基因研究更好地服务于人们的医疗保健。该公司计划于一年后推出个人基因测序服务。

（4）结合生物和纳米技术发明 DNA 的快速阅读器。2010 年 8 月，《每日科学》报道，由美国华盛顿大学物理教授简斯·冈德拉克领导，亚拉巴马大学伯明翰分校的迈克尔·涅德维斯等人参加，由美国国家卫生研究院和美国人类基因研究院资助的一个研究小组，运用新技术设计出一种脱氧核糖核酸（DNA）阅读器，可在纳米孔内对 DNA 进行快速测序，而且价格比较便宜。新方法可为癌症、糖尿病或某些成瘾患者，量身绘制个性化基因测序蓝图，提供更加高效的个体医疗。

冈德拉克表示，他们结合生物和纳米技术研制出这种 DNA 阅读器。阅读器内纳米微孔使用一种取自耻垢分枝杆菌的细胞外膜孔道蛋白 A。这种纳米微孔只有 1 个纳米大小，仅够用来测量一个 DNA 的单分子链。

研究人员把微孔放在一层浸泡在氯化钾溶液中的膜上，并施加一个小的电压，让电流通过微孔。不同的核苷酸通过纳米微孔时，回路中的电流就会随之改变，这些电流称为特征信号。胞核嘧啶、鸟嘌呤、腺嘌呤和胸腺嘧啶这些 DNA 的基本组成要素，会生成不同特征的信号。

研究小组解决了两个主要问题，一是生成仅容一条 DNA 单链通过的纳米微孔，且每次只能通过一个 DNA 分子。涅德维斯改良了细菌，生成合适的微孔。第二个问题是让核苷酸以每秒 100 万个的速率通过纳米微孔，冈德拉克称，这实在太快了，阅读器还无法在这种速度下对每个 DNA 分子信号分类整理。为解决这一点，研究人员在每个要测量的核苷酸之间附带了一段双链 DNA，双链 DNA 在微孔中流动不那么顺畅，磕磕绊绊地通过微孔，便可将下一个通过微孔的单链延迟几毫秒。这种延迟尽管只有千分之几秒，电信号却有了充足时间来识别目标核苷酸，从而从示波器轨迹上准确读出这些DNA序列。

这项研究旨在降低人类基因组完整测序成本，使其降到1000美元或更少。该研究始于2004年，当时完整测序一个人的基因要花费1000万美元，而新的测序技术使人们向1000美元测序的目标迈进了一大步。

2. 基因检测和治疗方面纳米技术的新进展

（1）发明用纳米荧光粒子标记基因的技术。美国标准与技术研究所的研究人员在2004年2月期的《核酸研究》杂志上报道，一种纳米成像技术可以大大提高一种重要乳腺癌诊断方法的可靠性。

这种方法需要将直径只有15纳米的荧光粒子附着到DNA的特殊部分，随后分析荧光信号的强度，以及其他特性。这些粒子称为量子点，具有独特的光电性质，使其比生物医学研究中常用的传统规荧光标签更易检测到。NIST的研究小组证明量子点释放的信号强度比另外两种传统荧光标签强2～11倍，暴露于光下时稳定性也更好。

这个新技术是NIST的研究小组建立一个识别可能受益于一种特殊药物的乳腺癌患者的检测方法的标准时偶然发现的。这个标准被认为有助于减小用来检测某个特殊基因的荧光原位杂交检测方法中的不确定性。这个基因的多余拷贝会导致一种蛋白的过量表达，引起肿瘤细胞快速生长。量子点有望用于标记这些基因。

这项研究所用的量子点是市场上有售的半导体材料集合体，虽然含有数百甚至数千个原子，其电活动依然像一个原子。量子点可有效吸收广泛频率的光，然后以一种波长（也就是一种颜色）重新发射，这个波长取决于粒子大小。

（2）研制出可测量单个DNA分子质量的纳米级设备。2005年5月，由康奈尔大学应用和工程物理学教授哈罗德·克瑞海德等人组成的一个研究小组，在《纳米快报》发表论文称，他们研制出一种纳米级新设备，利用一种高度精密的技术，已经测量出单个DNA分子的质量，大约是995000道尔顿，它比1微微微克稍重。该设备还可以通过对质量进行计算，得出附在单个受体上的DNA分子个数。

研究人员称，这种设备属于纳米级电子机械设备，可以把悬臂制造得很小来进一步增强敏感度。他们还称，这种技术可以与微应用流体学结合来对体积极小的 DNA 样本进行基因分析，甚至分析一个细胞中的样本。目前，基因分析技术需要对更小的 DNA 样本进行研究，使其通过一种称为聚合酶链式反应的技术来多次进行复制。DNA 分析的用途之一，就是可以探测癌症易感基因的基因制造者。

DNA、蛋白，以及其他有机分子的质量，常常都是用道尔顿来表示。1 道尔顿，同样是原子质量的单位，大约等于单个质子或中子的质量。与其他质量单位相比，1 道尔顿是千分之一渺克，1 渺克是千分之一微微微克，1 微微微克又是千分之一毫微克，1 毫微克又是千分之一皮克，而 1 毫微克是十亿分之一克。

当 DNA 的体积很大，大到像分子的时候，它们与大多数病毒相比仍然小得多，病毒主要是 DNA 核，以及覆盖在核上的一层蛋白组成。康奈尔大学的研究人员相信，这项研究能用于发现更小的有机分子包括蛋白，并且可以在医疗或法医诊断中获得更广泛的应用。克瑞海德称，如果拥有识别蛋白质和其他有机分子的能力，就可能会研究出针对一系列疾病，包括艾滋病的探测器。

（3）发明能识别生物分子的 DNA 纳米条形码。2005 年 6 月，由康奈尔大学罗丹等人组成的一个研究小组在《自然·生物学》杂志上发表文章称，他们发明了一种新型系统，与在超市里收款时所用的条形码系统类似，可以快速识别出某一种物质可能含有的上千种不同成分。

研究人员称，借助这一系统将会开发出所谓的"DNA"条形码，对基因、病原体或毒品，以及其他化学物品进行检测。

研究人员介绍称这一新技术称为"纳米条形码"，主要是利用紫外线对被检测物质在不同颜色光照条件下进行荧光分析，而后由电脑对其分析结果进行识别分类确认。罗丹称，目前，大多数其他对生物分子进行检测的方法都需要昂贵的设备，但我们的技术建立在廉价易行的手持设备基础之上。

据介绍，研究人员巧妙地把三条短链 DNA 互相连接起来，合成一个"Y"型的结构。之后，再利用许多这样的"Y"型结构，"编织"成一个具有如同树状分枝的结构。研究人员称，对那些抗体或者分子而言，它们结合在这样的树状分枝结构的末端，就成为了检测所需要发现的目标 DNA 链。

据悉，研究人员利用新系统在试验中已经检测出炭疽、土拉菌病细菌，以及埃博拉和 SARS 病毒等。

（4）首次利用纳米颗粒把基因传递进活体小鼠大脑中。2005 年 7 月，由布法罗大学研究人员组成的研究小组在美国《国家科学院学报》网络版上发表研究报告称，他们利用特制的纳米颗粒首次把基因传递进活体小鼠的大脑中。这种方法的效率能与使用病毒载体传递的效率相媲美甚至更优，并且没有观察到任何毒副作用。

研究人员称，他们利用基因纳米颗粒复合体活化活体成熟大脑干细胞/祖细胞的过程。并且表明，这种方法有可能启动这些闲散细胞（大脑干细胞）来有效替换掉那些被神经退化疾病（如帕金森病）破坏的细胞。这种纳米颗粒，除了将治疗性基因传递入大脑来修复功能障碍的脑细胞，还为研究大脑基因的遗传机制提供了有价值的模型。

基因治疗使用的病毒载体具有恢复到野生型的威胁力量，并且一些人类试验甚至导致了患者的死亡。因此，新的研究将把更多的精力放在非病毒的载体上。病毒载体只能由专家在严格控制的实验室条件下制造，而这种新的纳米颗粒，可以由有经验的化学技师在数天内轻松合成。

研究小组用杂合的有机修饰硅（ORMOSIL）制造这种纳米颗粒。这种材料的结构和组成，能够使研究人员构建出靶向不同组织和细胞类型基因的个性化纳米颗粒库。这种纳米颗粒最关键的一个优势是它的表面功能性，这使得它能被靶向特定的细胞类型。

在试验中，被靶向的多巴胺神经元吸收并表达了一种荧光标记基因，因而可以表明纳米技术有效地把基因传递到大脑中特殊细胞类型中的能力。

研究小组利用一种新的光学纤维活体成像技术，能够观察到表达了基因的大脑细胞而无须伤害试验动物。而且，这项研究首次证明非病毒载体能够像病毒载体一样有效、定向地传递基因。

（5）发明利用纳米通道精确检测 DNA 的新技术。2007 年 4 月，有关媒体报道，普渡大学纳米技术中心的研究小组向公众展示如何利用"纳米小孔通道"来快速精确的检测特定 DNA 序列。这一技术能用于医药、环境监控及国土安全等诸多领域。

纳米通道直径约为 10～20 纳米，长度为数百纳米，它们是由内部结合了单链 DNA 的硅质通道构成的。研究人员表示，此前其他的研究小组已经制造出过这一类通道，但是普渡大学研究小组是世界首个把特定 DNA 单链结合到这种硅通道内的小组，然后科学家就可以用其探测液体中的 DNA 分子了。

每个通道都建造在一个很薄的硅膜上，然后放入含有 DNA 的液体中。由于 DNA 是带负电的，跨膜施加一个电压就会造成遗传物质穿过通道。科学家发现那些和通道内部附着的 DNA 完全匹配的 DNA 能更快速的移动，并且穿过孔的数量也更大。

研究人员称："我们能通过测量通道的电流大小来确定特定 DNA 链的移动。从本质而言，可以利用特殊的信号脉冲作为特定 DNA 移动的结果。"DNA 是由 4 种不同的核苷酸基构成的，这些基之间两两结合，就形成了双链螺旋结构。

专家指出，这一技术能快速探测 DNA 分子，并且不需要任何标记分子，它有望用于很多 DNA 检测领域。

（6）发明纳米隧道电穿孔基因治疗技术。2011 年 10 月，《自然·纳米技术》杂志网站上，公布了美国俄亥俄州立大学的一项发明：纳米隧道电穿孔新技术。它给细胞注射基因治疗药剂时，不用针头，而是用电脉冲通过微小的纳米隧道，能在几毫秒内把精确剂量的治疗用生物分子"注射"到单个活细胞内。

长期以来，在进行基因治疗时，人们无法控制插入细胞的药剂数量，因为人体内绝大部分细胞的个头都太小，最小的针头对它也无能为力。现在有了这项新技术，就可以把定量的抗癌基因，成功地插入白血病细胞中并杀死它们。

据介绍，研究人员是这样操作的：他们用聚合物压制成一种电子设备样机，用脱氧核糖核酸（DNA）单链作为模板构建纳米隧道。他们发明了一种使 DNA 链解旋的技术，并使其按照需要形成精确结构。他们给 DNA 链涂上一层金涂层并加以拉伸，使之连接两个容器，然后将 DNA 蚀去，在设备内部留下一条连通两个容器的尺寸精确的纳米隧道。

隧道中的电极将整个设备变成一个微电路。几百伏特的电脉冲，从一个装药剂的容器经纳米隧道到达另一个装细胞的容器，在隧道出口处形成强大的电场，与细胞自身的电荷相互作用，迫使细胞膜打开一个小孔，足够投放药物而不会杀死细胞。调整脉冲时间和隧道宽度，就能控制药物剂量。

为了测试这项新技术能否递送活性药剂，研究人员把一些治疗用核糖核酸（RNA）插入白血病细胞，发现 5 毫秒的电脉冲能递送足够剂量的

RNA 杀死这些细胞；而更长的脉冲，如 10 毫秒，能杀死几乎所有的白血病细胞。作为对照，他们还把一些没有药用价值的 RNA，插入白血病细胞中，结果这些细胞都没死。

二、蛋白质领域纳米技术的新进展

1. 利用蛋白质制造纳米产品

（1）利用蛋白质制造用于超薄型电视的纳米元件。2004 年 8 月，美国一家生物科技公司宣布，他们通过开发生物材料的自组装能力，利用蛋白质来制造微型电子元器件的技术，并已获得 3 家风险投资商的 180 万美元风险投资。

该公司迈克尔首席执行官称，我们可以生产需要微细布线的半导体，以及使用各种无机化合物制造直径数百纳米左右的纳米管。因为利用的是生物材料的自组装现象，所以反应可在低温下进行。与现有技术相比，可大幅简化生产设备。这是该公司获得的首笔风险投资，今后将加紧进行商业运作，争取 3～4 年后达到实用水平。目标是开发出用于超薄型电视的新型纳米材料。

该公司拥有与特定无机化合物具有亲和性的蛋白质（缩氨酸），及其 DNA 碱基序列的相关数据库。可与铁、金、镓、砷、钙等元素组成的无机化合物有选择性地进行结合的缩氨酸，在特定条件下使它们发生反应，就可以通过缩氨酸的自组装将无机化合物排列整齐。

该公司研究人员表示："缩氨酸由 8～20 种氨基酸构成，长度可进行调整，如可将其长度设定在 1 纳米左右。"使用这种缩氨酸，可以制造出使用碳以外材料的纳米管，以及厚度在 1 纳米左右的薄膜。

可与特定无机化合物相结合的缩氨酸是通过所谓的噬菌体展示法发现的。在该方法中，通过有意地使抗生素的基因发生变异，培养出含有不同特性表面蛋白质（缩氨酸）的抗生素。仅挑选出结合在目标化合物表面的抗菌体进行大量培养，来获取该缩氨酸的 DNA。通过这种方法制作与特定化合物具有亲和性的缩氨酸的数据库。

噬菌体展示法是在药品的研究开发中使用的一种组合化学技术。该公司把这项技术应用于半导体、磁性材料、金属、氧化物及陶瓷制品等领域，成功对可与无数的化合物进行特异结合的缩氨酸进行了分离。

（2）利用蛋白酶促使纳米微粒聚合。2006 年 5 月，美国麻省理工学院一个研究小组在《应用化学》杂志上发表论文称，他们利用蛋白酶促使纳米微粒相互之间加强聚合，并让这种纳米微粒停留在肿瘤细胞里，有助于早期检测出癌症。

研究人员表示，新血管形成是生成实体肿瘤的重要前提，但是由于肿瘤的血管生长非常快，因此血管内的内皮细胞之间，仍会有空间存在。这项研究从动物实验入手，研究人员把氧化铁制成的纳米微粒注射到动物体内，经血液进入肿瘤中，这样纳米微粒就可以通过这些空间进入肿瘤。一旦进入肿瘤，纳米微粒就会通过由研究人员之前设计好的机理，使其结集在一起。

研究人员说，这主要是利用某些位于肿瘤中的蛋白酶，使纳米微粒积聚或黏结在一起。聚集在一起的纳米微粒由于颗粒太大，所以无法离开细胞间的空间，并且发出比单独的纳米微粒更强的磁性信号，可利用核磁共振仪检测到。

2. 利用纳米材料研制出分析蛋白质的设备

（1）用纳米线研制出检测蛋白的新装置。2005 年 11 月，有关媒体报道，由哈佛大学生物学家查尔斯·利伯领导的一个研究小组，用纳米线设计出一些特殊的微阵列芯片，研制出灵敏检测蛋白质的新装置。这项成果证明，以纳米线为基础的微阵列芯片，不仅为检测生物样品中标记蛋白提供新方法，而且可以把它大范围地应用到其他临床诊断领域。

研究人员表示，这些微阵列芯片的原理其实很简单：把硅纳米线放置于一种经过特殊处理制成的芯片上的特定位置，此后它们被涂上一层特殊的受体分子，该分子具有检测某种目标物的专一性。如果目标物是一种带电分子，那么当它和受体分子成功进行结合后，涂有受体分子的纳米线就会发生电导率的变化，而变化值会和结合基团的浓度大小，成一定的比例关系。

研究小组最初的实验是把特异性的前列腺抗原作为目标物，结果像飞摩尔这样微量级的浓度也可以检测出来。在随后的实验中，研究人员对实验系统进行了其他方面用途的检验，其方法就是，设计一种同时携带有三套纳米线的微阵列芯片，其中每套纳米线具有检测某种目标物的专一性。结果研究人员很欣喜地发现，每种纳米线都具有抗原专一性，而且灵敏性也相同。

研究人员表示，这一微阵列芯片设计时就考虑了用途的多样性，具有同时检测几十种甚至几百种目标物的潜力，因此它有望成为一种定量检测人类血清或组织样品中有关疾病的生物标记物的有用工具。为达到这一目的，利伯研究小组利用他们设计的这一系统，对纯血清样品中的前列腺特异抗原含量进行定量测定，结果发现即使对复杂的天然混合物，这一方法仍然有效。

利伯认为："我们能对子皮摩尔这样微量级的标记物进行检测，而且要从血清中的所有蛋白检测出来。对我来说，这的确是一种惊奇。因为它不仅提供了灵敏度，而且还提供了专一选择性。"

当然，这一系统的特异性是建立在受体的专一性基础之上的。利伯意识到保持开放的态度对以后的工作十分重要。在探讨特异性寡聚核苷酸适配子，或者配糖类细胞表面因子的应用前景时，他指出："该系统的美妙之处在于有很多不同的受体，人们可以考虑如何加以使用。"对这些分子，他补充："如果你有一种类似膜状物的薄层作为受体使用，而且它携带有类似细胞的受体配位基团从纳米线上的薄层中凸现出来，那将具有更佳的效果，因为在这种情形下，薄层的绝缘系数就非常低，而且还不必去应对一个可能导致灵敏度降低的开放的液体网络。"利伯研究小组也揭示了该系统具有很多其他的新奇用途，如通过监测寡核苷酸修饰的底物的范围大小，可以检测端粒酶的活动。"

利伯认为，这类装置是解决复杂生物学问题的新一代方法。他称："从更广意义上讲，就像那种纳米电子学和生物系统之间的天然交互作用。这恰好是我最为激动的事情之一！"

（2）开发研究酶分子机理的纳米新仪器。2006年10月，有关媒体报道，美国能源部生物科学项目部与美国西北太平洋国家实验室签订一份为期三年，总额为150万美元的合同，以开发研究酶分子机理的纳米新仪器和方法。西北太平洋国家实验室首席研究员埃里克·阿克尔曼与雷陈红、胡德红、查克、温蒂斯等组建了一个研究小组。

细胞内蛋白质纳米动力的酶在能源方面具有许多潜在应用前景，如氢制造、燃料电池开发和环境治理。但是，为了获得这些应用，研究人员们还必须首先填补有关酶作用过程的基础知识。新的研究计划将氧化还原酶定为研究目标。氧化还原酶是所有生命形态的基础，因为通过细胞内电子转移，氧化还原酶能使细胞内的还原和氧化反应不断循环。

作为研究的第一步，美国西北太平洋国家实验室研究人员，计划把一种称为"循环伏安法"的电气化学方法与单分子光谱学相结合，开发一种新型电气化学单分子分光计。该新型设备将使研究人员能够对基本酶氧化还原反应进行动态研究。

由于酶具有在细胞外不稳定的特性，这使研究人员很难对它展开研究。在前期研究中，研究人员发明了一种新方法，即把酶诱入一个纳米结构矩阵之中，从而增加酶的稳定性和延长其寿命。

酶在纳米结构矩阵中稳定存在之后，再把它放入一个微型电化电池中。这时，它会释放出受控电流。由于电流的微小摇晃会影响酶的催化反应，因此研究人员将对单个酶分子的情况进行观测。研究人员把利用新型电气化学单分子分光计产生的化学信息，对催化电子转移过程展开研究。

研究小组为了获得必需的酶变异体，将使用一种新的无细胞方法，而不是传统的蛋白质制造分子方法。实验表明，独特的机械仪器，一天的制造量可以达 384 个蛋白质，或者蛋白质变异体。

阿克尔曼称，期望此项研究取得的成果能提供了解催化反应中电子转移所必需的基础知识。此项研究将在包括生物能源和环境治理在内的许多领域得到应用。

3. 蛋白质方面纳米技术的其他新成果

（1）利用高性能计算机开发出一种蛋白"纳米开关"。2007 年 2 月，由美国伦斯勒理工学院物理学博士研究生菲利普·虚麦拉等人组成的一个研究小组，在《生物物理学期刊》杂志上发表研究成果称，他们利用强大的电脑，对复杂的原子和分子运动进行建模，揭示了一项生物反应背后的机制。

该研究小组在纽约州卫生部沃兹沃思中心科学家的协作下，利用高性能计算机，对复杂的生物过程进行了精确模拟，开发出一种蛋白"纳米开关"，可广泛用于靶向药物运输、基因组和蛋白组研究，以及传感器上。

研究人员描述了一种"内含子"蛋白质，从宿主蛋白中断开，然后把剩下的两段重新接合起来的机制。虚麦拉称："你可以以一种可预见的方式，利用这种能够自行断开和链接的蛋白质，它已经具有了一种功能，如果能够加以妥善利用，将对纳米技术产生影响。同时，由于这个反应对光线和其他周围环境刺激很敏感，整个过程不仅仅限于'开'和'关'两个状态，还可能产生其他情况。"

该研究属于"量子生物学"这一新兴科学。研究人员是利用量子力学的方法揭示出该反应机制，而此前科学家还无法把量子力学用于生物系统研究。不过，超级计算机的不断更新换代和数学工具的发展，使这一切成为可能。

（2）利用纳米技术合成可修复皮肤疤痕的蛋白。2007 年 5 月，美国加利福尼亚大学洛杉矶分校牙学院的丁淦教授在杭州宣布，他所在的研究小组利用纳米技术已成功合成了一种特定的蛋白质，它为手术后皮肤留下的疤痕提供修复的可能性。

在此之前，研究人员发现，母体内的胚胎能够产生一种修复能力很强的蛋白质。如果能够对这种蛋白质进行人工合成，那么人体在术后产生疤痕的可能就会大大减少。研究人员还发现，这种蛋白质，在胎儿出生前的一两个月内会急速下降，跌至原来的 1/8 或 1/9，然后就维持在这一水平上，其修复功能会大打折扣。

基于对这一现象的研究，丁淦研究小组在五六年前发现了这种名为 PNC 的蛋白质，并于两三年前，利用纳米技术人工合成出这种蛋白质。它具有很强的修复能力，若在术后的新疤痕上迅速使用，虽然不能完全清除疤痕，但能够有效地进行修复。不过这种蛋白质对形成时间比较长久的疤痕没有效果。

三、细胞领域纳米技术的新进展

1. 发明研究体内活细胞的纳米技术及设备

（1）发明能看清活细胞内活动的纳米成像技术。2007 年 8 月，美国麻省理工学院的一个研究小组对外宣称，他们运用类似 X 光 CT 扫描的方法，开发出一种新型纳米成像技术，可在不用荧光标记或其他外加对比试剂的情况下，展现活细胞内的任何活动。该技术使人类首次能够对活体细胞在自然状态下的各种功能加以观察和研究。研究小组负责人、麻省理工学院物理学教授迈克尔·费尔德表示，这项新技术的主要优点是不需要对活体细胞进行任何处理即可开展研究工作，而其他三维成像技术都要对生物样品进行化学或金属化处理，经过冷冻、染色等过程，这些样品处理和固定的步骤有可能改变细胞原来的状态，干扰科学家对细胞自身的运动进行观察。他称，利用这一新技术研究小组现已得到了宫颈癌细胞的三维图像，细胞内部的详细显微结构一目了然。此外，他们还获得了线虫、蠕虫，以及其他几种生物的细胞图像。

　　研究人员解释说，每一种物质都有一个特定的折射率，光在其中的传播速度与这　折射率有关，同一频率的光波在折射率小的介质中传播速度快，而在折射率大的介质中传播速度慢。由于细胞对大部分可见光的吸收性很差，因而他们可以利用不同材料，对可见光具有不同的折射率的性质构建图像。实验中，他们采用了干涉测量法获取数据，将一束光分为两部分，只让其中一部分照射细胞，另一部分作为参考光波，首先获得含有细胞信息的大量二维图像。为了得到三维立体图像，他们再将100组从不同角度获得的二维图像进行组合，经过大约10秒钟的时间就可得到细胞的三维图像。经过不断的技术改进，现在这一成像时间已经缩短到0.1秒。

　　费尔德表示，目前这项新技术的分辨率为500纳米左右，研究小组将力争使其达到150纳米或者更高，使其能够方便地与电子显微镜配套使用。

　　（2）发明实时监测单个细胞相互作用的纳米传感器。2011年7月，美国布莱根妇女医院再生治疗中心的研究小组在《自然·纳米技术》杂志撰文称，他们开发出一种纳米传感器，把它"贴"在细胞膜表面，可实时监测细胞之间的相互作用，清晰度很高。这项创新纳米设备能让研究人员进一步理解复杂的细胞生物运动，监测移植细胞的生长情况，以及为疾病研发出更有效的治疗方法。

　　研究这个项目时，研究小组使用纳米技术把一个传感器固定在单个细胞的细胞膜上。这使他们能准确实时地监测到细胞在微环境下的信号传导情况，以及移植细胞或组织的情况。

　　在此之前，细胞信号传导传感器只能测量一组细胞的整体活动，无法对单个细胞进行实时监测。研究人员表示，新技术实时监测单个细胞之间的相互作用，使研究细胞的空间扩大，时间延长，清晰度大大提高，这项成果是前所未有的。它能更清楚地观察细胞之间的信号传导细节，以及细胞与药物之间的相互作用等，对基础医学和药物研发具有重要意义。

　　研究人员认为，这种方法可被进一步精炼成一种工具，用来定期研究药物和细胞之间的相互作用，也有望用于未来的个性化医疗领域。专家指出，未来的医生在为患者制定合适的治疗方法之前，可以使用这项技术，测试某种药物对细胞和细胞之间相互作用的影响。

　　（3）发明测量单个细胞温度的纳米温度计。2011年8月，有关媒体报道，美国普林斯顿大学和加利福尼亚大学伯克利分校的研究人员，研制成一种能测量人体单个细胞温度的纳米温度计，并首次证实，细胞内部温度并不像整个机体那样，遵循平均37℃的标准，不同细胞个体在温度上往往存在显著差异。对这一差异的研究，将有助于开发出预防和治疗疾病的新方法。

2. 运用纳米技术推进和完善细胞治疗方法

（1）利用肌细胞与纳米技术相结合研制成功超微机器人。2005 年 1 月，由美国加利福尼亚大学蒙特马诺教授负责的研究小组，在《自然·材料》期刊上发表研究论文称，他们利用"活的"肌细胞与纳米技术相结合，为超微型机器人安装了"肌肉"和"骨骼"。然后，再通过纳米级的物质表面化学特性，给肌细胞发出移动信号，肌细胞收到信号后就会做出动作，而且是像真的肌肉与骨骼那样的动作与"生物机能"。

蒙特马诺教授介绍称，他们先给机器人安装了"骨骼"，这种"骨骼"既是一种塑料，又是一种半导体材料。借助于"骨骼"，再给这些机器人极精密的结构组织装上铰链，使其可以前后移动并弯曲。然后，将"活的"肌细胞安装在微型机器人"身上"，这些"活的"肌细胞收到信号后，会做出与真的肌肉一样的动作与反应。研究人员表示，他们在试验中使用的肌细胞取自心脏组织，能自主抽动。

蒙特马诺教授强调称："他们绝对是活的，这些细胞会生长、繁殖并自我结合。"也还表示，这样的肌细胞装置，把大自然通过几十亿年进化取得的成果和最新科技结合起来，很有意义。它可以用在一系列微型器械中，甚至可以驱动微型发电机，为电脑芯片提供能量。

此间评论认为，这项研究成果是利用生物技术研制自我组装纳米材料所取得的重大突破。不过，这项成果很可能使那些已经对纳米技术表示担忧的人更为不安。

（2）用纳米材料模拟真实细胞膜。2005 年 9 月，由美国加利福尼亚大学戴维斯分校化学工程与材料科学系马乔里·隆戈副教授领导的一个研究小组，对媒体宣布，他们通过把人工细胞膜和纳米材料相结合，成功模拟出类似真实细胞的人工细胞膜系统。

研究人员表示，所有活细胞都被包裹在一个由磷脂双分子层构成的细胞膜中。镶嵌着蛋白质和其他分子的细胞膜负责细胞养料和排泄物的进出，控制细胞对外部环境发出信号或做出反应，并且"打理"细胞的分裂与增长"事务"。

以前，人工细胞膜的研究人员把它们放置在诸如金、玻璃、高分子聚合物等固体制成的底垫上，这样人工细胞膜只有一边是向外界开通的。现在，研究人员改用一种新型纳米介孔材料气凝胶作为支撑的底垫。气凝胶堪称世界上最轻的固体，密度只有空气的两到三倍，因为其内部布满无数小孔，所以几乎是完全中空的。最重要的是，采用这种新型纳米材料作为底垫的人工细胞膜，两边都可与外界相通，就像真正的细胞膜那样。

隆戈称："我们希望建立一个接近真正细胞膜的人工细胞膜系统。就像我们刚刚取得的成果一样。"

这项为期4年的研究由美国国家基金会资助，预计它将揭示出更多关于细胞膜行为的奥秘，如血小板细胞如何使血液凝结。

（3）研制出细胞内最大纳米穹隆体模型。2007年11月，由美国加利福尼亚纳米系统研究院、加利福尼亚大学大卫·格芬医学院和霍华德·休斯医学院研究人员联合组成，并由罗姆和艾森伯格负责的一个研究小组，在《公共科学图书馆·生物学》杂志上发表研究成果称，他们采用分子工程技术，研制出细胞内最大粒子穹隆体结构模型。利用这种结构，可研制出一种灵活的、靶向纳米胶囊作为药物治疗的运输载体。

30多年前，莱奥纳德所在的实验室，最早发现了穹隆体。它是一种较大的桶形粒子，存在于所有哺乳动物的细胞质中，起着天然免疫作用。它的外壳能从中断开，每一半都能像花瓣一样打开与闭合，这种结构决定了它具有特殊的转运功能。

研究小组采用X射线衍射和计算机模型分析了穹隆体主蛋白的原子模型，穹隆体微粒形成了穹隆体的类壳质"围板"。罗姆称，这个模型从本质上讲，是一个原子水平的穹隆体，具备穹隆体完整的、独一无二的结构，就像一个由木板拼成的桶，外层结构像蛋壳，能提供天衣无缝的保护。外壳由96条同样的蛋白质链构成，每条链有873个氨基酸残基，折叠成14个区域，每条链形成一个能拉长的"围板"或"桶盖"。

艾森伯格称，这种纳米结构穹隆体是一种对人体有益的纳米容器，就像是分子水平的C-5A运输机。它的"货舱"容量很大，能装下一个包含几百个蛋白质和核糖核酸体，或足以控制一个细胞的药物。

罗姆指出，他们正在努力了解这些独特结构的特定功能，控制了它们的结构，就能赋予它们新的功能。目前，研究小组正在研究改良穹隆体，使用分子基因技术修改穹隆体微粒基因指令,就能使具有化学活性的缩氨酸附着在它们的序列上,改良穹隆体微粒的同时不改变穹隆体的基本结构。这种改良的穹隆体微粒应用领域更加广泛,包括药物递送、生物传感器、酶运输、控制释放,甚至可作为纳米电机的一部分。

(4)研发用于细胞疗法的可编程纳米机器人。2012年7月,由佛罗里达大学化学副教授查尔斯·曹和医学院胃肠道及肝脏研究中心主任、病理学教授刘晨领导的研究小组,在美国《国家科学院学报》上发表论文称,他们开发出一种微小的纳米机器人,可经过编程关闭基因生产线上产出的疾病相关蛋白质,把疾病的细胞疗法又向前推进了一步。

纳米粒子可作为诊断、监控、治疗疾病的应用基础工具而出现,如基因测试设备、基因标记等。开发出一种具有精确选择性的纳米粒子载体,令其只进入疾病细胞,瞄准其中特定的疾病进行攻击而不伤害健康细胞,是细胞疗法领域的最大特色。

实验中,这种新式纳米粒子几乎能根除 C 型肝炎病毒感染。特别是它们的可编程性,还让其有可能抵抗多种疾病,如癌症及其他病毒感染。已有治疗 C 型肝炎病毒的药物主要是攻击病毒复制机制。但研究结果显示,这类药物对患者的有效性还不到50%,且不同药物副作用差异很大。而新的细胞疗法几乎可以完全杀灭 C 型肝炎病毒,又不会触动身体的防御机制,减少发生副作用的机会。

研究人员指出,这种纳米机器人还需要进一步试验,以确定其安全性,将来可能采用口服药丸形式,方便患者使用,更加迅速而有效地遏制 C 型肝炎病毒的感染。

(5)用磁力引导携带纳米粒子的干细胞到达身体特定部位。2013年7月,由美国埃默里大学医学院,医学与生物医学工程教授、心脏病学分部主管罗伯特·泰勒牵头,佐治亚理工大学研究人员参与的一个研究小组,在纳米科技杂志《微粒子》上发表论文称,他们证明让干细胞携带氧化铁纳米粒子通过静脉注射到小鼠体内后,用磁铁能吸引这些细胞到达身体特定位置。以往研究中也曾用过纳米粒子,但那些粒子涂层有毒,或者会改变干细胞性质。新粒子的涂层是聚乙二醇,内部为直径约 15 纳米的氧化铁核,能保护细胞免受伤害。泰勒称:“纳米粒子的涂层是独特的,因此细胞生存能力不受影响;我们也没有发现干细胞的分化能力等特征有任何改变。”

实验所用细胞是间叶干细胞。它能很容易地从成熟组织中取得，如骨髓或脂肪，能变成骨髓、脂肪和软骨细胞，但不能变成肌肉、脑等类型的细胞。它们能分泌多种营养和抗炎症因子，在治疗心血管病或自身免疫紊乱方面是极有价值的工具。

在细胞的溶酶体中，粒子会变黏，能停驻在细胞中至少一个星期而不被觉察。研究人员检测了细胞中携带的铁成分，确定每个细胞吸收了大约150万个粒子。给干细胞"装入"氧化铁粒子后，他们分别在培养细胞和活动物身上测试了用磁力驱动细胞的能力。

研究人员在小鼠实验中，把条形稀土磁铁放在尾部靠近身体的地方，吸引注射的干细胞到达小鼠尾部，并给干细胞做了荧光染色标记用于跟踪。一般情况下，大部分间叶干细胞会在肺部或肝脏沉积下来，而使用磁铁时，到达小鼠尾部的干细胞数量是原来的6倍。此外，氧化铁粒子本身也可用于跟踪细胞在体内的进程。

泰勒称："这是关键的原理实验证据。最终，我们将把这些专门用于特定肢体、异常血管，甚至心脏。下一步，我们打算重点研究在动物模型上的治疗应用，用磁铁引导这些细胞到达精确部位，影响新血管的修复和再生。"

四、生物体领域纳米技术的新进展

1. 微生物治疗方面纳米技术的新成果

（1）研制出可称量病毒质量的纳米级超灵敏仪器。美国康奈尔大学的研究人员研制出世界上最为灵敏的纳米级称重仪器，它可称出6个病毒个体的质量，如经进一步完善，甚至有可能称出单个病毒的质量。

研究人员介绍称，这部称重仪器的"托盘"由微小的压电晶体制成，长度仅有6微米，宽半微米，厚度更是薄到了150纳米。当"托盘"上被放上某一重物后，它固有的振动频率便会发生显著改变。随着所称重物质量的变化，"托盘"的振动频率也会随着发生更为明显的改变，而这一变化均会被激光束准确记录下来。

在试验中，使用的病毒总质量仅有1.5毫微微克（10^{-15}/克）。尽管这一质量极其微小，但它仍然被测量仪器准确地记录了下来。科学家们认为，如果经过适当的改良，这部仪器完全有可能测量出单个病毒个体的质量，甚至是更小的物体，如蛋白质分子或DNA片断。

以前，该校曾研制出世界上首部可以称量细菌质量的仪器。当时测量的重量约为700毫微微克。目前，研究人员还在对这套仪器进行改进，以使其灵敏度进一步提高到0.0004毫微微克。

（2）利用纳米和生物技术研发快速检测病原体的试纸。2006年9月，在美国化学学会第232次全国会议上，由科内尔大学纺织和服装助理教授玛格丽特·弗芮博士领导的研究小组，发表研究报告称，他们正利用纳米和生物技术，开发一种能够检测细菌、病毒和其他有害物质的试纸。一旦开发工作全部结束，今后，人们只需用该试纸擦一下被检测的物品，就能知道其上是否带有细菌等有害物，并将它们识别出来。研究人员开发的具有吸附能力的试纸内，含带有多种生物有害物抗体的纳米纤维，原则上可以在任何地方使用，以迅速发现肉类包装车间、医院、游艇、飞机和其他易受污染地方的病原体。目前，这种试纸正在实验室接受测试。

弗芮称，这种试纸将十分便宜，人们不需经过高级培训就可以使用它，同时可以用在任何地方。例如，在肉类包装车间，人们可以用它擦一下面前的牛肉饼，就能很快知道它上面是否带有大肠杆菌。

（3）研究替代传统抗菌药的新一代纳米智能抗生素。2007年4月18日，美国加利福尼亚大学洛杉矶分校口腔生物系主任施文元教授在杭州作专题报告时称，把纳米技术运用于抗生素药物的研究，目前正在积极开展之中，并已取得阶段性成果。这项研究旨在解决传统广谱抗菌药物作用于人体后产生的耐药性和副作用。

施教授称，人体内的细菌种类众多，如口腔内有700多种细菌，肠胃中有1000多种，但绝大部分对人体有益。研究表明，人体中的致病细菌大概不超过40种。

目前，医学上广泛使用的广谱抗生药物，杀菌能力虽然强，但杀死的菌种范围也广，因此会产生导致人们身体不适的各种副作用。由于广谱抗生素的大量使用，很多细菌已经出现了耐药性。

纳米技术可望为抗生素贴上"智能"标签，成为抗生素的"导航仪"。这一技术可以称为靶向性的杀菌技术，它可以有针对性地只杀掉坏细菌，留住好细菌。用纳米导航技术杀菌，可以提高杀菌的准确性，大大降低抗生素的副作用。如果这一技术得到广泛应用，将可以有效避免一般广谱抗菌药的耐药性和副作用，并极有可能在将来替代传统的广谱抗菌药物。纳米抗生素在口腔、皮肤等容易碰触到的地方，见效较快。施教授现在美国与高露洁公司合作，利用纳米智能抗生素开发新一代的漱口水，以有效杀死蛀牙菌。

（4）结合纳米和生物技术研制迅速检测隐秘细菌的检测装置。2012年4月9日，由中佛罗里达大学医学院教授莎拉·纳瑟领导的研究小组，在《科学公共图书馆·综合》上发表研究报告称，他们结合纳米技术和DNA标记，开发出一种新型检测装置，能在几小时内，检测出与肠道炎症相关的多种病原体，包括克罗恩病等，为临床医疗带来一种快速精确的诊断工具。

有些病菌在人体组织内隐藏得很深，秘密地给细胞重新编程，躲过免疫系统攻击并在体内潜伏多年，突然爆发后会导致严重疾病，如肺结核。怎样找到它们的藏身之地，长久以来困扰着科学家。现有的诊断隐秘细菌的方法，通常要几周甚至几个月，这可能会延误治疗。

2. 植物生理研究方面出现的纳米新技术

2010年7月，由美国能源部劳伦斯·利弗莫尔实验室、劳伦斯·伯克利国家实验室，以及国家可再生能源实验室的研究人员联合组成的一个研究小组，在《植物生理学》杂志发表研究成果称，他们为了更好地把植物转换成生物燃料，采用不同的显微方法，深入百日草叶片细胞的深处，在纳米尺度研究出这种常见花园植物的化学成分和植物细胞壁结构。

百日草是一年生草本植物，茎直立粗壮，上被短毛，表面粗糙。叶形为卵圆形至长椭圆形，叶全缘，上被短刚毛。头状花序单生枝端，梗甚长。其幼苗的叶片为深绿色，含有大量的叶绿体和丰富的单细胞，可在培养液中生长数天。在培养过程中，其细胞形状会发生改变，形成管状细胞，负责把水和矿物质从根部运输到叶片。其木质部含大量纤维素和木质素，是近年来生物燃料的研究重点。

纤维素是一种多糖，在酶的作用下可分解为醇类及其他化学成分，可替代燃料。要想使相关反应有效率，需在多个空间尺度上了解反应发生的进程。而要想获取糖，还必须想方设法克服由细胞壁木质素纤维素结晶所提供的疏水保护。植物有两种重要的聚合物，统称为木质纤维素，难于溶解，耐化学试剂和机械破损，是植物的结构组织。细胞壁的木质素极难被打破，因此科学家需要对细胞壁组织有着透彻的了解，才能确定最佳的方法来打破它们。

过去，人们对植物细胞壁详细的三维分子结构知之甚少。此次，研究人员利用原子力显微镜、荧光显微镜及傅里叶转换红外线光谱分析仪等不同的显微方法，得以详细研究百日草的细胞、细胞亚结构，以及细胞壁组织的精细结构，甚至可对单细胞进行化学成分分析。这对评估植物的各种化学反应和酶处理，具有十分重要的意义。

研究人员表示，拥有在纳米尺度观察植物细胞表面的能力并结合化学成分分析，可以大大提高人们对细胞壁分子结构的理解。同时，高分辨率的结构模型对将生物质转化为液体燃料至关重要，可以加快人类利用木质纤维素生产生物燃料的进程。

第二节　癌症防治领域纳米技术的新进展

一、癌症检测和监测领域纳米技术的新成果

1. 癌症检测方面纳米技术的新进展

（1）发明纳米导线检测癌症的新方法。2005 年 10 月，由哈佛大学化学系教授利博·海曼领导，郑庚峰、崔宜等同事参加的一个研究小组，在《自然·生物技术》杂志上发表研究成果称，他们发现，借助特殊的硅纳米导线阵列对血液进行检测，可以十分容易地发现显示人体存在癌症病患的分子标记物，甚至当一滴血中只存有 1 千亿分之一的癌症标记物蛋白质时，也可以被检测出来。利用纳米导线除了具有如此高的精确度和灵敏度外，这种极小的器件还有可能快速准确地指出癌症的类型。

海曼称，这是纳米技术在人体保健方面的一次实际应用，它的临床效果大大好于目前的技术。纳米导线阵列仅用几分钟时间就能对针尖大小的血量进行化验，并几乎是同时检测出多种癌症的标记物。

研究小组将极细的、能传导弱电流的纳米导线同前列腺特定抗原、癌胚胎抗原及黏蛋白-1 等受体联在一起。当这些标记蛋白质同受体接触后，其电导率的瞬间变化可清晰显示癌症标记物的存在，这些检测器还能分辨不同类型的癌症标记物。海曼称，结果表明该纳米器件能以极高的选择性分辨各种分子，对纳米导线进行调控，就可将虚假读数风险降到最低。他还称，利用现有蛋白质组学的发展，可以很容易地把这种纳米导线阵列放大，以便检测更多种癌症标记物。

（2）研制成检测循环肿瘤细胞的纳米新装置。2009 年 11 月，美国加

利福尼亚大学洛杉矶分校戴卫·格芬医学院克伦普分子成像研究所的研究人员王树涛等人，在《应用化学》杂志上发表论文称，他们研制出一种新型的纳米杆硅片，可如捕蝇纸一样，捕捉从肿瘤脱离到血液中的癌细胞——循环肿瘤细胞（CTCs）。这一纳米装置可帮助医生快速有效地进行癌症的检测和诊断，进行预后判断，并提高治疗监测的有效性。

这种"捕蝇纸"，是一个1厘米×2厘米大小的硅片，其表面被密集的纳米柱覆盖。为了测试其捕获癌细胞的性能，研究人员把纳米柱硅片放在乳腺癌细胞的培养基中，硅片表面覆以一层抗体蛋白——anti-EpCAM，以帮助识别和捕获癌细胞。作为对照，他们用平面硅片做了类似实验。研究人员发现，纳米柱硅片的癌细胞捕获量要明显高于平面硅片，它捕获了培养基中45%~65%的癌细胞，而平面芯片则只捕获了4%~14%的癌细胞。

这种纳米柱硅片，依靠标准实验室细胞培养箱中的普通载玻片即可使用。在硅片经过培养并进行免疫荧光染色后，通过自动荧光显微镜来识别并计算CTCs。装在载玻片上的简单装置，可允许在同一时间内进行多个CTCs检测。

研究人员表示，他们希望能提供一个既方便快捷、成本效益比又高的CTCs分类检测方法，使人们依靠标准实验室设备即可进行检测。下一步，他们将进行更多的临床研究和患者血液及其他体液，如尿液和腹腔积液中的"游离"的癌细胞研究。

（3）发明快速检测癌症的纳米传感器。2009年12月，由美国耶鲁大学马克·里德等人组成的研究小组，在《自然·纳米技术》杂志网络版上发表论文称，他们研制成一种可快速检测癌症的纳米传感器。这种仪器能在很短时间内发现癌症的早期迹象，从而为治疗争取更多时间。

研究人员称，他们研制的这种仪器，可从患者的血液中找到前列腺癌、乳腺癌和其他癌症的生物标记，与传统检测方法相比，其检测结果更加准确，而且成本不高。生物标记是监测及追踪癌症发展的重要工具。

据介绍，这种仪器操作方便，医生只需从患者手指上取一点血，便可很快完成检测，整个过程只需20分钟。马克·里德称，由于血液的成分复杂，为找到能监测癌症的生物标记，研究人员使用了一个类似过滤器的装置。

研究人员认为，虽然这种仪器目前还不能马上投入实际应用，但在进一步对其完善的基础上可以制造出更简便快捷的癌症诊断仪器。

（4）开发出能提高癌症早期探测效率的纳米材料。2012年6月，由美国普林斯顿大学工程学院的教授史蒂芬·周领导的一个研究小组，在《纳米技术》杂志上发表研究成果称，他们研制出一种名为D2PA的人造纳米材料，把它与用来探测疾病的免疫分析方法相结合，能把这种标准的生物学工具的灵敏度提高300万倍。这项最新成果，将大大改进癌症、阿尔茨海默病等疾病的早期探测情况，因为医生能探测到浓度更低的疾病生物标签。

免疫分析方法这一医学测试，主要通过模拟免疫系统的行为来探测生物标签（与疾病有关的化学物质），在样本内的分布情况。当生物标签出现在从人体内提取的样本中时，该免疫分析测试会发出闪闪荧光，实验室可以探测到这些荧光的踪迹。荧光越亮，表明生物标签越多。然而，如果生物标签太少，荧光就会非常微弱从而无法被探测到。免疫分析研究的主要目标之一，就是改进探测效率。

现在，研究小组借用纳米技术，大大增强样本中微弱的荧光，将探测灵敏度提高300万倍。也就是说，与传统方法相比，改进后的免疫分析方法，在生物标签少300万倍的情况下，也可以进行很好的探测。

史蒂芬·周表示："这项最新技术突破，为免疫分析方法和其他探测方法，以及疾病的早期探测和诊断、治疗，提供了很多新机会；另外，新方法使用起来也非常方便。"该研究由美国国防部高级研究计划局和美国科学基金会资助。

最新研究取得突破的关键在于研究人员研制出的人造纳米材料D2PA。D2PA是一层薄薄的金纳米结构，其周围被直径仅为60纳米的玻璃柱所环绕，这些玻璃柱每隔200纳米放置一个，每个柱子上都覆盖有一层金。每个柱子的周边都散落着更细小的、直径仅为10~15纳米的金点。在以前的研究中，史蒂芬·周已经证明，这个独特的结构能采用非比寻常的方法提升光的聚合和传输能力，尤其是它可以把表面拉曼散射的效率提高10亿倍。而最新研究也证明，该结构能大大增强荧光信号。

免疫分析除了应用于诊断领域之外，还能广泛用于药物研发和其他生物学研究领域。史蒂芬·周表示，荧光在化学和工程学领域都起着重要的作用，可应用于从发光显示器，到太阳能捕获设备等许多方面，D2PA材料在这些领域也能找到"用武之地"。

史蒂芬·周表示，接下来，他打算进行一些测试，比较 D2PA 增强的免疫分析方法和传统方法在乳腺癌和前列腺癌方面的测定灵敏度。另外，他也在和纽约史爪基达宁癌症研究中心的研究人员携手合作，研发测试同极早期阿尔茨海默症有关的蛋白质。他称："使用我们的最新方法能够很早探测出阿尔茨海默症。"

2. 癌症监测方面出现的纳米新装置

2009 年 5 月，由麻省理工学院材料工程学教授迈克尔·西玛等人组成的研究小组，在《生物传感器与生物电子学》杂志网络版上撰文称，他们研制出一种微型装置，可植入癌症患者体内，用以实时监测肿瘤状况，使医生进行更有针对性的治疗。

一直以来，对癌症的诊疗主要依靠活体检查，虽然准确，但其所得到的结果仅仅是当时状况，给治疗造成了一定的困扰。西玛研究小组开发出一种可植入人体内的微型装置，有效地解决了医生的烦恼。该装置为薄圆柱体，直径仅有 5 毫米，由聚乙烯和聚碳酸酯制成，内含磁性纳米微粒，目标肿瘤分子可以通过一层半渗透膜进入装置，聚集在纳米粒子周围形成微分子团，通过 MRI（磁共振成像）进行监测。

有了这个装置，医生可以及时掌握患者体内肿瘤的状况：是生长还是收缩？对治疗的反应如何？是否已经转移等。医生可以据此判定化疗的效果，及时调整治疗方案。西玛指出，目前用来判定肿瘤是否转移的方法，如活体检查，往往是事后获取信息，为时已晚。有了这种装置，相当于把实验室放到患者体内，这正是医生所需要的工具，它可以使人类把癌症变为一种可控疾病。

西玛研究小组把人类肿瘤植入小鼠体内，并运用该装置跟踪监测小鼠一个月时间，对小鼠体内人绒毛膜促性腺素状况进行成功的测定。

二、治疗癌症领域纳米技术的新进展

1. 用纳米粒子治疗癌症

（1）利用纳米粒子运送基因治疗卵巢癌。2009 年 7 月，由美国麻省理工学院等机构组成的一个研究小组，在《癌症研究》杂志上发表论文称，他们利用纳米粒子作为载体，把编码某种毒素的基因输入患有卵巢癌的实验鼠体内，很好地抑制了癌细胞的生长。

研究人员称，在这一新的研究成果基础上，他们有望开发出新的卵巢癌治疗方法。进一步研究后，就可以对新治疗方法进行人体临床试验。

研究小组用纳米粒子输送的是一种"杀手"基因，因为它负责编码产生白喉毒素。这种毒素可以扰乱细胞，使细胞无法正常生产蛋白质，从而失去正常功能。不过，研究人员解释称，他们对这种基因进行了基因工程处理，使它只在卵巢癌的癌细胞中过度表达，抑制癌细胞生长，但在其他类型的细胞中会保持"沉默"，因此整个过程不会对实验鼠造成毒副作用。

相比之下，目前卵巢癌患者接受手术后，还需持续进行化疗，会产生一定的毒副作用。另外，卵巢癌患者术后还经常面临复发风险，对于复发，以及晚期的卵巢癌，目前缺乏较好的治疗方案。

（2）开发让金纳米粒子在脑部肿瘤"安家"的新技术。2012 年 4 月 15 日，美国斯坦福大学医学院的一个研究小组在《自然·医学》杂志网络版上发表研究报告称，他们开发出一种能让金纳米粒子在脑部肿瘤"安家"的新技术，它使金纳米粒子同时在三种不同成像方式中见到，能精确显示肿瘤的轮廓，使小鼠脑瘤的移除提升至前所未有的精度。研究人员称，该技术有望在未来协助对致命性脑癌的预报，并可延伸至其他的肿瘤类型。

研究人员表示，因为要尽可能地保留患者大脑的正常部分，即使是技艺最精湛的外科医生，也无法保证脑瘤切除后不会遗留癌细胞。这在恶性胶质瘤的移除上表现得尤其明显，该种癌细胞可沿血管和神经束轻易扩散，使健康组织发生病变。此外，源自原发肿瘤的微转移，也可在周围健康组织生根发芽，而这都是外科医生无法用肉眼识别的。

新技术主要是借助包裹了成像试剂的金纳米粒子，突出小鼠的恶性胶质瘤组织，使手术更易进行。粒子的尺寸约为人类红血球大小的 1/60。科学家推测，这些粒子由小鼠尾部静脉注射后，会优先在肿瘤内"安家"。纳米粒子可沿血管抵达周围的肿瘤组织，粒子的金核心涂覆了含有钆的特殊涂层，可使粒子在磁共振成像（MRI）、光声成像和拉曼成像三种不同的成像方式都可以看见，使每种成像方式都能有效提升手术效果。磁共振成像可在手术前较好地显示肿瘤的边缘及位置，却不能在手术过程中大脑处于动态时，完整地描述肿瘤的侵略性增长。纳米粒子的金核心能吸收光声成像的光脉冲，并随着粒子微微升温，生成可检测到的超声信号，并从中计算出三维的肿瘤图像。由于这种成像方式可深度贯穿，并对金粒子的存在十分敏感，它能保证在手术过程中对肿瘤边缘的实时、准确描述，引导医生移除大部分肿瘤，提升移除精准度。

但上述两种方法，都不能分辨出健康组织和癌变组织的区别，拉曼成像可促使纳米粒子的某一外涂层，放射出波长不同的难以探测的光，金核心的表面能放大这些微弱的拉曼信号，并能被特殊的显微镜捕捉到。由于这些信号只会从藏身于肿瘤之中的纳米粒子发出，因此研究人员可轻易分辨出每一点残留的癌变组织，使肿瘤的彻底清除更加容易。

（3）用金纳米粒子治疗前列腺癌。2012年7月，美国密苏里大学的一个研究小组在美国《国家科学院学报》上发表论文称，他们发现了一种有效的前列腺癌治疗方式，能够借助放射性金纳米粒子和在茶叶内发现的化合物"瞄准"前列腺肿瘤，并且不会损害病患体内的健康器官或影响其身体的正常机能。

研究小组在茶叶中发现一种能够被吸引至前列腺肿瘤细胞的特殊化合物。把这种化合物与由研究反应堆产生的金纳米粒子相结合时，茶叶内的化合物会帮忙将纳米粒子"传送"到肿瘤的所在区域，使得这些治疗性的临床级放射性同位素，能够有效地破坏肿瘤细胞。

前列腺癌在大多数场合都发展得十分缓慢，但少数具有攻击性的恶化前列腺癌能快速蔓延至身体的其他部分。传统疗法需要将数百个放射性"种子"注射进前列腺，但这对攻击性的恶化前列腺癌并无效果。"种子"的大小和它们传送有效剂量的能力受限，都会影响其对前列腺癌的治疗。

目前，研究小组已经在小鼠身上进行了测试，下一步还将在前列腺癌形态与人类十分接近的犬类身上进行测试，并逐步将测试拓展至大型动物和人体。

2. 把纳米技术与分子技术结合起来治疗癌症

（1）用聚合物改进小分子干扰RNA的纳米抗癌技术。2005年4月19日，美国加利福尼亚技术研究所的一个研究小组在《自然》杂志网络版公布研究消息称，他们发明了一种特殊的聚合物把携带药物的纳米粒子包裹住，再把它注入患有癌症的实验鼠体内，能大大降低癌细胞扩散的速度。

此前，研究人员曾利用能抑制肿瘤生长基因的小分子干扰RNA（核糖核酸）进行纳米抗癌研究。然而，多项研究使用的纳米粒子都是用油脂制成的，引发了实验鼠的免疫反应，因此很难向人体试验阶段推进。

该研究小组一直在探索如何改进这种技术。他们利用一种名为环糊精的糖性物质，合成了一种聚合物，用它包裹住携带小分子干扰 RNA 的纳米粒子。在研究过程中，研究人员对患有尤文氏肉瘤的实验鼠进行试验。目前，能够成功对这种癌症进行治疗的方法几乎没有，但此前的研究证明，通过抑制生长基因可以控制癌细胞的扩散。

实验中，经过上述处理的纳米粒子因为体积非常小，所以很容易进入实验鼠的血管。粒子同时携带一种能够黏在肿瘤细胞上的分子，一旦黏合成功，粒子中的小分子干扰 RNA 就开始发挥作用，抑制癌细胞生长基因的表达，阻止癌细胞的复制和扩散。三周半后，未接受治疗的 8 只实验鼠体内的癌细胞都大面积扩散，而接受治疗的 10 只实验鼠中只有 2 只的癌细胞在缓慢扩散。另外，用这种方法处理的纳米粒子，没有引发实验鼠的免疫反应。

研究人员称，他们目前还不能确定这种纳米抗癌技术不引发免疫反应的确切原因，但它不失为一种有效的抗癌手段。另外，因为纳米粒子只与癌细胞黏合，所以它的副作用远比化疗等其他抗癌手段小。研究人员肯定，这种方法可以用于多种癌症的治疗。

（2）同时使用纳米粒子和核糖核酸干扰疗法治疗癌症。2010 年 3 月，由美国加利福尼亚理工学院化学工程系马克·戴维斯教授领导的一个研究小组，在《自然》杂志网络版上发表的研究成果显示，他们首次提出证据证明，用作实验治疗并直接注入患者血液中的靶向纳米粒子，可传输进入肿瘤中，释放出双链小干扰 RNA（siRNAs），并利用 RNA 干扰（RNAi）机制关闭一个重要的癌症基因。此外，该研究小组提供的证据也首次证明，这种血液注入的新型疗法，输入体内的大量纳米粒子也会出现在肿瘤细胞中。

这项研究成果表明，在患者身上同时使用纳米粒子和基于 RNA 干扰的疗法是可行的。戴维斯表示，该方法为未来在基因水平上抗击癌症和其他疾病打开了大门。

研究小组利用加利福尼亚理工学院新开发的技术，在受试者肿瘤活检细胞中检测到纳米粒子并进行成像。此外，他们给予患者的纳米粒子剂量越高，在肿瘤细胞中发现的纳米粒子数量也越多。这也成为利用靶向纳米粒子的剂量依赖性反应的首个例子。

奇妙的是，证据显示小干扰 RNA 完成了其工作使命。在研究人员分析的肿瘤细胞中，信使 RNA 编码的细胞生长蛋白——核糖核苷酸还原酶已经退化，退化反过来又导致了蛋白的损失。

更重要的是，如果信使 RNA 在目标点被小干扰 RNA 裂解，就会发现信使 RNA 片段具有其应有的确切长度和序列。研究人员表示，这是首次发现来自患者细胞的 RNA 片段，经由 RNA 干扰机制被合适的剪切。该事实证明，RNA 干扰机制，也可通过使用小干扰 RNA 发生在人体中。

（3）发明纳米粒子与转铁蛋白结合的治癌新技术。2010 年 8 月，由美国北卡罗莱纳大学教堂山分校文理学院首席化学教授约瑟夫·德西蒙领导的研究小组，在《美国化学协会杂志》上刊登研究成果认为，转铁蛋白与纳米粒子结合就可瞄准并杀死拉莫斯癌细胞，而无须负载其他化疗药物。研究人员表示，这项发现将有望发展出癌症靶向治疗的新对策。

研究小组发现，人体中一种正常的良性蛋白质，如果和纳米粒子相结合，就能瞄准并杀死癌细胞，而无须负载那些携带化疗药物的粒子。此前，研究人员曾认为，纳米粒子只有携带有毒的化学载体才能达到这样的效果。转铁蛋白是人体血液中数量第四多的蛋白质。近 20 年来，它一直被作为肿瘤靶向载体用以递送治癌药物。纳米粒子通常也是无毒的，需要通过负载标准化化疗药物来治疗癌症。然而，结合转铁蛋白的"打印"纳米粒子，不仅能识别它们，还能诱导癌细胞死亡。而不与任何纳米粒子结合的自由转铁蛋白，能从拉莫斯癌细胞中获得养料生长，即使在很高浓度下也不会杀死任何拉莫斯癌细胞。

然而，令人吃惊的是，转铁蛋白附着在纳米粒子表面后，就能有效地筛选标靶，攻击并杀死 B 细胞淋巴瘤。在许多迅速生长的癌细胞表面，蛋白质受体被过度表达，于是和转铁蛋白配体结合的治疗就能找到并瞄准它们，而结合转铁蛋白的纳米粒子被认为是安全且无毒的。

德西蒙实验室发明了一种"打印"技术，能人为造出尺寸精确且形状符合预期的纳米颗粒。他们采用这种技术，制作出一种可与人类转铁蛋白相结合的生物相容性纳米粒子，它能安全且精确地识别广谱癌症，除了 B 细胞淋巴瘤外，还能有效地指向非小型细胞，如肺、卵巢、肝脏和前列腺的癌细胞。

目前，研究人员正在进一步研究携带转铁蛋白的纳米粒子如何及为何对拉莫斯癌细胞是有毒的，而对其他细胞无毒。

化学治疗和放射治疗曾被认为是癌症的最有效疗法。但这些疗法通常会损害健康组织和器官。德西蒙研究小组推出的新技术将可能发展出一种全新的策略来治疗某种类型的淋巴瘤，而副作用更小。

不过，德西蒙承认，这项新技术也会引起一些人对不可预期后果的担忧，即一个设计好的针对某类癌症的靶向化疗载体是否会偏离目标。

3. 把纳米粒子与交变磁场结合起来治疗癌症

利用磁性纳米粒子结合交变磁场治疗癌症。2012 年 3 月，美国佐治亚大学富兰克林艺术和科学学院助理教授赵群及其同事，在《治疗诊断学》杂志上发表研究报告称，他们利用磁性纳米粒子和交变磁场，可在半小时内杀死位于小鼠头部和颈部的癌变肿瘤细胞，而不损伤健康的细胞和组织。

研究人员称，他们只用少量的浓缩磁性氧化铁纳米粒子就能轻易破坏上皮组织的癌变肿瘤细胞。这标志着研究人员首次可基于实验室小鼠，利用磁性氧化铁纳米粒子诱导高温、高热进行相关的癌症治疗。

实验过程中，研究人员向肿瘤所在位置加入 0.5 毫升的磁性氧化铁纳米粒子溶液。磁性氧化铁纳米粒子能够有效提高肿瘤所在位置的磁共振成像对比度。这意味着，即使物理学家无法通过磁共振成像扫描肉眼辨识出癌症，纳米粒子也能帮助其探测到癌变。研究人员希望未来能使用单一试剂或媒介进行诊断和治疗，这也是他们对使用磁性纳米粒子极具兴趣的原因所在。

4. 把放射治疗与纳米技术结合起来治癌

（1）利用红外线和纳米微粒组合治疗癌症。2004 年 6 月，美国休斯顿莱斯大学下属的纳米光谱生物科学公司的研究小组在《癌症消息》上发表的研究成果称，他们用红外线和由金与石英制成的纳米微粒，形成一种特有的组合疗法，成功地杀死小白鼠身上的癌变肿瘤。

这一疗法的原理是通过激光器发射出的红外线，使植入癌变病灶区的金质纳米微粒变热，纳米微粒产生的热量能消灭附近范围内的肿瘤细胞，而不会影响其他身体组织。

这种粒子的大小对其功效非常关键。据研究人员测量其理想直径为150 纳米，这样的粒子能顺利通过血管渗透到肿瘤处，然后应当在肿瘤而不是其他组织处堆积起来。小球由一个石英核和一层薄薄的金质外壁构成。视具体构成，以及核与外壁之间比例关系的不同，这些纳米小球可以具有完全不同的光学特性。研究人员使用的纳米小球就对波长接近红外光区的光线有反应。这种红外线可以径直穿透身体组织，其能量可以被纳米小球吸收并转化为热能。

科学家们发现的这种原理，还只处于治疗小白鼠身上不同癌症的试验阶段。他们将纳米微粒注入病鼠的血管，因为纳米小球非常微小，所以它们可以聚集在细小的肿瘤血管里。之后科研人员用红外线激光器照射小白鼠肿瘤部位的皮肤。这一治疗方法得出了惊人的效果，仅 10 天时间，接受治疗的小白鼠身上的癌变症状完全消失了。90 天后这些小白鼠仍然健康活泼。而未接受该疗法的小白鼠身上的肿瘤继续恶化。

虽然这一新疗法还处在早期试验阶段，研究人员就已对其研究成果兴奋不已了。他们希望这个研究成果能尽快得到认可，以便能进入临床试验阶段。

（2）利用激光杀死被纳米合成粒子标记的癌细胞。2007 年 5 月，在美国纳米科学与技术学会年会上，美国学者在一份报告中介绍了利用激光治疗癌症的新技术。科研人员制造出一种纳米合成粒子，这种粒子同时融合了多种特性。通过把一种有机矩阵与可以吸收光线的金属簇相结合，这种粒子可以组成细胞，并利用激光消灭目标细胞。

这项新技术研究的一个重要成果，是创造并塑造了一种合成纳米设备，它含有银簇的树枝状高分子纳米合成矩阵，该矩阵可以用于攻击并消灭恶性黑素瘤细胞。

以往的研究表明，激光可以用于杀死细胞，但激光不能做出选择，它其实是一种"盲目"的工具。高能激光对人体组织的伤害很大，然而低能激光又没有足够的能量杀死细胞。通过利用合成纳米设备给细胞做上标记，合成纳米设备所在之处的光线吸收可以得到选择性地加强和局部加强。当激光照射被标记过和未被标记的细胞时，纳米合成粒子将形成新的细胞，并瓦解和破坏被标记过的细胞，但未被标记过的细胞将不会受到影响。这种技术有希望成为一种可供癌症患者选择的疗法。

据研究人员介绍，树枝状高分子纳米合成物是一种多功能平台。它的内部可以携带多种药剂，而它同时又具有一个简单的外层表面，因此它可以按一定的程序向某个特定器官或组织递送药剂。

（3）试用光纳米技术和生物分子联手治疗癌症。2008 年 6 月，美国得克萨斯大学西南医学中心癌症和免疫生物学中心主任艾伦·维特塔博士，与得克萨斯大学达拉斯分校的研究人员一起，在美国《国家科学院学报》上发表论文称，他们正在试验一种治疗癌症的新方法：把能够识别癌细胞的抗体分子连接到微小的碳纳米管上面，在近红外光照射下，碳纳米管会发热，把癌细胞杀死。

在这项研究中，研究人员把针对淋巴肿瘤细胞特定靶位的单科隆抗体涂覆在微小的碳纳米管上。单科隆抗体是一种能黏结癌细胞的生物大分子。碳纳米管是由石墨碳原子组成的非常细小的圆筒，当遇到近红外光时会产生热量。近红外光可以穿透人体组织内部达3.8厘米，人的肉眼虽看不到它，但夜视仪可以捕捉到它，电视机遥控器也是通过近红外光来发出控制信号的。

在淋巴癌细胞培养皿中，涂覆有抗体的碳纳米管黏附在癌细胞表面，当它们暴露在近红外光下时，碳纳米管开始加热，产生的热量足以把癌细胞"煮"死。而当涂覆的抗体与淋巴肿瘤细胞无关时，碳纳米管既不会黏附到肿瘤细胞上，也不会杀死它们。

维特塔博士认为，这项研究的引人之处，在于使用近红外光来产生过高热，因为人体活组织对近红外范围内的辐射吸收较弱，而一旦碳纳米管黏附到肿瘤细胞上，来自外部的近红外光就可以安全地穿过正常组织，杀死肿瘤细胞。维特塔指出，这项研究证明，在实验室中可以专一地杀死癌细胞。但即便如此，在将这种新的治疗方法推广到临床研究以前，还有许多工作要做。

目前，有多个研究小组都在从事利用碳纳米管加热来杀死癌细胞的研究。维特塔的研究第一次证明，无论是抗体、还是碳纳米管，都保持了各自的物理特性和功能，那就是定向黏结到靶位细胞并且杀死它们。

三、治癌药物和设备领域纳米技术的新进展

1. 治癌药物方面纳米技术的新成果

（1）研究能穿越细胞膜的治癌纳米药物。2005年6月，《新科学家》报道称，美国密执根大学的研究人员正在研究用于癌症治疗的纳米药物。动物实验显示，纳米药物能有效地把药物送到癌细胞中，保护健康细胞不受到药物的伤害，纳米药物的疗效比正常药物要高十倍，而且毒副作用非常少。

纳米药物的分子直径小于 5 纳米，小到足以能穿越细胞膜。研究人员让纳米药物携带了抗癌成分甲氨蝶呤，还有叶酸及一种荧光剂。因为癌细胞对叶酸的摄取量非常强，在癌细胞膜上的叶酸接收器是健康细胞的1000 倍，所以研究人员利用特洛伊木马的技巧，把抗癌的纳米药物通过叶酸送到癌细胞中，并通过荧光剂进行跟踪观察。实验发现，注射了纳米药物的患癌老鼠，其存活时间远远长于那些使用普通药物进行抗癌治疗的老鼠，其体内癌细胞的发展被延缓了 30 天，这相当于人类的 3 年。

研究人员表示，使用纳米药物能大大地提高疗效，而且不需要设置用药量的上限，因为它对健康细胞没有伤害。据《新科学家》报道，人体实验有望在 18 个月内进行。如果成功的话，癌症将不再是杀伤力极强的疾病，在纳米药物的控制下，癌症至少能变成像糖尿病一样的慢性疾病。但是也有科学家谨慎地表示，纳米药物能否在人体实验中取得令人满意的疗效，还有待进一步的研究。

（2）利用纳米颗粒发明抗癌药物筛检新技术。2006 年 4 月，国外报道称，美国西北大学的乍得·米尔金教授等人，利用纳米颗粒的颜色特性，发明了"石蕊测试"的比色筛检法系统，以用于鉴别 DNA 与小分子的结合状态。这种新方法将有助于药厂快速辨识可能具抗癌功效的药物。

研究人员表示，这种新技术能用于检测与 DNA 结合的蛋白质或小分子等多种不同目标，而且根据颜色改变能知道其结合强度。

这种方法促进 DNA 形成三螺旋形式的分子：三螺旋 DNA 不像双螺旋DNA，需要与三重结合物结合才能维持其稳定性。

研究人员利用含金纳米颗粒的三螺旋 DNA 加入三重结合物结合时，溶液中呈现蓝色。而在加热使 DNA 分解后，金纳米颗粒不再紧密相邻，从而呈现红色。通过加入不同的三重结合物，这种比色法能分辨出强力、中度和弱结合物：弱结合物在较低的温度即能使溶液呈现红色。这种方法的发明，使研究人员能通过简单肉眼观察，判别与 DNA 结合的三重结合物和其结合强度。

研究人员指出，这种方法能通过特定 DNA 序列，分辨三重结合物或分子的形式。许多疾病具有特定的基因，利用它将能研发出新式疗法。例如，特定基因序列表达的蛋白质细胞癌变。通过鉴别三重结合物或与特定DNA 序列结合的小分子，将有助于开发出能抑制蛋白质制造和阻止癌细胞增生的新型药物。

（3）研制出可杀癌细胞的纳米胶囊。2011 年 2 月，由美国宾夕法尼亚大学医学院马克·凯斯特博士领导的一个研究小组，在《消化道》杂志上发表论文称，他们研制出一种可选择性杀灭癌细胞的药物，或许能为肝癌的治疗，打开一个新窗口。

研究人员介绍道，在试管和小鼠实验中，他们把一种化学药物包裹在分子大小的小泡中作为一种抗癌剂，成功实现抑制癌细胞增长，并最终促其死亡的目的。

这种被包裹在薄膜当中的药物名为 C6-神经酰胺，是鞘脂类的中间代谢产物，天然存在于人体细胞质膜中，具有控制细胞新陈代谢、促使细胞衰老的能力。但是，在自然情况下，人体内的神经酰胺在癌细胞中的含量过低，并不能起到杀灭的作用。脂质的特殊性质也决定神经酰胺并不能像普通药物那样，能直接被输送到病灶区域。为了解决这一问题，研究人员才想出上述"药物胶囊"的主意。借助纳米技术，他们让神经酰胺套上这种分子大小的蛋白质薄膜"外套"，这才使其相容性质得到改变。

凯斯特称，神经酰胺疗法本身就是作为一种化疗的替代疗法而设计的，其优点在于，可针对某一具体区域的癌细胞发起攻击，杀灭区域明确且不会使健康细胞受损。

动物实验显示，这种药物能有效杀死癌细胞而不伤及正常细胞。在小鼠实验中已被证明，能有效治疗乳腺癌和黑色素瘤。当其与常用抗癌剂结合使用时，也并未发现毒副作用。

研究人员发现，在针对肝癌细胞的实验中，该药物也能选择性诱导肿瘤细胞死亡。在对患有肝癌小鼠的实验中，该药封闭了为肿瘤生长提供营养的血管。而营养的缺乏，会使细胞组织中产生更多的神经酰胺，并最终导致癌细胞死亡。肝癌是世界上第五大常见癌症，晚期患者存活率不到 5%，极具危害性，目前临床上一般多采取手术、放化疗，以及肝移植疗法，但治愈率较低。

（4）研制出可有效攻击癌细胞的纳米粒子。2011 年 4 月，由美国能源部下属的桑迪亚国家实验室专家卡莉·阿希礼领导，该实验室教授杰夫·布林克，以及新墨西哥大学癌症研究和治疗中心研究人员参加的一个研究小组，在《自然·材料学》杂志上发表研究成果称，他们开发出一种纳米粒子，能与药物一起，双管齐下攻击癌细胞。

布林克称，这种直径约为 150 纳米的二氧化硅纳米颗粒，就像一个多孔的蜂巢，它具有很大的"肚量"和表面积，能存储大量种类繁多的药物。该纳米粒子和周围环绕的、由脂质体构成的类似细胞的膜结合在一起，可看做一个能作为运载工具的"原始细胞"，能把治疗癌症的"鸡尾酒药物"运送至人体内以杀死癌细胞。膜会封住"鸡尾酒药物"，纳米粒子会让膜保持稳定，并包含和释放"原始细胞"内的治疗药物。

目前，获得美国食品与药物管理局许可的纳米粒子递送策略，是使用脂质体本身来包裹和递送药品。在研究小组的新方法中，原始细胞的容纳量更大、稳定性更强、效率更高，它对人类肝脏癌细胞毒性的破坏力也更大。布林克称："与仅仅使用脂质体相比，新方法的效率增加了数百万倍。"

阿希礼指出，与仅仅使用脂质体相比，原始细胞的另一个优势在于，用脂质体作"载体"需要专门的"卸载策略"，会使运载过程变得更加困难，而原始细胞方法则可通过浸泡纳米粒子，来卸载专门用于治疗某些特定疾病的药物。

原始细胞中的脂质体也能作为保护罩在原始细胞依附并固定在癌细胞内部之前阻止有毒化疗药物从纳米粒子中泄露出来。这意味着，即使该原始细胞没有找到癌细胞，也很少会有毒物泄露进人体，因此减少了传统化疗方法可能造成的毒副作用。

这种纳米粒子小巧，而且制作工艺精细，能在肝脏和其他器官附近漂游循环几天或几周搜寻猎物癌细胞。

研究人员正在试管中培育出的人体癌细胞上测试这种方法，并很快将在老鼠肿瘤上进行测试。与此同时，他们也在持续优化这种二氧化硅纳米粒子的大小，直径大小介于 50 ~ 150 纳米的粒子能吸收的癌细胞最多。研究人员表示，该方法将于 5 年内进行商业化开发和应用。

（5）研制成能找到肿瘤的纳米粒子。2011 年 6 月，美国麻省理工学院等机构的研究人员在《自然·材料》刊登文章称，他们开发出一种外表呈棒状的纳米粒子，可以随着血液流动找到肿瘤所在的部位，帮助将药物指引到病灶处，从而有效消灭肿瘤。

研究人员介绍称，肿瘤部位的血管通常会有病态变大的孔洞，纳米粒子进入这些孔洞中会刺激周边组织，使机体发出一种类似有伤口要求凝血物质聚集的信号。此时，另外一种携带药物的攻击型纳米粒子就会循信号而来，帮助消灭肿瘤。

通常情况下，注射的癌症药物最终抵达肿瘤部位的比例非常低。过去，也曾研发出一些纳米粒子，它们同时肩负寻找肿瘤和攻击肿瘤两种功能。与常规方式相比，它们可将抵达肿瘤部位的有效药物量提高几倍。

本次研究显示，把寻找肿瘤和攻击肿瘤两个功能分开，效果会更好。动物试验中，采取这种方式后，抵达肿瘤部位的药物量比常规方式提高了40倍，实验鼠体内肿瘤的生长也随之停止。

2. 制成杀死癌细胞的纳米炸弹和机器人

（1）制成定点"爆破"癌细胞的纳米"炸弹"。2005年7月，由美国麻省理工大学生物工程教授瑞姆·萨西瑟卡热领导的一个研究小组，在媒体上发布消息说，他们制出一种双囊分子的纳米炸弹。这种"炸弹"，是专门用来对付人体内的肿瘤的。它可以渗透到肿瘤中，切断肿瘤的血液供应，把肿瘤封闭起来，使其消亡，并释放出一定量的抗癌生物毒素，而且还能避免对健康细胞的伤害。

传统治疗癌症肿瘤的疗法，如化学疗法，在杀死变异细胞的同时，也会杀死健康细胞。接受治疗的患者也会变得虚弱，感到恶心、出现头发脱落现象，并且容易被感染。而这种包含在药物中的纳米细胞，是一种更有效的癌症治疗方法。它能寻找并消灭癌变细胞，而不伤害正常、健康细胞。

萨西瑟卡热称，根据这种观点制成的药能使患者不受副作用之苦。

这种纳米细胞是有一个大细胞泡套一个小细胞泡组成的。分子的外层就像一个脂肪细胞，能帮助他避开体内的免疫系统，否则它很可能被识别成外来侵入者，遭到袭击。同时，这种纳米细胞非常小，直径只有200纳米左右。这样，它能轻易滑进肿瘤那种多孔状的结构中，但又无法从血管中跑出。

一旦这种纳米细胞进入体内，它外层就会在12小时内自动释放出一种药物，开始破坏肿瘤的血管，封闭它的血管。30小时后，外层基本上分解完全，并暴露出内层细胞泡。这种细胞泡会被肿瘤中的酶自然分解。在这之后，剩下的部分就会释放出它的化学药物包，使其在之后的15天内，慢慢渗入癌细胞中。

目前，在实验室实验中，研究小组已经成功地把患有黑素瘤和肺癌的老鼠寿命延长到了65天。而往常，即便在最好的治疗方法下，这种老鼠也只能活28天。不过，研究人员也表示，要把这种药真正用到人类身上，还需要面对很多挑战。

（2）研制出杀死癌症细胞的可燃纳米"智能炸弹"。2008年1月，由美国哥伦比亚大学和陆军研究人员联合组成的一个研究小组，在《应用物理通信》杂志上发表研究成果称，他们通过把作为燃料，以及氧化剂的纳米材料混合在一起，制造出一种可燃纳米炸弹，可产生速度高达3马赫的冲击波。这种纳米尺寸的"智能炸弹"，可望把靶向药物输送到癌细胞，同时不损害健康细胞。

纳米尺度的铝热剂能产生冲击波，它们的特性与一些原始铅基炸药相类似。因此，这些材料有可能取代原始铅基炸药。用微芯片技术将它们集成后，利用这些紧凑的微芯片系统就能产生微量定向冲击波。这种微系统在国防和生命科学领域都有许多应用，如靶向药物和基因的输送。

研究人员解释道，这种纳米铝热剂复合物，由金属燃料和无机氧化剂制成，具有"杰出的"燃烧特性。将低密度的氧化铜纳米杆（燃料）和铝纳米粒子（氧化剂）混合后，在燃料和氧化剂之间充分形成接触面。在纳米尺度下，低密度与大接触面的纳米铝热剂复合物可导致燃烧极其迅速地传播。

研究小组在一个带有光纤和压力传感器的激波管中进行实验，并测量燃烧波的速度。结果发现，该纳米复合物可产生每秒1500~2300米的燃烧波，速度在3马赫范围之内。

研究人员称，这种纳米炸弹的威力样，也许将会带来癌症及艾滋病药物传递的突破。首先，这种药物可用针头注射，进而扩散到全身。其次，利用瞄准肿瘤的手持装置向肿瘤发出脉冲，该脉冲诱使纳米智能炸弹产生定向冲击波，将被瞄准的细胞破开一个小洞，药物由此进入肿瘤细胞。此外，冲击波的力量能在几毫秒内将药物推入细胞。

一方面，在动物组织上进行的实验表明，该方法的成功率高达99%，几乎所有细胞都可成功地接收到药物。另一方面，实验也证实该方法与化疗等传统疗法相比，对健康细胞的副作用要小得多。

对于常规炸药，冲击波形成于爆炸过程中。在纳米铝热剂中，化学反应的快速传播使得在无须爆炸的情况下形成冲击波成为可能。研究人员称，不爆炸而能产生冲击波则是这项技术的关键所在。

如果一切进展顺利，研究人员希望在2~5年推出这样的装置。除了生物医学领域，纳米炸弹在地质学和地震学等其他领域也有广泛应用前景。

（3）制成首个杀死癌症细胞的纳米机器人。2008 年 4 月，有关媒体报道，美国加利福尼亚大学的一个研究小组，发明了一种新式的具有强大灭杀能力的纳米微型医学机器人"纳米推进器"，它可以在活细胞内，快速的杀死癌细胞，从而达到治愈癌症的目的。

据悉，这种微型纳米医学机器人，是世界上第一种可以杀死癌症细胞的机器人，被称为纳米杀手。

研究人员说，我们已经开发出一台机器人，可以把治癌药物送入肿瘤细胞和不正常的细胞中，而且这种被称为纳米推进器的机器人，是第一种根据感光运动的"纳米机器人"，可在细胞内杀死癌症细胞。该装置由二氧化硅纳米粒子制成，其内部导管是由特殊的化学物质偶氮苯构成，抗癌药物可以装载在这种导管中到达病灶。而化学物质偶氮苯具有非常奇特的感光性能。

研究人员已经用结肠癌和胰腺癌等多种人类癌细胞进行实验。他们把这种"纳米机器人"，在黑暗中放入实验的人类癌细胞内，然后用光照射驱使"纳米推进器"在细胞中运动。在此之前，把用于治疗胰腺癌和结肠癌的喜树碱化疗药物放入导管，在寻找到目标后，导管中的抗癌药物被释放出来，攻击癌细胞。最值得惊讶的是，导管中的抗癌药物的释放量，竟然可以通过光的强度、波长和照射时间来进行精确调控。而最令科学家激动的是，癌细胞在攻击下被杀死，而且这种纳米机器人可以携带多种抗癌灭杀药物，可以从细胞内部杀死多种癌症。科学家们相信这种癌症杀手，可以在更多的疾病治愈方面取得成功。

3. 用纳米技术研制治癌给药系统

（1）开发可携药直达癌细胞核的金纳米粒子给药系统。2012 年 4 月 8 日，有关媒体报道，由美国西北大学材料学教授特丽·奥多姆等人组成的一个研究小组，开发出一种简易的特异性金纳米粒子给药系统，可以把药物直接输送到癌细胞的细胞核内。

据介绍，新开发的金纳米粒子约 25 纳米宽，形状类似有 5 ~ 10 个角的星星。这种形状使其能够负载高剂量药物分子，也利于药物稳定于纳米粒子表面。金纳米粒子表面可以承载大约 1000 个名为 AS1411 的单链 DNA（脱氧核糖核酸）核酸适体药物。

研究人员以宫颈癌和卵巢癌细胞为例，在电子显微镜下观察到，纳米粒子可以"钩"住癌细胞过度表达的表面蛋白——核仁素，并搭乘核仁素的"便车"抵达细胞核。研究人员把超速光脉冲对准癌细胞后，纳米粒子与核酸适体药物的连接即被切断，药物也就随之在细胞核内发挥作用。癌细胞平滑的椭圆形细胞核随后就变得不平整，出现很深的褶，与这种形状变化相伴的是癌细胞的死亡和数量减少。

（2）研制出兼具双重抗癌功效的纳米药物递送系统。2012 年 7 月，由美国耶鲁大学工程教授泰瑞克·法密领导纽约圣彼得癌症中心医学肿瘤专科医生斯蒂芬·瑞辛斯基等人参加的一个研究小组，在《自然·材料》杂志上发表论文称，他们开发出一种新型纳米药物递送车，能长时间释放两种不同的药物，同时促进机体免疫，并中和癌细胞分泌物。小鼠实验证明其能延缓肿瘤生长，减轻症状，使生存率大大提高。

癌细胞会分泌多种化学物质扰乱免疫系统，突破身体防御屏障。在抗癌策略中，有些是中和癌细胞"化工厂"，有些是促进机体免疫反应，将两者结合在一起的少有成功案例。而新型递送车，是一种可降解的中空纳米小球，称为纳米脂凝胶（NLGs），其中含有两种药物：能中和癌细胞分泌物 TGF-β（转化生长因子-β）的抑制剂，以及召集免疫反应的 IL-2（白细胞介素-2）。小球会在肿瘤区脉管系统堆积起来，随着球外壳和内骨架的慢慢分解，持续节制地放出药物。

IL-2 是大的亲水蛋白，而 TGF-β 抑制剂是小的憎水分子。研究人员先用一种生物适应性可降解材料造出载体骨架，其中灌注 TGF-β 抑制剂分子，再将其浸入含 IL-2 的溶液，IL-2 就会被吸入骨架中，这一过程称为远程装载。外壳用一种经美国食品和药物管理局（FDA）许可的生物降解合成脂制成，既足够坚固携带药物进入体内，又能受控地降解释放出药物。

法密称："癌瘤及其微环境可看成是一座城堡及护城河。护城河是癌瘤的防御系统，其中就包括 TGF-β。我们的策略是用 TGF-β 抑制剂'吸干'护城河，同时释放 IL-2 促进肿瘤周围免疫反应。IL-2 是一种细胞激素，能告诉防御细胞出了问题，可看做是一种引进增援策略。它们通过吸干的护城河进入城堡，发信号让更多援军进来。"实验中召集的援军就是机体的反入侵部队 T 细胞。

瑞辛斯基指出，这项研究的目标，是初期黑色素瘤和已扩展到肺部的黑色素瘤，尚未对初期肺癌进行评估。黑色素瘤是采用免疫疗法的固体肿瘤典型。目前，治疗转移性黑色素瘤的一个问题是，用药过程中难以控制自身免疫。NLGs 递送系统可同时作为 IL-2 管制器和中和 TGF-β 的免疫调节器，有望在抗癌的同时避免自身免疫。

研究人员指出，NLGs 技术结合了先锋和召集后援双重策略，能瞄准正确目标长时间释放药物，安全执行双重治疗。最关键的是，它在设计上能装载各种形状和大小的药物分子，对那些适合免疫、放射、化学和手术疗法的癌症均显出光明前景，尤其是对转移性癌症，最终有望成为多种抗癌药物的递送系统。

第三节　其他疾病防治领域纳米技术的新进展

一、心脏与大脑疾病防治领域纳米技术的新进展

1. 心脑血管疾病防治方面的纳米新技术

（1）利用纳米探针发现奈必洛尔具有修复心血管功能。2006 年 3 月，由俄亥俄大学化学和生物化学教授塔德乌什·马林斯基等人组成的研究小组，在美国心脏病协会主办的《循环》杂志上发表研究成果称，他们利用纳米探针发现奈必洛尔（Nebivolol）可能具有修复心血管功能，该药原是一种欧洲广泛应用的高血压治疗药物。

研究人员按氧化剂水平来测试心血管系统，利用该药物恢复氧化亚氮含量进而减少氧化胁迫。在健康的心血管系统中，氧化亚氮和氧化胁迫之间存在一个微妙的平衡。氧化亚氮是由上皮细胞释放的一种单细胞层血管。氧化亚氮具有控制血液流动，以及松弛血管的作用，并能降低血压。

氧化亚氮缺乏和高氧化胁迫能引起大量健康问题，如心脏病、卒中，以及心力衰竭，也包括肾衰竭和糖尿病。

奈必洛尔，可以解决氧化亚氮缺乏和高氧化胁迫等问题。该药物是新一代 β-受体阻断剂的一部分，β-受体阻断剂是高血压的标准疗法。研究人员通过大量的试验发现 β-受体阻断剂还能降低血压，奈必洛尔也能恢复细胞中氧化亚氮系统的功能。

研究小组在研究中，利用纳米探针检测不同种族捐赠者，单细胞中氧化亚氮的水平及氧化胁迫中的分子。纳米探针是人类头发粗细的 1/1000，研究人员能够在使用奈必洛尔前后实时测量氧化亚氮的水平。纳米医学方

法，在测量氧化亚氮水平上，较传统疗法而言加快了研究进程。

研究人员表示，奈必洛尔能恢复氧化亚氮水平和损伤性氧化胁迫之间的平衡，并能修复内皮组织的生活功能。进而，该药物可用于防止心血管系统损伤。

（2）推出能提高心肌导电性的金纳米线心脏补丁。2011 年 9 月 25 日，美国波士顿儿童医院、麻省理工学院工程与材料专家，在《自然·纳米技术》杂志网络版发表文章称，他们通过纳米技术用微细的金线制成一种心脏补丁，大大提高现有心脏补丁的导电性，其上的所有心肌细胞都能跳动。研究人员希望，这种补丁，能帮助修复心脏病发作造成的心肌组织坏死。

在心脏组织中添加金线增强导电性，是对现有纳米补丁的改良。这种金纳米线平均 30 纳米粗，2 ~ 3 微米长，肉眼几乎无法看到。经过培养之后，布满金线的补丁上的心肌细胞，变得更厚，排列得也更有组织。用电流刺激细胞，会产生一个明显的电压峰值，相邻的心肌细胞束之间的电流活动明显提高。与之对比，没有金纳米线的补丁，仅能产生微弱电流，使一束细胞跳动。

2. 神经疾病防治方面的纳米新技术

（1）研制把纳米电缆接到大脑神经元的新技术。2005 年 7 月 8 日，由纽约大学鲁道夫·霖斯领导，日本东京大学的雅行中尾、麻省理工学院的伊恩·亨特与帕特里克安克蒂尔参加的研究小组，在美国一个网站发表论文称，他们研究出一种新方法，把比人类发丝还细 100 倍的铂金属纳米电缆，植入人体血管中，希望有一天，使用这些纳米电缆帮助医生治疗人类某些神经性疾病，如帕金森病。

研究人员设想，把许多纳米电缆组成的阵列穿入人体血管，并借血管的传导与人类大脑相连接。一旦纳米电缆进入人体大脑，他们就会分散为花束状的分支，进入大脑微血管，直到进入指定的地点。到达指定地点后，这些纳米电缆就可以用来记录单个大脑神经元或许多神经元组成的集合的电讯号。

研究人员声称，已经有能力制造出比人类最微细的血管还细的纳米电缆。这就意味着，他们可以使纳米电缆，在人体血管中任意穿行，达到任何指定的地点，而不会阻碍血管中正常的血液、氧气与营养流动。

该研究小组进行了一次简单的实验，他们把铂纳米电缆植入血管中并到达指定地点后，成功检测到血管附近神经元的活动。

美国国家科学基金会纳米科技研究高级顾问迈克·劳卡说，纳米科技正成为医学与认知科学研究领域中最闪亮的新星。

实际上很早以前，医学家就利用在血管中插入金属导体的办法，来为患者治病。他们用金属导体插入人类心脏附近的血管中，来研究血液循环。基于前人的成果，研究人员自然就联想到，可以把许多细金属导线组成的阵列连接到人类大脑，并借此研究人类大脑神经元的活动。

如果这项技术获得成功，将对研究人类大脑的医学家提供极大帮助。目前的大脑扫描技术，如正电子发射断层分析扫描和功能性磁共振造影，已经使研究人员很好地了解人类大脑神经元的活动机制。但是这些扫描技术清晰度很低。通过分析单个神经元的活动，研究人员就可以把分析精度提高到细胞级别，大大提高扫描精度。这样一来，研究人员就可以更清楚地了解人类大脑神经元之间的相互作用，而且这种方式对人体毫无害处。

此次研究为研究人员治疗神经性疾病找到一条崭新的道路，并为人类开辟了一块医学研究新领域。此项研究同时向人们充分展示了复杂纳米设备在医学领域的广阔应用前景。

研究人员指出，这些纳米电缆不但可以用来接收神经细胞的讯号，还可以向这些细胞发出信号。所以这项技术，将来还可以被用来治疗帕金森病等疾病。

研究人员早已得出结论，如果对帕金森病患者大脑出现异常的区域进行直接的外部刺激，将很可能恢复患者大脑的部分功能。某些帕金森综合征患者，对药物治疗收不到明显效果，就只能接收这种物理治疗。但是目前这种治疗方法，都是把导线直接穿过患者颅骨进入大脑，这会对大脑细胞造成损害。此项研究，可以使医疗工作者通过血管中的纳米电缆，刺激患者受损的大脑神经细胞，并且不会产生副作用。

目前，急需解决的问题之一，就是如何使纳米电缆准确地从数千条微细血管中，找到指定的路径。其中一个解决方法就是使用新型聚合材料来代替原有的纳米电缆。这种聚合材料不但可以传导电讯号，还可以任意改变形状，使得操作人员更轻松地把纳米电缆传送到指定的地方。这种聚合材料还可以做得更细更小，同时，它属于可生物降解材料，十分适合短期人体植入。麻省理工学院的安克蒂尔称，这种新型材料的前景十分广阔诱人。研究人员们可以充分利用它的可塑性制造出需要的产品。

（2）用碳纳米管制造出模拟大脑突触功能的电路。2011年4月22

日，美国物理学家组织网报道，美国南加利福尼亚大学的研究人员在人造大脑领域获得一项重要进展，他们用碳纳米管成功制造出一个能模拟大脑突触功能的电路，可实现神经细胞的功能，为构建人工合成大脑奠定了基础。

突触是神经元之间、神经元与肌细胞之间通信的特异性接头，是形成感觉和思维的关键部位，同时也是大脑的基本组成部分之一。碳纳米管是由六边形碳环微结构单元组成的一种纳米材料，其直径只有铅笔芯的100万之一，具有独特的力学、电学和化学性能，在电路中可作为导体或半导体。南加利福尼亚大学维特比工学院的一个研究小组，采用跨学科的研究方法和纳米电路设计技术，成功制造出能模拟突触功能的碳纳米管电路。

研究人员表示，制造出人工突触，是整个研究过程的第一步。人脑中有1000亿个神经元，每个神经元至少与10000个突触相连，如何建立模拟大脑功能的神经结构和连接，是下一步更为复杂的工作。

二、其他疾病防治方面纳米技术的新进展

1. 防治流感出现的纳米新技术

利用纳米技术使转基因蛋白质能够抑制流感病毒。2012年6月，有关媒体报道，美国华盛顿大学新成立的蛋白质设计中心，集中了生物化学家、计算机专家、工程师和医学专家。在生物化学教授大卫·贝克主任的领导下，中心的研究人员试图通过纳米和生物技术，对蛋白质进行基因工程改造，让它们具有新的特殊功能，以用于医学、环境保护和其他领域。蛋白质设计中心把流感作为其主要研究的课题之一，并与美国和国外的其他机构建立广泛的合作。

蛋白质是活细胞所有正常活动和结构的基础，同时还控制着病毒等病原体的致病行为。许多遗传性和后天性慢性疾病，也往往与非正常的蛋白质形态和相互作用相关。为阻止流感病毒借助血球凝集素感染人体，研究小组正在利用计算机和纳米技术设计蛋白质，让其具有抗流感的潜力，并能与人体多种单克隆抗体相媲美。研究人员表示，天然蛋白质通常不能束缚流感病毒，通过纳米技术进行基因工程改造后，某些蛋白质可以成为广谱抗病毒剂，对付包括H1N1在内的多种流感病毒菌株。

研究小组的设想是，让转基因蛋白质与血球凝集素，以特定的方向相结合，阻止它的形状发生变化，从而让病毒无法侵入细胞。为此，他们尝

试用计算机和纳米技术，对设计的流感抑制剂的功能进行优化。这些蛋白质通过计算机模型改变后，能够精准地与流感病毒上纳米尺寸的目标——血球凝集素相结合，如同钥匙进入锁，其作用是让病毒不再改变自己的形状，从而无法感染活细胞。

2. 防治肠道疾病出现的纳米新技术

用纳米粒子开发出大肠杆菌超灵敏快速检测方法。2004 年 10 月 10 日，《自然》杂志网站报道，美国佛罗里达大学研究人员使用纳米粒子技术，开发出一种新的大肠杆菌检测法，即使样本里只有一个大肠杆菌也能检测出来，整个过程只需要 20 分钟。

新检测方法针对的是 O157：H7 型大肠杆菌。这种细菌非常危险，即使食物只被很少几个细菌污染，也可能危及人体健康。

对该细菌进行高灵敏度检测非常重要，但传统方法必须先对样本中的细菌进行培养、增加数量，然后进行检测，得出结果的时间可能长达 48 小时。这种拖延对医疗和食品工业都非常不利。

新方法用纳米级的二氧化硅粒子进行检测。每个纳米粒子里都装有数以千计的荧光染色分子，并且每个纳米粒子都附着在一个该大肠杆菌的抗体分子上。

进行检测时，将食物样本制成溶液，再把这些纳米粒子放进溶液。如果样本里存在大肠杆菌，在抗体分子作用下，纳米粒子就会与大肠杆菌结合，通过荧光染色分子产生荧光，显示大肠杆菌的存在。由于一个纳米粒子里就有数以千计的荧光染色分子，即使样本里只有一个大肠杆菌存在，也可产生足够强的荧光。

3. 防治糖尿病出现的纳米新技术

利用纳米技术发明以泪珠测试糖尿病的新装置。2006 年 8 月，美国媒体报道，由佛罗里达中部大学弗洛伦西奥·埃尔南德斯领导的一个研究小组，研制出使用泪珠来测试一个人的血糖含量的新装置。研究人员称，用它来测试糖尿病，可以省去每天抽血测量血糖的痛苦。目前，糖尿病最常见的测量血糖水平的方式，就是通过刺手指来取血化验。

埃尔南德斯称，我希望在未来的 2~3 年就能普及这项装置，某一天人们可以在杂货店测量自己的血糖浓度，就像测量血压那么简单。他介绍道，这项装置，内含氯金酸钠溶液，当接触糖分子时，它就可以产生可检测的金色纳米颗粒。人类的血液、尿或者眼泪里都含有葡萄糖，但眼泪里是最合适的。

散发出的金色纳米颗粒的数量能直接反应葡萄糖的聚集浓度，可通过紫外可见光分光光度计来测量它。金分子和糖分子之间的化学反应是可视的：根据糖分子的浓度，其溶液就会通过从粉红转变为血红色。

眼泪的采集很方便，只要刺激泪腺就可以获得。例如，洋葱就能使眼泪不自主地流下；洋葱内不同组分的化学物质混合在一起，形成了一种不稳定的酸；这种酸也会分解成气体，通过空气进入人的眼中。眼睛的神经末端被刺激，便释放出眼泪。

研究人员称，这种新方法不仅是无痛的，而且这也能提供一种平常就可以检测提高血糖浓度的水平方式。这也可对那些有妊娠糖尿病风险的孕妇做一个早期的测试。

埃尔南德斯表示，这是整个一个构思，是预防性的。使用这种方法就会产生一种新的模式，即可以在没有真正出现一些疾病产生的危害之前发现它，并治疗它。

4. 骨科病治疗方面出现的纳米新技术

首次在碳纳米管上培育出骨细胞。2006 年 3 月 8 日，由美国加利福尼亚大学河畔分校生物化学专家劳拉·赞尼罗主持，赵宾、胡慧和罗伯特·哈登参与的一个研究小组，在美国化学学会期刊《纳米通信》上发表文章，第一次揭示骨细胞能在碳纳米管上生长和增生的研究成果。

哈登曾经研究发现，碳纳米管具有与骨细胞化学相容性。在此基础上，赞尼罗用实验验证了哈登的理论，并发现比人类头发丝还细 10 万倍的纳米管，其实是骨细胞生长的最佳骨架。赞尼罗称，以前的科学家，一直被碳纳米管结合活细胞时产生的有毒物质所困扰，所以我们一直在寻找获得最纯净的纳米管，以减少生产过程中经常会引入的重金属带来的影响。她十分感激如今在美国橡树岭国家实验室工作的赵宾，他为赞尼罗的研究生产出了高纯度的碳纳米管。

实验研究中，有些纳米管经过了化学处理，而有些则没有。然后将纳米管与老鼠的骨细胞结合，以确定哪种或哪些结合能产生最佳效果。结果发现，未经化学处理的纳米管，以及电中性的纳米管，是骨细胞生长的最佳场所。因为碳纳米管不能进行生物降解，它们就像一个惰性框架，细胞可以生长繁殖并沉淀新的活性物质，再转变成正常的功能性的骨组织。所以，它们在一定程度上，可以帮助治疗由于肿瘤切除、损伤、骨骼不正常发育及牙齿植入，而引起的骨骼缺陷。

研究人员指出，人体如何和纳米管相容等问题，有待进一步的研究，尤其是免疫反应。赞尼罗称，我们希望看到活性物质和人造合成骨架之间的原子级反应，那样我们就可以找到和活细胞在纳米层面上发生反应的物质了。

5. 防治五官科疾病方面纳米技术的新进展

（1）研制出能辨方向的新型纳米助听器。由美国康奈尔大学神经生物学与行为学教授罗纳德·霍伊与其同事组成的一个研究小组，正在研发一种能辨别方向的新型助听器，它不仅可以大大改善助听器的使用效果，而且比现有产品体积更小、更简单、更便宜。2004年6月上旬，这一项目，已被美国国立卫生研究院，作为成果转化示范项目，推荐给了美国卫生和福利部。

目前，霍伊研究小组通过与纽约宾厄姆顿大学纳米技术专家罗纳德·迈尔斯的合作，正在由美国国家科学基金会资助的康奈尔纳米工厂制造首个新型助听器样品。

实际上，科学家的设计灵感来自一种生长在美国南部及中美洲的奥米亚棕蝇。我们知道，苍蝇本来没有耳朵，它们靠眼睛及腿上的纤毛对声音的感应，来辨识方向及寻找目标。但霍伊研究小组发现，奥米亚棕蝇为了能让幼虫寄生在蟋蟀身上，雌蝇胸部生有一种独特的、类似耳朵的听觉器官，帮助它们寻找并且定位正在鸣叫的雄蟋蟀。

人类和其他某些动物之所以能够听到立体声，是因为其耳朵的间距比声波的波长要长。多亏了这个大脑袋，我们才能连眼皮都不用抬，就分辨出蟋蟀是在我们的左侧还是在右侧鸣唱，但是，除了奥米亚棕蝇外的许多小昆虫却没有这个本领。人类的两个耳朵间隔约15厘米，而观察奥米亚棕蝇胸部独特的耳朵发现，其间距还不到半毫米，因此奥米亚棕蝇一定进化出了一套与其他动物大不相同的声音定位系统。霍伊正好发现了奥米亚棕蝇身上这个看似有违物理学定律的奇特机制。

霍伊研究小组从中获得启发，他们在一个转动臂上安置了一个小喇叭，用来播放蟋蟀的叫声，再在一个乒乓球上点上数百个点以便用计算机追踪球的运动轨迹，乒乓球受气流的作用而悬浮在空中，当苍蝇走动时乒乓球就会很容易转动。此时，研究人员将一只被系住的奥米亚棕蝇放到球上，播放蟋蟀的声音并观察苍蝇的行为。科学家发现，不论声源来自何方，奥米亚棕蝇都会很快调整方向以正对蟋蟀，它甚至能觉察出 2 度的位置变化。连我们人类有时都做得不如它们好。

霍伊等人的发现刊登在了 2001 年 4 月 5 日的《自然》杂志上。科学家在研究中发现，奥米亚棕蝇胸部的耳膜中间还有一道横膜相连，这种机械连接就像一个跷跷板，声波在音波传至耳鼓时，这道横膜也会前后振动，使得耳膜不同步地振动，这使奥米亚棕蝇对声音产生层次感，辨识主要声音，过滤次要声音，直接找到目标。

霍伊解释道："离声源较近的耳朵反应更加强烈。"这时苍蝇的神经系统，马上计算出两个耳朵间的压力差，并发信号给肌肉以做出反应。奥米亚棕蝇能在 50 毫微秒内完成计算，这种速度比人类快 1000 倍。

包括康奈尔大学在内的几个实验室都在开发以奥米亚棕蝇为基础的纳米技术助听器。研究人员用硅材料来仿制奥米亚棕蝇的耳膜，并且在 2001 年，就已经制造出适用于超声波频段的耳膜原型。霍伊当时称："这对蝙蝠来说也许是个很好的助听器，但我们需要能够对人类听力范围内的声波进行响应的装置，它需要对方向很敏感，并且适合安放在耳朵里。"美国国立耳聋及其他交流障碍疾病研究所听力研究项目主任林恩把这一研究，看做基础科学研究向临床应用领域转化的典范。该研究所负责人詹姆士认为，在环境噪声很大，或许多人同时说话时，戴助听器的患者很难分辨出个别的声音，奥米亚棕蝇的这种特殊构造，能够使我们生产出一种带方向性的微型扩音器，这些新理论的应用，将改善那些因听力受损而依赖助听器的人们。霍伊称："我研究昆虫听力系统已经有了 20 多年，而这个项目是第一个有应用潜力的基础研究。我们可以从自然界的生物身上学到很多，它们处理一些难题的经验比我们要丰富得多。"

（2）用纳米粒子帮助治疗青光眼。2007 年 6 月，美国佛罗里达中部大学发布新闻公报称，该校一个研究小组利用一种独特的纳米粒子为载体，成功地将治疗青光眼的药物运输到眼内合适部位。这项成果显示，该纳米粒子可以用作高性能、无毒的药物载体。

据悉，这种纳米粒子的成分是稀土元素铈的氧化物，它与治疗青光眼的药物分子结合将药物运输到合适部位。该药物能够抑制一种酶的作用，从而减少眼内二氧化碳的产生量，降低压力。眼压过大是青光眼的重要症状。

研究人员称，由于纳米粒子非常小，它具有较高的渗透力，而现有的青光眼药物渗透率通常仅有 1%～3%。此外，纳米粒子导致的摩擦感小，患者用药后基本不会感到不适。研究人员认为，这种纳米粒子将在运载药物方面拥有广泛的应用前景。

三、药物和医疗设备领域纳米技术的新进展

1. 药物研制方面纳米技术的新成果

（1）发明可将药物精确送入体内的智能纳米管。2005 年 8 月 2 日，由美国加利福尼亚大学圣巴巴拉分校教授塞鲁斯·萨芬尼亚等人组成的研究小组，在美国《国家科学院学报》网络版上发表论文称，他们开发出一种具有智能特性的纳米管，在不同的电荷下，这种导管可以封闭或开启。研究人员称，这种纳米管未来可以制作智能胶囊，将药物精确输送到人体内。

研究人员称，这种纳米管是用一层脂质体薄膜，覆盖在蛋白质微管上自我组装而成的。

研究人员使用的蛋白质微管是从牛脑组织中的神经细胞骨架提取出的，它在细胞内部承担着构造细胞形状、输送细胞内物质的作用。蛋白质微管带负电荷，而脂质体薄膜带正电荷。这样，当把它们放在一起时，脂质体薄膜就会在电性吸引力下，覆盖在蛋白质微管表面。

萨芬尼亚等人发现，在两者不同的电荷密度状态下，脂质体薄膜有时候会聚在蛋白质微管表面，形成"珠子"一样的状态，有时候会均匀包裹在蛋白质微管表面。当两者电荷密度很悬殊时，它们就会自我组装成纳米管，其内径为 16 纳米，外径为 40 纳米。

萨芬尼亚称，这种纳米管在不同的电荷环境中，会呈现不同的状态。在负电荷环境下，它的两端是打开的，是"管子"状；而在正电荷环境下，它的两端会封闭住，形成极其微小的"胶囊"。

研究人员认为，这种智能特性，使纳米管可以用来精确输送药物。他们设想，让纳米管在正电环境下作为"胶囊"，把治癌症的化疗药物等封装在里面，而患者服用到体内后，又可以在肿瘤部位使它变成"管子"，释放药物杀伤癌细胞而不产生毒副作用。目前，研究人员已开始用一种化疗药物进行实验。

（2）设计出让药物本身成为递送系统的纳米新技术。长期以来，为了解决向肿瘤或其他疾病位点有效输送药物，特别是一些恐水的或斥水的

药物问题，科学家开发出一种新的递送系统，以保证将这些药物完整无缺地送到目的地。2007年2月，美国布法罗大学激光与生物光电研究所和罗兹韦尔公园癌症研究所的研究人员开发出一种新的解决方法。而在这项新的技术中，递送系统就是药物自身。

布法罗大学的研究人员发现，鲍光过敏素纳米晶体会被体内的肿瘤吸收。在这种情况下，药物本身充当着自己的递送载体的角色。与传统的基于表面活性剂的递送系统相比，新的递送系统显得更加卓有成效。

专家指出，这种纳米晶体载体递送技术，要明显优于其他载体递送方法。因为，其他的特别是那些包含表面活性剂的递送系统，通常都把鲍光过敏素和其他许多药物一起使用，这样可能会增加体内的毒性。这些递送系统被认为是并不完善的解决办法。同时，与那些需要单独递送系统的配方不同，一旦这种药物得到核准，它就不需要其他任何多余的认可。

（3）研制出靶向纳米粒子的给药系统。2010年1月，由麻省理工学院与哈佛大学医学院联合组成的一个研究小组，在美国《国家科学院学报》上发表论文称，他们研制出一种靶向纳米粒子给药系统，可以黏附在动脉内壁上缓慢释放药物，从而治疗动脉硬化症及其他心血管炎症。研究人员称这一系统将来有望成为药物支架的补充或替代物。

这一系统呈球形，直径约60纳米，分为3层：最内的核心层放置药物，以及名为聚乳酸（PLA）的聚合物链；中间层为大豆卵磷脂；最外层为聚乙二醇（PEG），对血管中运行的纳米粒子起保护作用。

靶向纳米粒子给药系统的药物只有在与聚合物链分离时才会释放。这一过程称为酯水解。聚合物链越长，药物的释放时间也越长。因此，研究人员可以通过控制聚合物链的长度，控制药物的释放时间。在动物实验中，研究人员通过控制聚合物链的长度，把药物释放时间控制在12天。

这一系统的靶向目标是名为基底膜的特殊结构，它能使表皮和真皮紧密连接起来。当基底膜损伤时，炎症细胞便会扩散。研究人员称，这一系统用途非常广泛，将来有望用于治疗癌症和各类炎症。

（4）开发出可加快药物开发过程的纳米传感器芯片。2011年5月，有关媒体报道，美国斯坦福大学的研究人员开发出一种新型传感器芯片，可大大加快药物开发过程。这种由高度敏感的纳米传感器构成的微芯片，可以分析蛋白质如何相互结合，在评估药物的有效性及可能带来的副作用方面迈出了关键一步。

它只需一厘米大小的纳米传感器阵列，就能以高于现有传感器数千倍的能力，持续不断地监测蛋白质的结合活动。它可以同时监测成千上万种反应，而且比目前的检测方法敏感性更强，并能更快地提供检测结果。

它有两个重大进步。一是把磁性纳米标记，附着在研究用的蛋白质上，大大提高了监测的灵敏度。二是研究人员开发出一种新的分析模型，以监测数据为依据，只要几分钟就能准确地预测结果。而目前其他的技术只能同时监测四种反应，需要长达数小时才能获得结果。

数年前，研究人员开发出了磁性纳米传感器技术，在检测小鼠血液中癌症相关蛋白的生物标志物时发现，其敏感性远高于其他技术，检测浓度为其他技术检测浓度的千分之一。

研究人员把磁性纳米标记附着在特定的蛋白质上，当其与另一个连接到纳米传感器的蛋白相结合时，磁性纳米标记改变纳米传感器周围的磁场。为了确定蛋白与药物之间的结合强度，研究人员把乳腺癌的蛋白放入纳米传感器阵列，同时把取自肝脏、肺、肾脏及其他组织的蛋白也放进去，然后测量附着了磁性纳米标记的药物与各种蛋白的结合强度。这样可以不通过临床实验，就可以初步断定该药物的副作用。研究人员确信，这将大大加快药物开发的进程。

（5）研制成控制纳米药物载体形状的新方法。2012年10月12日，约翰·霍普金斯大学材料科学与工程系的研究人员，在《先进材料》杂志网络版上发表的研究成果表明，他们发现了一种新方法，可控制作为药物载体的纳米粒子的形状。该成果还表明，纳米载体的形状对治疗癌症等疾病的功效会有很大的不同。需要指出的是，这项基因治疗技术不使用病毒携带脱氧核糖核酸（DNA）进入细胞，因而可避免潜在的健康风险。

研究人员认为，这些纳米粒子或可成为更安全、更有效的运载工具，以针对遗传性疾病、癌症和其他疾病开展基因药物治疗。他们一直在开发用于基因疗法的非病毒纳米粒子，其方法是把健康DNA片段压缩进聚合物保护涂层内。这些粒子被设计成仅在血液里流动并进入靶细胞时才会交付其基因载荷，聚合物随之在细胞内进行降解并释放DNA。

该研究展现了纳米粒子形状在基因疗法的重要性。研究人员使用相同的纳米材料和相同的DNA进行动物试验，唯一的区别在于纳米粒子的形状。结果表明，蠕虫状粒子在肝细胞中的基因表达要比其他形状多1600次，这意味着，这种特殊形状的纳米粒子在传递基因药物时也许更有效。

2. 医疗设备方面纳米技术的新进展

（1）研发纳米成像技术取得突破。2004 年 7 月，由国际商用机器公司丹·鲁伽领导一个纳米测量研究小组，在《自然》杂志上发表研究成果称，他们在磁共振成像技术领取取得重大突破，将使未来的显微镜可以观察到立体的分子内部结构图像，清晰度达到纳米等级，把目前观察人体器官用的医疗磁共振成像设备的精度，提高了约 1000 万倍。

研究人员称，通过直接探测固体物质内部单个电子发出的微弱磁信号，使磁共振成像技术的辨别率达到纳米级。1 纳米为十亿分之一米，长度相当于 5～10 个原子排列在一起。

国际商用机器公司认为，这项成果将对从蛋白质到药品、从集成电路到工业催化剂等各种物质的研究产生重大影响，因为这些研究都需要详细地了解物质的原子结构。例如，能够直接看到蛋白质详细的原子结构图，知道某些原子的确切位置对研发新的药品将有帮助。

（2）受海参启发研制出高分子纳米复合医学新材料。2008 年 3 月，由美国凯斯西部保留地大学教授克里斯托夫·韦德等人组成的研究小组，在《科学》杂志上发表论文称，他们已研制出一种突破性材料，当遇到液体时，它可在几秒钟内改变形态，由硬变软，然后又恢复如初。该材料有着广泛的医疗用途。

据介绍，这种材料的研制受到了海参的启发。海参生长在海底，具有皮革般的皮肤和类似黄瓜的体形。它可呈柔软的凝胶状，也可呈刚性。海参的这种"转换效果"源自一种独特的纳米级复合物结构。在对海参进行了几年模拟研究后，研究人员提出开发高分子纳米复合材料的全新方法。

韦德称，我们能对这些新聚合物进行设计，从而使它们在接触特定的化学物质时，以指定的方式改变机械特性，特别是硬度和强度。

研究人员表示，这种具有延展性的新材料可能在生物医学方面有很多用途，包括作为"人工神经系统"的一部分，用于治疗帕金森病、中风或脊髓损伤患者。

第九章 其他领域纳米技术的新成果

本章分析美国在航空航天和环境保护两个领域纳米技术的创新信息。把它们组合在一起，主要原因是这两个领域搜集到的纳米技术创新进展信息资料有限，难以独立成章。美国在航空航天领域，主要集中在通过纳米技术改善航空航天器，以及配套产品的质量和性能，应用纳米技术研制火箭推进剂，提高航空航天业的未来竞争力。美国在环境保护领域，主要集中在采用纳米技术防治水体污染、处理废物，研制用来清除污染的纳米材料。同时，加强纳米材料对环境带来潜在影响问题的研究。

第一节 航空航天领域纳米技术的新进展

一、研究以纳米技术促进航空航天业发展

2005年8月，美国空军发布一份文件，提出一系列促进纳米技术与快速响应技术发展的措施。它表明，美国空军正在为纳米技术及快速响应技术的发展，创造新的机遇。此举对提高航空航天业的未来竞争力，将提供强有力的支撑。

该文件表明，美国空军在纳米技术领域研究所覆盖的范围主要包括：多谱段探测器阵列、芯片级光网络、空间紧凑型能源、纳米动力学、纳米材料学等方面。目前，美国空军科学研究局正在接受对纳米技术未来研发方向的白皮书及初步建议。

该文件表明，在美国空军内，空军研究实验室继续在纳米技术研究领域处于领先地位，将着力推进在原子尺度上对材料及装置进行加工。这方面的纳米技术将用于能束武器、光学材料、红外光电探测器、革命性的信息技术、先进卫星零部件、用于军需品及推进系统的含能材料、多功能承载航空航天结构及其他军事用途。

该文件表明，推进纳米技术计划将由空军科学研究局管理，并由空军

实验室的各个处进行协调。该计划将主要支持独立的研究者和小型的研究机构。增列的主要研究项目如下。

（1）多谱段探测器阵列。着重探索新型的探测技术、自组装量于结构生长的纳米图形及控制方法、两者的结合及其与结构的联系，进而研制出用于多谱段和高光谱图像处理的探测器。

（2）芯片级光网络。将进一步努力寻求开发航空航天平台光子网络的设计、集成、操作、使用、及全部功能的新概念。为下一代高速处理器及航空航天平台零部件存在的相互关联的问题，提供可行的光学解决方案。目前的研究重点包括纳米光子学、等离子体光学、光子晶体、负折射材料、及硅光子学的纳米－光学研究方法。

（3）用于空间的紧凑型能源。提高太阳能电池板阵、燃料电池、储能系统的功率系数，以便用于高能空间平台。

（4）纳米动力学。将启动较高性能、较低灵敏度的纳米尺度的含能材料，以便用于军需品及推进系统。

（5）纳米结构材料。建立纳米材料及纳米复合材料系统，进而降低系统重量或尺寸，延长服役寿命，提高承载航空航天结构的多功能性能。

该文件表明，美国空军正推进快速响应技术。根据一份广泛机构公告（BAA）可知，美国空军实验室的空间飞行器处正在开发一种新技术，以便快速把这项技术用于航空航天用户的紧急情况处理。这种新技术称为"紧急情况创新解决方案"，目标是强化并理顺美国空军实验室新的及现有技术的应用，以解决在军需品使用当中遇到的紧急问题。这种技术的前景是成为空军及其他部队最好的技术革新方式。

最近，美国空军实验室在发布的一份文件中称："我们的任务是通过快速提供建立在任何知识及技术基础上，具有创新意义的新能力，以改变今天的空中、太空，以及信息领域的战争模式。"

根据广泛机构公告（BAA），快速响应方案小组将由空军实验室及美国国内的其他机构选拔人员组成，该小组负责快速改进、验证、开发快速原型件的制造，硬件、软件、综合系统的解决方案，以及提供用户服务等。

美国空军实验室对于接受有实力的机构的建议很感兴趣，这些机构具有快速创新、发展、生产用于解决紧急情况的产品及原型件的能力。这些机构，至少能获得一项合同以参加研究工作。

二、运用纳米技术提高航空器性能

2009 年 3 月 5 日，麻省理工学院航空航天学系一个研究小组，在该校发布新闻公报称，他们研究出一种用碳纳米管"装订"航空材料的技术，可以在略微增加成本的情况下，使飞机外壳强度提高到原来的 10 倍。

研究人员介绍说，除了强度高，用碳纳米管强化过的航空复合材料还具有更好的导电性，用这种材料制造的飞机可以更好地抵抗雷电袭击。

碳复合材料已经广泛用于航空和航天工业。在目前使用的这类材料中，碳纤维层之间是用聚合物"粘胶"接合的。这类聚合物可能发生断裂，导致碳复合材料解体。一些研究人员尝试用其他材料来"缝合"或"装订"碳纤维层，但这些材料通常会对碳纤维层造成破坏。

该研究小组在研究过程中，使碳纳米管与碳纤维层垂直排列，然后对碳纤维层之间的聚合物进行加热，液化后的聚合物会把碳纳米管吸收进去，起到"装订"碳纤维层的作用。碳纳米管直径只有几纳米，是碳纤维直径的千分之一，所以不会破坏碳纤维，而是填充纤维之间的空隙，使材料变得更坚固。

研究人员称，用于"装订"的碳纳米管重量只占复合材料总重的1%，复合材料的成本也只增加百分之几，强度和抗雷电能力却会大大增强。

三、航天器及其配套产品纳米技术的新成果

1. 航天器方面纳米技术的新进展

（1）发射只有面包块大小的纳米级人造卫星。2009 年 5 月 5 日，美国太空网报道，当天晚上，美国宇航局发射一颗小型纳米级人造卫星，其大小如同面包块一般，它将帮助科学家揭示杀菌药物在太空中的反应。

这个纳米级人造卫星名为"飞马洒脱"，重量为 10 磅，该设计是为了研究当人造卫星以每小时 1.7 万英里飞行速度在地球轨道盘旋飞行时，人造卫星上携带的杀菌药物对酵母菌如何产生反应。美国得克萨斯大学的大卫·涅塞尔是该人造卫星的研究设计人员之一，他称："'飞马洒脱'是一项非常重要的实验，它将产生太空环境下杀菌类抗生药物对细菌的'攻击效力'。"

这颗微型人造卫星由美国空军"米诺陶 1 号"发射升空，该人造卫

星是二级有效载荷，TacSat 3 人造卫星则作为该火箭发射的一级有效载荷。在天气状况较好的美国东部海岸地区，居民能够清晰地看到此次发射。

该人造卫星装载着内部是传感器的微型实验室，它能够探测到酵母菌的生长、密度和健康状况，科学家计划使用 3 种不同的杀菌治疗药剂，在 96 小时内测试酵母菌将产生怎样的反应。美国宇航局太空飞行工程师将在发射成功后 1 小时，尽快地与"飞马洒脱"卫星建立联系，并发送指令开始酵母菌实验，之后该人造卫星会把 6 个月的实时实验数据发回地球。

美国宇航局艾姆斯太空研究中心"飞马洒脱"项目主管埃尔伍德·阿贾希德称："二级载荷纳米人造卫星将在失重状态下，进行杀菌药物的测试研究，从而为国际空间站或航天飞机进行调查研究提供可靠数据。"

据悉，此前的一颗纳米级人造卫星，像鞋盒般大小，在 2006 年 12 月成功发射，并测试了大肠杆菌如何在太空环境下旺盛繁殖。"飞马洒脱"一旦成功抵达地球上空 285 英里处，会把无线电信号向美国宇航局艾姆斯太空研究中心和圣塔克拉拉大学的一个二级无线电站进行发送。

（2）着手研制接近光速的纳米飞船。2009 年 7 月，国外媒体报道，庞大的粒子加速器正在探索非常微小的世界，但是类似的技术或许有一天可以促进缝衣针大小的飞船，进行远距离飞行，甚至是在恒星系间来往穿梭。通过研究纳米推进器（作用相当于便携式粒子加速器），或许可以在我们的有生之年，把微型飞船的速度加速到接近光速，并用它们探索附近的恒星。

欧洲粒子物理研究所耗资 100 亿美元建造的大型强子对撞机，其目的是确定宇宙是由什么构成的。这个周长达 17 英里的机器，可以把带电质子的速度加速到接近光速。一旦带电质子达到最高速度，它们就会与目标相撞，发生爆炸，生成奇异物质供科学家研究。有一天，这种原子撞击的方法可能会给我们展示，更多有关其他宇宙区域是由什么构成的信息。它们或许将引领我们到达那里。

从 20 世纪 50 年代开始，人类发射大量飞船前去探索宇宙空间。但是仅有为数不多的几个探测器走出太阳系，慢吞吞地飞往更加遥远的区域。例如，"旅行者"号探测器的运行速度大约是每小时 40000 英里，仅相当于光速的 0.00006%。

我们还从没走出庞大的星际空间探测距离最近的恒星：比邻星。星际空间大得令人难以置信。航天飞机围绕距离地球大约 250 英里的轨道运行，月球在距离地球大约 250000 英里的上空飞行。火星距离太阳大约 1.4 亿英里。而最近的恒星距离地球大约有 4.2 光年。这意味着从地球发射一束光，它需要用 4 年多，行进 24 万亿英里，才能到达距离我们最近的恒星。如果飞船的速度不能达到光速，在一个人的有生之年探索另一颗恒星的目标，似乎是不可能实现的。然而事实证明，这个目标实现的可能性显然比听起来更大一些。

进行星际空间探索的办法是利用可以达到令人难以置信的速度的微型飞船，或称纳米飞船。粒子加速器里的质子之所以能达到接近光速的速度，是因为它们非常小，而且非常轻。与此同理，非常小的无人太空探测器也将非常轻，可以达到接近光速的速度，可以进行星际空间探索。

由美国密歇根大学布莱恩·吉尔斯特领导的一个研究小组，正在研发利用纳米粒子作为推进材料的发动机。有一天，这种发动机将能掀起一场纳米飞船新潮流。这项研究工作由美国空军资助。这种发动机大部分都是利用微机电系统技术直接在极薄的硅片上雕刻的。这种技术在半导体工业领域应用非常广泛。该发动机的厚度不超过半英寸（1 厘米，其中包括燃料），拥有好几万个加速器，可以安装在一个不比邮票大的地方。这些"粘贴"上的发动机可以给微型飞船提供能量，让它们飞到很远的地方。

这种工艺被称作"纳米粒子场提取推进器"。微小的推进器的工作原理，跟庞大的粒子加速器的迷你版本非常类似。这种装置，利用堆叠在一起的很多微米厚度的"门"，在导电层和绝缘层之间交替运行，产生电场。这些小而强大的电场，给一个导电纳米粒子团充电，并给这些粒子加速，把它们发射到太空，生成快速运行的粒子流。

2. 航天器配套产品纳米技术的新进展

（1）首次完成太空纳米感应器试验。2007 年 6 月 18 日，美国国家宇航局表示，研究人员对首台飞行在太空中，以纳米技术为基础的电子设备进行测试。结果显示，他们研制的"纳米传感器"能够监测太空飞船中的微量气体。有关专家指出，该技术有望帮助人们为太空飞船乘务舱，开发出更小、功能更强的环境监测器和烟雾探测器。

纳米化学传感器单元，是美国海军科学研究卫星的第二项负载试验项目。传感器设备于 2007 年 3 月 9 日升空，5 月 24 日完成试验。加利福尼亚州硅谷的艾姆斯研究中心的科学家李静称："我们的研究表明，纳米传感器能够在太空环境和发射时的剧烈振动和重力不断变化中，完好保存下来。"

在长途太空旅行中，有害化学污染物可能会在宇航员的空气供给环境中逐步积累起来。纳米传感器将能探测到即使是很微量的有害物质，并警告宇航员它们可能会造成的麻烦。纳米传感器由镀有感应材料的微小的碳纳米管构成。试验的目的是要证实它们是否能经受得起太空飞行的恶劣条件的考验，同时帮助科学家了解纳米传感器在太空中面对微重力、热和宇宙射线环境的反应。

科学家使用一种特殊的感应材料，它能探测到每一种科学家所期望探测到的化学物质。当微小的化学物质接触到感应材料后，它将引起某种化学反应，导致流经传感器的电流放大或缩小。为在太空中进行传感器测试，研究人员在一个小的气室内充入了氮气含量占20%的二氧化氮气体，同时气室内还安装着含有32个纳米传感器的计算机芯片。测试过程中，仪器记录下了二氧化氮气体与被探测物质发生接触时，引起流过纳米传感器电流的变化。

科学家开发的利用碳纳米管和其他纳米微结构的化学传感器，能够检测氨、氧化氮、过氧化氢、碳氢化合物、挥发性有机化合物，以及其他气体。含有32个纳米传感器的芯片尺寸不足半英寸，与具有相同功能的其他分析仪相比，它不仅尺寸要小，而且价格也便宜。其他优点还包括纳米传感器功耗低且更耐久。

（2）用纳米技术研制铝冰火箭推进剂。2009年10月，美国宇航局太空网报道，由美国普渡大学机械工程学教授史蒂文·索恩、航空航天学院教授蒂摩西·波波因特共同负责，普渡大学和美国宾夕法尼亚州立大学相关研究人员参与的一个研究小组，运用纳米技术研制出一种由纳米铝粉和结成冰的水组成的新型混合物，将使火箭发射变得更加环保。把这种混合物当作燃料，飞船甚至可在月球或火星等遥远的地方补充燃料。

研究人员表示，自从第一颗人造卫星发射升空50多年来，火箭推进剂几乎没发生过任何变化。可以说，该成果填补了一个创新空缺。这种新型混合物被称作铝冰火箭推进剂，通过铝和水之间产生的化学反应产生动力。研究人员希望这种反应生成的氢不会对发射火箭产生不利影响，并希望在长期的太空任务期间，这种产物可以用来填充氢燃料电池。

索恩称:"从全局来看,我们希望开发出一种可以长期储存氢的技术。水满足了我们的这个要求,水非常稳定,是一种储存氢的好选择。"

美国宇航局和美国空军科研办公室,都对资助初始火箭发射试验表现出极大的兴趣。在2009年8月进行的一项飞行试验过程中,研究小组利用铝冰火箭推进剂,成功把一枚火箭发射到396.24米的高空。

铝在很多火箭燃料中所占比重较小,但是却起着至关重要的作用,包括航天飞机的固体助推火箭和美国宇航局下一代"战神"火箭使用的助推剂,都包含这种成分。铝点燃后的温度超过3826.67℃,高温可迫使火箭发射产生的废气快速喷出,推动火箭向上运行。

由于使用直径是80纳米(比人类发丝的直径小500倍)的纳米级别的铝粒子,铝冰火箭推进剂能排出更多铝。这种粒子非常小,因此它比大粒子的燃烧速度更快,产生的推动力也更大,而且这一情况或许还使火箭在推进过程中更易控制。

波波因特表示:"纳米铝粒子是这种火箭推进剂产生作用的关键。只用微米大小的铝粉和水冰是无法达到预期效果的。"过去研究人员一直在研究利用铝和水做火箭推进剂,但没有获得成功。不过,该研究小组利用新纳米铝的优势把这个想法变成了现实。索恩称:"虽然以前确实有过用纳米铝和水制火箭推进剂的研究,但这是首次有人利用这种燃料,把一枚火箭送上天空。"

铝以极高的温度燃烧只是铝冰火箭推进剂燃料反应式的一部分。其他部分,包括被水分子锁住的氧和氢为铝燃烧提供燃料。这个反应过程产生的副产品是氢气和铝的氧化物,这种燃料可能比现有任何火箭推进剂更加环保。当前的航天飞机发射,其固体火箭推进器要排放出大约230吨盐酸。

研究人员把成功的喜悦抛在一边,现在他们已经开始思考,制作一种比现有火箭推进剂——性能更强的新铝冰火箭推进剂混合物。索恩称:"从总体性能来说,这种推进剂的性能跟传统火箭推进剂的性能旗鼓相当,或者略胜一筹。"但是他又称,他们研究小组已经做出"保守选择",以便能证明利用铝和水制造火箭推进剂的想法,正在平稳向前发展。现在它可以向更高的目标前进了。

波波因特称:"我们正考虑利用一种不同的铝冰混合物推进剂,再进行一次发射试验。我们清楚可以调整两种成分之间的比例,或者通过增加成分来提高火箭性能。"未来他们甚至可能会考虑，制作一种性能像液体燃料一样的凝胶型推进剂。通过调整，现在的混合物也能产生更多氢，使利用它填充氢燃料电池的可能性更大。不过索恩和波波因特都强调说，铝冰火箭推进剂，给大家带来的最直接的好处，就是让很多大学生和研究生，有机会把科学设想转变成真正的火箭发射。确保未来的太空探索活动能够顺利进行。

第二节　环境保护领域纳米技术的新进展

一、水体污染防治领域纳米技术的新成果

1. 饮用水除砷方面纳米技术的新进展

（1）研制出有重大突破的饮用水纳米除砷技术。2005 年 1 月，有关媒体报道，由美国马萨诸塞州欧文·博伊德任总裁的一家私有企业，其核心业务是开发和生产能够既安全又经济地去除水中金属和金属化合物的专门技术。从 1994 年以来，该公司已获得多项专利，并在帮助全球范围内的企业减少污染方面，获得多个奖项。

近日，该公司成功研制出一种有重大突破的饮用水纳米除砷技术。将获专利的此项新技术已在美国西南部进行多次现场试验，并成功地展示了其处理能力和效果。该公司的纳米技术不仅应用于饮用水除砷，还应用在半导体废物及冷却塔用水的除砷方面。它一直是牙科废物、医疗废物、医疗废物焚烧炉、临床分析仪废物、地下水、实验室废物等领域，除汞技术领先的开发商。矿物质从风化的岩石和土壤中大量脱落，使得砷广泛地分布于地壳当中。砷无色又无味，剧毒，能够致癌。经证实，长期饮用含砷的水将会导致皮肤癌、肺癌、尿道癌、膀胱癌和肾癌。

在美国，有 4000 多个城市的饮用水中砷含量超过每升 4 微克的污染物最高含量。另外，据估计，美国 1400 万有自备水井的家庭，都面临污染物含量超标。

欧文·博伊德表示，此项除砷技术结合了离子交换介质的所有优点，以及纳米粒状铁介质经过科学验证的良好性能。该技术的主要优点在于它的高度可选性，并且由于高分子的耐久性它无须回洗。这就意味着该技术操作简单、经久耐用。它已通过美国 NSF-61 测试认证，批准用于饮用水

系统。

（2）发现可根除水中砷污染的纳米铁锈。2006 年 11 月，有关媒体报道，由美国莱斯大学生物与环境纳米技术中心主任维姬·科尔文领导的一个研究小组，开发了一种去除水中有毒物质砷的技术。这项技术的诞生，得益于一项关于铁锈纳米颗粒间磁相互作用的发现。淡水对于人类生存而言是最重要的资源之一。但随着人口增长、经济的发展和污染的加剧，如何保障廉价获取清洁的水资源，成为一个越来越紧迫的问题。尽管传统水处理方法能去除水中的大部分杂质，但在处理某些具有高毒性，如砷污染物质时，效率却并不高。

砷是水中的一种常见污染物，它既可能来自自然界，也可能来自人类的活动。统计显示，摄入砷与膀胱癌和直肠癌发病概率增加有明显联系。为此，美国政府还对饮用水中的砷含量做出了进一步限制。

科尔文称："饮用水的砷污染是一个全球性问题，虽然现在有办法去除砷，但需要昂贵的硬件和使用电的高压泵。我们的方法简单，而且不需要电力。虽然目前使用的纳米颗粒还比较贵，但我们正在研究生产它的新方法，将来使用铁锈、橄榄油和燃气灶就可以制造。"研究人员发现，纳米级的磁铁矿颗粒和大块的铁矿石一样，对砷具有很好的吸附能力，而且砷一旦吸附就很难分离。

科尔文称："这么小的磁性颗粒，过去认为只会与强磁场发生作用。但在掌握了制作不同大小纳米颗粒的技术后，我们开始研究需要多大的磁场，才能把颗粒物移出悬浮液。我们吃惊地发现，并不需要多大的电磁场就能做到，某些情况下手持磁铁就能胜任。"

在试验中，水中悬浮着同样大小的铁氧化物颗粒在磁场作用下，都被移出了溶液，只剩下净化水。研究人员测量了移出的颗粒发现，这并非由于颗粒物在磁场作用下聚集在一起，而是纳米颗粒间磁相互作用的结果。

研究人员内特森表示："随着颗粒体积的减小，颗粒上的作用力会快速降低，传统模型认为需要强磁场才能移出这些颗粒。但我们的试验表明，纳米颗粒间存在相互作用，只要用手持磁体使很少的纳米颗粒开始移动，纳米颗粒就会相互作用，从而一块被移出水外。"

经过不断的试验证明，这种颗粒可使饮用水中砷污染物含量减少到美国环保署要求的水平。

科尔文研究小组正与同校的梅森·汤姆森研究小组合作，进一步开发砷处理技术。汤姆森的初步计算显示，这种方法是切实可行的。制造纳米铁锈的原料并不贵，而如果加工方法成熟成本将很低。此外，他们已经为此工作了几个月，使发展中国家的村民可以很容易制造这种纳米材料，而原材料仅仅是铁锈和脂肪酸，其中脂肪酸可用当地生产的橄榄油或椰子油制作。

2. 饮用水净化方面其他纳米技术的新发明

（1）发明利用碳纳米管去除水中的高氯酸盐。2006 年 7 月，由美国太平洋西北国家实验室林跃河负责的一个研究小组，发现一种新的无污染的去除水中高氯酸盐的方法。

高氯酸盐通常用在航空燃料、军火制造中，被它污染的地下水很难处理。高浓度的高氯酸盐会导致甲状腺疾病，并可能致癌。目前，在美国 35 个州的饮用水中，都发现有高氯酸盐。特别是加利福尼亚州，由于这里有很多军事基地，高氯酸盐污染分布很广。

处理水中高氯酸盐的常规方法是使用一种离子交换树脂。重生这种树脂，需要使用一种酸液，这将造成大量的二次废料。

林跃河称："我们的方法是一种电控的阴离子交换过程。这项技术的独特之处在于使用电流来重生树脂，不会制造大量的二次废料。这个过程几乎不产生废料，所以属于绿色的技术。"

这项技术已通过许可，并可通过巴特尔公司开展联合研究。巴特尔公司为美国能源部管理和运行太平洋西北国家实验室，并加快实验室技术投放市场。

林跃河表示："碳纳米管的高表面积为聚合物形成一个理想的衬底。聚合物通过原位聚合法电沉积到碳纳米管上。"在多孔的碳纳米管阵列衬底上的聚合物，比在平的导电衬底上要更稳定，延长了使用寿命。研究人员表示，电控阴离子交换技术，还可以用在铯、铬等许多其他污染物的去除中。

（2）发明能过滤水中细菌的嵌段共聚物纳米膜。2011 年 3 月，由美国布法罗大学化学家扎维德·罗扎耶夫领导的一个研究小组，在《纳米快报》杂志上发表研究成果称，他们使用嵌段共聚物合成出一种新式的纳米膜，该膜可过滤掉饮用水中的细菌。研究人员认为，这种纳米膜或可解决一个多年悬而未决的全球健康问题：如何把细菌从饮用水中隔离开。

罗扎耶夫研究小组合成的新式纳米膜含有直径约为 55 纳米的孔隙，

这种孔隙的大小足以让水分子成为"漏网之鱼",但细菌无法通过;而且,嵌段共聚物拥有的特殊属性能让孔隙平均分布于该纳米膜上。

罗扎耶夫表示,已有的商用膜在孔隙密度或孔隙大小的一致性方面,都存在局限。但新式纳米膜上的孔隙分布均匀,孔隙的大小也整齐划一,该膜可作过滤膜使用。并且,这个直径为55纳米的孔隙,是迄今科学家使用嵌段共聚物制造出的最大的孔隙。增大孔隙会增加水流、降低成本、节省时间。

(3)用纳米材料制成可同步除盐的便携净水装置。2013年9月,由美国麻省理工学院、新加坡科技设计大学等机构研究人员组成的一个国际研究小组,在《自然·通信》上发布创新消息称,他们用纳米材料,研制出一个如茶壶般大小的便携式净水装置,该装置不仅能滤掉水中的污染物,还能去除含盐水中的盐离子,为下一代便携式水净化设备,铺平了道路。

该研究小组中的韩昭君博士表示,这种装置中集成有一块经过等离子体处理过的碳纳米管增强水净化膜,将污水倒入一端,另一端出来的便是干净的饮用水。该装置可充电、价格低廉,并且比许多现有的过滤方法更有效。

韩博士称:"在一些发展中国家和偏远地区,小型便携式净化装置正日益被视为最好的满足清洁用水和卫生设施需求的方式,可以最大限度地减少罹患许多严重疾病的风险。"

他承认,一些较小的便携式水处理设备也已经存在。然而,由于它们依靠反渗透和热工过程,能够去除盐离子,但无法将一些河流和湖泊系统里发现的咸水中的有机污染物过滤掉。他称,"有时,咸水对于在偏远地区的人是唯一的水源。这就显示出这种新型设备的重要用途,它不仅能除去盐水中的盐分,也可以通过净化过程过滤水中的污物。研究表明,碳纳米管膜能过滤出完全不同尺寸的离子。这意味着,它能够把水中的盐和其他杂质离子一并去除"。

澳大利亚联邦科学与工业研究组织等离子体纳米科学实验室主任,克斯特亚教授补充道,既有的便携式设备的缺点是需要持续供电以运行其热工过程。而新的过滤膜可以作为一个可充电的设备操作。新过滤膜的成功原因在于,等离子体处理过的碳纳米管显示出的独特性能:首先,超长碳纳米管具有非常大的表面积是理想的过滤材料;其次,纳米管很容易修改,允许依据其表面的性质通过局部的纳米等离子体处理。

现在，研究人员已经证明了该方法的有效性，计划延伸这项研究，以查看其他纳米材料的过滤性能。他们将开始观察与碳纳米管具有相似属性的石墨烯。

3. 水体污染防治其他方面纳米技术的新成果

（1）使用碳纳米管探测水中重离子。2006 年 9 月，由亚利桑那州立大学电子工程学教授陶农建、摩托罗拉实验室植入系统研究所副所长维达·艾德勒姆等人组成的一个研究小组，在《微粒子》杂志上发表研究成果称，他们基于碳纳米管制成超灵敏探测器，可以测出水中浓度为万亿分之一水平的金属重离子。

陶农建称，这种探测平台是通用的，他们在测试中使用这种探测器，来探测水中的重离子。但是，这个探测平台还可以有很多其他用途，如探测空气中的有毒气体、作为药物研究的生物传感器等。

艾德勒姆称，把纳米探测器整合到探测器网络中，可以探测出非常低浓度的生物和化学制剂，这对公共安全和国防都很关键。

该研究小组发展了一种新方法，在场效应管中，把缩胺酸结合到单壁碳纳米管上。缩胺酸在这里起识别和探测特定化学成分的作用，它由 20 个左右的氨基酸构成，研究人员通过改变其顺序，就可以改变其能够识别的化学成分种类。在重离子检测实验中，科学家们制成了两种缩胺酸来分别探测镍和铜。一旦使用探测镍的缩胺酸，探测器就只对镍的存在起反应，而对其他各种重离子都没有反应。

碳纳米管是原子互相联结并卷起呈管状的结构，这种结构因其每个原子都能够与环境相互作用，而使探测器灵敏度大大提高。

研究人员利用缩胺酸的选择性和碳纳米管的灵敏度，制造出了有选择性的超灵敏的探测器。

研究小组认为，这种基于碳纳米管的探测器具有很好的应用前景。因为它无须复杂的电路，就能探测含量很小量的被分析物。他们下一步将把这种探测方法应用到生物分子的探测上，如探测 RNA 序列。

（2）纳米粒子在废水中低成本提取"可再生"氢气。2012 年 5 月，有关媒体报道，美国加利福尼亚大学圣巴巴拉分校与超级太阳公司一起，首次利用纳米粒子太阳能装置，成功地从废水中生成"可再生"的氢气，这种可持续和环保的方法，不但零排放、成本低，而且高效。该技术模拟光合作用把水分解成氢气，涉及一个小规模的太阳能设备与低成本的聚合物涂层，利用太阳的能量使水分子中的氢分离出来。

该公司首席执行官蒂姆·杨把这项实验过程描述为一个廉价的塑料，松松垮垮充满了取自工厂的废水，宽松的底部是一个小规模的太阳能装置，其上涂有该公司研制的纳米粒子聚合物涂层作保护。通过太阳能促使气泡上来，那就是免费的氢气。

目前，大多数制氢过程都需使用油气资源，如石油、煤炭和天然气等，不仅不可再生，而且不清洁；而可再生氢气的生产可以来自水和阳光这些无限的资源，而且过程清洁、无碳。在理论上，用电解的方法可把水分子分裂为氢气和氧气，如果能够在现实世界中广泛应用，将是建设绿色世界的方法之一。这项新技术的设计，可使用任何天然水或废水来生产可再生氢气。研究人员很有信心促使其生产过程最终实现商业化。蒂姆·杨称："以低成本的反应器和废水形式的负价值原料开始，我们相信，通过这种人造光合作用过程，从水中提取氢气很划算。"随着研发不断向前推进，该公司打算用其自己研发的纳米粒子，更换原型中使用的太阳能设备，进而大规模制取氢气。

蒂姆·杨表示，可再生氢气可发电为汽车燃料电池提供动力。如果能成功完成一个低成本、高效太阳能水裂解纳米粒子的研发，就可使用现成的海水、径流水、河水或废水，为世界生产大量的氢燃料供作动力。

二、废物处理方面纳米技术的新成果

1. 运用纳米原理研究以细菌清理铀废物

2006年8月，由美国西北太平洋国家实验室首席科学家吉姆·弗雷德里克松领导的一个研究小组，在《公共科学图书馆·生物学》杂志网络版上发表研究结果称，他们发现，一些普通的细菌能够"把致命性的重金属转化为危险性较小的纳米球体。"实际上，这些细菌能够把可溶的辐射性铀转化为无毒的沥青铀矿固体。虽然大规模利用这些细菌尚需时日，但是毕竟已经向前迈近了一步。

十多年前，研究人员发现，有的细菌可以实施化学改性，能够把有毒金属转化成为对人类无明显威胁的物质。现在，研究人员又发现，这些细菌究竟是如何做到这一点的。

研究人员表示，希瓦氏菌就是能够将铀化学改性的一种细菌，它外表类似珍珠粒，大约5纳米长，互相之间纠缠在一起，外面包裹着自身分泌的黏液。

据美国能源部估计：在美国，目前大约有 25000 亿升地下水被核武器所释放出的铀所污染。铀、铬酸盐、锝，以及硝酸盐，都是对人类和其他生物体有毒的物质，并且是美国能源部关心的许多场地的主要污染物。希瓦氏菌能够净化核废料污染场地的地下水，它可以利用许多有机化合物和金属，作为呼吸作用的电子接收体，进而减少铀、铬等金属离子。

2. 发明可加快生物降解的纳米杂交技术

2007 年 12 月，由美国康奈尔大学材料科学与工程系伊曼纽尔·贾内利斯教授领导的研究小组，在美国化学学会出版的《生物大分子》杂志上发表论文称，他们发明了一种新的可生物降解的"纳米杂交"聚羟基丁酯（PHB）塑料，其分解速度比现在的任何塑料都要快。

贾内利斯研究小组对聚羟基丁酯塑料进行改良，他们将纳米级的黏土颗粒（或称纳米黏土）掺入聚羟基丁酯塑料中，然后和未经改良的聚羟基丁酯塑料进行比较。结果发现，改良聚羟基丁酯塑料的强度明显高于未改良的。更重要的是，改良聚羟基丁酯塑料的降解速度要比未改良的快许多。经"纳米杂交"的聚羟基丁酯塑料在 7 周后几乎全部分解，而作为其对照物的未改良聚羟基丁酯塑料，却看不到分解的迹象。研究人员还发现，通过控制聚羟基丁酯塑料中的纳米黏土掺杂量，还可对其生物降解速度进行精细调控。

聚羟基丁酯塑料可由细菌制得，被广泛认为是石化塑料的绿色替代品，可用于包装、农业和生物医药等行业。不过，由于它的易碎性和其生物降解速度难以预测，尽管在 20 世纪 80 年代就有商业化的产品，但其实际应用还很有限。专家称，聚羟基丁酯塑料纳米复合物的首次发明，将推动它在更广泛的范围内得以应用。

三、除污材料方面纳米技术的新成果

1. 用纳米技术发明清除水中污染物的新材料

（1）发明可以清除水中油污的"纳米纸巾"。2008 年 6 月，由麻省理工学院电机计算机系助理教授孔敬与该校材料系副教授史泰勒西带领的一个研究小组，在《自然·纳米科技》杂志中发布研究成果称，他们研发出一种特殊的"纳米纸巾"，这种纸巾有抗水吸油特性，可以有效地清除水中的油污和有机污染物。

这种"纸巾"能够吸收其 20 倍重量的油污，而且可以回收重复使用。这项发明对清理近 10 年来海洋中倾覆的 20 万吨油污将大有帮助。

这种"纸巾"是以交织成网的纳米电线构成，纳米电线做成的细面条状的垫子上有许多细小的气孔，吸收液体功能良好。内层薄膜覆上防水材质，纸巾完全防水，但可有效地吸纳油质杂物。据悉，该纳米纸巾除了应用在清理海洋污染等环保工作外，还可用来过滤和净化饮水。

孔敬称，由于是纳米电线材质，此种纸巾的制造成本低廉，并可量产。根据报告，目前虽有可在水中吸油的类似材料，但抗水力不够强，在吸油的同时也吸取水分，影响效果。孔敬等人研发的纳米纸巾则完全抗水，他们宣称："放在水中 1～2 个月后，质材仍是干的"，但水中污染物则会被纸巾吸收。

吸油过程中，废油会集中在"纸巾"内层薄膜中，在溶油高温下，很容易被清除，纸巾薄膜和取出的油料都能够回收使用。

(2) 研制出能迅速清除水中致癌物三氯乙烯的钯纳米粒子催化剂。2012 年 8 月，由美国莱斯大学化学与生物分子工程教授迈克尔·翁与来自中国南开大学访问学者李淑景领导的一个研究小组，在《应用催化 B 辑：环境》杂志上发表论文称，他们首次对 6 种钯纳米粒子和铁纳米粒子催化剂清除致癌物三氯乙烯的能力进行对比测试，发现钯破坏三氯乙烯的能力比铁要快得多，甚至高出铁粉 10 亿倍。研究人员指出，对开展大规模三氯乙烯催化治理实验来说，这一发现有助人们从成本和效率两方面综合考虑，实现成本最优化。

三氯乙烯广泛用做脱脂剂和溶剂，已经有许多地区污染了地下水。在美国环保署有毒废弃物堆场污染清除基金国家优先项目列表中，超过一半废品堆场发现含有三氯乙烯，单是清除地下水中三氯乙烯的成本估计要超过 50 亿美元。三氯乙烯分子中的碳–氯键非常稳定，这在工业上很有用，但对环境不利。迈克尔·翁称："要打破碳–氯化学键非常困难，而处理三氯乙烯要求只打破某些键而不是所有碳–氯键，否则可能带来更危险的副产物，如氯乙烯。这是个大难题。通行方法是不破坏这些键，而用气体或碳吸收方法物理性除去污染地下水中的三氯乙烯。这些方法容易实施却成本很高。"后来人们发现，纯铁和纯钯能将三氯乙烯转变为无毒物质，以往的金属降解三氯乙烯是让其在水中发生腐蚀作用，但可能产生氯乙烯；后来人们用金属作催化剂来促进碳–氯键断裂，其本身并不与三氯乙烯反应。因为铁比钯要廉价得多，更容易操作，因此行业内已普遍用铁来除去三氯乙烯，钯只在实验室中使用。

该研究小组对 6 种铁基和钯基催化剂进行了一系列实验，包括两种铁纳米粒子、两种钯纳米粒子，其中就有研究小组 2005 年开发的用于三氯乙烯治理的金–钯纳米粒子催化剂、铁粉和氧化钯铝粉末。

他们测试了 6 种催化剂，分解掉含三氯乙烯的水溶液中 90% 的三氯乙烯所需时间。结果是，钯催化剂只花了不到 15 分钟，两种铁纳米粒子超过 25 小时，而铁粉则超过了 10 天。李淑景称："以往我们知道钯的催化速度更快，但经过对比测试才知道能快这么多。"

2. 用纳米技术制成其他除污材料

（1）制成能清除有毒金属的纳米海绵。2005 年 11 月，由美国太平洋西北国家实验室理查德·斯卡格领导的研究小组，历时 10 年，研究出一种中孔结构自组织单层膜海绵状纳米粒子。专家称，该纳米粒子在有毒金属物质清除中作用很大，有望在工业排放物净化，以及清除原油和饮用水中有毒金属等方面，发挥重要作用。

这种粒子大小仅有五百万分之一米到五千万分之一米，仅仅能够在显微镜下才能看见，形似蜂窝状，蜂窝小洞只有几纳米宽。这些纳米粒子所具有的海绵性质，使它们每克具有 595～1022 平方米的表面面积，因此能有效吸附有毒物质。蜂窝状单层膜海绵状纳米粒子由玻璃或自然硅藻土做成。这些纳米粒子的表面可以带有各种不同涂层。这些涂层能够分别吸收特定的有毒金属。例如，含硫的有机涂层可吸引金属汞，而含铜的有机涂层能够凝固砷和锕系放射性金属。

最初，斯卡格研究小组研制这种纳米粒子的目的主要是用于清除核设施泵油里面的金属汞。但在过去 3 年里，研究人员逐渐拓宽该纳米粒子的使用范围，并与其他公司合作，使其发挥更大的作用。

斯卡格称，蜂窝状单层膜海绵状纳米粒子技术能够解决日益凸显的水处理问题，其对砷和汞的处理能力就是很好的例子。在美国许多地方，水中含镭是个大问题，许多现有的常规技术都无能为力。该纳米材料为解决水中含镭难题提供了一种新手段。

该实验室正在与一家位于田纳西州的材料公司合作，帮助清除燃煤厂排放气体中的金属汞，以满足美国环保局的要求。另外，实验室还与佩里设备公司合作，清除海上钻井平台用水中自然产生的汞，保证钻井平台用水能够干净地返回大海。此外，该实验室还与其他公司在清除饮用水中的砷、减少原油中的含汞量等方面开展合作。原油中含汞量过高，不利于石油精炼。

斯卡格介绍道，今后，他们要实施的进一步研究，首先是提高蜂窝状单层膜海绵状纳米粒子的生产效率。其次是尝试用碳等其他材料制备蜂窝状单层膜海绵状纳米粒子，以使纳米粒子能够在酸性环境和不同温度下工作。另外，在超敏感毒物探测器中，这种纳米粒子也应该能发挥其作用。

有关专家认为，蜂窝状单层膜海绵状纳米粒子技术潜力很大，可能将使有毒物质处理方法产生革命性的变化。

（2）用碳纳米管合成可清除漏油的纳米亲油物质。2012年4月，由美国莱斯大学材料学研究生丹尼尔·哈西姆主持，宾夕法尼亚州立大学研究人员参与的一个研究小组，在《自然》杂志网络版上发表研究成果称，他们发现，生产碳纳米管时，在碳中添加少量的硼，能够获得固态、海绵状且可重复使用的亲油块状物质，它具有极强的吸油能力，有望用于水面漏油的清理。

这是研究人员首次把硼添加在纳米管中形成共价键结构，且具有极强特性的纳米海绵状物质。该研究小组在研究过程中与美国其他大学，以及西班牙、比利时和日本的科学家开展了合作。

哈西姆表示，他们开发出的物质，同时具有厌水性和亲油性。这种纳米海绵状物质的密度极低，内部99%为空气，这表明它具有极大的吸油空间。同时，它还具有导电性，人们可用磁铁对其进行操纵。

哈西姆在演示纳米海绵状物质特性时，把它放入盛有水的盘子中，水上漂浮着废机油。很快，机油便侵入纳米海绵状物。把它取出并用火柴点燃，机油燃烧完后，纳米海绵状物质恢复原样，可再次用于吸油。哈西姆介绍说，新吸油物质能够重复使用，同时十分耐用，对样品完成的实验显示，在经过1万次压缩后，它仍具有伸缩性。

研究人员表示，多层碳纳米管通过化学气相沉积法在基底上生长，通常彼此不会相连。但是，添加进的硼作为掺杂物质导致纳米管在原子水平相连，让其形成了复杂的网状结构。过去，人们曾研发出具有吸油潜力的纳米海绵状物质，但是纳米管之间以共价键相连构成纳米吸油物质还是首次被发现。

研究人员对新吸油物质在环境方面的应用寄予厚望，他们将开发生产大型片状吸油物质的方法，以便把它用于海上漏油的收集。同时，他们也打算利用新物质，制造效率更高和重量更轻的电池，也可将其作为骨组织再生的支架或过滤膜，甚至通过将高分子注入新物质的途径，为汽车和飞机工业制造先进的超轻复合物。

四、研究纳米材料对环境带来的影响

1. 提出要研究纳米材料对环境的影响和成本

（1）提出要研究纳米材料废物对环境的潜在影响。2005 年 3 月 16 日，由乔治亚理工学院和莱斯大学生物与环境纳米技术中心联合组成的一个研究小组，由约翰·福特纳为代表，在圣地亚哥美国化学协会第 229 次全国会议上，报告了他们的研究工作，提出要努力找出一种纳米材料废物的处理方法，以使它对自然界的影响降到最低。

纳米技术是时下最热门的研究领域之一，它甚至被视为尖端技术的代名词。不过随着研究的不断深入，科学家也开始关注纳米材料可能带来的负面影响。2004 年，科学家就纳米安全问题展开了讨论，现在，科学家又开始研究起纳米废物的污染问题。这项研究的启动，将使正要起飞的纳米材料工业可以走上可持续发展的道路。

研究人员表示，他们希望弄清楚纳米材料废物在自然界中如何流动，以及它的最终去向。此外，还要评估纳米废物是否像普通污染物一样会对环境造成影响。

福特纳称："把一种物质视为潜在的污染物，并将研究瞄向如何减小它的环境污染，并使相关工业进入可持续发展，这还是个新事物。这件事做得完全正确，要知道，治理污染往往需要花费十倍的代价。"

研究人员选择富勒烯（C_{60}）作为研究碳类纳米材料的模型。这种由 60 个碳原子构成的分子，表面由 12 个五边形和 20 个六边形组成，由于其稳定性，可用巴克明斯特·富勒发明的短程线圆顶结构予以解释，因此它被命名为巴克明斯特·富勒烯，简称富勒烯或巴基球，由于其外形酷似足球，因而也称之为足球烯。

富勒烯的潜在应用领域非常广，包括医药品、润滑剂、半导体，以及能量转换过程。预计近年就会在全世界出现大规模的商业生产。

尽管富勒烯自 1985 年被发现以来科学家已经对它进行了广泛的研究，

了解得比较充分，但人类对其释放到环境后可能产生的影响知之甚少，因为它目前还没有正式投入工业生产。根据美国职业安全与卫生管理局现在的要求，应该按照处理炭黑的方法来处理富勒烯，不过炭黑很像石墨，但其属性与富勒烯相差甚远。

福特纳称："富勒烯几乎不溶于水，但大多数生命系统与环境系统都是基于水的。研究人员过去认为富勒烯的这种特性，使它无法通过水来运输，并认为它会很容易吸附于土壤和其他有机物，但研究却显示事实并非如此。当富勒烯与水接触时，它们会形成纳米级的集合体，我们把它叫做'纳米-C_{60}'。"

在过去的研究中，研究人员已经了解到像富勒烯这样的结构如何在水中聚集到一起形成更大的颗粒，而新研究则第一次揭示了影响这类聚合颗粒大小的因素。在研究中，福特纳和他的同事发明了多个新颖的成像技术，研究水与有机溶剂四氢呋喃混合液中的纳米-C_{60}的物理和化学组成。研究人员使溶液样品凝固，并使用低温透射电子显微镜，对其切片进行检查，从而确定颗粒大小不同所产生的影响。

研究人员利用核磁共振成像技术发现，所形成的纳米-C_{60}颗粒的直径是 20～500 纳米，属性与 C_{60} 分子相同。这个发现意义重大，因为 C_{60} 是可回收的，所以富勒烯的生产加工也有望成为可持续发展产业。此外，电子与粉末衍射试验显示，纳米-C_{60}有特殊的晶状结构，这些发现对过去的研究做出了补充。

研究人员还检验了，这些颗粒在有其他离子存在的水中的稳定性，纳米-C_{60}颗粒由于表面带负电可以悬浮在水中，当加入高浓度的其他离子，如溶入氯化钠后，纳米-C_{60}颗粒表面就会呈现电中性，沉到溶液底部。

福特纳称："这项工作建立在环境工程学过去的研究之上，想知道纳米-C_{60}在不同自然环境条件下的集合形式。在实验室中，研究人员一般会使用去离子化的水，但这却不是自然条件，水中一般多少都有盐的存在，即使在地下水中也是如此。我们发现在正常盐浓度的地下水中，纳米-C_{60}颗粒可以悬浮数月，然而在相似的海水中，这些颗粒就会变为中性，在数小时内下沉成为一团。"不过，研究人员还不完全了解这一现象的内在联系。

福特纳等人能够在纳米工业处于起步阶段就开始研究其污染治理问题，可谓眼光独到。实际上，科学家在改善人类生活，不断创造新技术的同时，更有责任保护人类免受新技术可能带来的危害。防患未然，对可能产生的负面效应，特别是对环境的影响进行全面评估，是保障新兴产业走上可持续发展道路的关键。

（2）研究纳米材料对环境和安全的影响。2005 年 11 月，有关媒体报道，纳米材料已经广泛应用于建筑、轻工及汽车制造等各个领域。2004 年美国政府投入 10 亿美元开发纳米技术。但是人们是否想过，这种比头发丝还细 1000 倍的新材料安全吗？现在，由美国布朗大学由罗伯特·科特教授领导，由多学科专家组成的一个研究小组，开始研究纳米材料对人和动物细胞的影响。

科特指出，研究的目的不是评判纳米材料的好坏，而是究竟哪种尺寸和形状的纳米涂料会损害或杀伤细胞，从而避免毒性作用，开发真正的"绿色"纳米材料。

在这项多学科合作研究中，先由工程学研究人员制成几十亿个纳米颗粒，并根据大小、形状和化学组成排列在载玻片上，这就制成一种可以精确测试的纳米"芯片"。然后，医学院的生物学家和组织工程学家检测这种纳米材料对人皮肤细胞的影响；病理学家检测对小鼠巨噬细胞的影响，检查纳米材料是否会引起细胞死亡、DNA 损伤或激发免疫应答。而且，社会学和环境学家还会对纳米材料是否对公众健康产生危害进行研究。

美国布朗大学的研究得到国家自然基金会共 180 万美元的资助。第一个研究纳米材料对环境影响的数据库也将建成。据悉，近日，自然基金会和其他政府机构还将投入 3840 万美元，对纳米材料的环境、健康和安全等问题进行研究。

（3）提出纳米材料等新兴技术制造业需综合考虑环境成本。2012 年 5 月，有关媒体报道，由美国麻省理工学院环保制造业专家蒂姆·古托斯基领导的一个研究小组，经过 10 多年对传统制造业和新兴技术制造业的研究，跟踪它们在整个生命周期中对环境产生的影响，计算了从原料开采、制造过程的电力供应、制成产品，到最后大规模使用所产生的环境成本，并提出结论认为，纳米材料等新兴技术制造业，要综合考虑环境成本和规模效益，才能为促进就业、改善环境带来更多机会。

传统制造业包括混凝土、钢铁、木材加工、汽车制造等；先进制造业包括半导体、光伏、纳米材料等。古托斯基称，例如碳纳米管具有超常的光电和机械性能，在实验室，大多数碳纳米管研究都前景光明。但研究人员还要考虑一下生产规模：该技术能不能被广泛采用？大规模生产这种材料需要多少能源？

2010 年，研究小组利用莱斯大学研究公布的纳米管生产过程数据，包括流动速率、温度与压力范围等，估算了每一步生产过程所需的最小能量。古托斯基解释道，我们发现，从能量需求角度，碳纳米管是地球上能源最密集型材料之一，处在金或铂的范围。由于碳纳米管产量较低，这种能源密集型生产会带来很大价值。

他们的研究还显示，新技术制造业，如半导体、太阳能电池的生产过程，其效率比传统制造业，如打孔、汽车轮胎等，低得多；一些先进工艺，如纳米材料的蒸发沉淀、蚀刻等，制造每单位材料所需的能量，也比老工艺，如浇铸、机械加工等更多；新材料制造相对产量较低，在规模上也远远小于钢铁等传统材料。在生产过程中，新技术制造业通常需要更多步骤，不能直接获得产品。例如，在工作间制造一批微芯片，需要用一种气体通过房间以保证下一批的纯净，这一步骤包含大量能耗，会大大增加能量成本。研究人员表示，但这是暗含的部分，让我们很难给生产能耗或材料准确定价。

此外，评价一种产品的总体环境影响，还必须看它的使用阶段，即消费者怎样使用该产品。例如，制造太阳能电池要大量能源，但使用时它本身也包含着大量能源。考虑产品的整个寿命阶段，效益可能会超过成本。

古托斯基还指出，评价传统制造业比较容易，这些行业的信息容易取得；但要计算新技术行业的环境成本就很难，一方面它们尚未达到大规模生产的临界点，另一方面这些领域能获得的数据并不多，许多信息还比较保密。

剑桥大学高级讲师朱利安·奥尔伍德表示，当一些研究宣称某个新方向可能对环境有利时，我们需要更全面地看待它，否则可能轻率地做出错误决策，让整个环境变得更糟。古托斯基用来评价制造业的环境影响的方法是一种温和的"怀疑论"，但其中包含着大量的细节研究。

2. 研究纳米材料对环境影响的其他成果

2006 年 3 月 26 日，由美国密歇根大学化学工程教授沃尔特·韦伯领导，研究生以利亚·彼得斯和博士后黄青国等人组成的一个研究小组，在亚特兰大召开的美国化学会第 231 届全国会议上发表研究报告称，他们成功发明测量蠕虫和癌细胞对多壁碳纳米微粒吸收的新方法。这项技术突破将促使研究人员更好地理解，微粒是如何对生态环境产生影响的。

研究小组用碳–14 放射性同位素标记多壁碳纳米管，这是当前一种最有发展前途的纳米材料。在活体细胞吸收碳纳米管后，碳-14能成功对其跟踪和量化。研究人员对一种名为海拉的癌细胞、蚯蚓及一种水生蠕虫进行了碳纳米管吸收的测量。

据韦伯介绍，研究人员于1991年发现了碳纳米管，碳纳米管在药理学和氢储燃料电池等多个领域内有着巨大的应用前景。尽管如此，目前我们仍面临一个巨大的难题，不清楚多壁碳纳米管将如何对生态环境产生影响。他称，"尽管人人都关心这个问题，但是在人们具备检测碳纳米管进入人体细胞的程度及其影响的能力之前，我们还缺乏行之有效的方法。没有人有能对此开展量化研究，因为迄今，人们还没有找到能够测量碳纳米管的方法。虽然我们能够探测到它们，但却无法测定其数量。"

通过采取同位元素标记纳米管的方法，研究人员向癌细胞培养液中加入碳纳米管，15分钟后有74%的碳纳米管被癌细胞吸收，6小时后89%被吸收。这种吸收几乎是不可逆转的，12小时后仅有约0.5%的碳纳米管从癌细胞中释放出来。

在会上，彼得斯和黄青国对该研究发现进行了一番详细介绍。彼得斯认为，了解多壁碳纳米管是否在活体细胞中发生聚集，是如何发生聚集的，这一点非常重要。因为在这些材料广泛应用于人类社会之前，研究人员必须知道它们是否能够通过食物网，是否可能威胁到生态系统，是否会被人类吸收。他还称，"实际上，这种方法的潜力不可限量，它将为人们研究碳纳米管，在环境和医学领域的应用前景提供便利。"

参考文献和资料来源

一、参考文献

[1] 科技日报国际部.2005 年世界科技发展回顾 [N]. 科技日报，2005 - 12 - 31 ~ 2006 - 01 - 06.

[2] 科技日报国际部.2006 年世界科技发展回顾 [N]. 科技日报，2007 - 01 - 01 ~ 2007 - 01 - 06.

[3] 科技日报国际部.2010 年世界科技发展回顾 [N]. 科技日报，2011 - 01 - 01 ~ 2011 - 01 - 08.

[4] 科技日报国际部.2012 年世界科技发展回顾 [N]. 科技日报，2013 - 01 - 01 ~ 2013 - 01 - 08.

[5] 科技日报国际部.2013 年世界科技发展回顾 [N]. 科技日报，2014 - 01 - 01 ~ 2014 - 01 - 07.

[6] 科技日报国际部.2004 年世界科技发展回顾 [N]. 科技日报，2005 - 01 - 01 ~ 2005 - 01 - 10.

[7] 科技日报国际部.2011 年世界科技发展回顾 [N]. 科技日报，2012 - 01 - 01 ~ 2012 - 01 - 07.

[8] 李旭勤. 美国生物医药产业 R&D 的总体特征运行模式及发展趋势 [J]. 全球科技经济瞭望，2009（2）.

[9] 梁伟. 美国科技创新体系中的政府作用 [J]. 全球科技经济瞭望，2008（3）.

[10] 毛黎.《科学》杂志公布 2011 年度十大科学突破 [N]. 科技日报，2011 - 12 - 23.

[11] 毛黎. 美《科学》评出 2010 年十大科学突破及十年成就 [N]. 科技日报，2010 - 12 - 17.

[12] 毛黎，张浩，何屹，顾钢，陈超，毛文波，杜华斌，邰举，郑晓春，邓国庆，何永晋，卞晨光.2007 年世界科技发展回顾 [N]. 科技日报，2007 - 12 - 31 ~ 2008 - 01 - 06.

[13] 毛黎，张浩，何屹，顾钢，李钊，杜华斌，葛进，郑晓春，张新生，李学华，程刚.2009 年世界科技发展回顾 [N]. 科技日报，2010 - 01 - 01 ~ 08.

[14] 毛黎，张浩，何屹，顾钢，李钊，邰举，杜华斌，张新生，程刚，李学华.2008

年世界科技发展回顾 [N]. 科技日报, 2009-01-01~08.

[15] 张明龙. 美国国家实验室的创新实力考察 [J]. 西北工业大学学报, 2009 (3).

[16] 张明龙, 张琼妮. 八大工业国创新信息 [M]. 北京: 知识产权出版社, 2011.

[17] 张明龙, 张琼妮. 国外电子信息领域的创新进展 [M]. 北京: 知识产权出版社, 2013.

[18] 张明龙, 张琼妮. 国外发明创造信息概述 [M]. 北京: 知识产权出版社, 2010.

[19] 张明龙, 张琼妮. 美国科技高投入政策促进创新活动的作用 [J]. 西北工业大学学报 (社会科学版), 2012 (2).

[20] 张明龙, 张琼妮. 美国生命健康领域的创新信息 [M]. 北京: 知识产权出版社, 2013.

[21] 张明龙, 张琼妮. 美国运用政策体系促进创新活动 [J]. 西北工业大学学报 (社会科学版), 2011 (2).

[22] 张明龙, 张琼妮. 美国专利制度演变的纵向考察 [J]. 西北工业大学学报 (社会科学版), 2010 (4).

[23] 张明龙, 张琼妮. 延年益寿领域的创新信息 (国外部分) [M]. 北京: 知识产权出版社, 2012.

[24] 章亮, 张明龙, 张琼妮. 美国灵活有序的科技创新组织体系分析 [J]. 西北工业大学学报, 2010 (1).

[25] G. T. Seaborg, A Scientific Speaks Out, A Personal Perspective on Science, Society and Change, World Scientific Publishing Co. Pte. Ltd. , 1996.

[26] H. E. Longino, Science as Social Knowledge, Values and Objectivity in Scientific Inquiry, Princeton University Press, 1990.

[27] H. Collins and T. Pinch, The Golem at Large: What You should Know about Technology. Cambridge University Press, 1998.

[28] I. Nonaka and H. Takeuchi, The Knowledge - Creating Company: How Japanese Companies Create the Dynamics of Innovation. Oxford University Press, 1995.

[29] J. McLaughlin, P. Rosen, D. Skinner and A. Webster, Valuing Technology: Organization, Culture and Change. Routledge, London, 1999.

[30] J. C. Pitt, Thinking about Technology: Foundation of the Philosophy of Technology. Seven Bridges Press, 2000.

[31] J. Ben-David, Scientific Growth, Essays on the Social Organization and Ethos of Science, University of California Press, 1991.

[32] Report to the President and Congress on Coordination of Intellectual Property Enforcement and Protection, the National Intellectual Property Law Enforcement

Coordination Council, September 2006.

[33] S. Restivo, Science, Society, and Values, Toward a Sociology of Objectivity, Bethlehem: Lehigh University Press, 1994.

[34] S. Aronowitz, Science As Power, Discourse and Ideology in Modern Society, University of Minnesota Press, 1988.

[35] United States Code Title 35—Patents, Rev. 3, August 2005.

[36] W. Bijker and J. Law, Shaping Technology Building Society. MIT Press, 1992.

二、资料来源

[1]《癌细胞》（Cancer Cell）

[2]《癌症》（Cancer）

[3]《癌症发生》（Carcinogenesis）

[4]《癌症检查和预防》（Cancer Screening and Prevention）

[5]《癌症研究》（Cancer Research）

[6]《地球物理通信》（Geophysical Newsletter）

[7]《电子工程时报》（Electronic Engineering Times）

[8]《电子快报》（Electronics Letters）

[9]《分子和细胞生物学》（Molecular and Cell Biology）

[10]《分子精神病学》（Molecular Psychiatry）

[11]《工业和工程化学研究》（Industrial and Engineering Chemistry Research）

[12]《公共科学图书馆·生物学》（PLoS Biology）

[13]《公共科学图书馆·遗传学》（PLoS Genetics）

[14]《固态电路杂志》（Solid-State Circuits magazine）

[15]《光学快报》（Optics Letters）

[16]《光学通信》（Optical Communications）

[17]《国际系统与进化微生物学杂志》（International Journal of Systematic and Evolutionary Microbiology）

[18]《呼吸研究杂志》（Respiratory Research Magazine）

[19]《化学传感器和执行器B》（Sensors and Actuators B, Chemical）

[20]《进化生物学》（Evolutionary Biology）

[21]《科技日报》2003年1月1日至2013年12月31日

[22]《科学》（Science Magazine）

[23]《科学快报》（Science Letters）

[24]《可再生与可持续能源杂志》（Journal of Renewable and Sustainable Energy）

[25]《临床检查杂志》（Journal of Clinical Investigation）

[26]《临床免疫学》（Clinical Immunology）

［27］《临床肿瘤学杂志》（Journal of Clinical Oncology）

［28］《流行病和公共卫生杂志》（Epidemiology and Public Health Magazine）

［29］《柳叶刀·肿瘤学》（Lancet Oncology）

［30］美国《国家科学院学报》（Proceedings of the National Academy of Sciences）

［31］《美国化学协会会刊》（American Chemical Society Journal）

［32］《美国医学会杂志》（Journal of the American Medical Association）

［33］《纳米科学》（Nanoscale Science）

［34］《纳米快报》（Nano Letters）

［35］《纳米通信》（Nano Communication）

［36］《脑血流与代谢》（Cerebral Blood Flow and Metabolism）

［37］《能源与环境科学》（Energy and Environmental Sciences）

［38］《软物质》（Soft Matter）

［39］《神经病学》（Neurology）

［40］《神经科学杂志》（the Journal of Neuroscience）

［41］《神经学年鉴》（Annals of Neurology）

［42］《生物化学杂志》（Journal of Biological Chemistry）

［43］《实验医学》（Experimental Medicine）

［44］《碳杂志》（Carbon magazine）

［45］《糖尿病》（Diabetes）

［46］《微力学与微动力杂志》（Micro-mechanics and Micro Power Magazine）

［47］《物理评论快报》（Physical Review Letters）

［48］《细胞·干细胞》（Cells·Stem Cells）

［49］《先进材料》（Advanced Materials）

［50］《现代物理学杂志》（Modern Physics）

［51］《新科学家》（New Scientist）

［52］《应用化学》（Angewandte Chemie）

［53］《应用物理快报》（Applied Physics Letters）

［54］《应用物理通信》（Applied Physics Letters）

［55］《植物细胞》（Plant Cell）

［56］《自然》（Nature）

［57］《自然·材料》（Nature Materials）

［58］《自然·方法学》（Natural Methodology）

［59］《自然·光子学》（Nature Photonics）

［60］《自然·化学》（Nature Chemistry）

［61］《自然·纳米技术》（Nature Nanotechnology）

［62］《自然·生物技术》（Nature Biotechnology）

［63］《自然·通信》（Nature Communication）

［64］《自然·物理》（Nature Physical）

［65］《自然·物质》（Nature Substance）

［66］http：//www. sciencedaily. com/

［67］http：//www. nature. com/

［68］http：//www. sciencedirect. com/

［69］http：//en. wikipedia. org/wiki/Cell_　（biology）

［70］http：//www. sciencenet. cn/

［71］http：//www. sciam. com. cn/

［72］http：//www. news. cn/tech/

［73］http：//www. casted. org. cn/cn/

［74］http：//www. chinahightech. com/

［75］http：//www. dili360. com/

［76］http：//tech. icxo. com/

［77］http：//www. sciencenet. cn/dz/add_ user. aspx

［78］http：//www. sciencemuseum. org. uk/

［79］http：//www. kexue. com/

［80］http：//en. wikipedia. org/wiki/Nature

［81］http：//www. sciencemag. org/

后　记

2000 年以来，笔者先后主持或参与 10 多项国家及省部级重要项目研究，其中大部分项目是研究创新问题。这些项目的研究对象，大量涉及科技前沿的探索成果，需要广泛搜集世界各地的创新信息。日积月累，在笔者手上形成了大量科技信息原始材料。

为了更好地利用这些信息性材料，笔者在完成项目研究报告的同时，对它们进行分类整理，并按照一定逻辑关系形成书稿，至今已出版《国外发明创造信息概述》《八大工业国创新信息》《美国生命健康领域的创新信息》《国外电子信息领域的创新进展》等。

现在，笔者继续推进这项工作，专题研究美国纳米技术的创新进展情况，以及取得的创新成果，在此基础上，又完成了一部信息类书稿《美国纳米技术创新进展》。

在项目研究和信息类书稿写作过程中，我们得到有关科技管理部门、科研院所、高等学校、高新技术产业开发区、工业园区，以及企业的支持和帮助。这部专著的基本素材和典型案例，吸收了报纸、杂志、网络等众多媒体的新闻报道。这部专著的各种知识要素，吸收了学术界的研究成果，不少方面还直接得益于师长、同事和朋友的赐教。为此，向所有提供过帮助的人，表示衷心的感谢！

这里，要感谢名家工作室成员的团队协作精神和艰辛的研究付出。感谢万方、高文欢、刘娜、周剑勇、卢双、余俊平等研究生参与课题调研，以及帮助搜集、整理资料等工作。感谢浙江省科技计划软科学研究项目基金、台州市宣传文化名家工作室建设基金、台州市优秀人才培养（著作出版类）资助基金，对本书出版的资助。感谢台州学院经济研究所、科研处、教务处和经贸管理学院，浙江师范大学经济管理学院等单位诸多同志的帮助。感谢知识产权出版社诸位同志，特别是王辉先生，他们为提高本书质量倾注了大量时间和精力。

限于笔者水平，书中难免存在一些疏漏和不妥之处，敬请广大读者不吝指教。

张明龙　张琼妮

2014 年 3 月于台州学院湘山斋张明龙名家工作室